建筑工程入门之路丛书

建筑工程招标投标实例教程

第 2 版

刘安业　主　编

张双艳　副主编

U0302050

机械工业出版社

本书以建筑工程招标投标为研究对象，系统地介绍了工程项目招标投标全过程的有关理论知识和实务。主要内容包括：建筑工程招标投标基础知识、建筑工程招标投标基本操作流程、建筑工程合同管理等。

本书可作为高等院校工程管理专业及其他相关专业本科教材，也可供从事建筑工程招标投标和合同管理工作的专业技术人员学习参考。

图书在版编目（CIP）数据

建筑工程招标投标实例教程/刘安业主编. —2版.
—北京：机械工业出版社，2016.9
（建筑工程入门之路丛书）
ISBN 978 - 7 - 111 - 54809 - 6

Ⅰ. ①建… Ⅱ. ①刘… Ⅲ. ①建筑工程 - 招标 - 教材
②建筑工程 - 投标 - 教材 Ⅳ. ①TU723

中国版本图书馆 CIP 数据核字（2016）第 215544 号

机械工业出版社（北京市百万庄大街 22 号 邮政编码 100037）
策划编辑：范秋涛 责任编辑：范秋涛
责任印制：常天培 责任校对：刘秀丽 段凤敏
北京京丰印刷厂印刷
2016 年 9 月第 2 版·第 1 次印刷
140mm×203mm·17.875 印张·475 千字
标准书号：ISBN 978 - 7 - 111 - 54809 - 6
定价：49.00 元

第2版前言

本书自第1版问世以来，得到了全国众多院校工程管理专业广大师生及相关专业技术人员的支持与厚爱，普遍反映此书内容全面、体系清楚，也不乏工程招标投标及合同管理的新进展。最近几年来，随着工程项目管理的发展和工程招标投标、合同管理体制的改革，又有很多新的内容有必要在本书中体现。据此，编者们经过半年多的努力，在第1版基础上做了修改补充。

和第1版相比较，主要增加了建筑工程合同管理、国际工程合同条件、有形建筑市场、建筑工程招标方式、国内外招标投标发展概述等内容。

全书由刘安业博士任主编，黑龙江省公路工程造价管理总站高级工程师张双艳任副主编。参加编写的人员有哈尔滨工业大学建筑学院邹志翀博士；哈尔滨工业大学经管学院杨志和博士、冯凯伦博士；渤海大学管理学院周宝刚博士、董欣老师、李昕老师；南开大学张保刚博士；巢湖路桥公司蔡杰工程师等。史家禹硕士完成了本书的图表设计制作和资料整理、校对工作。全书最后由刘安业统稿和定稿。本书第2版具体的编写分工为：第一篇、第二篇第十六章由刘安业编写；第二篇第一、二、三、五、九章由张双艳编写；第二篇第四、六、七章由邹志翀编写；第二篇第八、十章由杨志和编写；第二篇第十一、十二章由冯凯伦编写；第二篇第十三、十四章由周宝刚编写；第二篇第十五章由董欣编写；第二篇第十七章和第三篇第一章由李昕编写；第二篇第十八章由张保刚编写；第三篇第二章由蔡杰编写。

在第2版编著过程中，参考了有关教材和论著，在此谨向这些教材和论著的编者表示衷心地感谢。哈尔滨师范大学李晓辉研究馆员和机械工业出版社编辑范秋涛先生对于本书的再版提供了必要的指导和支持，在此深表感谢。

由于本书编者学术水平有限，书中缺点和错误在所难免，恳切希望使用本书的各位读者提出批评和改进意见。

编著者

第1版前言

近年来，随着我国建筑事业的蓬勃发展，与之相应的建筑工程管理制度和体系也在不断地健全和完善。工程招标投标是建筑工程管理的一个重要的知识领域，这一领域的探索和实践对建筑工程管理有着极大的促进意义。

工程招标投标是目前我国乃至国际上广泛采用的建筑工程交易方式。工程招标投标使得工程项目建设任务的委托纳入市场机制，通过市场化的方式，在公开、公平、公正的原则基础上，来达到保证工程质量、缩短建设周期、控制工程造价、提高投资效益的目的。

从某种程度上讲，工程招标投标直接决定着一项建筑工程的成败——包括工程实施过程顺利与否，工程质量好坏与否，以及能否提高工程项目的投资效益，等等。

建筑工程招标投标是一门系统性、实际操作性非常强的学问。自实行工程招标投标制度以来，我国在建筑工程招标投标理论和实践方面通过不断地探索和实践，成就是显著的，颇具代表性的就是期间各种关于建筑工程招标投标的著述相继问世。然而美中尚有不足，目前市面上一些关于建筑工程招标投标的书籍，或是由于专业性太强，或是由于体系性的不足，使得读者无法获得对建筑工程招标投标统观性、全局性的认知，无法勾勒出一条明晰的招标投标操作主线。

鉴于上述情况，作者在大量收集建筑工程招标投标资料的基础上，精心总结并完善了描述工程招标投标实施全过程的思路，通过灵活、通俗的文字加工，并结合大量的实际案例，编著此书。相信此书定能为众多的建筑工程招标投标参与者提供更多、更有实际价值的参考！

鉴于作者能力所限，书中难免会有不当之处，恳请广大读者给予批评指正！

目　　录

第一篇　建筑工程招标投标基础知识

第一章　建筑工程市场概览

第一节　建筑工程市场体系建构

就本书而言，建筑工程市场，即建筑工程项目发包承包交易活动的一种特定市场。

一、建筑工程市场的内涵

建筑工程市场分为广义的建筑工程市场和狭义的建筑工程市场两个层次的概念。

1. 广义的建筑工程市场

广义的建筑工程市场是指承载与建筑业生产经营活动相关的一切交易活动的总称。它包括有形市场和无形市场；包括与工程建设有关的技术、租赁、劳务等各种要素的市场，为工程建设提供专业服务的中介组织体系；包括靠广告、通信、中介机构或经纪人等媒介沟通买卖双方或通过招标投标等多种方式成交的各种交易活动；还包括建筑商品生产过程及流通过程中的经济联系和经济关系。

可以说，广义的建筑工程市场是工程建设生产和交易关系的总和。

2. 狭义的建筑工程市场

狭义的建筑市场一般是指有形建筑市场，以工程承发包交易活动为主要内容，有固定的交易场所（即工程交易中心）。

二、建筑工程市场的特点

建筑工程市场的特点主要表现为：

1）交易方式为买方向卖方直接定货，并以招标投标为主要方式。

2）交易价格以工程造价为基础，企业竞争是企业信誉、技术力量、施工质量的竞争。

3）交易行为需受到严格的法律、规章、制度的约束和监督，并趋向公开市场化。

由于建筑产品生产周期长，价值量大，生产过程中不同阶段对承包单位的能力和特点要求不同，决定了建筑市场交易贯穿于建筑产品生产的整个过程。从工程建设的资询、设计、施工任务的发包开始，到工程竣工、保修期结束为止，发包方与承包方、分包方进行的各种交易以及相关的商品混凝土供应、配件生产、建筑机械租赁等活动，都是在建筑市场中进行的。生产活动和交易活动交织在一起，使得建筑市场在许多方面不同于其他产品市场。

第二节 建筑工程市场的主体

建筑工程市场的主体是指参与市场交易活动的主要各方，即业主、招标人、承包商和工程咨询服务机构。

1. 业主

业主是指拥有相应的建设资金，办妥项目建设的各种准建手续，以建成该项目达到其经营使用目的的政府部门、事业单位、企业单位和个人。

目前，国内工程项目的业主可归纳为以下类型，即：

1）企业、机关或事业单位，如投资新建、扩建或改建工程，则该企业，机关或事业单位即为该项目的业主。

2）对于由不同资方投资或参股的工程项目，则业主是共同投资方组成的董事会或工程管理委员会。

3）对于开发公司自行融资、由投资方组建工程管理公司或委托开发公司建造的工程项目，则开发公司和工程管理公司即为此等项目的业主。

4）除上述业主以外的业主。

2. 招标人

招标人是依照《招标投标法》规定提出招标项目、进行招标的法人或者其他组织。需要说明的是，我们常常会认为业主和招标人两者指的是同一个人，其实这种认识是不对的。业主作为建筑工程招标采购方，他可以作为招标人，但前提是其有独立实施招标的能力。招标人不一定就是业主，很多时候，业主并不具备独立招标的能力，这种情况下就需要出资委托专门的招标代理公司来担任招标任务，而这时，招标代理公司担当了招标人的身份。

为了便于说明问题，本书后文所说的招标人通常是指业主。

3. 承包商

承包商（也就是投标人）是指与招标人订有施工合同，并按照合同为招标人修建合同所界定的工程直至竣工并修补其中任何缺陷的施工企业。各类型的招标人，只有在其从事工程项目的建设全过程中才成为建设市场的主体，但承包商在其整个经营期间都是建筑市场的主体。因此，国内外一般只对承包商进行从业资格管理。

承包商可按其所从事的专业分为土建、水电、道路、港湾、铁路、市政工程等专业公司。在国内，承包商通过政府的指令或投标获得承包合同。

4. 工程咨询服务单位

国际上，工程咨询服务单位一般称为咨询公司，在国内则包括勘察公司、设计院、工程监理公司、工程造价咨询公司、招标代理机构和工程管理公司等。他们主要向建设项目招标人提供工程咨询和管理等智力型服务，以弥补招标人对工程建设业务不了解或不熟悉的不足。咨询单位并不是工程承发包的当事人，但受招标人聘用，与招标人订有协议书或合同，从事工程设计或监理等，因而在项目的实施中承担重要的责任。咨询任务可以贯穿于从项目立项到竣工验收乃至使用阶段的整个项目建设过程，也可只限于其中某个阶段，如可行性研究咨询、施工图设计、施工监理等。

第三节　有形建筑市场运行原则及程序

一、有形建筑市场的产生

长期以来，建筑市场中多方参与，大、中、小企业并存，市场透明度不高和信息交流不畅等现象依然存在，除了个别实力较强的企业有可能建立自己稳定的市场网络外，大部分中小企业迫切需要寻找一种有效的载体作为其进行市场交易、获取信息的渠道和平台，迫切需要依靠一个合适的市场来寻找合作伙伴进行交易。同时一些计划经济时代的建筑企业集团在市场经济的转轨过程中正在逐步进行转制，大量民营企业正在迅速发展，市场的分散程度很大。现实是旧有的行业业态形式已无法适应现有市场经济发展的需要，单打独斗形式的企业经营模式不能完全适应今后市场经济的发展，这时就需要建立一种有集约分散物流、人流、资金流、信息流的功能，且与我国目前经济发展水平、经济结构特点以及人们的交易习惯相适应的市场，有形建筑市场就产生了。

有形建筑市场是我国所特有的一种管理形式，在世界上是独一无二的，是与我国的国情相适应的。作为建筑市场管理和服务的一种新形式，有形建筑市场在规范建筑市场交易行为、提高建设工程质量和方便市场主体等方面已取得了一定的积极成效。

二、有形建筑市场的性质

有形建筑市场的性质可由以下几方面来彰显：

1）有形建筑市场是服务性机构，不是政府管理部门，也不是政府授权的监督机构，其本身并不具备监督管理职能。

2）有形建筑市场不是一般意义上的服务机构，其设立需要得到政府或授权主管部门的批准，并非任何单位和个人可以随意成立的。

3）有形建筑市场不以营利为目的，其旨在为建立公开、公正、平等竞争的招标投标制度服务，只可经批准收取一定的服务费，工程交易行为不能在场外发生。

三、有形建筑市场的功能

1. 提供广泛的信息

有形建筑市场通常在设施上配备有大型电子墙、计算机网络工作站，能为承发包交易提供广泛的信息服务。包括收集、存储和发布各类工程信息、法律法规、造价信息、建材价格、承包商信息、咨询单位和专业人士信息等。

有形建筑市场通常要定期公布工程造价指数、建筑材料价格、人工费、机械租赁费、工程咨询费以及各类工程指导价等，指导业主、承包商、咨询单位进行投资控制和投标报价。但需提醒的是，有形建筑市场公布的价格指数仅是一种参考，投标最终报价需要依靠承包商根据本企业的经验或企业定额、企业机械装备和生产效率、管理能力和市场竞争需要来决定，不能仅仅依靠价格指数来确定。

2. 提供服务设施

除特殊情况下采用邀请招标外，对于政府部门、国有企业、事业单位的投资项目必须进行公开招标，即所有建设项目进行项目投标必须在有形建筑市场内进行，必须由有关管理部门进行监督。依此要求，有形建筑市场必须为工程发承包交易双方包括建设工程的招标、评标、定标、合同谈判等提供设施和场所服务。住建部《建设工程交易中心管理办法》规定：有形建筑市场应具备信息发布大厅、洽谈室、开标室、会议室及相关设施以满足业主和承包人、分包人、设备材料供应商之间的交易需要；同时，还要有政府有关管理部门进驻集中办公，办理有关手续和依法监督招标投标活动。

3. 集中设立，提供集中办公效用

有形建筑市场只能集中设立，不能像其他商品市场随意设立。由于像工程报建、招标登记、承包商资质审查、合同登记、质量报监、施工许可证发放等众多项目进入有形建筑市场进行报建、招标投标交易和办理有关批准手续，这就要求政府主管部门要进驻有形建筑市场集中办理有关审批手续和进行管理，建设行政主管部门的各职能机构也要进驻有形建筑市场。

进驻有形建筑市场集中办公的方式既能让当事人双方按照各自的职责依法对建设工程交易活动实施有力监督，也方便当事人办事，且有利于提高办公效率。

四、有形建筑市场的运行原则

1. 属地进入原则

有形建筑市场实行属地进入，即每个城市原则上只能设立一个有形建筑市场，特大城市可以根据需要，设立区域性分中心，在业务上受中心领导。对于跨省、自治区、直辖市的铁路、公路、水利等工程，可在政府有关部门的监督下，通过公告由项目法人组织招标、投标。

2. 依法管理原则

1）有形建筑市场应严格按照法律、法规开展工作，尊重建设单位依照法律规定选择投标单位和选定中标单位的权利。

2）尊重符合资质条件的建筑业企业提出的投标要求和接受邀请参加投标的权利。

3）任何单位和个人不得非法干预交易活动的正常进行。

4）监察机关应当进驻有形建筑市场实施监督。

3. 信息公开原则

为保证市场上各方主体都能及时获得所需的信息资料，有形建筑市场必须充分掌握政策法规，工程发包商、承包商和咨询单位的资质，造价指数，招标规则，评标标准，专家评委库等各项信息，并保证市场各方主体都能及时获得所需要的信息资料。

4. 公开竞争原则

公平竞争是有形建筑市场的一项重要原则。进驻的有关行政监督管理部门应严格监督招标、投标单位的行为，防止行业、部门垄断和不正当竞争，不得侵犯交易活动各方的合法权益。

5. 公正办事原则

有形建筑市场要有制约机制，公开办事规则和程序，并制定完善的规章制度和工作人员守则，发现建设工程交易活动中的违法违规行为，应当向政府有关部门报告，并协助进行处理。

五、有形建筑市场的运作程序

1）首先招标人应持立项等批文（在立项下达后的一个月内）向进驻有形建筑市场的建设行政主管部门登记。

2）按规定必须进行设计招标的工程，进入设计招标流程；非设计招标工程，招标人向进驻有形建筑市场的有关部门办理施工图审查手续。

3）招标人应在指定的信息发布媒介和中国工程建设信息网上同时发布招标公告，招标公告发布时间至报名截止时间最低期限为五个工作日。

4）招标人或招标代理机构编制招标文件或资格预审文件，应向有形建筑市场的招标投标监管部门备案；招标文件或资格预审文件须包括评标方法、资格预审方法。

5）招标人或招标代理机构通过有形建筑市场安排招标活动日程。

6）招标人或招标代理机构在有形建筑市场发售招标文件或资格预审文件，潜在投标人按招标公告要求在有形建筑市场获取招标文件或资格预审文件，同时有形建筑市场提供见证服务。

7）由招标人或招标代理机构在有形建筑市场对需进行资格预审的项目向资格预审合格的特定投标人发出投标邀请书，同时有形建筑市场提供见证服务并跟踪管理。

8）招标人或招标代理机构组织不特定的投标人或资格预审合格后的特定投标人踏勘现场，并在有形建筑市场以召开投标预备会的方式解答问题，同时以书面形式通知所有投标人。活动过程中，有形建筑市场提供见证服务并跟踪管理。

9）投标人按招标文件的要求编制投标文件，并按招标文件约定的时间、地点递送投标文件，招标人或招标代理机构应予以签收，并出具表明签收人和签收时间的凭证，有形建筑市场提供见证服务并跟踪管理。

10）招标人或授权的招标代理机构通过计算机从有形建筑市场提供的评标专家名册中随机抽取评标专家，组成评标委员会，有形建筑市场提供见证服务并跟踪管理。

11）由招标人或招标代理机构主持开标会议，按招标文件规定的提交投标文件截止时间的同一时间在有形建筑市场公开开标，有形建筑市场提供监督和见证服务。

12）评标委员会依据招标文件确定的评标方法评标，同时产生评标报告，向招标人推荐中标候选人，在此，有形建筑市场提供见证服务并全过程进行现场监督；评标委员会同时将评标报告（复印件）送招标投标监管部门。依据评标委员会提交的评标报告，招标人按有关规定确定中标人，招标人也可授权评标委员会确定中标人。

13）招标人或招标代理机构在有形建筑市场通过信息网公示中标候选人（三个工作日），此时，有形建筑市场提供见证服务。

14）招标人或招标代理机构按《招标投标法》及有关规定

向招标投标监管部门提交招标投标情况的书面报告。招标投标监管部门对招标人或招标代理机构提交的招标投标情况的书面报告进行备案。

15）招标人、中标人缴纳相关费用。

16）有形建筑市场按统一格式打印中标（交易成交）或未中标通知书，招标人向中标人签发中标（交易成交）通知书，并将未中标通知送达未中标的投标人。

17）若涉及专业分包、劳务分包、材料、设备采购招标的，应转入分包或专业市场按规定程序发包。

18）招标人、中标人向进驻有形建筑市场的有关部门办理合同备案、质量监督、安全监督等手续。

19）招标人或招标代理机构应将全部交易资料原件或复印件在有形建筑市场备案一份。

20）招标人向进驻有形建筑市场的建设行政主管部门办理施工许可。

第二章 建筑工程招标投标概述

第一节 建筑工程招标投标概念

招标投标是在市场经济条件下商品交易的一种方式，在进行诸如大宗货物的买卖、工程建设项目发包与承包，以及服务项目的采购与提供时，通常采用这种交易方式。其发生过程通常是由项目（货物、工程和服务）采购的采购方作为招标人，通过发布招标公告或者向一定数量的特定供应商、承包商发出招标邀请等方式发出招标采购信息，提出所需采购的项目的性质及其数量、质量、技术要求，交货期、竣工期或提供服务的时间，以及其他供应商、承包商的资格要求等招标采购条件，通过一定程序，从多个投标人中择优选择最能够满足其采购要求的供应商或承包商，并与之签订采购合同，由中标人实现采购合同的过程。

基于对招标投标的概念解释，我们来看建筑工程招标投标。

简单而言，建筑工程（包括铁路、公路、隧道、桥梁、堤坝、水利工程、码头、飞机场、厂房、剧院、旅馆、医院、商店、学校、住宅等工程）招标投标就是指工程建设单位对拟建的工程发布公告，通过法定的程序和方式吸引建设项目的承包单位竞争并从中选择条件优越者来完成工程建设任务的过程。

建筑工程实行招标投标制度有着极其重要的意义，它使工程项目建设任务的委托纳入市场机制，通过竞争择优选定项目的工程勘察设计单位、施工单位、监理单位、设备制造供应单位等，来达到保证工程质量、缩短建设周期、控制工程造价、提高投资效益的目的。

第二节　建筑工程招标投标类型

对于建筑工程的招标投标来说，按照不同的标准可以对其进行不同的分类。

一、按工程承包的范围分类

按承包的范围，建筑工程招标投标可分为：

1. 专项工程承包招标投标

是指在工程承包招标中，对其中某些比较复杂，或专业性强、施工和制作要求特殊的单项工程进行单独招标投标。

2. 项目总承包招标投标

项目总承包招标投标又可分为以下两种类型：

（1）工程项目全过程招标投标　该招标投标类型是从项目的可行性研究到交付使用进行一次性招标，招标人提供项目投资和使用要求及竣工、交付使用期限，其可行性研究、勘察设计、材料和设备采购、施工安装、职工培训、生产准备和试生产、交付使用都由一个总承包商负责承包，也就是常说的"交钥匙工程"。

（2）工程项目实施阶段的全过程招标投标　该招标投标类型是在招标人已将前期工程设计任务书审完，而后对从项目勘察、设计到交付使用进行一次性招标。

二、按工程建设项目的构成分类

按建设项目的构成，建筑工程招标投标可分为：

1. 全部工程招标投标

是指对一个工程建设项目（如一所学校）的全部工程进行招标投标。

2. 分部分项工程招标投标

该招标投标类型又可分为：

（1）分部工程招标投标　是指对一个单位工程（如土建工程）所包含的若干分部工程（如土石方工程、楼地面工程、深基坑工程等）进行招标投标。

（2）分项工程招标投标　是指对一个分部工程（如土石方工程）所包含的若干分项工程（如人工挖地槽、挖地坑、回填土等）进行招标投标。

3. 单项工程招标投标

是指对一个工程建设项目（如一所学校）中所包含的若干单项工程（如教学楼、宿舍楼、图书馆等）进行招标投标。

4. 单位工程招标投标

是指对一个单项工程所包含的若干单位工程（如一幢房屋）进行招标投标。

三、按工程建设程序分类

按建设程序，建筑工程招标投标可分为：

1. 工程咨询服务招标投标

咨询服务工作贯穿于建筑工程项目的整个周期。建筑工程咨询服务工作主要包括：

1）项目可行性研究相关的咨询，即编制项目的可行性研究报告，或者对项目的可行性研究报告进行审查。

2）参与工程项目的总体设计/方案设计，或者对项目的总体设计/方案设计进行评审。

3）就工程项目中的某一技术方案或技术指标或工艺流程进行咨询。

4）就工程项目中的某一单项工程的设计方案进行咨询或设计。

5）编制招标文件，特别是招标文件中的技术规格部分。

6）协助招标人对投标人进行资格预审、标书审查等，代理招标管理活动。

7）工程项目的监理工程师协调招标人与承包商之间的关

系，管理施工现场。

8）帮助招标人单位培训人员。

2. 工程建设监理招标投标

工程建设监理是指具有相应资质的监理单位和监理工程师，受建设单位或个人的委托，独立对工程建设过程进行组织、协调、监督、控制和服务的专业化活动。工程建设监理招标投标在性质上属于工程咨询招标投标的范畴。

在招标的范围上，可以包括工程建设过程中的全部工作，如工程项目建设前期的可行性研究、项目评估等，工程项目实施阶段的勘察、设计、施工等，也可以只包括工程项目建设过程中的部分工作，通常主要是施工监理工作。

3. 工程勘察设计招标投标

工程勘察和工程设计，是两个有密切联系但又不同的工作。

（1）工程勘察 工程勘察是指依据工程建设目标，通过对地形、地质、水文等要素进行测绘、勘探、测试及综合分析测定，查明建设场地和有关范围内的地质地理环境特征，提供工程建设所需的资料及其相关的活动。具体包括工程测量、水文地质勘察和工程地质勘察。

（2）工程设计 工程设计是指依据工程建设目标，运用工程技术和经济方法，对建设工程的工艺、土木、建筑、公用、环境等系统进行综合策划、论证，编制工程建设所需要的文件、设计施工图样及其相关的活动。具体包括总体规划设计（或总体设计）、初步设计、技术设计、施工图设计和设计概（预）算编制。

工程勘察设计招标投标即就建筑工程项目的勘察设计任务面向科研、设计单位以及咨询机构进行招标投标，中标的承包方要根据中标的条件和要求，向招标人提供勘察设计成果、设计图样和报告等成果，并对成果的质量和结论负责。

4. 工程施工招标投标

建筑工程施工是指把设计图样变成预期的建筑产品的活动。

工程施工招标投标即对建筑工程项目的施工任务，面向施工企业进行的招标投标，中标的承包方必须根据中标的条件和要求进行施工，完成中标的工程项目，并保证合格的工程质量。。

5. 工程材料、设备采购招标投标

建筑工程材料、设备是指用于建筑工程的各种建筑材料和设备。

建筑工程材料、设备采购招标投标即对工程项目所需建筑材料（如水泥、钢筋等）和建筑设备（如水电站、电梯、锅炉等）的采购任务，面向制造商或代理商进行招标投标，选择制造、供应商，中标的供应商必须根据中标的条件和要求，向发包商提供合格的设备、材料产品。

第三节　建筑工程招标的条件与范围

一、建筑工程招标的条件

建筑工程项目招标必须符合相关主管部门规定的条件，这些条件包括两方面的内容：招标人即建设单位应具备的条件和招标工程项目本身应具备的条件。

1. 建设单位应具备的条件

1）招标单位是法人或依法成立的其他组织。

2）有与招标工程相适应的经济、技术、管理人员。

3）有组织招标文件的能力。

4）有审查投标单位资质的能力。

5）有组织开标、评标、定标的能力。

其中，不具备上述条件第二项和第五项的单位，须委托具有相应资质的咨询、监理等单位代理招标。

2. 招标工程项目本身应具备的条件

1）项目概算已经获得批准。

2）项目已经被正式列入国家、部门或地方的年度固定资产投资计划。

3）项目建设用地的征用工作已完成。

4）有能够满足施工需要的施工图样及技术资料。

5）建设资金和主要建筑材料、设备的来源已落实。

当然，对于不同性质的工程项目，招标的条件可有所不同或有所偏重。譬如说，工程建设勘察设计招标的条件，一般应主要侧重于：

1）设计任务书或可行性研究报告已获批准。

2）具有设计所必需的可靠基础资料。

建筑工程施工招标的条件，一般应主要侧重于：

1）建筑工程已列入年度投资计划。

2）建设资金（含自筹资金）已按规定存入银行。

3）施工前期工作已基本完成。

4）有持证设计单位设计的施工图样和有关设计文件。

建设监理招标的条件，一般应主要侧重于：

1）设计任务书或初步设计已获批准。

2）工程建设的主要技术工艺要求已确定。

建筑工程材料设备供应招标的条件，一般应主要侧重于：

1）建设项目已列入年度投资计划。

2）建设资金（含自筹资金）已按规定存入银行。

3）具有批准的初步设计或施工图设计所附的设备清单，专用、非标设备应有设计图样、技术资料等。

建筑工程总承包招标的条件，一般应主要侧重于：

1）计划文件或设计任务书已获批准。

2）建设资金和地点已经落实。

从实践来看，人们常常希望招标能担当起对工程建设实施的把关作用，因而赋予其很多前提性条件，这是可以理解的，在一定时期也是有道理的。但其实招标投标的使命只是或主要是解决一个工程任务如何分派、承接的问题。从这个意义上讲，只要建设项目的各项工程任务合法有效的确立了，并已具备了实施项目的基本条件，就可以对其进行招标投标。所以，对建筑工程招标的条件，不宜赋予太多。事实上赋予太多，不堪重负，也难以做到。根据实践经验，对建筑工程招标的条件，最基本、最关键的是要把握住两条：一是建设项目已合法成立，办理了报建登记。招标项目按照国家有关规定需要履行项目审批手续的，应当先履行审批手续，取得批准。二是建设资金已基本落实，工程任务承接者确定后能实际开展工作。

二、建筑工程招标的范围

建筑工程招标的范围，也就是招标人准备发给投标单位承包的内容。建筑工程招标范围可以是全过程招标，其内容一般包括工程可行性研究、勘察设计、物资供应、建筑安装施工、乃至使用后的维修；也可以是阶段性建设任务的招标，如勘察设计、项目施工；可以是整个项目发包，也可是单项工程发包；在施工阶段，还可依承包内容的不同，分为包工包料、包工部分包料、包工不包料等。

进行工程招标，招标人必须根据建筑工程项目的特点，结合自身的管理能力，确定工程的招标范围。

1. 《招标投标法》规定工程建设项目必须招标的范围

根据《招标投标法》的规定，在中华人民共和国境内进行的下列工程项目（包括项目的勘察、设计、施工、监理以及与工程项目建设有关的重要设备、材料等）建设的必须进行招标：

1）大型基础设施、公用事业等关系社会公共利益、公众安全的项目。

2）全部或者部分使用国有资金或者国家融资的项目。

3）使用国际组织或者外国政府贷款、援助资金的项目。

按照《招标投标法》的上述规定，国家发改委于 2000 年 5 月发布第 3 号文《工程建设项目招标范围和规模标准》，对《招标投标法》中有关工程建设项目必须进行招标的项目范围作出了具体的规定。

这些必须招标的建设项目范围是指：

（1）关系社会公共利益、公众安全的基础设施项目的范围

1）铁路、公路、管道、水运、航空以及其他运输业等交通运输项目。

2）煤炭、石油、天然气、电力、新能源等能源项目。

3）道路、桥梁、涵洞、隧道、护坡、地铁和轻轨交通、污水排放及处理、垃圾处理、地下管道、公共停车场等城市设施项目。

4）防洪、灌溉、排涝、引（供）水、滩涂治理、水土保持、水产、水利枢纽等项目。

5）邮政、电信枢纽、通信、信息网络等邮电通信项目。

6）生态环境保护项目。

7）其他一些基础设施项目。

（2）关系社会公共利益、公众安全的公用事业项目的范围

1）科技、教育、文化等项目。

2）供水、供电、供气、供热等市政工程项目。

3）卫生、社会福利等项目。

4）体育、旅游等项目。

5）商品住宅，包括经济适用住房。

6）其他一些公用事业项目。

（3）使用国有资金投资项目的范围

1）使用纳入财政管理的各种政府性专项建设基金的项目。

2）使用各级财政预算资金的项目。

3）使用国有企事业单位自有资金，并且国有资产投资者实际拥有控制权的项目。

（4）国家融资项目的范围

1）使用国家政策性贷款的项目。

2）使用国家发行债券所筹资金的项目。

3）国家授权投资主体融资的项目。

4）使用国家对外借款或者担保所筹资金的项目。

5）国家特许的融资项目。

（5）使用国际组织或者外国政府资金的项目的范围

1）使用外国政府及其机构贷款资金的项目。

2）使用世界银行、亚洲开发银行等国际组织贷款资金的项目。

3）使用国际组织或者外国政府援助资金的项目。

2. 工程建设项目必须招标的限额标准

以上规定各类工程建设项目（包括项目的勘察、设计、施工、监理以及与工程项目建设有关的重要设备、材料等），达到以下标准之一的，必须进行招标：

1）施工单项合同估算价在 200 万元人民币以上的。

2）重要设备、材料等货物的采购，单项合同估算价在 100 万元人民币以上的。

3）勘察、设计、监理等服务的采购，单项合同估算价在 50 万元人民币以上的。

4）单项合同估算价低于上述三项规定的标准，但项目总投资额在 3000 万元人民币以上的。

此外，国家发改委还规定，各个省、自治区、直辖市人民政府可以根据实际情况来规定本地区必须进行招标的具体范围和规模标准，但不得缩小国家发改委规定的必须进行招标的范围。

3. 工程建设项目可以不进行招标的范围

根据《招标投标法》和有关规定，属于以下情形之一的，经县级以上地方人民政府建设行政主管部门批准，可以不进行招标：

1）抢险救灾工程。

2）利用扶贫资金实行以工代赈、需要使用农民工等特殊情况。

3）涉及国家安全、国家秘密的工程。

4）建筑造型有特殊要求的设计。

5）施工企业自建自用的工程，且施工企业资质等级符合工程要求的。

6）采用特定专利技术、专有技术进行设计或施工的。

7）停建或者缓建后恢复建设的单位工程，且承包人未发生变更的。

8）在建工程追加的附属小型工程或者主体加层工程，且承包人未发生变更的。

9）法律、法规、规章规定的其他情形。

第四节　建筑工程招标投标流程概述

一般来说，建筑工程招标投标工作可大致划分为三个阶段来进行，即：招标准备阶段、招标投标阶段及评标、定标、签订合同阶段。

一、准备阶段

在实施招标前，招标人要：

1）落实招标条件，按招标人自身的管理力量及工程项目的复杂程度，确定招标方式，进行标段划分与合同打包。

2）组建招标机构，拟定招标工作计划，编制招标文件、资格预审文件。

3）着手准备编制标底（如有的话）。

二、招标投标阶段

招标投标阶段即从发布招标公告开始到开标为止的全过程。

招标机构需要：

1）发售资格预审文件、审查确定合格承包商的名单。

2）发售招标文件，组织现场考察及标前会议，回答承包商提出的问题。

3）接收投标书，并召集开标会组织开标。

三、评标、定标、签订合同阶段

这阶段需要：

1）首先组织评标委员会和评标工作组，组织评标会。

2）由评标委员会进行评标，向招标人提交评标报告，排序推荐合格的中标人名单。

3）经招标人审查后确定中标候选人，并向中标人发出中标通知书。

4）组织合同谈判和签订中标合同。

第五节　国内外招标投标发展概述

一、国际招标投标的发展

招标和投标起源于英国。招标投标制度是商品经济的产物，它出现于资本主义发展的早期阶段。早在 1782 年，当时的英国政府从政府采购入手，在世界上首次进行了招标采购。由于这种制度奉行公开、公平、公正的原则，它一出现就具备了强大的生命力，随后被各国采用并沿用至今。随着招标投标制度在实践中不断被改进和革新，今天，国际上通行的招标投标制度已相当完善，已成为世界银行等国际援助项目普遍使用的制度。

在市场经济高度发展的资本主义国家，采购招标形成的最初原因是：政府、公共部门或政府指定的有关机构的采购开支主要来源于法人和公民的税赋和捐赠，而这些资金的用途必须以一种特别的采购方式来促进采购尽量节省开支，并最大限度地透明和公开，另外还与提高采购效率这一目标有关。继英国 18 世纪 80 年代首次设立文具公用局（Stationery Office）后，许多西方国家通过了专门规范政府和公共部门招标采购的法律，形成了西方国家具有惯例色彩的公共采购市场。

进入 20 世纪后，世界各国的招标投标制度得到了较快的发展。许多欧美国家都通过立法规定政府公共财政资金的采购必须实行公开招标。这既是为了优化社会的资源配置，又是预防腐败的需要。在国际贸易中，发达国家（如欧盟国家）采用招标投标机制，主要是希望消除国家间的贸易壁垒，促进货物、资本、人员流动。国际金融组织采用招标投标方式，则是为了减少或降低贷款或投资风险。如关贸总协定（现为世界贸易组织）在东京回合谈判通过的《政府采购协议》就要求成员国对政府采购合同的招标程序作出规定，以保证供应商在一个平等的水平上进行公平竞争。发展中国家运用招标投标机制，则主要是为了改善本国进口质量，减少和防止国有资产流失。

20 世纪 70 年代以来，招标采购在国际贸易中的比例迅速上升，招标投标制度也成为一项国际惯例，并形成了一整套系统、完善的并为各国政府和企业所共同遵循的国际规则。各国政府加强和完善了与本国法律制度和规范体系相应的招标投标制度，这对促进国际经济合作和贸易往来发挥了重大作用。

21 世纪以来，随着世界经济一体化的加速推进，加之互联网的广泛使用，招标投标形式发生了很大变化。当前，世界上主要国际组织和发达国家都在积极探索、规划和大力推行政府采购电子化。虽然各国的发展很不平衡，但是采购的电子化已是大势所趋。更重要的是，由于国际组织不仅注重采购电子化方面的立法，而且普遍在其采购实践中实现了电子化。新兴工业化国家和一些中等发达国家也都在采取积极的措施，推动政府采购及其电子化的发展。如韩国、新加坡、马来西亚等国家以及中国台湾、中国香港等地区，政府采购电子化的应用都比较普遍。

此外，进入 21 世纪，招标投标在合同签订的规范性方面也发生了一些变化。最典型的就是国际咨询工程师协会（FIDIC）编制的合同条款、格式等已被世界银行和世界各国所接受和应用，成为招标投标合同的范本。我国住建部和国家工商行政管理局所颁发的《建设工程施工合同（示范文本）》对此有相应的规定。

经过 100 多年的发展，招标投标制度发生了很大的变化。世界银行关于招标投标的一些定义在 1992 年以后的更加规范、严格。由于世界银行有关招标投标文字的使用是权威性的，我国的招标投标制度在招标程序、招标文件、评标办法等方面，基本上都是学习和借鉴世界银行的。值得说明的是，由于中国机电设备招标中心和一部分招标机构在 1992 年前就成立了，所以在英文名称和刊物名称中，"招标"一词的英文使用的是 Tendering，如招标中心的英文名称用的是 Tendering Center，《中国招标》的英文名称为《China Tendering》。至于 1992 年后成立的一些其他招标机构，其英文名称中本来应该用 Bidding，但实际上大都用 Tendering，其原因是便于与中国机电设备招标中心的英文名称保持一致。目前，已有相当多的招标机构使用 Bidding 作为"招标"的英文名称。

尽管招标投标的某些方面发生了变化，但是可以发现，它有两个方面不会变，即最基本的功用和目的：一是按市场原则实现资源优化配置，二是以廉政为原则防止腐败。前者可以称为招标投标的自然属性，后者则是其社会属性。这也就是常说的经济效益和社会效益。这两个基本功用和目的能否"万变不离宗"地得以实现，则取决于招标投标固有的公开、公平、公正特性能否得以顺利发挥。

二、我国招标投标发展概述

1. 我国招标投标制度的演变

我国招标投标制度的发展大致经历了探索与建立、发展与规范和完善与推广三个阶段。

（1）招标投标制度的探索与建立阶段　由于种种历史原因，招标投标制度在我国起步较晚。从建国初期到 1978 年中国共产党十一届三中全会以前，由于我国一直实行计划经济体制，在这一体制下，政府部门、国有企业及其有关公共部门基础建设和采购任务大部分由主管部门用指令性计划下达，企业的经营活动也大部分由主管部门安排，因此招标投标也曾一度被中止。

十一届三中全会以后，我国开始实行改革开放政策，计划经济体制也有所松动，相应的招标投标制度开始获得发展。1980年10月17日，国务院在《关于开展和保护社会主义竞争的暂行规定》中首次提出："为了改革现行经济管理体制，进一步开展社会主义竞争，对一些适于承包的生产建设项目和经营项目，可以试行招标投标的方法。"1981年，吉林省吉林市和深圳特区率先试行了工程招标投标，并取得了良好效果。这个尝试在全国起到了示范作用，并揭开了我国招标投标的新篇章。

但是，20世纪80年代，我国的招标投标主要侧重在宣传和实践，还处于社会主义计划经济体制下的一种探索阶段。

（2）招标投标制度的发展与规范阶段　20世纪80年代中期到20世纪90年代末，我国的招标投标制度经历了试行→推广→兴起的发展过程。1984年9月18日，国务院颁发了《关于改革建筑业和基本建设管理体制若干问题的暂行规定》，提出"大力推行工程招标承包制"，"要改变单纯用行政手段分配建设任务的老办法，实行招标投标"。就此，我国的招标投标制度迎来了发展的春天。

1984年11月，当时的国家计委和城乡建设环境保护部联合制定了《建设工程招标投标暂行规定》，从此我国全面拉开了招标投标制度的序幕。随着改革开放的深化，以及根据我国加入世界贸易组织的要求，旧的政策法规已经越来越不能适应市场经济的步伐。1985年，为了改革进口设备层层行政审批的弊端，国家推行"以招代审"的方式，对进口机电设备推行国内招标。经国务院国发〔1985〕13号文件批准，中国机电设备招标中心于1985年6月29日在北京成立，其职责是统一组织、协调、监管全国机电设备招标工作。当时的国家经济贸易委员会副主任朱镕基同志主持召开了第一届招标中心理事会，我国的机电设备招标工作由此起步。随后，北京、天津、上海、广州、武汉、重庆、西安、沈阳八个城市组建起各自的机电设备招标公司，这些招标公司成为我国第一批从事招标业务的专职招标机构。1985年起，全国各个省、市、自治区以及国务院有关部门，以国家有关规定为依据，相继出台了一系列地方、部门性的招标投标管理办法，极大地推动了我国招标投标行业的发展。1985年至1987年两年间，机电设备招标系统借鉴世界银行等国际组织的经验和采购程序，结合我国国情开展试点招标，积累了初步的经验。1987年，机电设备招标工作迎来了一个新的发展高潮，招标机构获得了一次难得的发展机遇。国家开始全面推行进口机电设备国内招标，要求凡国内建设项目需要进口的机电设备，必须先委托中国机电设备招标中心或其下属招标机构在境内进行公开招标。凡国内制造企业能够中标制造供货的，就不再批准进口，国内不能中标的，可以批准进口。在招标工作快速发展的同时，专职招标队伍也不断壮大，全系统一起迈开步伐，齐心协力，不断探索招标理论、业务程序，明确行业技术规范，为我国招标投标行业的发展打下了坚实的基础。

1992年，国家在进口管理方面采取了一系列重大举措，倡导招标要遵照国际通行规则，按国际惯例行事。从1992年开始，机电设备招标逐步转向公开的国际招标。1993年后，国家对机电设备招标系统的管理由为进口审查服务转为面向政府、金融机构和企业，为国民经济运行、优化采购和企业技术进步服务。

20世纪90年代初期到中后期，全国各地普遍加强了对招标投标的管理和规范工作，也相继出台了一系列法规和规章，招标方式已经从以议标为主转变为以邀请招标为主。这一阶段是我国招标投标发展史上最重要的阶段，招标投标制度得到了长足的发展，全国的招标投标管理体系基本形成，为完善我国的招标投标制度打下了坚实的基础。此后，随着改革开放形势的发展和市场机制的不断完善，我国在基本建设项目、机械成套设备、进口机电设备、科技项目、项目融资、土地承包、城镇土地使用权出让、政府采购等许多政府投资及公共采购领域，都逐步推行了招标投标制度。

1994 年，我国进口体制实行了重大改革，国家将进口机电产品分为三大类：第一类是实行配额管理的机电产品，第二类是实行招标的特定机电产品，第三类是自动登记的进口机电产品。对第二类特定机电产品，国家指定了 28 家招标专职机构进行招标，并由中国机电设备招标中心对这 28 家机构实行管理。从此，专职招标机构开始逐步向市场化的自由竞争转型，这进一步强化了对政府和企业的招标服务职责。至此，我国的招标投标制度已开始与国际接轨。

（3）招标投标制度的完善与推广阶段　2000 年 1 月 1 日，《招标投标法》正式颁布实施。《招标投标法》明确规定我国的招标方式分为公开招标和邀请招标两种，不再包括议标。这个重大的转变标志着我国招标投标制度的发展进入了全新的历史阶段，我国的招标投标制度从此走上了完善的轨道。《招标投标法》的制定与颁布为我国公共采购市场、工程交易市场的规范管理并因此逐步走上法制化轨道提供了基本的保证。2003 年，我国又颁布施行了《政府采购法》，使得我国的招标事业和招标系统迎来了一个大发展时期。从此，我国的招标投标开始多元发展，进入高速增长的态势。

《招标投标法》通过法律手段推行招标投标制度，要求基础设施、公用事业以及使用国有资金投资和国家融资的工程建设项目，包括项目的勘察、设计、施工、监理以及与工程建设有关的重要设备、材料等的采购，应达到国家规定的规模标准。目前，各地方政府已基本建立工程交易中心、政府采购中心和各种评标专家库，基本上能做到公共财政支出实行招标形式。

与此同时，各高校也开设了与招标投标有关的专业和课程，各种招标投标的书籍不断出版，各种关于招标投标的理论和论文不断发表。

2009 年，我国首次对招标师实行了执业资格考试，标志着我国招标投标持证上岗时代的来临。

2. 我国《招标投标法》需要适应经济和社会发展要求

我国的一切招标投标行为都受《招标投标法》的指导和约束。自1999年8月30日第九届全国人民代表大会常务委员会第十一次会议通过《招标投标法》并于2000年1月1日起施行以来，国内外经济形势和社会情况发生了很大的变化，特别是随着我国社会主义市场经济的快速发展和招标投标范围的不断扩大，招标投标实践中的新情况、新问题不断出现，例如招标投标监管体制设计得不尽合理，场外交易普遍，虚假和串通招标依然存在，适用领域和范围过窄，招标代理机构运行不规范以及专家库的建立和管理亟待规范等。此外，还有一些方面不能完全适应招标投标市场的需要，亟待修订和完善。

毋庸讳言，招标投标制度虽然在我国得到了很大的发展，取得了很大的成绩，但是还有需要改进的地方，以便使招标投标这一促使市场经济规范发展的有力推手得到应有的发展。国际惯例和我国已有的招标实践证明，专职招标代理机构在确保"三公"方面的作用是不可替代的。只有充分竞争，才能最大限度、最优化、最科学地配置有限的社会资源。虽然理想的境界并不容易实现，但社会公众还是对招标投标制度给予了极大的期望。招标投标交易方式给当前的社会提供了一种近乎于充分竞争的好方法，因此，运用招标投标方式进行的市场交易行为，不仅符合市场经济的竞争原则，同时还促进了有效、有序的竞争。正因为通过这种有效、有序的竞争，最终才促进了社会资源的优化配置。当然，目前人们对于招标投标的认识，无论是从它所产生的经济效益方面，还是从它所带来的社会效益方面，都有待进一步加强。我国正处于改革开放的年代，正在努力实现社会的科学发展、和谐发展。为了使我国能够实现经济增长方式的根本转变，加强科技创新和资源配置能力的培养是非常必要的，而招标投标具备这一功能。因此，在现阶段推行招标投标机制具有十分重要的现实意义。

3. 我国招标投标制度发展趋势的预测

经过 20 多年的发展，我国的招标投标制度日趋完善。2000年，我国《招标投标法》的施行，以及国家在国债项目中实行招标，进口设备国际招标的力度加大，政府采购招标的全面启动，这些都使我国的招标投标事业获得了前所未有的发展机遇。我国成功加入世界贸易组织以及加大改革开放的力度，使我国的招标投标制度进入了与国际招标投标制度大力接轨的时期。与此同时，我国的招标机构还紧紧抓住机遇，不仅在国内以优质、高效、全面的服务在建设工程、技术改造、政府采购等诸多领域项目的招标工作中发挥了重要作用，而且还积极参与了国际招标市场的竞争。

21 世纪是世界经济日益一体化的世纪，也是充满挑战和机遇的世纪，产业全球化和贸易一体化将成为国际经济的主要特点，而我国已成为国际社会中的重要一员。国际贸易组织的规则和通行的国际惯例将成为国际经济交往的手段，招标事业有着崭新的光明前景。可以预见，21 世纪我国招标投标制度的发展趋势将表现在以下方面。

（1）招标投标将全面国际化　我国招标投标发展过程中所经历过的国内招标、国内外一起招标、国际招标都将成为我国招标投标前进过程中的一个脚印。我国的招标市场将进一步对外开放，我们将以世界经济中的一员参与真正意义上的国际招标投标，在工程、货物和服务的各个领域以招标投标的方式进行角逐。

（2）招标投标将完善法制化　我国的《招标投标法》《政府采购法》施行以来，对招标投标事业的发展起到了极大的推动作用。但由于目前配套办法还不完善，管理体制没有统一，在运行中的矛盾和摩擦很多，必须不断完善相关的法律制度，奠定招标市场、招标管理、招标代理、招标体系的法律基础。

（3）招标投标代理服务将更加专业化和系统化　专职招标投标机构的发展是我国招标投标事业发展的一个特有标志，是对国际招标投标事业的积极贡献。面对世界经济的新趋势和招标投标发展的新方向，招标投标机构必须在人才、机构和标准等方面向国际标准看齐，将单一的招标投标代理扩展到采购的"一条龙"服务。代建制招标和项目管理也将成为招标投标的一个新亮点。

（4）招标投标系统将更加行业自律化 招标投标代理的进一步发展必将要求行业自律化。招标中心系统既要保持自身的特点又要融入国内国际招标投标的大系统。行业自律、行业规范、行业标准、行业竞争与合作是行业工作的一个大课题。

（5）招标投标将更加信息化 21 世纪是经济全球化、信息化的世纪，招标投标也将更加信息化。招标投标信息化包括以下三个方面的内容：一是建立了潜在供应商数据库，供采购方方便地选择合格的供应商；二是建立了采购网站，用来发布采购指南和最新的招标信息，提供供应商注册表格和表达意向表格的下载以及网上注册等；三是采购过程中的信息发布、沟通交流、谈判协商都充分利用了电子邮件和其他现代通信技术。

第三章 建筑工程招标方式

第一节 招标方式的分类

一、国际上采用的招标方式

目前，国际上采用的招标方式归纳起来有三大类别、四种方式。

1. 竞争性招标（International Competitive Bidding）

竞争性招标是指招标人在国内外主要报纸、刊物、网站等发布招标广告，邀请几个乃至几十个投标人参加投标，通过多数投标人竞争，选择其中对招标人最有利的投标人成交。它属于兑卖的方式。

（1）公开招标（Open Bidding） 公开招标是一种无限竞争性招标（Unlimited Competitive Bidding）。采用这种做法时，招标人要在国内外主要报刊上刊登招标广告，凡对该项招标项目感兴趣的投标人均有机会购买招标文件并进行投标。这种方式可以为所有有能力的投标人提供一个平等竞争的机会，招标人也有较大的选择余地挑选一个比较理想的投标人。就工程领域来说，建筑工程、工程咨询、建筑设备等大都选择这种招标方式。

（2）选择性招标（Selected Bidding） 选择性招标又称为邀请招标，是有限竞争性招标（Limited Competitive Bidding）。采用这种做法时，招标人不必在公共媒体上刊登广告，而是根据自己积累的经验和资料或根据工程咨询公司提供的投标人情况，选择若干家合适的投标人，邀请其来参加投标。招标人一般邀请 5～10 家投标人进行资格预审，然后由符合要求的投标人进行投标。

2. 谈判招标（Negotiated Bidding）

谈判招标又称为议标或指定招标。它是非公开进行的，是一种非竞争性的招标。谈判招标由招标人直接指定一家或几家投标人进行协商谈判，确定中标条件及中标价。这种招标直接进行合同谈判，谈判成功，则交易达成。该招标方式节约时间，容易达成协议，但无法获得有竞争力的报价。对建筑工程及建筑设备招标来说，这种招标方式适合于造价较低、工期紧、专业性强或有特殊要求的军事保密工程等。

3. 两段招标（Two-stage Bidding）

两段招标是指无限竞争性招标和有限竞争性招标的综合方式，也可以称为两阶段竞争性招标。第一阶段按公开招标方式进行招标，先进行商务标评审，可以根据投标人的资产规模、企业资信、企业组织规模、同类工程经历、人员素质、施工机械拥有量等来选定入围的招标人。第二阶段是在经过开标评价之后，再邀请其中报价较低的或最有资格的 3~4 家招标人进行第二次报价，确定最后中标人。

从世界各国的情况来看，招标主要有公开招标和邀请招标两种方式。政府采购货物与服务以及建筑工程的招标，大部分采用竞争性的公开招标办法。

二、国内采用的招标方式

《招标投标法》第十条规定：招标分为公开招标和邀请招标。根据我国相关法律的规定：公开招标是指招标人以招标公告的方式邀请不特定的法人或者其他组织投标；邀请招标是指招标人以投标邀请书的方式邀请特定的法人或者其他组织投标。但是，《政府采购法》第二十六条明确规定，政府采购采用以下方式：

1）公开招标。

2）邀请招标。

3）竞争性谈判。

4）单一来源采购。

5）询价。

6）国务院政府采购监督管理部门认定的其他采购方式。

也就是说，公开招标是政府最主要的采购方式，但还有其他种类的采购方式，而《招标投标法》中只有公开招标和邀请招标两种方式。因此，《政府采购法》与《招标投标法》在采购方式的种类表述方面有一定的差异，它们在招标中的定位也有某些不同。这是因为，《政府采购法》和《招标投标法》制定的部门和时间不同，前者是由财政部负责制定，后者由国家发展和改革委员会负责制定，但它们都经全国人大常委会授权通过实施，其法律效力是相同的。在实际操作时，各地一般由财政资金所购买的服务、设备和中小型的建筑工程走政府采购渠道，依据《政府采购法》的比较多；由国家发展和改革委员会、住房和城乡建设部和地方建委（建设厅、局）立项的大、中型建设工程走建设工程交易渠道，依据《招标投标法》的比较多。无论哪种情况，只要是招标投标，都应符合《招标投标法》的规定，各地的操作只有一些细则的不同。

三、公开招标与邀请招标的区别

（1）发布信息的方式不同　公开招标采用公告的形式发布，邀请招标采用投标邀请书的形式发布。

（2）选择的范围不同　公开招标因使用招标公告的形式，针对的是一切潜在的对招标项目感兴趣的法人或其他组织，招标人事先不知道投标人的数量。邀请招标针对的是已经了解的法人或其他组织，而且事先已经知道投标人的数量。

（3）竞争的范围不同　由于公开招标使所有符合条件的法人或其他组织都有机会参加投标，竞争的范围较广，竞争性体现得也比较充分，招标人拥有绝对的选择余地，容易获得最佳的招标效果。邀请招标中投标人的数量有限，竞争的范围也有限，招标人拥有的选择余地相对较小，既有可能提高中标的合同价，又

有可能将某些在技术上或报价上更有竞争力的供应商或承包商
遗漏。

（4）公开的程度不同　公开招标中，所有的活动都必须严
格按照预先指定并为大家所知的程序、标准公开进行，大大减少
了作弊的可能。相比而言，邀请招标的公开程度逊色一些，产生
违法行为的机会也就多一些。

（5）时间和费用不同　由于邀请招标不发公告，招标文件
只送几家，使整个招标投标的时间大大缩短，招标费用也相应减
少。公开招标的程序比较多，从发布公告、投标人作出反应、评
标，到签订合同，有许多时间上的要求，要准备许多文件，因而
耗时较长，费用也比较高。

由此可见，两种招标方式各有千秋，从不同的角度比较，会
得出不同的结论。在实际操作时，各国或国际组织的做法也不完
全一致。有的未给出倾向性的意见，而是把自由裁量权交给了招
标人，由招标人根据项目的特点，自主采用公开招标或邀请招标
方式，只要不违反法律规定，能最大限度地实现公开、公平、公
正即可。例如，《欧盟采购指令》规定，如果采购金额达到法定
招标限额，采购单位有权在公开招标和邀请招标中自由选择。实
际上，邀请招标在欧盟各国运用得非常广。世界贸易组织《政
府采购协议》也对这两种方式孰优孰劣采取了未置可否的态度。
但是，《世行采购指南》却把公开招标作为最能充分实现资金经
济和效率要求的招标方式，并要求借款时应将公开招标作为最基
本的采购方式，只有在公开招标不是最经济和有效的情况下，才
可采用其他招标方式。

四、法律对规定招标方式的要求

一项建筑工程和建筑设备的招标，既可以由建设部门主管的
工程交易中心委托进行招标，也可以由财政部门主管的政府采购
中心委托进行招标。那么，法律上到底是怎么规定招标方式
的呢？

世界贸易组织制定的《政府采购协定》将公开招标、邀请招标、谈判招标规定为公共采购的招标方式。其中，公开招标、邀请招标两种方式为我国 2000 年实施的《招标投标法》所采用。我国 2003 年实施的《政府采购法》第三章的内容吸收了世界贸易组织制定的《政府采购协定》中的所有采购方法，包括招标和非招标方式。根据《政府采购法》的规定，货物、工程和服务除了公开招标还有邀请招标、竞争性谈判、询价等非公开招标方式。

2003 年 3 月 8 日，当时的国家发展和改革委员会与建设部、铁道部、交通部、信息产业部、水利部、民航总局共同颁布了《工程建设项目施工招标投标办法》。2005 年 7 月 14 日，由国家发展和改革委员会再一次牵头，与财政部、建设部、铁道部、交通部、信息产业部、水利部、商务部、民航总局等 11 个部门联合颁布了《招标投标部际协调机制暂行办法》，规定国家发展和改革委员会为招标投标部际协调机制牵头单位，因此在大、中型建设工程公开交易中，可以理解为国家发展和改革委员会就是招标投标事实上的主管单位。

2003 年 1 月 1 日实施的《政府采购法》将财政部门确定为我国政府采购货物、工程和服务的主管机关。根据我国的《政府采购法》，在建筑工程领域，招标适用于建筑物和构筑物的新建、改建、扩建、装修、拆除、修缮等（实际上已包括了全部建筑工程的招标投标）。依据我国《政府采购法》第二十七条规定："采购人采购货物或者服务应当采用公开招标方式的，其具体数额标准，属于中央预算的政府采购项目，由国务院规定；属于地方预算的政府采购项目，由省、自治区、直辖市人民政府规定；因特殊情况需要采用公开招标以外的采购方式的，应当在采购活动开始前获得设区的市、自治州以上人民政府采购监督管理部门的批准。"但是，《政府采购法》第四条又规定："政府采购工程进行招标投标的，适用招标投标法。"从《政府采购法》规定的内容来看，公开招标还是非公开招标的审批机关是财政部门。在建筑工程的招标投标中，除了财政部外，还有国家发展和改革委员会及各行政主体都有自己关于公开招标的具体规定。

早在《政府采购法》出台之前，原国家计委就制定了适用于全国的《工程建设项目招标范围和规模标准规定》。规定各类工程建设项目，包括服务和货物的采购，在达到以下标准时必须进行招标：施工单价合同估算价在 200 万元人民币以上的；重要设备、材料等货物的采购，单项合同估算价在 100 万元人民币以上的；勘察、设计、监理等服务的采购，单项合同估算价在 50 万元人民币以上的。目前，这部行政规章仍然有效。继财政部出台《政府采购货物和服务招标投标管理办法》后，2005 年 2 月，国家发展和改革委员会又一次与建设部、铁道部、交通部、信息产业部、水利部、民航总局携手，联合颁发了《工程建设项目货物招标投标办法》。根据《工程建设项目货物招标投标办法》，招标范围包括能源项目、交通运输项目、水利项目、城市设施项目、生态环境保护项目、市政工程项目、科技教育文化项目、使用各级财政预算资金的项目、使用纳入财政管理的各种政府专项建设基金的项目等。根据该办法，凡涉及工程建设项目有关的货物，其招标投标活动分别由各主管部门负责。

目前，从全国各地的实践来看，招标方式的确定，主要看资金的来源和金额大小。如果是政府财政资金并且数额较小的建筑工程和设备类采购，一般由财政部门确定。如果是由建委立项的工程项目（实际上也是政府预算投资）或数额较大的公共基础设施，一般由建设部门确定。但是，在建筑工程领域（包括建筑设备采购）进行招标，目前主要还是依据《招标投标法》的较多。

目前，各地所进行的招标由不同的部门管理，各地、各部门在实践中已经形成了默认的管理和审批惯例。就建筑工程的招标来说，既可以依据《政府采购法》，又可以依据《招标投标法》。

第二节 公开招标

一、公开招标的基本概念

《招标投标法》第十条明确规定："公开招标，是指招标人以招标公告的方式邀请不特定的法人或者其他组织投标。"公开招标是一种无限竞争性的招标方式，即由招标人（或招际代理机构）在公共媒体上刊登招标广告，吸引众多投标人参加投标，招标人从中择优选择中标人的招标方式。前面已经详细介绍过，公开招标是招标最主要的形式，一般情况下，如果不特别说明，一提到招标，人们就会默认为是公开招标。公开招标的本质在于"公开"，即招标全过程的公开，从信息发布开始，到招标澄清、回答质疑、评标办法、招标结果发布等，都必须通过公开的形式进行。也正是因为招标过程公开，招标人选择范围广，这种方式才受到社会的欢迎。

可见，只要是大型的、公用的、国际组织或政府投资的、公共财政资金投资的建筑工程项目，必须进行招标。

同时，《政府采购法》规定，建设工程，包括建筑物和构筑物的新建、改建、扩建、装修、拆除和修缮等，只要是使用财政性资金采购限额标准以上的，都应该进行招标。遗憾的是，财政部对《政府采购法》的细化、实施细则即《政府采购货物和服务招标投标管理办法》没有对公开招标的数额标准作出规定。不过，与《招标投标法》配套的《工程建设项目招标范围和规模标准规定》明确了公开招标的数额标准。

二、建筑工程招标方式的核准

一项建筑工程要顺利实现招标，必须要通过行业主管部门的核准。建筑工程从规划、报建到招标，有很多需要审批的程序和手续。建筑工程招标方式的核准依据，主要是《行政许可法》

《招标投标法》以及各省、市、区通过的《招标投标法实施办法》或《招标投标管理条例》等。《招标投标法》规定，招标项目按照国家有关规定需要履行项目审批手续的，应当先履行审批手续，取得批准；招标人应当有进行招标项目的相应资金或者资金来源已经落实，并应当在招标文件中如实载明。

只有通过核准，才能确定招标方式和招标范围。核准的条件各省、市大同小异，一般建设项目只要已经依法履行审批或核准、备案手续，已经依法办理建设工程规划许可手续，已经依法取得国土使用权，资金已基本落实，就可以申请招标核准了。核准过程中，各地的要求也不一样。一旦核准通过，即发建设工程公开招标核准书。表1-3-1列出了某省建筑工程招标核准应提交的资料。

表1-3-1　某省建筑工程招标核准应提交的资料

序号	材料名称	材料形式
1	建设单位申请报告	原件
2	设计招标需提交建设用地规划许可证，施工招标需提交建设工程规划许可证	原件
3	土地使用权出让合同、建设用地批准书或土地使用证（用地单位发生变化的，须提交变更用地单位的批复）	复印件，需核对原件
4	提交建设单位及其所有法人股东的营业执照、验资报告、经工商部门备案的公司章程、股东登记手册，其中变更股东、股份的企业应提交股权转让协议或工商部门发出的核准书	
5	属于房地产项目开发的，需提交建设单位房地产开发资质证书	
6	外资投资项目须提交外经贸部门对公司章程、合作合同的批复以及外资投资企业的批准证书	—
7	合作开发合同中不能明确各股东或合作方投入及利润分配比例的，应提交所有股东或合作方签章的投入和利润分配比例的证明材料	—

三、建筑工程招标方式的变更

公开招标因其竞争充分、程序严谨而规范被业内专家广为推崇。一般来说，建筑工程公开招标方式一旦确定就不应该更改。但是，在某些情况下，公开招标失败，不能满足招标人的愿望时，就需要变更招标方式。在目前的操作实践中，各地关于招标方式有比较严格的规定。如有的地方就严格规定，只有当公开招标失败两次以后，才能改变招标方式（由公开招标改为其他方式）；如果要招标进口货物或设备，则需要详细的调研材料和部门审批。国家各部委、各级地方政府为鼓励自主创新产品和节能产品，鼓励使用国产设备和货物，在制度上对招标方式的变更进行了一些尝试，效果还是非常明显的。

对于因公开招标失败或废标而需要变更招标方式的，应审查招标过程和招标文件，投标人质疑、投诉的证明材料，评审专家出具的招标文件没有歧视性、排他性等不合理条款的证明材料，已开标的提供项目开标、评标的记录及其他相关证明材料。其中，专家意见中应当载明专家姓名、工作单位、职称、职务、联系电话和身份证号码。专家原则上不能是本单位、本系统的工作人员。专家意见应当具备明确性和确定性。意见不明确或者含混不清的，属于无效意见，不作为审批依据。

四、公开招标方式的基本要求

《招标投标法》第十六条规定："招标人采用公开招标方式的，应当发布招标公告。依法必须进行招标项目的招标公告，应当通过国家指定的报刊、信息网络或者其他媒介发布。招标公告应当载明招标人的名称和地址，招标项目的性质、数量、实施地点和时间以及获取招标文件的办法等事项。"因此，公开招标方式的基本要求是要信息公开，公开的内容包括招标方式、时间、地点、数量、程序、办法、信息公布媒介等。在招标实践中，招标公告一般要在当地的工程交易中心网站、政府网站和中国招标投标网同时发布，而招标结果一般只在当地的工程交易中心网站或政府网站上进行公布。

第三节 邀请招标

一、邀请招标的定义

所谓邀请招标，是指招标人以投标邀请书的方式邀请特定的法人或者其他组织投标。

二、邀请招标的特点

邀请招标方式一般具有的特点有：一是招标人在一定范围内邀请特定的投标人投标；二是邀请招标无需发布公告，招标人只要向特定的潜在投标人发出投标邀请书即可；三是竞争的范围有限，招标人拥有的选择余地相对较小；四是招标时间大大缩短，招标费用也相应降低。邀请招标由于在一定程度上能够弥补公开招标的缺陷，同时又能相对较充分地发挥招标的优势，因此也是一种使用较普遍的政府采购方式。为防止招标人过度限制招标人数量从而限制有效的竞争，使这一采购方式既适用于真正需要的情况又保证适当程度的竞争，《招标投标法》对其适用条件作出了明确规定。

三、邀请招标的适用范围

《招标投标法》第十一条规定："国务院发展计划部门确定的国家重点项目和省、自治区、直辖市人民政府确定的地方重点项目不适宜公开招标的，经国务院发展计划部门或者省、自治区、直辖市人民政府批准，可以进行邀请招标。"所谓不适宜公开招标的，一般是指有保密要求或有特殊技术要求的招标。《政府采购法》对采用邀请招标方式作了以下规定：

1）具有特殊性，只能从有限范围的供应商处采购的。

2）采用公开招标方式的费用占政府采购项目总价值的比例过大的。

所谓具有特殊性是指只能从有限范围的供应商处采购的。这主要是指采购的货物或者服务由于其技术复杂或专门性质而具有特殊性，只能从有限范围的供应商处获得的情况。采用公开招标方式的费用占政府采购项目总价值的比例过大的，主要是指采购的货物或者服务价值较低，如采用公开招标方式所需时间和费用与拟采购项目的价值不成比例，采购人只能通过限制投标人的数量来达到经济和效益的目的。由此可见，采用邀请招标方式采购的适用条件，其一为供应商数量不多的情形，其二为考虑到采购的经济有效目标。

四、邀请招标方式的基本要求

《招标投标法》第十七条规定："招标人采用邀请招标方式的，应当向三个以上具备承担招标项目的能力、资信良好的特定的法人或者其他组织发出投标邀请书。投标邀请书应当载明本法第十六条第二款规定的事项。"

邀请招标是招标人以投标邀请书邀请法人或者其他组织参加投标的一种招标方式。这种招标方式与公开招标方式的不同之处在于：它允许招标人向有限数目的特定法人或其他组织（供应商或承包）发出投标邀请书，而不必发布招标公告。因此，邀请招标可以节约招标投标费用，提高效率。按照国内外的通常做法，采用邀请招标方式的前提条件是对市场供给情况比较了解，对供应商或承包情况比较了解。在此基础上，还要考虑招标项目的具体情况：一是招标项目技术新而且复杂或专业性很强，只能从有限范围的供应商或承包商中选择；二是招标项目本身的价值低，招标人只能通过限制投标人的数量来达到节约和提高效率的目的。因此，邀请招标是允许采用的，而且在实际操作中有其较大的适用性。

但是，在邀请招标时，招标人有可能故意邀请一些不符合条件的法人或其他组织作为其内定中标人的陪衬，搞假招标。为了防止这种现象发生，应当对邀请招标的对象所具备的条件作出限定，即向其发出投标邀请书的法人或其他组织应不少于多少家，而且这些法人或其他组织资信良好，应具备承担招标项目的能力。前者是对邀请投标范围最低限度的要求，以保证适当程度的竞争性；后者是对投标人资格和能力的要求，招标人对此还可以进行资格审查，以确定投标人是否达到这方面的要求。为了保证邀请招标有适当程度的竞争，除潜在投标人有限外，招标人应邀请尽量多的法人或其他组织，向其发出投标邀请书，以确保有效的竞争。

投标邀请书与招标公告一样，是向作为供应商、承包法人或其他组织发出的关于招标事宜的初步基本文件。为了提高效率和透明度，投标邀请书必须载明必要的招标信息，使供应商或承包商了解招标的条件是否为他们所接受，并了解如何参与投标。投标人的名称和地址，招标项目的性质、数量、实施地点和时间，以及获取招标文件的办法等内容，只是对投标邀请书所必须载明的内容最起码的规定，并不排除招标人增补他认为适宜的其他资料，如招标人对招标文件收取的任何收费，支付招标文件费用的货币和方式，招标文件所用的语言，希望或要求供应货物的时间、工程竣工的时间或提供服务的时间表等。

第四节　其他形式的招标

其他方式的招标包括竞争性谈判、单一来源采购、询价以及国务院政府采购监督管理部门认定的其他采购方式。

一、竞争性谈判

1. 建筑工程进行竞争性谈判的条件

《政府采购法》第四条规定："政府采购工程进行招标投标的，适用招标投标法。"而《招标投标法》仅包括公开招标和邀请招标两种采购方式，那么，政府采购工程采用竞争性谈判方式是否合法呢？

《政府采购法》第三十条规定，符合下列情形之一的货物或者服务，可以依照本法采用竞争性谈判方式采购：

1）招标后没有供应商投标或者没有合格标的或者重新招标未能成立的。

2）技术复杂或者性质特殊，不能确定详细规格或者具体要求的。

3）采用招标所需时间不能满足用户紧急需要的。

4）不能事先计算出价格总额的。

按照《政府采购法》，政府采购包括建筑工程的招标，而《政府采购法》同时又规定，政府采购是可以进行竞争性谈判邀请的。另外，国家发展和改革委员会等七部门第30号令《工程建设项目施工招标投标办法》第三十八条规定："提交投标文件的投标人少于三个的，招标人应当依法重新招标。重新招标后投标人仍少于三个的，属于必须审批的工程建设项目，报经原审批部门批准后可以不再进行招标。"因此，毫无疑问，无论从哪个方面来讲，建筑工程的招标是可以适用竞争性谈判的。并且，在实践中，各地方政府的采购工程中有大量的建筑设备安装乃至建筑工程建设都采用了竞争性谈判方式。

根据项目实际，有些不适合公开招标、投资金额较小或工期较紧且不影响建设单位编制报价文件的工程，可以采用竞争性谈判方式。工程投资较小的项目（如小工程的土建、装修、装饰、改造、勘察、设计、监理等项目），按照成本与效益配比原则，如果采用公开招标，不但费时费力，而且成本较大。至于政府采购限额以下的工程，因其规模小，工期短，且一般无特殊技术要求，采用竞争性谈判方式将是一种合法合情、简捷高效的选择。

不过，建筑工程的招标，特别是政府采购工作中的建筑工程招标，招标形式往往容易与公开招标和邀请招标或单一来源采购模式相混淆，使竞争性谈判成为所谓的"四不像"。因此，对于投资较大的或技术复杂的建筑工程招标，要慎用竞争性谈判方式。

2. 竞争性谈判中防止打擦边球的方法

对于采用竞争性谈判方式进行建筑工程招标的情况必须从严掌握，否则就可能使竞争性谈判成为招标违规的工具。

首先，在操作时要防止某些单位以工程"复杂特殊"和"紧急需要"为借口，把本应公开招标的项目要求通过竞争性谈判方式完成，降低供应商的竞争激烈程度，增加"心仪"供应商中标的概率。如某些地方就规定，只有公开招标失败两次以上的项目，在投标单位仍不足 3 家，且确保招标文件无歧视性条款的情况下，经政府采购行政主管部门批准后，才能改为竞争性谈判方式来择优确定中标单位。

其次，要强化监管，坚持公平、公正、公开原则，禁止歧视性和排他性条款。要细化措施，防患未然，按事先规定的法定程序公布评审标准和成交原则，防止暗箱操作。

3. 竞争性谈判的注意事项

第一，竞争性谈判不只是谈判价格。在竞争性谈判实务中，多数采购人或采购代理机构往往偏重成交价的洽谈，有的干脆把谈判过程简化成三轮报价或多轮报价。其实，价格谈判只是竞争性谈判的内容之一。竞争性谈判是基于采购人的采购需求难以在采购文件中准确表述而供应商也无法对此形成一致理解的条件下所选择的一种采购方式。只有通过对诸多实质性事项进行详尽的竞争性谈判，才能让采购人与供应商在一定的法律规范形式下就双方共同关注的诸多实质性条款达成共识，并最终实现采购目标。

第二，竞争性谈判的过程主要是采购人或代理机构与供应商之间通过语言进行沟通交流，是供求双方就货物与服务的规格质量、技术指标、价格构成、售后服务等要素谋求达成共识的过程。但在竞争性谈判实务中，不少采购人或其代理机构往往只注意口头洽谈，而忽视对谈判过程和结论的书面记录，不注意现场留下最有证明力的相关书面证据，导致在确定成交供应商以后，在签订政府采购合同环节出现一些本来完全可以避免的分歧和扯皮，有的甚至引发投诉与诉讼。因此，对于每一轮次的竞争性谈判内容，尤其是谈判结论，谈判小组最好当场形成纪要，并经双方签字确认，让口头谈判的结果形成书证，这对参加竞争性谈判的采供双方有百利而无一害。

第三，对邀请参加竞争性谈判的供应商的资格条件必须坚持同一标准。其资格审查的方法可以根据采购项目的不同情况选择资格预审或资格后审。资格预审让采购人有比较充裕的时间对潜在供应商的资质条件、技术水平、资金实力、类似业绩等进行审核评价乃至实际考查，有利于采购人邀请更贴近采购项目实际需求的供应商参加竞争性谈判，但这也增加了对接受邀请供应商的名称、数量等信息进行保密的难度。资格后审有利于采购人缩短采购周期和有效遏制串通报价，但有可能增加潜在供应商参加竞争性谈判的成本。谈判涉及的相关实质性条款范围、条件、口径必须一致。如果谈判中涉及的谈判文件有实质性变动时，谈判小组应当以书面形式通知所有参加谈判的供应商，并以书面修改或补充后的谈判文件条款与各单一供应商进行新一轮谈判。谈判小组只能与各单一供应商进行谈判，且轮次应当相等。

第四，采购方式调整后，采购人必须按照竞争性谈判模式重新发布采购文件，切不可图省事，仅在口头宣布改用竞争性谈判方式，而使采供各方仍使用原有的招标文件和投标文件，否则，将导致采购方式、采购过程以及采购成果等法律法规使用混乱，易引发质疑投诉乃至诉讼。

4. 竞争性谈判的程序

《政府采购法》第三十八条规定，采用竞争性谈判方式采购的，应当遵循下列程序：

1）成立谈判小组。谈判小组由采购人的代表和有关专家共3人以上的单数组成，其中专家的人数不得少于成员总数的2/3。

2）制定谈判文件。谈判文件应当明确谈判程序、谈判内容、合同草案的条款以及评定成交的标准等事项。

3）确定邀请参加谈判的供应商名单。谈判小组从符合相应资格条件的供应商名单中确定不少于3家的供应商参加谈判，并向其提供谈判文件。

4）谈判。谈判小组所有成员集中与单一供应商分别进行谈判。在谈判中，谈判的任何一方不得透露与谈判有关的其他供应商的技术资料、价格和其他信息。谈判文件有实质性变动的，谈判小组应当以书面形式通知所有参加谈判的供应商。

5）确定成交供应商。谈判结束后，谈判小组应当要求所有参加谈判的供应商在规定时间内进行最后报价，采购人从谈判小组提出的成交候选人中根据符合采购需求、质量和服务相等且报价最低的原则确定成交供应商，并将结果通知所有参加谈判的未成交的供应商。

二、单一来源采购

单一来源采购也称为直接采购，是采购机关向供应商直接购买的采购方式，即采购实体在适当的条件下向单一的供应商、承包商和服务提供者征求建议或报价来采购货物、工程和服务。尽管它是一种没有竞争的采购方式，但在政府采购中，它同样是不可或缺的采购方式之一，也是其他采购方式的有效补充。

1. 单一来源采购的原因

在建筑工程的招标中，也有采用单一来源采购方式的。在实践中，采用公开招标失败后，或采用竞争性谈判招标时在规定的时间内报名的投标人只有一家，就变成了单一来源采购招标。

《政府采购法》第三十一条规定，符合下列情形之一的货物或者服务，可以依照本法采用单一来源方式采购：

1）只能从唯一供应商处采购的。

2）发生了不可预见的紧急情况不能从其他供应商处采购的。

3）必须保证原有采购项目一致性或者服务配套的要求，需要继续从原供应商处添购，且添购资金总额不超过原合同采购金额 10% 的。

可见，之所以能采用单一来源进行招标，是由其特点决定的。

1) 只能从唯一的供应商处采购的。由于技术、工艺或专利权保护的原因，产品、工程和服务只能由特定的供应商、承包商和服务提供者提供，且不存在任何其他合理的选择和替代品。在这种情况下，由于各种客观原因的限制，不可能采用竞争性方式寻找较多的供应商、承包商和服务提供者，只能采用单一来源采购方式。

2) 发生了不可预见的紧急情况不能从其他供应商处采购的。不可预见事件导致出现异常紧急情况，而其他采购方式由于程序相对复杂，时间限制较多，不可能在很短的时间内完成采购，难以满足用户的需求。在这种情况下，单一来源采购方式由于程序相对简单，往往可以满足紧急采购的要求。

3) 必须保证原有采购项目一致性和服务配套的要求，需要继续从原供应商处添购，且添购资金总额不超过原合同采购金额 10% 的。

这些合同主要包括以下两大类：

①附加类合同。就供应合同而言，在原供应商替换或扩充供应品的情况下，更换供应商会造成不兼容或不一致的困难；就工程合同而言，如果现存合同的完成需要增加原来预料到的额外工程的采购，而该额外工程既不能同主合同分开（经济和技术原因），又非常必要；就服务合同而言，确实是不能同主合同分离，且又是主合同完成所必需的服务或者未曾预料到的额外服务。这几类合同中总金额不超过原合同 10% 的，采购方式往往继续由原供应商、承包商和服务商提供未预料的额外产品、额外工程和额外服务，这几种情况下的采购都属于单一来源采购方式。

②重复类合同。这类合同是指需增加购买、重复建设或反复

提供类似的货物、工程和服务，并且原合同是通过竞争邀请程序授予同样的供应商、承包商和服务提供者。在这种情况下，由于重复合同具有经常反复的特点，采购方与供应商、承包商和服务提供者需要确立一种比较稳定的合作关系，这时在规定的采购金额内，适宜采用单一来源采购方式。如很多地方追加的合同项目，供应商、承包商或服务提供者就是原来的中标人，这样的招标就变成了单一来源采购。

2. 单一来源采购的优缺点

在采用单一来源采购方式的情况下，因为采购单位所购产品和服务的采购渠道是单一的，通常只与唯一的供应商签订合同，所以采购环节相对较少，手续相对简单，过程也相对简化。同时，单一来源采购方式程序较简单，并且具有很强的时效性，在紧急采购时，这种方式可以发挥较好的作用。另外，单一来源采购方式面对的供应商较少，时间跨度较短，与其他采购方式尤其是招标采购方式相比，该方式免去了发布信息、编制标书、组织评标活动等一系列工作，有利于降低采购单位的采购成本。

不过，单一来源采购方式也有缺点，由于投标人只有独此一家，有时候会造成"店大欺客"的现象，特别是有些技术独特或时间紧急的招标情况，单一来源采购的招标项目往往使招标人没有选择的余地，甚至要受投标人要挟。

在所有采购中，单一来源是最特殊也是最容易产生"权力寻租"现象的一种采购。没有任何竞争，只能同唯一的供应商签订合同，单一来源采购这种一对一的特性无形中为它烙上了"特殊采购"的标记。因为这种特殊性，国家对单一来源采购设定了严格的适用标准。各地也结合自身的情况，纷纷出台了约束性措施。

3. 单一来源采购的运用

单一来源采购方式是《政府采购法》中所列举可应用的五种采购方式之一，也是现实中不少采购人经常采用的，但又是不被人们所重视的一种采购方式。因而，至今仍有不少采购人和采购代理机构未能全面掌握该采购方式，常使其在应用中变味、走形，因此，规范应用单一来源采购变得十分必要。具体地讲，就是在采用单一来源采购方式时应杜绝以下四种现象：

（1）不讲究采购原则的现象　《政府采购法》第三条规定："政府采购应当遵循公开透明原则、公平竞争原则、公正原则和诚实信用原则。"这就是说，采用单一来源采购也必须始终坚持公开、公平、公正的采购原则，但是不少采购人和采购代理机构在应用单一来源采购方式时，却把这条规定置之脑后。因此，在采用单一来源采购方式时，要防止以下三种现象：

1）不认真执行公开透明原则。招标人应在政府采购监督管理部门指定的媒体上及时向社会公开（涉及商业秘密的除外）实施单一来源采购项目的信息，公布的信息要完整，对于"××月××日对××物品实施单一来源采购"等实质性内容切不可没有，更要注意将应用该方式所进行的所有采购活动，如与供应商商谈价格、签订合同、验收货物等都要置于大庭广众之下。

2）不认真执行公平竞争原则。在不少人看来，实施单一来源采购方式就不需要竞争，这是完全不正确的。因为，政府采购本身就是一种体现公平竞争的采购活动，只不过单一来源采购方式的竞争性没有公开招标等方式强。所以，在采用单一来源采购方式时，无论执行哪一种采购程序，都要与实施其他采购方式一样一视同仁，一样公正。例如，对招标采购的物品能够组织验收组验收，那么，对单一来源采购的物品也应组织验收组验收，否则就是不公平，就容易变成掩耳盗铃式的单一来源采购。

3）不认真执行公正原则。在采用单一来源采购方式时，要杜绝随意性，如所确定的具体采购经办人员不是按照一定的规范条件和程序确定的，而是个别领导有意指定的，再如未制定监督程序、未明确监督人员等。显然，这些都有失公正，都容易引起质疑和投诉。这就要求在采用单一来源采购方式时，必须讲究采购原则，尤其是要规范信息发布程序。规定实行单一来源采购方式时，也必须在所有指定媒体上发布信息，发布时间不得少于规定的时间，并充分载明实行单一来源采购的理由，以及具体内容，同时还应当在本采购单位内进行公示。只有这样，才能保证本次实行的单一来源采购能遵循公开、公平、公正的采购原则。

（2）不追求质优价廉的现象 现实中，有不少采购人在应用单一来源采购方式时，总是抱着一种观点，那就是"买到有"，即只要能买到就算不错了，而把质量、价格放在次要的位置上，特别是对价格更是不重视，任由供应商定价。一些供应商也抓住他们的这种心理，不是有意不用标准件，或者将零部件以次充好，就是有意加大利润率，抬高价格，或者实行有偿售后服务。上述这些行为都有违于政府采购的本质。推行政府采购制度的初衷之一，就是要使采购人通过实施政府采购购买到质优价廉的货物、工程和服务，而不是不求质量的"买到有"。《政府采购法》第三十九条规定："采取单一来源采购方式的，采购人与供应商应当遵循本法规定的原则，在保证采购项目质量和双方商定合理价格的基础上进行采购。"这就是说，还要按照物有所值的原则与供应商进行协商，本着互利原则，合理定价，也就是平常所说的要实行"双赢"，而不是让供应商"独赢"，由其单方定价，任其任意"宰杀"。如果真的如此，这样的单一来源采购也就毫无意义了。所以，在采用单一来源采购方式的，一定要杜绝不追求质优价廉的现象，要改变以往与供应商一商谈就定价的格局，应事先由财务人员或聘请有关专家按规范程序评算其价格，在此基础上再与供应商商谈价格，这样才能保证执行互利、合理定价原则，实现既买到有，又买到好的目的。

（3）不履行审批程序的现象 《政府采购法》第二十六条和第二十七条明确规定，公开招标应作为政府采购的主要采购方式，如果因特殊情况需要采用公开招标以外的采购方式的，应当在采购活动开始之前获得设区的市、自治州以上人民政府采购监督管理部门的批准。这就是说，凡采用单一来源采购方式的，都必须履行审批程序，而不是一些地方把采购项目数额大小作为确定项目采购方式的唯一标准，也就是数额大的就采用公开招标方式，数额中等的就采用竞争性谈判，数额小的就采用询价，再小的就采用单一来源采购甚至自购，而对于单一来源采购要履行审批程序，早已忘得一干二净。因此，在采用单一来源采购方式时，一定要杜绝不履行审批程序的现象，应着重防止出现下列两种情况：一种情况是"先斩后奏"，在采用单一来源采购方式后，再到政府采购监督管理部门去补办审批手续；另一种情况是以"我喜欢、我需要"为由抵制审批。

现实中，有少数采购单位的领导常以"我们喜欢这种产品、习惯这种产品、需要这种产品"为借口，直接指派有关人员实施单一来源采购方式，并且还说什么不能去报批，一报批就采购不了。尽管这种情况不多，但其性质是严重的，是一种公然对抗《政府采购法》的违法行为，所以，一旦发现，必须严肃查处。同时，还要严禁补办审批手续，杜绝"先斩后奏"现象的发生。

（4）不符合法律规定情形的现象　这就是说在实际工作中，一定要严格对照单一来源采购的三种情形来确定是否能采用单一来源采购方式，而决不能将"情形"变通，以达到采用单一来源采购方式的企图。主要杜绝下列三种"情形"：一是在第一种情形下，将"唯一供应商"变味成本地区的唯一供应商，本行业的唯一供应商，或者以某种不合理条件限制后产生的供应商，来使自己以此作为唯一的供应商。二是在第二种情形下，将"发生了不可预见的紧急情况不能从其他供应商处采购的"情形，变味成因没有提前预防、没有提前有所准备而发生的紧急情况，而实际上是属于不影响全局利益，可采取其他合理的选择或替代采购的情形。三是在第三种情形上，将"必须保证原有采购项目一致性或者服务配套的要求，需要继续从原供应商处的添购"，变味成"必须保证原有采购项目的一致性或者服务配套要求的添购"，且没有充分听取大家的意见，也没有向专家咨询，而事实上是能采取替代式采购措施，应实实在在重新进行采购的，不仅如此，还将"添购资金总额不超过原合同采购金额10%"变成了超过原合同采购金额的10%。

因此，要健全监督管理制度，并通过健全日常监督检查制度和专项监督检查制度来加强对单一来源等采购方式应用的监督检查。同时，还要转变观念，改进方法，创新制度，加强与纪检、审计等监督部门的联系，形成监督合力，以广泛接受监督，让群众看清是否属于"只有唯一供应商"的采购，是否属于"发生了不可预见的紧急情况不能从其他供应商处的采购"，是否属于"必须保证原有采购项目的一致性或者服务配套要求的添购"，从而有效杜绝不符合法律所规定情形的发生。

三、询价

1. 国际工程的询价招标

询价招标是法语地区国家工程发包单位招揽承包商参加竞争，进行建筑工程招标的一种方式，也是法语地区国家工程发包的主要方式。法语地区国家的询价式招标与世界银行所推行的竞争性招标要求做法大体相似。在这些国家的招标中，询价式招标的项目工程一般比较复杂，规模较大，涉及面广，不仅要求承包商报价优惠，而在其他诸如技术、工期及外汇支付比例等方面也有较严格的要求。

询价式招标可以是公开询价式招标，也可以在有限范围内进行，即有限询价式招标，还可以采取竞赛形式即带设计竞赛形式招标。

公开询价式招标是指公开邀请承包商参加竞标报价，世界各地对招标项目有兴趣的承包商均有资格参加投标。有限询价式招标则仅仅是邀请招标单位选定的承包公司参加竞标，招标人有权决定采取公开询价式还是有限询价式招标，可以要求投标人报单价或报总价。不管是公开询价式还是有限询价式招标，其开标方式都是秘密的。这也是法语地区国家招标的与众不同之处。

2. 询价招标的定义与应用

我国的《招标投标法》并没有把询价招标法当成一种招标方式，而《政府采购法》则把询价招标当成五种招标方式之一。

所谓询价招标是指询价小组根据采购需求，从符合相应资格条件的供应商名单中确定不少于 3 家的供应商，向其发出询价单让其报价，由供应商一次报出不得更改的报价，然后询价小组在报价的基础上进行比较，并确定最优供应商的一种采购方式。

与国外（主要是法语地区国家）不同，我国在实践中只是对一些简单的工程项目和设备采购才采用询价方式，并且相对大量的招标采购项目来说，询价的招标方式应用得很少，需要经相关部门严格审批。询价方式尽管有其比较严格的适用条件，但对于一些采购规模不大、采购任务相对较少、招标方式难以实施的贫困地区和中小城市的集中采购机构来说，是一种应用较为普遍的政府采购方式，主要适用于采购的货物规格、标准统一，货源充足且价格变化幅度小的政府采购项目。

3. 询价招标的优缺点

（1）优点　询价招标的优点有以下两点：

1）招标周期短，招标效率高。询价招标简便、快捷、效率高。询价招标没有法定采购周期，不需像竞争性招标那样必须要公示 20 天，可在 1 周或 10 天左右完成采购招标。它既能满足采购单位的数量不多、金额较小、时间要求紧的采购需求，又能有效地节约采购过程的成本，提高资金使用效率。

2）节省资金，充分反映市场竞争特征。询价招标既具有公开发布采购信息的特点，又可以像单一来源采购那样确定货物规格和标准，还能按法律要求以最低价法确定成交供应商，充分利用市场竞争来节省财政资金。因此，询价招标特别适用于物资设备数量不多、采购金额较小、价格变化幅度不大、产品标准化程度高、较为通用的招标。这些设备很难进行竞争性招标采购，因此多采用询价采购的方式进行采购。当然，在实践中，也有不少的建筑工程采用询价招标方式。某些地方就规定对施工技术不太复杂或内容单一的项目，如单独的土方工程，可采用询价方式招标。

（2）缺点　询价招标的缺点有以下两点：

1）没有完善的询价系统。就我国来说，设备和货物的询价包括品牌、规格、型号、产地、预计用量等，如果是建筑工程询价，还应编制出工程量清单，如果是小型的招标，一般单位是没有完善的询价系统的。询价采购大多以最低报价的形式来确定供应商。实践证明，单纯的以最低报价确定供应商的方法有很多弊病，往往造成产品质量和服务水平的降低，必然给采购工作带来负面的影响。

2）难以确定符合资格条件的投标人。无论是设备招标还是建筑工程招标，在询价招标中，专家的自由裁量权很大。在确定不少于3家供应商的过程中，如果完全按照公平、公开、公正的原则，采取从供应商库中随机抽取的方法，确定的供应商不见得使采购人满意。同时，如果不通过随机抽取而由询价小组来确定投标人，就有可能出现循私舞弊行为或暗箱操作等问题，侵害其他潜在供应商的正当权利。

4. 询价招标的程序

我国的《政府采购法》第四十条规定，采取询价方式采购的，应当遵循下列程序：

1）成立询价小组。询价小组由采购人的代表和有关专家共3人以上的单数组成，其中专家的人数不得少于成员总数的2/3。询价小组应当对采购项目的价格构成和评定成交的标准等事项作出规定。

2）确定被询价的供应商名单。询价小组根据采购需求，从符合相应资格条件的供应商名单中确定不少于3家的供应商，并向其发出询价通知书让其报价。

3）询价。询价小组要求被询价的供应商一次报出不得更改的价格。

4）确定成交供应商。采购人根据符合采购需求、质量和服务相等且报价最低的原则确定成交供应商，并将结果通知所有被询价的未成交的供应商。

可见，询价是一种竞争性的招标方式。

5. 询价招标操作实务

（1）项目的论证分析环节　项目的论证分析主要是对工程项目进行可行性论证，并对项目的具体情况和潜在的市场信息进行分析。项目的可行性论证主要是工程是否立项，是否经过有关部门审批，土地征用、补偿以及相关报建手续是否齐全等。项目的具体情况分析主要是对工程结构及具体内容等进行分析，包括工程结构是否合理，设计方案是否完整，设计图样是否符合行业规范，有无重大遗漏项目，工程用材、工程监理、质检和验收以及施工方法、地基处理、土建、安装等是否有特殊要求等。潜在市场信息主要是指工程设计用材及其市场行情，以及工程造价、工期和项目资金准备状况，潜在的供应商信息，采购风险以及相关因素等。在对工程项目进行询价之前，要从这些方面对项目进行全方位的分析，为项目的顺利实施做好充分准备。

（2）采购方案的确定环节　首先是确定项目实施方案，主要是根据对项目的分析情况，确定项目执行部门和项目执行人，对项目实施的全过程要做到缜密、细致地安排，要充分考虑项目实施过程中的相关因素，在此基础上制定出项目实施的具体方案，以确保项目按期实施。其次是确定最终采购方案，主要是通过对项目进行场地踏勘，了解采购单位的需求，完善项目设计图样和设计方案，并通过市场调查了解市场信息，掌握工程所用主要材料和辅助材料的市场销售动态及相关价格。为了有利于工程询价，要确定工程量和工程所用主要材料的品牌、规格、型号、产地、预计用量以及辅助材料的参考品牌、规格、型号、产地、预计用量等，有必要时，还应编制出工程量清单，以使项目采购方案更加完善、更加合理。

（3）项目实施的准备环节　在项目实施的准备环节主要应抓好四项工作，即成立询价小组、编制询价书、邀请供应商、编制评价文件。

1）成立询价小组。询价小组一般由3人以上的单数组成，有项目执行人、采购单位代表以及建设工程方面的技术专家等

（专家不少于总人数的2/3）。

2）编制询价书。工程询价书和货物、设备采购的询价书应相同，一般应包括报价邀请函、工程内容和技术要求、报价人须知、商务要求（合同主要条款）、报价书格式等五个部分。在报价邀请函中，要对工程项目做简要介绍，同时说明参与报价的供应商资格条件，获取询价书及递交报价书的时间、地点、联系方式等。在工程内容和技术的要求中，要详细阐明项目的技术要求，包括施工单位的资质等级要求以及对工程用材料的要求、对施工技术的要求、对施工组织安排的要求等，同时，应将工程设计图样和设计方案作为该部分的附件。在报价人须知部分，要详细说明本次采购所采用的方式、方法，对询价书中所涉及的定义和概念作出解释，并说明询价书和报价书的组成部分、报价书的编制方法、报价的总体要求、供应商应提交的相关资格证明文件以及评价方法、确定成交的原则等。在商务要求部分，主要是对合同格式作出说明，同时阐明合同的主要条款，如工期、保修期、付款条件、合同各方当事人的权利和义务以及在合同关系中的地位、合同生效的条件等。在报价书格式中，主要是列出报价书的组成部分，并对相关部分的报价方式作出说明，以有利于供应商报价。报价书格式部分，除具有一般项目报价书所附的报价表、售后服务说明外，还应特别要求附详细的施工计划、施工图样、工程进度表、主要材料来源及性能说明表、工程预算书等（工程项目询价书格式附后）。

3）邀请供应商。供应商的邀请方式和货物类采购相同，可采用在信息公告媒体上发布公告的方式公开邀请，或在本级政府采购供应商库中通过随机抽取的方式选择供应商，并向其发出报价邀请函。对邀请来的供应商应进行资格审查（可按照工程项目特点和具体要求事先规定供应商的资格条件），经审查合格的供应商，可向其发售询价书。

4）编制评价文件。评价文件主要是询价小组在评价过程中使用的报价记录格式、评价方法和标准以及相关表格、文件等，应依据询价书的规定并按照工程项目的技术要求编制。编制招标控制价应依据完整、有效的勘察报告、设计图样，并严格执行清单计价规范。消耗量水平、人工工资单价、有关费用标准按建设行政主管部门颁发的计价表（定额）和计价办法执行；材料价格按工程所在地造价管理部门发布的市场指导价取定（没有市场指导价的，按市场信息价或市场询价）；措施项目计价应当考虑目前的施工管理水平和拟建工程常用的施工方案。

第二篇 建筑工程招标投标基本操作流程

第一章 落实招标条件

按照《招标投标法》的规定，招标人应在工程建设项目开始前，按有关行业或部委的管理规定，逐项落实项目的招标条件，比如项目的立项、概算审批、落实资金、建设用地的使用权、设计资料、文件和图样等。只有在上述的条件已落实后，才能开始起动招标。

在前面的章节中，已经对建筑工程招标的条件做了具体的了解，这里就不再逐一复述。

第二章　组建招标机构

应当实施招标的工程建设项目，在办理报建登记手续后，凡是已经满足招标条件的，即可组建招标机构，办理相关招标事宜。

1. 招标工作机构概述

招标工作机构指的就是从项目招标开始到项目承包合同签订招标投标全过程的组织者，简而言之，也就是负责招标工作进行的工作班子。

（1）招标工作机构的职能　招标工作机构主要行使如下职能：

1）决策

①确定招标方式及方法。

②确定发包的范围、内容及方式。

③确定标底。

④决标及签订合同。

⑤其他相关事项。

2）处理日常事务工作

①发布招标通告或发出邀请投标函。

②编制和报送招标文件和标底。

③审查投标人资格。

④组织勘察现场和招标答疑。

⑤组织开标、评标和决标工作。

（2）招标工作机构人员组成　一般来说，招标工作机构会由三类人员组成：

1）决策人员。即各级主管部门的代表以及招标人的授权代表。

2）专业技术人员。包括建筑、结构、设备、工艺等工程师，造价师，以及精通法律及商务业务的人员等。

3）助理人员。即负责日常事务处理的秘书、资料、绘图等工作的人员。

2. 招标人自行组建招标机构

按有关规定，招标工作机构必须具有相应的组织招标的资质才可实施招标。招标人可自行组建招标机构组织招标，也可以委托招标代理机构组织招标。先来看招标人自行组建招标机构。

由于建筑工程招标是一项经济性、技术性较强的专业民事活动，因此招标人自己组织招标，必须具备一定的条件，设立专门的招标组织，经招标投标管理机构审查合格，确认其具有编制招标文件和组织评标的能力，可以自行组织招标。

按原国家计委《工程建设项目自行招标试行办法》（2000年7月1日第5号令）的规定，经原国家计委审批（含经原国家计委初审后报国务院审批）的工程建设项目的自行招标活动，项目法人或者组建中的项目法人应当在原国家计委上报项目可行性研究报告时，向原国家计委报送书面材料。原国家计委审查招标人报送的书面材料，核准招标人符合本办法规定的自行招标条件的，招标人可以自行办理招标事宜。任何单位和个人不得限制其自行办理招标事宜，也不得拒绝办理工程建设有关手续。原国家计委审查招标人报送的书面材料，认定招标人不符合本办法规定的自行招标条件的，在批复可行性研究报告时，要求招标人委托招标代理机构办理招标事宜。

招标人自己组织招标，会有一定的弊端：其中的工作人员一般都是招标人从各部门临时抽调或从外面临时聘请的，因而工作机构具有临时性、非专业化的特点，不利于提高招标工作水平。

3. 委托招标代理人代理组织招标

根据有关规定，招标人不具备自行组织招标条件的，必须委托具备相应资质的招标代理人代理组织招标、代为办理招标事宜。

（1）招标代理机构的必要性　　对于大型建设项目，其专业性比较强，存在许多技术、商务、管理、政策方面的问题，投资者或工程建设单位很难具备设计、咨询、估价、施工及管理等多方面专业知识，因此就需要把工程招标工作委托给专业性招标机构代理其组织招标。

（2）招标代理机构的优势　　具体来说，招标代理机构具有如下优势：

1）招标代理机构一般具有系统的信息、专业化的分析运作、精细快捷的策划设计、准备科学的决策、周到的服务以及良好的信誉，能够适应招标投标高度组织性、制度性、规范性及专业化的需要。

2）在组织招标的过程中，招标代理机构不仅要接受委托人和标人的监督，还要接受政府和社会的监督，也受到执业资质考核和职业道德的约束。因此，招标代理机构可以更好地体现招标的组织性、规范性、公开性。

鉴于招标代理机构这些独特的优势，也使得其成为国家实施强制招标的最佳执行机构。

（3）招标代理机构的资格认定　　《招标投标法》第十四条规定：

1）从事工程建设项目招标代理业务的招标代理机构，其资格由国务院或者省、自治区、直辖市人民政府的建设行政主管部门认定。具体办法由国务院建设行政主管部门会同国务院有关部门制定。

2）从事其他招标代理业务的招标代理机构，其资格认定的主管部门由国务院规定。

3）招标代理机构与行政机关和其他国家机关不得存在隶属关系或者其他利益关系。

（4）招标代理机构的代理权限　　《招标投标法》第十五条规定："招标代理机构应当在招标人委托的范围内办理招标事宜，并遵守本法关于招标人的规定。"这一条规定了招标代理机构的代理权限范围。

从《招标投标法》规定看，招标代理机构从事招标代理业务，其主要职责是接受招标人的委托，代为办理有关招标事宜，如编制招标文件、组织评标、协调合同的签订和履行等。

（5）招标代理合同的签订　招标人委托招标代理机构代理招标，必须与之签订招标代理合同（协议）。招标代理合同应当明确以下一些事项：

1）委托代理招标的范围和内容。

2）招标代理机构的代理权限和期限。

3）代理费用的约定和支付。

4）招标人应提供的招标条件、资料和时间要求。

5）招标工作安排。

6）违约责任。

7）其他相关事项。

下面，来看工程项目委托招标代理合同的示范文本格式。

委托招标代理合同（示范文本格式）

合同编号：

工程项目名称：

委托方（甲方）：

代理方（乙方）：

签订日期：　　年　　月　　日

签订地点：

有效期限：

合 同 条 款

委托方（甲方）：

代理方（乙方）：

（一）建筑工程基本情况

1. 工程名称：

2. 招标范围：

3. 建设地点：

4. 工程规模：

5. 工程投资额：

（二）建筑工程实施条件

1. 工程批准文号及时间：

2. 图样设计单位及交付时间：

（三）招标、计价及评标定标方式

1. 招标方式：

2. 计价方式：

3. 评标办法：

（四）代理业务范围

1. 拟定招标方案。

2. 拟定招标公告或者发出投标邀请书。

3. 派员组织申请人报名登记。

4. 审查报名申请人投标资格。

5. 编制招标文件。

6. 组织现场踏勘和答疑。

7. 编制标底。

8. 组织开标、评标。

9. 参与开标、评标。

10. 草拟工程合同。

（五）代理方的义务

1. 严格按照国家法律、法规以及建设行政主管部门的有关规定从事招标投标代理活动。

2. 在委托书的受权范围内为委托方提供招标代理服务，不得将本合同所确定的招标代理服务转让给第三方。

3. 有义务向委托方提供招标计划以及相关的招标投标资料，做好相关法律、法规及规章的解释工作。

4. 对影响公平竞争的有关招标投标内容保密，代理方工作人员如与本工程潜在投标人有任何利益关系应主动提出回避。

5. 对代理工程中提出的技术方案、数据参数、技术经济分析结论负责。

6. 承担由于自己过失造成委托方的经济损失。

（六）代理方的权利

1. 有权拒绝违反国家法律、法规和规章以及建设行政主管部门的有关规定的人为干预。

2. 依据国家有关法律法规的规定，在授权范围内办理委托项目的招标工作。

3. 有权要求更换不称职或有其他原因不宜参与招标活动的委托方人员。

4. 承担由于自己过失造成委托方的经济损失。

（七）委托方的义务

1. 在双方约定的期限内无偿、真实、及时、详细地提供招标投标代理工作范围内所需的文件和资料（包括建设批文、资金证明、工程规划许可证、地质勘察资料、施工图样及审核通知书等）。

2. 在履行本合同期间，委派熟悉业务，知晓法律、法规的联系代表配合代理方工作。

3. 在双方约定的期限内，对代理方提出的书面要求在日内作出书面的回答。

4. 承担由于自己过失造成代理方的经济损失。

5. 对影响公平竞争的招标投标相关问题保密。

6. 在规定的有效期内签订完工程施工合同，并在签定合同后 7 日内提交××市招标投标管理中心备案。

7. 委托代理资质项目中如内容、时间等有重大调整，应书面提前一周通知乙方，以便调整相应的工作安排。

（八）委托方的权利

1. 法定代表人或委托代理人有权参加委托代理工程招标投标的有关活动。

2. 有权了解招标投标活动的计划安排，并可要求代理方提供招标阶段（保密事项除外）和全过程书面报告。

3. 有权要求代理方更换代理招标过程中不称职或应回避的人员。

4. 有权参与投标申请人的资格审查和考察工作。

5. 有权参与开标、评标以及评标委员会评标、定标的全过程工作。

（九）招标代理服务费的收取办法

1. 受托方向委托方收取中标价的＿＿％或人民币＿＿（大写）代理咨询服务费；上述费用中：

1）含甲方缴纳的发布媒体信息服务费。□

2）含甲方及中标人缴纳的市招标投标服务所综合服务费。□

3）不含甲方缴纳的发布媒体信息服务费。□

4）不含甲方及中标人缴纳的市招标投标服务所综合服务费。□

2. 此代理咨询服务费于本协议签订后，委托人先预付＿＿％，余款在：

1）领取合同备案通知书后一次性付清。□

2）委托人与中标人签定"建筑工程施工合同"后一周内付清。□

（十）委托方指定联系代表人

姓名：　　　　　　　　职务：

（十一）违约、争议

1. 双方都必须严格遵守签订的代理合同条款，不得违约。

2. 由于一方违约造成的损失，由违约方承担，另一方要求违约方继续履行合同时，违约方承担上述违约责任后仍应继续履行合同。

3. 由于违约造成第三方（中标人）损失的，也由违约方在赔偿另一方损失的基础上再赔偿第三方损失。

4. 双方对代理合同条款变更时必须另签补充合同条款，补充合同条款作为本代理合同的组成部分与主合同具有同等法律效力。

5. 委托方与受托方在合同履行期间发生争议时，可以和解或者要求有关管部门调解。一方不愿和解、调解或者和解、调解不成的，双方可以选择以下方式解决争议：

1）双方达成仲裁协议，向约定的仲裁委员会申请仲裁。□

2）向有管辖权的人民法院起诉。□

（十二）合同份数及分送责任

1. 本咨询合同正本贰份，双方各执壹份，副本＿＿份，甲方＿＿份，乙方＿＿份，招标投标管理中心壹份。

2. ××市招标投标管理中心壹份由乙方送达。

委托方（甲方）：　　　　　代理方（乙方）：

法定代理人（签章）　　　　法定代表人（签章）

法定代表人委托人（签　　　法定代表人委托人（签
章）　　　　　　　　　　　章）

单位地址：　　　　　　　　单位地址：

联系电话：　　　　　　　　联系电话：

邮政编码：　　　　　　　　邮政编码：

开户银行：　　　　　　　　开户银行：

银行账号：　　　　　　　　银行账号：

签定日期：　　年　月　日

在招标人与招标代理人签订招标代理合同（协议）之前，为了使招标代理人能尽快地进行工作，招标人一般可以向选定的招标代理人下达招标代理委托书。委托书中应标明代理的主要工作内容。以下是一种委托书的参考格式。

项目招标代理委托书（参考格式）

致_____公司：

由我局/公司负责建设的____工程，项目立项报告已经____（部门）批准，资金已落实，拟通过招标组织实施。为确保工程建设质量和提高效益，经研究，现委托贵公司编制招标文件，并作为我局/公司的招标代理人代理招标，请贵公司积极准备开展工作。详细的委托工作内容以及收费标准在签订委托协议书时商定。

项目法人名称：（盖章）

年 月 日

一般来说，招标人委托招标代理机构代理后，不得无故取消委托代理，否则要向招标代理机构赔偿损失，招标代理机构并有权不退还有关招标资料。

第三章 标段划分与合同打包

第一节 标段划分与合同打包的概念

标段划分与合同打包就是对项目的实施阶段（如勘察、设计、施工等）和范围内容进行科学的分类，各分类的子项或单独或组合，形成若干标段，然后对每个标段分别打包，由投标人对每个标段或者合同包展开竞争，以标段（即合同包）为基本单位确定相应的承包商。

项目标段划分是工程招标以及项目管理的重要内容。项目标段划分结果是合同打包的直接依据，对项目实施效率乃至成败有重大影响。

项目标段划分应该符合法律法规的规定，我国《建筑法）)第二十四条规定：

"建筑工程的发包单位可以将建筑工程的勘察、设计、施工、设备采购一并发包给一个工程总承包单位，也可以将建筑工程勘察、设计、施工、设备采购的一项或者多项发包给一个工程总承包单位；但是，不得将应当由一个承包单位完成的建筑工程肢解成若干部分发包给几个承包单位。"

第二十八条规定：

"禁止承包单位将其承包的全部建筑工程转包给他人，禁止承包单位将其承包的全部建筑工程肢解以后以分包的名义分别转包给他人。"

第二十九条规定：

"建筑工程总承包单位可以将承包工程中的部分工程发包给具有相应资质条件的分包单位；但是，除总承包合同中约定的分包外，必须经建设单位认可。施工总承包的，建筑工程主体结构的施工必须由总承包单位自行完成。建筑工程总承包单位按照总承包合同的约定对建设单位负责；分包单位按照分包合同的约定对总承包单位负责。总承包单位和分包单位就分包工程对建设单位承担连带责任。"

第二节　标段划分与合同打包的依据

标段划分与合同打包主要依据以下几点：

一、项目自身的特点

标段划分应考虑项目自身的具体特点，以便于对其质量、进度和成本等的控制。例如：

1）对于一个单项工程，可以优先考虑通过招标采购确定一个总承包单位。

2）对于项目施工场地集中、工程量较小且技术简单的工程项目，可不分标。

3）对于工程项目线路长、工程量大、技术复杂且专业跨度大的工程项目，可以按照线路长度划分标段。

4）对于不具备一次性招标条件的项目，按时间周期分标段，通过招标确定承包单位。

在项目实践中，有些标段划分很小、很多的工程项目，其施工现场秩序较为混乱，造成建设单位协调多且难度大，增加了工程造价，影响了工程建设的质量，难以界定责任范围。

二、各标段之间的协调

标段划分必须考虑各标段之间的协调配合，避免各标段承包商之间相互干扰。例如，在工程项目的施工管理中，通过施工标段的合理划分，规划施工场地和临时工程用地。对共用的道路、弃碴场等周密安排，尽量减少承包商之间的交叉作业，对移交给另一个标段的工作面应重点明确。关键线路上的标段一定要选择信誉好、施工能力强的承包商，防止因工期、质量等问题影响其他标段的实施。

标段越多，标段之间的工序交接和验收等问题以及衔接矛盾就越突出。譬如：某工程泵站进口的土石方开挖、边坡锚索和混凝土浇筑部分作为三个标段进行招标，从而使本来由一家承包商进行施工的工作分为三家承包。从表面看好像有利于工程施工质量的提高，然而由于三家承包商要在同一工作面上同时进行施工，使工作面的交接成为矛盾的焦点，边坡超挖欠挖、工期的影响、施工的干扰等问题成为整个施工过程的中心问题。

三、招标人的协调管理能力

如果招标人是一个专业化的项目管理单位，拥有很强的项目管理能力和相应的管理经验，则可以把标段划分得更多些，这样招标人对项目拥有更多的控制权力。否则，项目标段数应该少些，或与一个承包商签订一份项目的总承包合同。

如果一个投资项目规模非常大，包括大量复杂的专业项目，且招标人的专业知识和管理能力有限，则可以考虑选择总承包形式。虽然总承包模式下招标人对项目标段划分少，且总承包价格会高一些，但是可以避免各专业之间协调配合不当，造成返工浪费、工期延误等风险。反之，若专业不多且多为常规项目，则招标人可以直接与各专业承包商签订分包合同，有利于招标人控制项目的总投资和进度等。

四、市场情况

招标人招标采购的目的是在市场上找到合适和优秀的承包商，而分标段的目的是吸引更多的承包商参与竞争，从而以较低的价格选择最好的承包商。

分标太小，虽然参加投标的承包商很多，但招标和评标的工作量大大增加，并且很难吸引具有综合实力的承包商参与竞争，同时招标人还要承担更大的项目实施风险。分标太大，有资格的承包商数将减少，可能因竞争不足而导致中标价格较高。

招标人应根据市场供求状况合理划分标段，标段大小应与承包商的能力大小成正相关的关系。有时，还可以把一些小的标段捆绑招标，通过有经验的承包商进行管理，将一些零碎的协调配合的责任，通过市场方法转移给有能力的承包商。虽然招标人因此可能多支付一些费用，但是实际上招标人的协调管理成本会大幅度降低。

实例：某输水洞工程的标段划分与干扰

某输水洞工程，洞长共计 1500 多 m，总投资约 4400 万元，由于进口混凝土浇筑量较大，所以进口部位无施工作业面，仅出口可以进行开挖施工，如果作为一个标段进行招标，由一家承包商进行施工，则需设一条施工支洞即可满足进度要求。但招标人却将整个隧洞划分为两个标段进行招标。为了减少两家承包商之间的干扰，不得不增设支洞一条，增加约 240 多 m，由此使投资增加约 250 万元。

实例：某引水式水电站工程的标段划分与交叉施工

某引水式水电站工程，装机容量 5000kW，引水隧洞约 3.2km，首部枢纽为混凝土闸坝，电站为地面式厂房。从工程本身来讲并不复杂，若将闸坝、引水隧洞、厂房各作为一个标段进行招标，则各部分工程相对较独立，施工干扰也小。

招标人在招标时将引水隧洞划分为 3 个标段，闸坝部分基础处理单独招标，厂房部分作为一个标段进行招标。因此，整个工程共分成了 6 个标段，招标中共有 4 家单位中标。这样，使得 4 家施工单位相互交错进行施工，各单位之间不可避免地出现了这样或那样的干扰，在一定程度上影响了整个工程的施工进度。而且，招标人、监理方为了协调好各施工单位之间的干扰和矛盾，动用了大量的人力，花费了大量的时间。

第三节　项目标段划分、合同打包和成本的关系

项目招标总成本由招标人的招标管理成本 C_p 和支付给承包商的实施成本 C_C 两大部分组成。因此，项目总成本 C_T 为

$$C_T = C_p + C_C$$

一、招标人的招标管理成本

假定招标人的招标管理成本 C_p 包括项目的立项管理、咨询、招标、征地以及设计、监理等费用，承包商的实施成本 C_C 包括承包商的中标价和实施阶段的变更调价等费用。

显然，招标人的招标管理成本 C_p 与标段数 R 呈正相关关系，即一个工程项目划分的标段数越多，招标人的招标管理成本就越高。假定函数 $C_p = C_p(R)$，则

$$\partial C_p(R) / \partial \alpha R > 0$$

例如，一个 12000 万元的工程项目，若拆分为两个各为6000 万元的项目，按我国有关规定，该项目的招标代理服务费增加约 43%。

二、承包商的实施成本及项目总成本

承包商的实施成本 C_C 与标段数 R 的关系与项目本身的技术复杂程度有关。一种情况是标段划分越多，越能吸引更多的投标人参与竞争。另一种情况是标段划分后还是不能有效降低标段的技术复杂程度，从而无法吸引更多的投标人参与竞争。

1. 针对上述第一种情况

如果通过标段划分，可以吸引更多有能力的投标人参与竞争，则项目标段数 R 越大，每个标段的规模就越小，具备投标资格的承包商就越多，就会吸引更多地投标人参与竞争。根据博弈论和招标投标模型，参与竞争的投标人越多，则投标人的报价

越接近其成本，因此招标人采购支付的价格就越低。

可以假定承包商的实施成本 C_C 与标段数 R 呈反比关系，即项目的标段数越多，招标人支付给承包商的实施成本就越低，如图 2-3-1 所示。

但是项目标段的规模越小，承包商的规模效益就越差，其生产成本和管理成本也就越高。相反，如果标段规模越大，则承包商配置资源的利用效率就越高，其生产成本和管理成本会降低。标段数 R

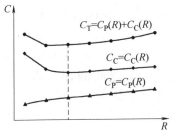

图 2-3-1　成本与标段数关系（一）

越大，则各个标段之间的相互影响就越大，招标人的协调成本可能增加，并且承包商向招标人索赔的费用可能越高。

可以假定招标人的招标管理成本 C_p 与标段数 R 呈正相关关系，即项目的标段数越多，招标人支付给承包商的成本就越高。项目总成本 C_T 与招标人的招标管理成本 C_p、承包商的实施成本 C_C 及标段数 R 的关系如图 2-3-1 所示，存在一个最优标段数。

2. 在第二种情况下

如果标段数 R 的大小并不能吸引更多投标人参与有效的竞争，即通过项目标段划分无法吸引更多的承包商参与投标，此时，投标人报价策略并不会因为标段数的增加或减少而调整。因此，承包商的实施成本 C_C 与标段数 R 无关，即承包商的实施成本 C_C 为不变常数。或者在承包商的报价竞争策略不变的情况下，可能由于标段的规模小、成本高反而报高价，承包角的实施成本 C_C 与标段数 R 呈正相关性。

招标人的招标管理成本 C_p 与标段数 R 为正相关关系，即项目规模一定的情况下，项目的标段数越多，招标人的管理和协调成本就越高。

在第二种情况下，项目总成本 C_T 与招标人的招标管理成本 C_p、承包商的实施成本 C_C 及标段数 R 的关系如图 2-3-2 所示。

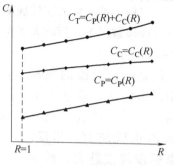

项目最优标段数 $R = 1$。这说明当标段数与投标人数无关时，招标者并不能通过投标人之间的竞争降低项目总采购成本。所以，标段数越少，对降低采购成本越有利。

图 2-3-2　成本与标段数关系（二）

第四节　项目标段划分与合同打包的方法

工程项目标段划分与合同打包的具体实践方法应该符合法律法规要求，鼓励投标人竞争，通过有效竞争提高投资效益和工程质量。具体做法如下：

1）将类似的工程或服务打包。通过专业化招标投标，可以获得更加优惠的报价。如果将不同专业的工程作为一个合同包，虽然跨专业的合同包可以降低招标人在实施阶段的协调工作量，但由于跨专业资质能力的投标人数量有限，可能因投标人竞争不足而导致投标价格过高甚至有效投标人数不足而流标。

2）合同打包和招标计划与工程进度计划适应。计划先实施的工程或先安装的设备要先招标，采购工作量要适当均衡，不能过于集中。

3）合理考虑地理因素。一些土木工程，如公路、铁路等要考虑将地理位置比较集中的工程放在一起采购，避免过于分散。

4）合同额度要适中，不至于过大或过小，以吸引优秀投标人积极竞争投标。如果合同额太大，会限制投标人的条件，导致合格的投标人数量太少；如果太小，则许多承包商缺乏投标的兴趣，也会导致竞争不足。

工程施工项目的标段划分与合同打包的常用方法如下：

1）分期标段。有些大型、特大型工程项目，由于市场需求、资金筹措等方面的原因需要分期招标和实施，但是这些项目经常采用一次整体规划设计、滚动建设的方式。

2）单项标段。把准备投入建设的某一整体工程（组合项目）的某一整体工程（组合项目）的某一期工程划分为若干独立的单个项目。譬如，某国际机场二期工程项目可以划分为航站楼土建和安装工程、交通中心工程、货运区工程、飞行区工程、行李系统工程、航空显示系统工程等。

3）分部分项标段独立的项目可以划分为一系列的分部分项工程或者标段。分部分项标段可以由招标人划分，然后直接采购，也可能由施工总承包商划分，然后寻找分包商。

在一些大型的单项工程项目中，招标人可能将该项目划分为一系列的分部分项标段，可以充分利用市场竞争机会获取更大的益处。譬如，某国际机场的飞行区跑道工程的建设，虽然工种简单，但是施工质量要求高，一般将每期跑道工程分为 3～4 个独立的工段，独立采购。

在一些简单的单项工程项目中，招标人只选择一个总承包商。根据总承包合同条件，总承包商把总包项下的项目分解成若干分部分项，然后把部分分部工程或分项工程分包给相应的分包商。

第四章　确定合同形式

建筑工程招标合同的形式通常有以下几种：

1. 固定总价合同

以一次包死的总价委托，且价格不因环境的变化和工程量增减而变化的工程承发包合同，称之为固定总价合同。

这种合同一般应有详细的施工图样，精确的工程量清单及工程技术规范。一次包死工程总价，除非招标人变更设计（承包内容），承包人不得要求变更承包价。对工期不长的小规模工程，这种方式是比较简便的方式。但如图样说明书不够详细、工期较长、价格波动大、工程量及设计变动多的工程，承包人承担的风险较大：

一是价格风险。包括报价计算错误；漏报项目。

二是工作量风险。主要是工作量计算的错误。

对固定总价合同，招标人有时也给工作量清单，有时仅给图样、规范让承包商算标，承包商必须对工作量做认真复核和计算，如果工作量有错误，由承包商负责。

对固定总价合同，如果招标人用初步设计文件招标，让承包商计算工作量报价，或尽管施工图设计已经完成，但做标期太短，承包商无法详细核算，通常只有按经验或统计资料估算工作量。这时承包商处于两难的境地：工作量算高了，报价没有竞争力，不易中标；算低了，自己要承担风险和亏损。在实际工程中，这是一个采用固定总价合同带来的普遍性的问题，在这方面承包商损失常常很大。

实例：固定总价合同争议

上海某建设集团（下称承包商）通过议标承建了湖南长沙一家韩资企业（下称招标人）厂房工程，双方签订了工程总价为 6000 余万元的固定总价合同。在履行合同过程中，由于工程量错算、漏算、材料涨价等因素，导致工程实际成本大大超过预算，承包商因此要求增加支付 1000 余万元。而招标人则以合同是"固定总价"为由不同意。双方遂形成价款争议，争议的主要问题有：

"价差"争议。该工程投标截止日为 2013 年 6 月，在此之后，工程所在地长沙的钢材上涨幅度达 30% ~ 50%，本案工程用钢量为 7000 多 t，因钢材大幅度涨价造成的损失高达 400 多万元。承包商认为此种涨价是投标人投标时所无法预见的，发包商应当按实补偿。而招标人认为合同为"固定总价"，材料涨价是承包商应当承担的商业风险，不同意以此为由调整价款。

"量差"争议。承包商在施工中发现工程量漏算、错算比较多，涉及工程造价近 300 万元。并认为招标人在招标时只给了投标人 7 天的编标时间，在这 7 天时间内投标人客观上无法精确计算工程量，因此要求招标人予以补偿。而招标人坚持认为本工程为"固定总价"，所有工程量计算疏漏均应由承包商自己承担后果。

2. 固定单价合同

是以工程量清单和单价标出各分项价格及总造价，由于工程量是招标人委托咨询单位统一计算出来的，承包商只要复核并填上适当的单价即可得出总标价，承担的风险较小，招标人也只要审核单价是否合理即可，双方都方便。目前采用这种方式较多，我国的施工预算也是属于这种类型。

3. 可调单价合同

合同单价可调，一般是在建筑工程招标文件中规定。在合同中签订的单价，根据合同约定的条款，如在工程实施过程中物价发生变化等，可作调整。有的工程在招标或签约时，因某些不确定因素而在合同中暂订某些分部分项工程的单价，在工程结算时，再根据实际情况和合同约定合同单价进行调整，确定实际结算单价。

4. 成本加酬金合同

也称成本补偿合同，这是与固定总价合同正好相反的合同，工程施工的最终合同价格是按照工程的实际成本再加上一定的酬金计算。在合同签订时，工程实际成本往往不能确定，只能确定酬金的取值比例或者计算原则。

采用这种合同，承包商不承担任何价格变化或工程量变化的风险，这些风险主要由招标人承担，对招标人的投资控制很不利。而承包商则往往缺乏控制成本的积极性，常常不仅不愿意控制成本，甚至还会期望提高成本以提高自己的经济效益，因此这种合同容易被那些不道德、不称职的承包商滥用，从而损害工程的整体效益。所以，应该尽量避免采用这种合同。

第五章　确定招标方式

　　招标方式是采购的基本方式，决定着招标投标的竞争程度，是防止不正当交易的重要手段。

　　在招标准备阶段，招标人应与招标工作机构一起对招标项目进行充分地调查研究，确定招标方式：是采用公开招标还是邀请招标。招标方式前文已述。

第六章　办理项目报建

工程建设项目报建是指工程建设项目由建设单位或其代理机构在工程项目可行性研究报告或其他立项文件被批准后，须向当地建设行政主管部门或其授权机构进行报建，交验工程项目立项的批准文件，包括银行出具的资信证明以及批准的建设用地等其他有关文件的行为。

1. 建筑工程项目确立的条件

建筑工程项目的确立有以下两种情况：

（1）工程项目的可行性研究报告或者其他立项文件被批准　按照规定应当报经有权部门批准的工程项目履行了可行性研究报告或者其他立项文件审批手续，即意味着项目确立。其他立项文件是指根据国家有关规定可以代替可行性研究报告的文件。如审批部门在项目建议书中明确该项目建议书批复代替可行性研究批复的，则该项目建议书批复即可作为立项文件。

（2）工程项目立项文件已报送备案　按有关规定，对不需要按一般工程项目的审批权限进行审批和可由企业自行审批的工程项目只需报送备案，即意味着项目已经确立。

目前进行备案的项目主要有以下三类：

1）国家和省授权由开发区管理机构在规定的授权范围内审批的项目。

2）企业根据《全民所有制工业企业转换经营机制条例》中规定的属于自主立项的项目。

3）省重点大型企业集团（公司）在规定范围内自主决策的项目。

2. 建筑工程项目报建的范围

建筑工程项目报建的范围为各类房屋建筑、土木工程、设备安装、管道线路敷设、装饰装修等新建、扩建、改建、迁建、恢复建设的基本建设及技改项目。

建筑工程项目报建的范围，不同于建筑工程招标投标的范围。所有的工程项目（包括外国独资、合资合作的工程建设项目）都要报建，但不是所有的工程项目都要招标投标。需要报建的工程项目不一定属于招标投标的范围，而属于招标投标范围的工程项目一定都属于应当报建的范围。

3. 建筑工程项目报建的内容

建筑工程项目报建的内容土要有：

1）工程名称。

2）建设地点。

3）投资规模。

4）资金来源。

5）当年投资额。

6）工程规模。

7）开工、竣工日期。

8）发包方式。

9）工程筹建情况。

10）项目建议书或可行性研究报告批准书。

工程建设项目的投资和建设规模有变化时，建设单位应当及时到原报建部门进行补充登记，筹建负责人变更时，应重新登记。

4. 建筑工程项目报建流程

建筑工程项目报建流程主要有以下几个步骤和环节：

1）建筑工程项目立项文件被批准或报送备案后，建设单位一般应当在30天内按报建分级管理权限向有权部门领取《建筑工程项目报建登记表》与《建设单位工程专业技术人员和管理人员核定申报表》，见表2-6-1、表2-6-2。

表 2-6-1　建筑工程项目报建登记

编号：

	建筑单位		单位性质	
	工程名称			
	工程地点			
	投资总额		当年投资	
批准文件	资金来源构成	政府投资　％，自筹　％，贷款　％，外资　％。		
	立项文件名称			
	文号			
	用地面积		总建筑面积	
	发包单位要求		发包方式	
	计划开工日期		计划竣工日期	
	项目负责人		联系电话	
	设计单位		联系电话	
工程筹建情况				
报建审核意见				经办人：

备注：本表一式两份，报建申请单位、报建登记主管部门各一份。

报建申请单位：　（公章）　　　　　报建登记主管部门：　（公章）

法人代表：　（签章）　　　　　　　受理日期：　　年　月　日

经办人：　　　　　　　　　　　　　办结日期：　　年　月　日

联系电话：

填报日期：　年　月　日

表 2-6-2　建设单位工程专业技术人员和管理人员核定申报表

建设单位名称_____

填报日期_____

1）基本情况

建设单位名称	
详细地址	
建筑工程名称	
工程地点	
批准文件	立项文件名称	
	批准单位及文号	
批准的总投资额和工程估算	
工程规模	

2）工程主要负责人情况

姓名		性别		出生年月		照片
职务		职称		文化程度		
何时何校何专业毕业				身份证号码		
项目管理资历		年	电话			

工作简历	由何年月至何年月				在何单位从事何工作、何职务
	年	月至于	年	月	
	年	月至于	年	月	
	年	月至于	年	月	
	年	月至于	年	月	
	年	月至于	年	月	
	年	月至于	年	月	
	年	月至于	年	月	
	年	月至于	年	月	
	年	月至于	年	月	
	年	月至于	年	月	
	年	月至于	年	月	
	年	月至于	年	月	

82

参加管理过相应等级一个建设工程项目的情况（包括项目名称、工程总投资、规模、工期、完工日期、担任管理职务及管理效果）：

本人签章：

年　　月　　日

3）工程技术负责人情况

姓名		性别		出生年月		照
职务		职称		文化程度		
何时何校何专业毕业				身份证号码		照
项目管理资历		年	电话			片

工作简历	由何年月至何年月					在何单位从事何工作、何职务
	年	月至于	年	月		
	年	月至于	年	月		
	年	月至于	年	月		
	年	月至于	年	月		
	年	月至于	年	月		
	年	月至于	年	月		
	年	月至于	年	月		
	年	月至于	年	月		
	年	月至于	年	月		
	年	月至于	年	月		
	年	月至于	年	月		
	年	月至于	年	月		

（续）

参加管理过相应等级一个建设工程项目的情况（包括项目名称、工程总投资、规模、工期、完工日期、担任管理职务及管理效果）：

本人签章：

年　　月　　日

4）在职工程专业技术人员名单

序号	姓名	性别	学历	身份证号码	专业	职称	何时毕业于何校
							年毕业于
							年毕业于
							年毕业于
							年毕业于
							年毕业于
							年毕业于
							年毕业于
							年毕业于
							年毕业于
							年毕业于

5）非在职工程专业技术人员名单

序号	姓名	性别	学历	身份证号码	专业	职称	原工作单位

6）核定意见

建设单位申报意见：

（公章）
年　月　日

建设行政主管部门核定意见：

（公章）
年　月　日

7）建设单位工程专业技术人员和管理人员核定意见书

编号：

——————————（建设单位名称）

经阅查，你单位申报的《××市建设单位工程专业技术人员和管理人员核定申报表》符合（不符合）《××市建设单位配备工程专业技术人员和管理人员的规定》规定的条件，予以（不予以）核定。核定的资格有效期至____年____月____日止。不予以核定的，请委托具备相应资质等级的建设工程招标代理机构代理发包。

核定机构名称、公章
年　月　日

2）按《建筑工程报建登记表》和《建设单位工程专业技术人员和管理人员核定申报表》的内容及要求如实填写。

3）向有权部门报送登记表，并交验工程项目立项的批准或备案文件，包括银行资信证明和有关部门批准文件。

4）各级招标投标管理部门对符合规定的报建申请，应当在自报送之日起 3 天内办结。

第七章 申 请 招 标

招标人在依法设立招标机构后或者书面委托具有相应资质的招标代理机构后，就可开始组织招标、办理招标事宜。

招标人自己组织招标、自行办理招标事宜或者委托招标代理机构代理组织招标、代办办理招标事宜的，应当向有关行政监督部门备案。各地一般规定，建筑工程进行招标前，应要向当地或行业招标投标管理机构申报。

招标申请通常以书面形式申报，也就是所说的招标申请书。

招标申请书是招标人向政府主管机构提交的要求开始组织招标、办理招标事宜的一种文书。招标申请书的主要内容一般包括：

1）招标工程具备的条件。

2）招标的工程内容和范围。

3）拟采用的招标方式和对投标人的要求。

4）招标人或者招标代理人的资质。

5）其他一些相关事项。

招标申请报告经批准后，招标人才可以进行招标。招标人在招标工程申报时，一并将已经编制完成的招标文件、评标定标办法和标底，报招标投标管理机构批准。经招标投标管理机构对上述文件进行审查认定后，就可发布招标公告或发出投标邀请书。

招标申请书的制作填写，是一项实践性很强的基础性工作，要充分考虑不同招标类型的不同特点，按规范化的要求进行。

这里以工程项目施工招标为例，拟制招标申请书的范本，以资参考，见表2-7-1。

表 2-7-1　招标申请书（范本）

招审字第＿＿＿＿＿号

工程名称					
建设地点					
工程规模		建筑面积		工程类别	
招标形式		联系人		联系电话	
项目资金落实情况			技术设计完成情况		
招标前期准备情况					
招标范围					
报名条件	企业资质			项目经理资质	
工期要求			质量要求		
投标保证金					
投标报名日期					
开标日期					
工程量计算		□提供工程量清单　　□按施工图计算			
计价方法		□综合单价法　　□工科单价法			
评标方法		□复合标底法　　□经评审的最低投标价法　　□其他			
合同价调整					

建设单位（公章）	审批单位（盖章）
法定代表人（章） 　　年　　月　　日	负责人（章） 　　年　　月　　日

本表由招标管理机构、建设单位或招标人、招标代理人各存一份。

第八章　编制招标文件

第一节　招标文件的作用及组成

编制招标文件是招标工作中的一项重要工作。招标文件是整个招标过程所遵循的基础性文件，是投标和评标的基础，也是合同的重要组成部分。一般情况下，招标人与投标人之间不进行或进行有限的面对面交流，投标人只能根据招标文件的要求编写投标文件，因此，招标文件是联系、沟通招标人与投标人的桥梁。能否编制出完整、严谨的招标文件，直接影响到招标的质量，也是招标成败的关键。

一、招标文件的作用

招标文件是招标人的要约邀请，它详细列出了招标人对招标项目的基本情况描述、技术规范或标准、合同条件、投标须知等，也是投标人编制投标文件的基础和依据，同时也是合同文件的主要组成部分。由于合同文件是合同实施过程中合同双方都要严格遵守的准则，也是发生变更、纠纷时进行判断、裁决的标准，可以说招标文件不仅是招标人用于优选承包商的基本文件，也是工程顺利实施的基础。

二、招标文件的组成部分

建筑工程招标文件是由一系列有关招标方面的说明性文件资料组成的，包括各种旨在阐释招标人意志的书面文字、图表、电报、电传等材料。一般来说，招标文件在形式上的构成，主要包括正式文本、对正式文本的解释和对正式文本的修改三个部分。

1. 招标文件正式文本

其形式结构通常分卷、章、条目。

建筑工程招标文件的格式一般如下：

投标邀请书

第一卷　商务部分

　　　第一章　投标须知

　　　第二章　协议书、履约保函和工程预付款保函

　　　第三章　合同条款

　　　　　第一部分　通用合同条款

　　　　　第二部分　专用合同条款

　　　第四章　投标报价书、投标保函和授权委托书

　　　第五章　工程量清单

　　　第六章　投标辅助资料

第二卷　技术条款

第三卷　招标图样

2. 对招标文件正式文本的解释及澄清

其形式主要是书面答复、投标预备会记录等。投标人如果认为招标文件有问题需要澄清，应在获得招标文件后，并在招标文件中规定的时间内，以文字或传真等书面形式向招标人提出，招标人也应以文字、传真或以投标预备会的方式给予解答。解答包括对询问的解释，但不说明询问的来源。解答意见由招标人或招标代理人送给所有获得招标文件的投标人。

3. 对招标文件正式文本的修改

其形式主要是补充通知、修改书等。《招标投标法》第二十三条明确规定：

"招标人对已发出的招标文件进行必要的澄清或者修改的，应当在招标文件要求提交投标文件截止时间至少十五日前，以书面形式通知所有招标文件收受人。该澄清或者修改的内容为招标文件的组成部分。"

该条规定一是规定招标人为了能够不断地完善招标文件以满

足其招标需要，拥有修改招标文件的权利是必要的，也是符合招标投标活动的基本原则的，二是规定对招标文件的澄清和修改应有章可循，得以促进招标程序有效、公平和顺利地进行。

在招标文件规定的日期前，招标人可以自己主动对招标文件进行修改，或为解答投标人要求澄清的问题而对招标文件进行修改。修改意见由招标人或招标代理人以文字、传真等书面形式发给所有获得招标文件的投标人。

对招标文件的澄清和修改，是招标文件的组成部分，对投标人起约束作用。

第二节　招标文件的具体内容

编制招标文件是招标工作中的一个重要步骤，它牵涉到一些经济政策和法规，又是在平等基础上进行投标竞争的具体体现。《招标投标法》第十八条规定：

"招标人应当根据招标项目的特点和需要编制招标文件。招标文件应当包括招标项目的技术要求、投标报价要求和评标标准等所有实质性要求和条件以及拟签订合同的主要条款。"

"国家对招标项目的技术、标准有规定的，招标人应当按照其规定在招标文件中提出相应要求。"

"招标项目需要划分标段、确定工期的，招标人应当合理划分标段、确定工期，并在招标文件中载明。"

招标文件是建筑工程招标投标工作的一个指导性文本文件，其内容涉及招标投标工作的各个具体环节执行情况的说明。

下面结合建筑工程招标文件格式中分章，通过一则实例来对招标文件的具体内容做一详细分析。

投标邀请书

投标邀请书包含招标项目的一些重要的事项和内容，其格式与内容与招标公告一致，作为招标文件的一个组成部分，附在招标文件之首。其格式及内容参见下文"发布招标公告或投标邀请书"部分。

第一卷 商 务 部 分

第一章 投 标 须 知

投标须知主要介绍招标标的的一些主要信息、招标程序以及投标的注意事项，是指导投标人正确和完善履行投标的文件，旨在引起投标人对招标文件必需的关注，避免疏忽和错误，避免造成废标，使投标取得圆满的结果。

投标须知的内容一般包括：①前附表；②招标主体；③招标项目说明；④资金来源；⑤投标人的合格条件与资格要求；⑥投标费用；⑦现场考察与资料；⑧招标文件的目录；⑨招标文件的澄清或者修改；⑩投标预备会；⑪投标文件的编制；⑫投标文件的递交；⑬开标；⑭评标；⑮授予合同；⑯合同价款支付。

实例：《长江重要堤防隐蔽工程×××工程》投标须知

前附表：略。

1. 招标主体

（1）建设项目名称：长江重要堤坊隐蔽工程×××工程。

（2）项目法人：长江重要堤防隐蔽工程×××局。

（3）监理单位：×××工程建设监理公司。

（4）工程设计单位："××勘测规划设计研究所"。

（5）项目施工招标人和招标代理人：

1）招标人：长江重要堤防隐蔽工程×××局。

2）招标代理人：××××招标投标有限公司

3）本招标文件中所提及的"招标人"均视为包括了招标人和招标代理人。

2. 招标项目说明

×××工程位于长江左岸××省××市境内，全长124.2km，是××流域的防洪屏障，保护面积4520km²，保护着7县2市的耕地427万亩，人口600多万，为长江干流1级堤防。

×××工程由河道护岸和大堤防渗系统等建筑物组成。其中护岸和险段加固总长度为27.805km，堤身、堤基防渗加固处理43.60km。经国家批准，从1999年开始分批分期进行实施。

经审查核定，本年度×××工程长度为3.435km，将在×××年汛后开始实施。

2.1　项目合同名称和本次招标的合同标段组成

（1）本工程项目合同名称与合同编号为：

×× 省×××工程（合同编号：×××/×××/×××）

在此项目合同下，根据独立的堤段和分部项目，划分为相应独立的合同标段进行招标施工。

（2）本次招标的合同标段名称与合同编号为：

a、b、c、d段×××工程（合同编号：×××/×××/×××）。

2.2　本次招标的合同标段工作范围、主要施工项目与数量

本标段工程布置见第三卷："招标图样"。

本标段××工程包括a、b、c、d等四段，长度分别为1415m、140m、280m、1600m，总长度为3435m。主要工程措施包括水上干砌石护坡，水下抛石护底，土方开挖与填筑。

工程范围：9+300～42+250。

主要施工项目和工程量：

（1）开挖土方　16.1万 m^3

（2）回填土方　0.2万 m^3

（3）碎石垫层　0.81万 m^3

（4）粗砂垫层　0.71万 m^3

（5）干砌块石　3.04万 m^3

（6）浆砌石　0.68万 m^3

（7）抛石　23.92万 m^3

（8）接坡石　1.08万 m^3。

2.3　合同标段所在地自然条件

（略）

3. 资金来源

长江重要堤防隐蔽工程×××工程的建设资金，来源于中央财政预算内专项资金，这些资金将用于长江重要堤防隐蔽工程×××工程建设，包括本合同的支付。

4. 投标人的合格条件与资格要求

（1）国内具有施工资质的公司、工程局或其他组织才能参加投标。投标人的资格应具备：

1）必须具有法人资格。

2）具有水利水电工程二级（含二级）以上施工资质，其他行业一级施工资质，投标人的名称必须与其施工资质证书上的名称一致，招标人不接受不具备独立资质的子公司或分公司代表其母公司所投的投标文件。

3）近五年内承建过一个以上与所投标段同类的工程。

4）具有为实施合同工程所必需的流动资金，额度不低于投标工程报价的30%。

（2）投标人应具有圆满履行合同的能力，包括实施所投标段项目的技术能力、施工经验、施工装备、技术人员和技术工人力量、质量保证能力和资信。

（3）投标人为了具有被授予合同的资格，应提供招标人要求的证据，用以证明投标人的合法地位和具有足够的能力及充分的资产来有效地履行合同。为此，所有投标人都应提供下列资料，作为招标人审查的资料：

1）投标人营业执照、资质证书、银行资信等级证书等文件的复印件，现有组织机构与人员状况。近三年资产负债表（含××××年7月以前）、损益表、现金流量表。流动资金的证明材料（银行存款证明或盖有会计师事务所审计章的财务报表中具有相应的货币资金或县级以上支行承诺的提供流动资金贷款的承诺书）。

2）提供近年从事同类工程的经历和经验；提供目前正在承建的工程履行情况或已签约承担的其他合同的详细情况。

3）提供为完成本合同投标人所配备的主要施工机械设备表。

4）提供拟在本合同工程现场进行管理和施工的项目经理、技术负责人及其他主要人员的资格和经验（或经历）。

5）投标人凡打算将本合同的部分工程进行分包的，应符合本合同规定，并在投标文件中说明分包工程项目的工程量和金额、分包人的情况。

6）在签订合同之前的任何时候，为了证实投标人的持续合法地位，招标人有权要求投标人提供进一步的资料或核实以往已提交了的资料。

（4）属于下列情况之一的单位不能作为投标人或投标人的分包人参加投标：

1）在本建设项目或本合同工程准备阶段曾被招标人聘用为本工程提供设计和咨询服务的单位。

2）已被聘用为本合同的监理人。

（5）不允许投标人对同一合同提交或作为分包人参与其他投标人提交两份以上不同的投标文件。

投标人的资质文件（包括分包人的资质文件）、财务资料和近三年有关经营的其他资料合订在一起，每个标段都应附一本正本、三本副本（均为复印件），其中正本应随投标文件正本一起封包，副本随投标文件副本一起封包。（其中现金流量表可只提供×××年和×××年的资料）

5. 投标费用

投标人应承担其投标文件编制及投标全过程所发生的一切费用，招标人在任何情况下都不负担这些费用。

6. 现场考察与资料

（1）招标人于×××年××月××日组织现场考察，投标人应对工程施工区及其周围环境进行现场考察，以便自负其责地获得有关编制投标文件和签订合同所必需的一切资料。现场考察的费用，由投标人自己负担。

（2）投标人在获得招标人的允许并事先做好安排后，才可进入工地现场进行上述考察活动。但投标人应免除招标人对由考察而引起的一切责任。投标人应负责自身的安全（包括人身伤害等）和承担自身财产损失、损坏等经济责任。

（3）现场考察往返的交通、食宿费由投标人自理。

（4）在招标文件和参考资料中招标人提供的资料和数据，仅是供投标人能够利用的招标人现有的资料。招标人对投标人由此而作出的推论、解释和结论概不负责。

7. 招标文件的目录

（1）本合同的招标文件包括下列文件及所有修改文件和补充通知。

投标邀请书

第一卷　商务部分

　　第一章　投标须知

　　第二章　协议书、履约保函和工程预付款保函

　　第三章　合同条款

　　第四章　投标报价书、投标保函和授权委托书

　　第五章　工程量清单

　　第六章　投标辅助资料

第二卷　技术条款

第三卷　招标图样

（2）投标人应认真查阅招标文件中所有的须知、格式、条款、工程量清单和投标辅助资料的要求以及技术条款、条件、规定和图样。如果投标人的投标文件不能满足招标文件的要求或对招标文件没有实质上作出全面响应，其投标文件将被拒绝，责任由投标人自负。

8. 招标文件的澄清或者修改

8.1　招标文件的澄清

若投标人对招标文件有疑问，应以书面形式（包括手写、打印、印刷、电传、电报、传真）通知招标人，招标人只对在

投标截止时间 6 天以前收到的要求澄清的问题予以答复。招标人的答复将在投标截止时间 3 天前以书面形式发给所有购买招标文件的投标人，但不指明澄清问题的来源。招标人认为不需要答复的问题可以不回答，并不作出解释。

8.2 招标文件的修改

（1）在距投标截止时间 3 天前的任何时候，招标人可以书面补充通知的方式修改招标文件内容。若招标人在投标截止时间前 3 天内发补充通知，则将按第 11.3 款的规定酌情延长投标截止时间，以保证投标人有合理的时间修改投标文件。

（2）上述补充通知将发给所有购买招标文件的投标人，并作为招标文件的组成部分。投标人在每一次收到补充通知后应以书面形式通知招标人，确认已收到该补充通知。

9. 投标预备会

（1）投标人或其授权代表应于约定日期、时间和地点出席投标预备会。

（2）会议的目的是介绍设计情况、澄清疑问，解答投标人提出的问题。

（3）投标人在预备会上提出任何问题须在预备会召开前 2 天，以书面形式送达招标人。

（4）招标人答复的资料，将迅速提供给出席会议的人员，由于投标预备会而产生的对招标文件的修改，由招标人按照本须知第 8.2 款的规定，以补充通知的方式发出。

10. 投标文件的编制

10.1 投标文件的文字

投标文件及投标人与招标人之间的凡与投标有关的来往信函和文件均使用中文。各种计量单位及符号统一使用国家法定的计量单位和符号。

10.2 投标文件的组成

投标人应按招标文件规定的内容和格式编制并提交投标文件，投标文件应包括：

（1）投标报价书及其附录。

（2）投标保函。

（3）授权委托书。

（4）分包协议书（如有）。

（5）已标价的工程量清单。

（6）投标辅助资料。

（7）资格审查资料。

（8）招标文件澄清材料。

（9）投标人按本投标须知要求提交的其他资料。

上述文件必须毫无例外地使用招标文件提供的投标文件格式、工程量清单和投标辅助资料表（但表格可以按同样格式扩展）。

10.3 投标报价

（1）除非招标文件中另有规定，投标是指本须知第2.2款中说明的合同标段全部工作，并以投标人在工程量清单中提出的单价与合价为依据。

（2）投标人应按招标文件规定填写所投标段的合同工程量清单中所述的所有工程项目的单价和合价（不管工程量是否表明），没有填入单价或合价的项目，发包人将不予支付，并认为此项目费用已包括在工程量清单的其他单价和合价之中。这些单价和合价应包含所有工程施工、检验与验收、移交前的维护和修补缺陷等合同所规定的一切费用，其中也包括投标人的利润和应承担风险的费用。

（3）国家法律、法规、条例和地方政府规定的向承包人征收的各种税收和费用，都应包括在投标人递交的投标文件中的单价、合价及总报价中，招标人将据此对投标文件进行评价和比较。

（4）临时工程由投标人单列项目填报单价和合价。

（5）按招标文件规定由承包人负责采购供应的设备与材料的采购订货、运输、装卸、保管、配套设施及相应检验等全部费用都应包括在投标报价内。

（6）本合同有效期内因物价波动对合同价格产生的影响时均不调整合同价格。

10.4 投标与支付费用的货币

投标文件的单价和合价（总价）全部用人民币表示。在合同执行中对于承包人的施工价款也采用人民币支付。

10.5 投标保证金

（1）投标保证金可以是货币资金或银行保函，货币资金仅指现金、银行汇票、电汇和转帐支票。电汇和转帐支票款项必须保证在投标截止时间前能到达招标代理人的账户上，并能为投标人支取。

（2）投标人应把投标保证金作为投标文件的组成部分一起提交。

（3）投标保函必须是有资格出具保函的银行（不包括信用社、财务公司或其他金融机构）的支行或分行出具的银行保函，这一银行保函应使用本招标文件第一卷第4章中的样本格式或为招标人认可的银行规定格式。该银行保函应在投标文件有效期满之后的28天内有效。

（4）对于那些没有附上投标保证金的投标文件，招标人将作为不合要求的投标文件而拒绝接受。

（5）招标人在与中标人签订合同后的7天内退还未中标的投标人的投标保证金（无息）。

（6）招标人将在中标的投标人签订了合同且提交了所需的履约保函之后退还其投标保证金（无息）。

（7）如果发生下述任何事件，投标保证金将被没收：

1）投标人在投标有效期内撤回其投标文件。

2）中标人在规定的期限内未能完成下述任何项目：

①与招标人签订本合同标段的合同协议。

②提供本招标文件规定的履约保函。

10.6 选择性报价

招标人不接受投标人选择性报价。

10.7　投标文件的格式和签署

（1）投标人应按本须知第 10.2 款和本款的规定提交投标文件，其中 1 份正本和 10 份副本，并分别明确写明"投标文件正本"和"投标文件副本"字样。正本和副本如有不一致之处，以正本为准。

（2）投标文件的正本与副本均应使用不能擦去的墨水打印或书写，并由投标人法定代表人或其委托代理人签署，授权委托书应以书面委托的方式出具，并附在投标文件中。投标文件有增加或修正的各项，都应由投标文件签字人签字和盖章证明。

（3）全套投标文件应无涂改和行间插字，除非这些删改是根据招标人的指示进行的，或者是投标人造成的必须修改的错误，在后一种情况下，修改处应由投标文件签字人签字和盖章证明。

（4）投标人应随投标文件提交一份内容至少包括第五章工程量清单和第六章投标辅助资料中的工程量清单费用构成表、报价基础价格及单价计算取费费率表、投标人财务情况表电子文件。电子文件应严格按招标文件的格式和内容填报。电子文件的内容与投标文件不一致时以投标文件正本为准。同时还要随投标文件提交一张和投标文件内容一致的光盘。

11.　投标文件的递交

11.1　递交文件的要求

投标人递交的文件应符合招标文件要求，包括图样、技术条款所指明的设计基本技术条件和要求。投标人根据合同标段工地现场施工条件、投标人可提供的施工设备状况，附上所采用施工方案的报价和施工组织设计。

11.2　投标文件的密封和标记

（1）投标人应将每个标段的投标文件正本和每份副本分别密封在内层包封中，正本密封在一个外层包封中，副本密封在一个外层包封中，并在两层包封上正确标明"正本"或"副本"。

（2）内、外层包封均应有：

1）招标代理人：×××招标投标有限公司

地址：××省××市×××路××号

2）识别标志

①"投标承包×××工程××××～××××年度施工×××工程"。

②"合同编号：×××/×××"。

③"长江重要堤防隐蔽工程"。

④"在××××年××月××日北京时间10：00时前不得开封"。

⑤投标人的名称与地址。

3）应加盖投标人公章。

（3）如果未按上述要求密封或加写标记，招标人对误投或过早启封概不负责。对由此造成提前开封的投标文件，招标人将予以拒绝，并退回投标人。

（4）投标人应按项目将所投全部标段的以下文件密封在一个单独的包封中随投标文件正本和副本一起递交招标人，包封上应注明"开标专用"字样，供开标使用。

1）投标报价书及其附录。

2）投标报价开标一览表。

3）投标保函。

4）授权委托书。

5）分包协议书（如有）。

6）电子文件。

同时投标文件正本和副本应包括上述1）～5）项文件的复印件。

（5）投标人应在投标截止时间前将投标文件递交到招标主办单位。如果在投标截止时间的当天递交，应送达开标地点。超过投标截止时间的投标文件将不予接收。

11.3 投标截止时间

（1）投标人应在投标截止时间之前派专人将投标文件送交招标人。

（2）招标人可以按本须知第8.2款规定，在原定投标截止期前3天，以补充通知的方式酌情延长递交投标文件的截止时间，在这种情况下，招标人与投标人以前在投标截止时间方面的全部权力和义务，将适用于延长后新的投标截止时间。

11.4　迟交的投标文件

招标人对在须知第11.3款规定的投标截止时间以后收到的投标文件，视为无效，将原封退给投标人。

11.5　投标文件的修改与撤回

（1）投标人可以对已提交的投标文件做修改或撤回，但其修改或要求撤回投标文件的书面通知应在规定的提交投标文件截止时间之前送交招标人。

（2）投标人修改或撤回投标文件的书面通知，应按照须知第11.2款提交投标文件的规定那样密封并标出印记和投送，还应在内层封套上标上相应的"修改"或"撤回"的字样。

（3）在提交投标文件截止时间之后，除须知第13.2款规定的外，任何投标人不得修改投标文件。

（4）如果投标人在截止投标之后直到投标有效期之前撤回投标文件，招标人将委托公证机构代表根据本须知第10.5款的规定没收其投标保证金。

（5）投标人按须知11.5（1）的规定如有修改报价，则必须写明或附有修改报价的项目，评标时招标人将按规定进行报价调整。对于未注明或未附有修改报价的项目的修改报价，招标人将把修改报价增减部分平均分摊到所投标段工程量清单的所有项目上。

投标截止时间之后，招标人不再接受修改报价。

11.6　投标有效期

（1）投标文件在规定的开标日期后的日历天内有效。如果出现特殊情况，在原定投标有效期期满之前，招标人可向投标人提出延长有效期的要求，并及时通知投标人，投标人不得拒绝。延长有效期最多不超过28个日历天。

（2）在投标有效期内，投标人不得要求修改投标文件，中标后不得拖延或拒签合同。

（3）在特殊情况下，招标人可以提出进一步延长投标有效期的要求，这种要求应以书面方式通知所有投标人，投标人提交的投标保证金保函的有效期也相应延长，但投标人可以拒绝这种要求，招标人不能因此而没收投标保证金。对于同意延长投标有效期的投标人，不得要求也不得改变其投标文件。

12. 开标

（1）在有公证机构代表在场的情况下，招标人将于规定的时间和地点公开开标，投标人应委派代表出席。参加开标的投标人的法人代表或授权代表应签名报到，以证明其出席，如投标人未参加开标则由投标人承担法律和所有引起的经济等责任。

（2）除了对投标人在投标截止时间前提交了撤回通知书的投标文件不予开封外，招标人将委托公证机构代表或投标人代表检查投标文件以便确定它们是否完整，是否正确签署了文件。

（3）开标时，招标人将宣布投标人的名称、投标总报价（必要时包括单价）及修改（如有的话），以及招标人认为有必要宣布的其他细节。

（4）开标顺序，以收到投标人的投标文件时间，递序依次开标。

（5）招标人对开标情况做详细记录，存档备案。

（6）属于下列情况之一者作为废标：

1）投标文件送达招标人的时间超过规定的投标截止时间。

2）投标文件未密封。

3）投标文件未经法定代表人或委托代理人签字或未盖公章。

4）未按规定递交投标保证金。

5）以他人的名义投标。

6）投标人之间串通投标。

7）以弄虚作假方式投标。

当出现上述后三种情况时，招标人有权拒绝该投标人（包括任由他人以自己名义投标的授权人）参加本工程以后的投标。

13. 评标

13.1 评标过程的保密

（1）开标后，直到发出中标通知、签订合同为止，凡属于审查、澄清、评价和比较投标的有关资料和有关签订合同的信息，都不应向与该过程无关的其他人泄露。

（2）投标人在投标文件的审查、澄清、评价和比较以及签订合同的过程中对招标人施加任何行为与影响，都将可能导致被取消中标资格。

13.2 投标文件的澄清

（1）在投标文件的审查与评价过程中，招标人可以要求投标人澄清其投标文件，包括投标辅助资料。有关澄清会议上的要求与答复，应以函件或传真等书面方式进行。但不允许提出寻求更改投标报价或投标实质性内容，但是按照本须知第13.4条规定，招标人评标时发现的算术错误不在此列。

（2）投标人的上述书面澄清与答复应由投标人法定代表人或委托代理人签字，提交一式十二份。如用传真，应补其正式的书面件。经招标人同意，投标人上述书面澄清与答复可作为投标文件组成部分。

13.3 错误的修正

（1）招标人对确定为实质上响应招标文件要求的投标文件进行校核，看其是否有计算上或累计上的算术错误。修正错误的原则如下：

1）如果用数字表示的数额与用文字表示的数额不一致时，应以文字数额为准；当工程量清单中的合计金额与投标报价书中的总报价不一致时，以投标报价书中的金额为准，并以此总报价平均修正工程量清单中的单价与合价。

2）当单价与工程量的乘积与合价不一致时，以标出的单价为准。如合同各项目合价之和与总价不一致，此时以单价为基础平均修正合价和总价。

（2）招标人将按上述修改错误的方法调整投标报价，投标人同意后，调整后的报价对投标人起约束作用。如果投标人不接受修正后的报价，则其投标将被拒绝，投标保证金也将被没收。

（3）若投标人的投标文件中有前后内容不一致或遗漏的，招标人有权按对投标人最不利的条件进行评审和按对招标者最有利的条件与其签订合同。

13.4 投标文件的评价和比较

13.4.1 评标原则

评标工作按照严肃认真、公平、公正、科学合理、客观全面、竞争优选、严格保密的原则进行。

13.4.2 评标依据

招标文件及其问题补充通知。

有效的投标文件及其评标要求澄清的文件。

《招标投标法》、国家发改委等七部委颁发的《评标委员会和评标方法暂行规定》。

评标标底。

13.4.3 评标方法

采用设有复合标底的综合评估法，排序推荐最大限度地满足招标文件中规定的各项综合评价标准的 3 名投标人为中标候选人。

13.4.4 评标机构

由招标人、招标代理人的代表，以及按须知 13.4.2 有关规定产生的技术、经济专家组成的评标委员会负责评标。

××××招标投标管理办公室负责对评标活动实施监督。

13.4.5 评标标底

采用复合标底作为评标标底（包括投标总报价标底 C 和占总报价70%以上的单价与合价标底 C_j）。复合标底为招标人的自编标底（A，A_i）和投标人报价的统计标底（B，B_i）的加权平均值，按下列公式计算。

$$C = \alpha A + (1 - \alpha) B \qquad \alpha = 0 \sim 1.0$$
$$C_i = \beta A_1 + (1 - \beta) B_i \qquad \beta = 0 \sim 1.0$$

投标人报价的总价(单价、合价)统计标底 $B(B_i)$ 的构成：

$$B = B - k\sigma B; \qquad B_i = B_i - k\sigma B_i$$

$B(B_i)$ 为总价(单价、合价)统计平均值；$\sigma B(\sigma B_i)$ 为总价(单价、合价)统计均方差；k 为系数，为 $0 \sim 1.0$。

设定标底以及复合标底系数 α，β，k 值在开标前密封并严格保密，在评标委员会上宣布。

13.4.6 评标程序

（1）初步评审

优先选取投标报价在评标标底 $-7\% \sim +3\%$ 范围的投标人进行初评。

1）对投标文件的响应性进行鉴定。

2）淘汰投标文件有重大偏差的投标人。

3）对投标文件进行算术错误的修正。

4）确定进入详细评审的投标人名单。

5）对投标文件进行细微偏差的澄清。

（2）详细评审

1）评议法。

2）打分法。

3）复议，排序推荐中标候选人。

13.4.7 评审标准

（1）投标文件的响应性鉴定

1）在详细评审之前，招标人将首先审定投标文件是否在实质上响应了招标文件的要求（包括投标人提交的电子文档是否满足要求）。招标人对投标响应性的鉴定将基于投标文件的本身内容。

2）就本条款而言，实质上响应招标文件要求的投标文件应该与招标文件所有条款、条件和规范相符，无重大偏差和保留。所谓重大偏差或保留是指：

①没有按招标文件的要求提供投标担保或所提供的投标担保有瑕疵。

②投标文件没有投标人授权代表签字和加盖公章。

③资格条件不合格的投标人。

④主要项目施工或制造方案不可行。

⑤施工设备和队伍力量明显不能保证施工或制造质量和进度工期。

⑥投标文件载明的完工日期超过招标文件规定的期限。

⑦对合同有效执行有实质性限制条件。

纠正这种偏差或保留，将会对其他响应要求的投标人竞争产生不公正的影响。

3）如果投标文件实质上没有响应招标文件的要求，招标人将予以拒绝。也不再允许投标人改正或撤回这些不符合要求的偏差与保留。

（2）投标文件细微偏差的澄清

细微偏差的澄清问题包括投标书的技术数据、条件、标准、数量、设备、工期、质量、价格、费用等选定或模糊或开口的问题。

（3）评价因素和权重

1）技术评价因素（权重40%）包括：

①施工方案的合理性、主要施工技术的可靠性与先进性。

②施工进度与工期安排的合理性。

③施工设备选型、配套的合理性和保证性。

④主要材料供应的可靠性和保证性。

⑤施工管理、技术人员配置的合理性。

⑥质量保证体系及措施、安全保证体系与措施、文明施工和环境保护等的合理性。

2）商务评价因素（权重45%）包括：

①总报价。

②主要单价与合价。

③报价合理性与不平衡报价。

④投标人财务能力与财务状况。

3）其他评价因素（权重15%）

①投标人经验、业绩、资信。

②项目组织与运行机制、施工协调能力。

③投标书的响应性、符合性和完整性。

④是否分包，分包商的资质与信誉。

4）总报价评比打分

按投标人总报价（评标价）与评标标底进行比较，计算出高于或低于标底的百分数后，以100分为基准分，按下列规则进行分段累计打分（百分制）：

①总报价高于评标标底总价0.1%～5%（含5%），每高于1%扣3分。

②总报价高于评标标底总价5%～10%（含10%），每高于1%扣10分。

③总报价低于评标标底总价0.1%～5%（含5%），每低于1%加3分。

④总报价低于评标标底总价5%以上部分，每低于1%扣10分。

⑤总报价评分权重为：15%，不计负分。

5）单价与合价评比打分

按投标人报价中的相关单价和合价与评标标底进行比较，计算出高于或低于标底的百分数以后，以100分为基准分，以相应单价与合价占总报价的比例为权重，按下列规则进行分段累计打分（百分制）：

①高于或低于评标标底＋／－0.1～10%（含10%），每高于或低于1%扣1分。

②高于或低于评标标底＋／－10%～20%（含20%），每高

于或低于1%扣2分；

③高于或低于评标标底+/-20%以上，每高于或低于1%扣3分。

④单价与合价评分权重为：20%，不计负分。

（4）中标候选人的排序

在定性评议和定量打分的基础上，以定量打分得分高低排序推荐中标候选人。当一个投标人在两个以上标段综合得分第一时，或五名以上专家对标段排序结果提出书面疑议时，评标委员会应对投标人的综合能力（包括施工能力、技术和装备能力、财务能力和协调能力方面）进一步复议，在此基础上，由评标委员会投票决定所复议标段的候选中标人的排序。复议结果应由2/3以上的专家同意，为最终结果。

13.4.8　评标价的确定

在评标时，招标人将按如下原则调整投标报价，以确定每个投标文件的评标价格：

1）按照须知13.3款的规定修改错误。

2）适当调整一切可为招标人接受的报价中的变化或偏离。

3）投标人如有修改报价，未注明修改报价项目时则对所投项目各部分的原报价按同一比例平均调整价格。

4）对于合同执行期间的价格调整按合同条款有关规定执行。

13.5　其他

1）招标人保留接受或拒绝任何变化、偏离的权力。

2）如果中标人的投标报价与实施本合同需要发生的费用严重不平衡，招标人可要求投标人将合同的履约保证金提高到足够的程度，使中标人一旦不能履约时，保证发包人免受损失。

3）如果所有投标人的投标报价为招标人不能接受，招标人有权以招标人认为可行的方式重新组织招标，或选取如下办法：

①按原计划，从中选择中标人。

②改用邀请其他潜在投标人投标。

4）属下列情况招标人有权宣布投标无效。

各投标人之间串通作弊、哄抬标价。

5）如果有其他增加的评价标准，将另行通知。

14. 授予合同

14.1 合同授予的标准

招标人将把合同授予其投标最大限度满足招标文件中规定的各项综合评价标准的投标人。

14.2 招标人接受和拒绝投标的权利

1）招标人在授标之前任何时候都有权接受或拒绝任何投标，以及宣布招标程序无效或拒绝所有投标，并无须向受影响的投标人承担任何责任，也无须将这样做的理由通知受影响的投标人。

2）招标人对授予合同划分：

招标人可以将本次招标中的任何项目指定分包给其他投标人。招标人保留调整项目组成的权力。

3）招标人不保证最低报价的投标人中标。

4）对未中标的投标人，招标人将不做任何解释。

14.3 中标通知书

1）在投标有效期截止时间前，招标人将中标通知用电传或传真通知中标人，确认其投标被接受。中标通知应给出招标人对承包人按合同施工、完工、维护和修补缺陷的合同支付总额（以下在合同条款中称为"合同价"或"合同价格"）。

2）中标通知书将是合同的组成部分。

3）在中标人按照须知第14.5款规定提交履约保证金后，招标人将及时通知其他未中标的投标人，并按照须知第10.5款规定退还其投标保证金。

14.4 签订合同

中标人应在收到中标通知书后的28天内或按中标通知书要求的时间派代表前来最后商定并签订合同。

14.5 履约保证金

中标人在收到中标通知书后28天内或按中标通知书要求的

时间，按照合同规定以银行保函的形式向招标人提交履约保证金。履约保证金额度为合同价的 10%，并应由符合下列规定的银行出具：

1) 建设银行的分行或支行。

2) 招标人认可的工商银行或其他银行的分行或支行。

履约保证金由中标人在招标人同意的上述银行单独开户，没有招标人的书面同意，中标人在履行合同期内不能支用。履约保证金按合同条款规定的时间退还。

14.6 其他

(1) 如果中标人不遵守本须知第 14.4 款或 14.5 款的规定，招标人就有充分理由废除授标，并没收其投标保证金。在这种情况下，招标人可以与其他合适的投标人签订合同，也可以重新招标。

(2) 中标人应按须知 14.2 款规定（如有调整或指定分包），在签订合同前签订分包协议，并向招标人提交副本。

(3) 中标人在签订合同前，应与招标人先签订廉政协议。在合同工程完工验收前，应先按廉政协议的有关要求进行廉政验收，然后再进行完工验收。

15. 合同价款支付

合同价款实行财政直接支付。

15.1 财政直接支付流程

1) 承包人按合同要求向监理人呈报月进度付款申请。

2) 监理人审核后，报送发包人审核。

3) 发包人审核后，报送上级主管部门审核。

4) 上级主管部门审核后，报送财政部×××办事处审核。

5) 财政部×××办事处审核后，报送水利部审核。

6) 水利部审核后，报送财政部。

7) 财政部审核后，由国库直接将工程价款支付给承包人开设的价款结算账户。

15.2 工程价款结算账户

工程价款结算账户一经开设，并经有关方面确认后，合同实施期间不得变更，并保留至工程质保金退还后方可消户。

15.3 支付时间

1）发包人每月 15 日之前应将审签完的月进度付款证书报送上级主管部门。

2）根据财政部有关规定，财政部将经审核通过的月进度付款通过国库支付给承包人开设的价款结算账户。

第二章 协议书、履约保函和工程预付款保函

协议书、履约保函和工程预付款保函的编写内容和格式见实例。

实例：《长江重要堤防隐蔽工程×××工程》协议书、履约保函和工程预付款保函

1. 协议书

协 议 书

合同编号：

本协议由长江重要堤防隐蔽工程建设管理局（以下简称"发包人"）与××××（以下简称"承包人"）于＿＿＿年＿＿＿月＿＿＿日商定并签署。

鉴于发包人拟修建长江重要堤防隐蔽工程＿＿＿工程，并通过＿＿＿年＿＿＿月＿＿＿日的中标通知，接受了承包人以合同价人民币＿＿＿元（大写）作为本工程施工、完工和修补缺陷以及合同文件规定项目、规定期限内的运行、维护所做的投标，双方达成如下协议：

（一）本合同中所用术语的涵义与下述所列的专用合同条款和通用合同条款中的词语涵义相同。

（二）本合同包括下列文件：

1）协议书（包括补充协议）。

2）中标通知书。

3）投标报价书。

4）专用合同条款。

5）通用合同条款。

6）技术条款。

7）图样。

8）已标价的工程量清单。

9）经双方确认进入合同的其他文件。

上列文件汇集并代替了本协议书签订前双方为本合同签订的所有协议、会谈记录以及相互承诺的一切文件。

（三）承包人保证按照合同规定全面完成各项承包工作，并承担合同规定的承包人的全部责任和义务。

（四）发包人保证按照合同规定付款并承担合同规定的发包人的全部责任和义务。

（五）本协议书经双方法定代表人或其委托代理人签名并分别盖本单位公章后生效。

（六）本合同书一式十五份（其中正本两份，副本十三份），发包人执八份（包括正本一份），承包人执三份（包括正本一份）。其余副本由发包人分送有关单位。

发包人：（名称、盖单位章）　　承包人：（名称、盖单位章）

法定代表人（或委托代理　　　法定代表人（或委托代理

人）：（签名）　　　　　　　　人）：（签名）

地址：　　　　　　　　　　　地址：

邮编：　　　　　　　　　　　邮编：

电话：　　　　　　　　　　　电话：

传真：　　　　　　　　　　　传真：

开户银行：　　　　　　　　　开户银行：

账号：　　　　　　　　　　　账号：

税号：　　　　　　　　　　　税号：

签字日期：　年　月　日

2. 履约保函

（长江重要堤防隐蔽工程） **履约保函**

长江重要堤防隐蔽工程建设管理局：

因被保证人_____（承包人名称）（以下简称被保证人）与你签订长江重要堤防隐蔽工程_____工程合同（合同编号：_____），我方已接受被保证人的请求，愿就被保证人履行上述合同约定的义务向你方提供如下保证：

（一）本保函担保的范围（担保金额）为人民币_____元（大写）。

（二）本保函的有效期自上述合同生效日起至保修责任终止证书颁发前一直有效。

（三）在本保函有效期内，如被保证人违约，你方要求赔偿损失时，我方将在收到你方符合下列条件的提款通知后7天（日历天）内凭本保函向你方支付本保函担保范围内你方要求提款的金额。

1）你方的提款通知必须在本保函有效期内以书面形式（包括信函、电传、电报、传真）提出，提款通知应由你方法定代表人（或委托代理人）签字并加盖单位公章。

2）你方的提款通知应写明要求提款的金额，并附有说明被保证人违约造成你方损失情况的材料。

（四）你方和被保证人双方经协商同意在规定的范围内变更合同工作时，我方承担本保函规定的责任不变。

银行名称：

地址：

许可证号：

负责人：（签字盖公章）

邮编：

电话：

传真：

日期：   年   月   日

3. 工程预付款保函

（长江重要堤防隐蔽工程）**工程预付款保函**

长江重要堤防隐蔽工程建设管理局：

因被保证人＿＿＿＿＿（承包人名称）（以下简称被保证人）与你方签订长江重要堤防隐蔽工程＿＿＿＿＿＿工程合同（合同编号：

），并按合同规定在取得第一次工程预付款前应向你方提交工程预付款保函。我方已接受被保证人的请求，愿就被保证人履行上述合同约定使用并按期退还预付款向你方提供如下保证：

（一）本保函担保的范围（担保金额）为人民币＿＿＿＿＿＿元（大写）。

（二）本保函的有效期自工程预付款支付之日起至你方按合同约定向承包人收回全部工程预款之日止。

（三）在本保函有效期内，若被保证人未将工程预付款用于上述合同项下的工程或发生其他违约情况，我方将在收到你方符合下列条件的提款通知后7天（日历天）内凭本保函向你方支付本保函担保范围内你方要求提款的金额。

1）你方的提款通知必须在本保函有效期内以书面形式（包括信函、电传、电报、传真）提出，提款通知应由你方法定代表人、或委托代理人）签字并加盖单位公章。

2）你方的提款通知应写明要求提款的金额，并附有说明被保证人违约造成你方损失情况的材料。

（四）你方和被保证人双方经协商同意在规定的范围内变更合同工作时，我方承担本保函规定的责任不变。

银行名称：

地址：

许可证号：

负责人：（签字盖公章）

邮编：

电话：

传真：

日期：　　年　　月　　日

第三章　合同条款

合同条款分为通用合同条款和专用合同条款两部分。

第一部分　通用合同条款

通用合同条款应说明以下内容：①词语定义；②合同文件及解释顺序；③双方的一般义务和责任；④履约担保；⑤监理人和总监理工程师；⑥联络；⑦图样；⑧转让和分包；⑨承包人的人员及其管理；⑩材料和设备；⑪交通运输；⑫工程进度；⑬工程质量；⑭文明施工与环境保护；⑮计量与支付；⑯价格调整；⑰变更与备用金；⑱违约和索赔；⑲争议的解决；⑳风险和保险；㉑完工与保修；㉒其他。

实例：《长江重要堤防隐蔽工程×××工程》通用合同条款

1. 词语定义

下列词语除专用条款另有约定外，应具有本条所赋予的定义：

1.1　发包人：是指在协议书中约定，具有工程发包主体资格和支付工程款能力的当事人以及取得该当事人资格的合法继承人。

1.2　承包人：是指在协议书中约定，被发包人接受的具有工程施工承包主体资格的当事人以及取得该当事人资格的合法继承人。

1.3　分包人：是指本合同协议中从承包人处分包某一部分工程的当事人。

1.4　设计人：是指发包人委托的负责本工程设计并取得相应工程设计资质等级证书的单位。

1.5　监理人：是指专用合同条款中写明的由发包人委托对本合同实施监理的当事人。

1.6　合同文件（或称合同）：是指由发包人与承包人签订的为完成本合同规定的各项工作所列入本合同条款的全部文件和

图样，以及其他在协议书中明确列入的文件和图样。

1.7 技术条款：是指本合同的技术条款和由监理人作出或批准的对技术条款修改或补充的文件。

1.8 图样：是指列入合同的招标图样和发包人按合同规定向承包人提供的所有图样（包括配套说明和有关资料），以及列入合同的投标图样和由承包人提交并经监理人批准的所有图样（包括配套说明和有关资料）。

1.9 施工图样：是指上述第1.8项规定的图样中由发包人提供或由承包人提交并经监理人批准的直接用于施工的图样（包括配套说明和有关资料）。

1.10 投标文件：是指承包人为完成本合同规定的各项工作，在投标时按招标文件的要求向发包人提交的投标报价书、已标价的工程量清单及其他文件。

1.11 中标通知书：是指发包人正式向中标人授标的通知书。

1.12 工程：是指永久工程和临时工程或为二者之一。

1.13 永久工程：是指按本合同规定应建造的并移交给发包人使用的工程（包括工程设备）。

1.14 临时工程：是指为完成本合同规定的各项工作所需的各类非永久工程（不包括施工设备）。

1.15 主体工程：是指专用合同条款中写明的全部永久工程中的主要工程。

1.16 单位工程：是指专用合同条款中写明的单位工程。

1.17 工程设备：是指构成或计划构成永久工程一部分的机电设备、金属结构设备、仪器装置及其他类似的设备和装置。

1.18 施工设备：是指为完成本合同规定的各项工作所需的全部用于施工的设备、器具和其他物品（不包括临时工程和材料）。

1.19 承包人设备：是指承包人的施工设备。

1.20 进点：是指承包人接到开工通知后进入施工场地。

1.21 开工通知：是指发包人委托监理人通知承包人开工的函件。

1.22 开工日期：是指承包人接到监理人按第12.2.1款发出的开工通知的日期或开工通知中写明的开工日。

1.23 完工日期：是指本合同规定的全部工程、单位工程或部分工程完工和通过完工验收后，在移交证书（或临时移交证书）中写明的完工日。

1.24 合同价格：是指协议书中写明的合同总金额。

1.25 费用：是指为实施本合同所发生的开支，包括管理费和应分摊的其他费用，但不包括利润。

1.26 施工场地（或称工地）：是指由发包人提供的用于本合同工程施工的场所以及在合同中指定作为施工场地组成部分的其他场所。

1.27 书面形式：是指任何手写、打印、印刷的各种函件，包括电传、电报、传真和电子邮件。

1.28 天：是指日历天。

2. 合同文件及解释顺序

2.1 语言文字

本合同使用的语言文字为汉语文字。

2.2 法律、法规和规章

适用于本合同的法律、法规和规章是中华人民共和国法律、行政法规以及国务院有关部门的规章和工程所在地的省、自治区、直辖市的地方法规和规章。

2.3 合同文件的解释顺序

组成合同的各项文件应互相解释，互为说明。当合同文件出现含糊不清或不一致时，由监理人作出解释。除合同另有规定外，解释合同文件的优先顺序规定在专用合同条款内。

3. 双方的一般义务和责任

3.1 发包人的一般义务和责任

3.1.1 遵守法律、法规和规章

发包人应在其实施本合同的全部工作中遵守与本合同有关的法律、法规和规章，并应承担由于其自身违反上述法律、法规和规章的责任。

3.1.2 发布开工通知

发包人应委托监理人按合同规定的日期前向承包人发布开工通知。

3.1.3 安排监理人及时进点实施监理

发包人应在开工通知发出前安排监理人及时进入工地开展监理工作。

3.1.4 提供施工用地

发包人应按专用合同条款规定的承包人用地范围和期限，办清施工用地范围内的征地和移民，按时向承包人提供施工用地。

3.1.5 提供部分施工准备工程

发包人应按合同规定，完成由发包人承担的施工准备工程，并按合同规定的期限提供承包人使用。

3.1.6 提供测量基准

发包人应按第13.6.1款和本合同技术条款的有关规定，委托监理人向承包人提供现场测量基准点、基准线和水准点及其有关资料。

3.1.7 办理保险

发包人应按合同规定负责办理由发包人投保的保险。

3.1.8 提供已有的水文和地质勘探资料

发包人应向承包人提供已有的与本合同工程有关的水文和地质勘探资料，但只对列入合同文件的水文和地质勘探资料负责，不对承包人使用上述资料所做的分析、判断和推论负责。

3.1.9 及时提供图样

发包人应委托监理人在合同规定的期限内向承包人提供应由发包人负责提供的图样。

3.1.10 支付合同价款

发包人应按第15.3条、第15.5条和第15.6条的规定支付合同价款。

3.1.11 统一管理工程的文明施工

发包人应按国家有关规定负责统一管理本工程的文明施工，为承包人实施文明施工目标创造必要的条件。

3.1.12 治安保卫和施工安全

发包人应按第 14.1 条的有关规定履行其治安保卫和施工安全职责。

3.1.13 环境保护

发包人应按环境保护的法律、法规和规章的有关规定统一筹划本工程的环境保护工作，负责审查承包人按第 14.2 条规定所采取的环境保护措施，并监督其实施。

3.1.14 组织工程验收

发包人应按第 21.1 条的规定主持和组织工程的完工验收。

3.1.15 其他一般义务和责任

发包人应承担专用合同条款中规定的其他一般义务和责任。

3.2 承包人的一般义务和责任

3.2.1 遵守法律、法规和规章

承包人应在其负责的各项工作中遵守与本合同工程有关的法律、法规和规章，并保证发包人免于承担由于承包人违反上述法律、法规和规章的任何责任。

3.2.2 提交履约担保证件

承包人应按第 4 条的规定向发包人提交履约担保证件。

3.2.3 及时进点施工

承包人应在接到开工通知后及时调遣人员和调配施工设备、材料进入工地，按施工总进度要求完成施工准备工作。

3.2.4 执行监理人的指示，按时完成各项承包工作

承包人应认真执行监理人发出的与合同有关的任何指示，按合同规定的内容和时间完成全部承包工作。除合同另有规定外，承包人应提供为完成本合同工作所需的劳务、材料、施工设备、工程设备和其他物品。

3.2.5 提交施工组织设计、施工措施计划和部分施工图样

承包人应按合同规定的内容和时间要求，编制施工组织设计、施工措施计划和由承包人负责的施工图样，报送监理人审批，并对现场作业和施工方法的完备和可靠负全部责任。

3.2.6 办理保险

承包人应按合同规定负责办理由承包人投保的保险。

3.2.7 文明施工

承包人应按国家有关规定文明施工，并应在施工组织设计中提出施工全过程的文明施工措施计划。

3.2.8 保证工程质量

承包人应严格按施工图样和本合同技术条款中规定的质量要求完成各项工作。

3.2.9 保证工程施工和人员的安全

承包人应按第14.1条的有关规定认真采取施工安全措施，确保工程和由其管辖的人员、材料、设施和设备的安全，并应采取有效措施防止工地附近建筑物和居民的生命财产遭受损害。

3.2.10 环境保护

承包人应遵守环境保护的法律、法规和规章，并应按第14.2条的规定采取必要措施保护工地及其附近的环境，免受因其施工引起的污染、噪声和其他因素所造成的环境破坏和人员伤害及财产损失。

3.2.11 避免施工对公众利益的损害

承包人在进行本合同规定的各项工作时，应保障发包人和其他人的财产和利益以及使用公用道路、水源和公共设施的权利免受损害。

3.2.12 为其他人提供方便

承包人应按监理人的指示为其他人在本工地或附近实施与本工程有关的其他各项工作提供必要的条件。除合同另有规定外，有关提供条件的内容和费用应在监理人的协调下另行签订协议。若达不成协议，则由监理人作出决定，有关各方遵照执行。

3.2.13 工程维护和保修

工程未移交发包人前，承包人应负责照管和维护，移交后承包人应承担保修期内的缺陷修复工作。若工程移交证书颁发时尚有部分未完工程需在保修期内继续完成，则承包人还应负责该未完工程的照管和维护工作，直至完工后移交给发包人为止。

3.2.14 完工清场和撤离

承包人应在合同规定的期限内完成工地清理并按期撤退其人员、施工设备和剩余材料。

3.2.15 其他一般义务和责任

承包人应承担专用合同条款中规定的其他一般义务和责任。

4. 履约担保

4.1 履约担保证件

承包人应按合同规定的格式和专用合同条款规定的金额，在正式签订协议书前向发包人提交经发包人同意的银行或其他金融机构出具的履约保函或经发包人同意的具有担保资格的企业出具的履约担保书。

4.2 履约担保证件的有效期

承包人应保证履约保函或履约担保书在发包人颁发保修责任终止证书前一直有效。发包人应在保修责任终止证书颁发后14天内把上述证件退还给承包人。

5. 监理人和总监理工程师

5.1 监理人的职责和权力

（1）监理人应履行本合同规定的职责。

（2）监理人可以行使合同规定的和合同中隐含的权力，但若发包人要求监理人在行使某种权力之前必须得到发包人批准，则应在专用合同条款中予以规定，否则监理人行使这种权力应视为已得到发包人的事先批准。

（3）除合同中另有规定外，监理人无权免除或变更合同中规定的承包人或发包人的义务、责任和权利。

5.2 总监理工程师

总监理工程师（以下简称总监）是监理人驻工地履行监理人职责的全权负责人。发包人应在开工通知发布前把总监的任命通知承包人，总监易人时应由发包人及时通知承包人。总监短期离开工地时应委派代表代行其职责，并通知承包人。

5.3 监理人员

总监可以指派监理人员负责实施监理中的某项工作，总监应将这些监理人员的姓名、职责和授权范围通知承包人。他们出于上述目的而发出的指示均视为已得到总监的同意。

5.4 监理人的指示

（1）监理人的指示应盖有监理人授权的现场机构公章和总监或按上述第5.3款规定授权的监理人员签名。

（2）承包人收到监理人指示后应立即遵照执行。若承包人对监理人的指示持异议时，仍应遵照执行，但可向监理人提出书面意见。监理人研究后可作出修改指示或继续执行原指示的决定，并通知承包人。若监理人决定继续执行原指示，承包人仍应遵照执行，但承包人有权按第19.1.1款的规定提出按合同争议处理的要求。

（3）在紧急情况下，监理人员可以当场签发临时书面指示，但监理人应在发出临时书面指示后48h内补发正式书面指示，如监理人未在48h内及时补发，则承包人可提出书面确认函，声明已视临时书面指示为正式指示。

（4）除合同另有规定外，承包人只从总监或上述第5.3款规定的监理人员处取得指示。

5.5 监理人应公正地履行职责

监理人应严格按合同规定公正地履行职责，监理人按合同要求发出指示、表示意见、审批文件、确定价格以及采取可能涉及发包人或承包人的义务和权利的行动时，应认真查清事实，并与双方充分协商后作出公正的决定。

6. 联络

6.1 联络以书面形式为准

合同中述及的由任何人提出或给出的与合同有关的通知、指示、要求、请求、同意、意见、确认、批准、证书、证明和决定等是双方联络和履行合同的凭证，均应以书面形式为准，并应送达双方约定的地点和办理签收手续。

6.2 来往函件的发出和答复

上述第6.1款中的通知、指示、要求、请求、同意、确认、批准、证书、证明和决定等来往函件均应按合同规定的期限及时发出和答复，不得无故扣压和拖延，也不得无故拒收，否则由责任方对由此造成的后果负责。

7. 图样

7.1 招标图样和投标图样

（1）列入合同的招标图样仅作为承包人投标报价和在履行合同过程中衡量变更的依据，不能直接用于施工。

（2）列入合同的投标图样仅作为发包人选择中标人和在履行合同过程中检验承包人是否按其投标内容进行施工的依据，也不能直接用于施工。

7.2 施工图样

（1）按合同规定由发包人委托监理人提供给承包人的施工图样，包括工程建筑物的结构图、体形图和配筋图以及合同规定由发包人负责的细部设计图、浇筑图和加工图等，均应按本合同技术条款中规定的期限和数量提交给承包人。由于发包人未能按时提交施工图样而造成的工期延误，应按第18.2条的有关规定办理；施工图样中涉及变更的应按第17.1条的有关规定办理。

（2）按合同规定由承包人自行负责的施工图样，包括部分工程建筑物的结构图、体形图和配筋图，以及承包人按发包人施工图样绘制的细部设计图、浇筑图和车间加工图等，均应按本合同技术条款中规定的期限报送监理人审批。监理人应在本合同技术条款规定的期限内批复承包人。承包人应对其未能按时向监理人提交施工图样而造成的工期延误负责；若监理人未在规定的期限内批复承包人，则应视为监理人已同意按上述图样进行施工。

监理人的批复不免除承包人对其提交的施工图样应负的责任。

7.3　施工图样的修改

发包人委托监理人提交给承包人的施工图样需要修改和补充时，应由监理人在该工程（或工程相应部位）施工前签发施工图样的修改图给承包人，具体期限应视修改内容由双方商定，承包人应按修改后的施工图样进行施工。施工图样的修改涉及变更时应按第17.1条的有关规定办理。

7.4　图样的保管

监理人和承包人均应按第1.8条所包含的内容，在工地各保存一套完整的图样。

7.5　图样的保密

未经对方许可，按合同规定由发包人和承包人相互提供的图样不得泄露给与本合同无关的第三方，违者应对泄密造成的后果承担责任。

8.　转让和分包

8.1　转让

承包人不得将其承包的全部工程转包给第三人。未经发包人同意，承包人不得转移合同中的全部或部分义务，也不得转让合同中的全部或部分权利，下述情况除外：

（1）承包人的开户银行代替承包人收取合同规定的款额。

（2）在保险人已清偿了承包人的损失或免除了承包人的责任的情况下，承包人将其从任何其他责任方处获得补偿的权利转让给承包人的保险人。

8.2　分包

8.2.1　工程分包应经批准

承包人不得将其承包的工程肢解后分包出去。主体工程不允许分包。除合同另有规定外，未经监理人同意，承包人不得把工程的任何部分分包出去。经监理人同意的分包工程不允许分包人再分包出去。承包人应对其分包出去的工程以及分包人的任何工作和行为负全部责任。即使是监理人同意的部分分包工作，也不能免除承包人按合同规定应负的责任。分包人应就其完成的工作成果向发包人承担连带责任。监理人认为有必要时,承包人应向监理提交分包合同副本。除合同另有规定外,下列事项不要求承包人征得监理人同意。

(1) 按第9.1、1款的规定提供劳务。

(2) 采购符合合同规定标准的材料。

(3) 合同中已明确了分包人的工程分包。

8.2.2 发包人指定分包人

(1) 发包人根据工程特殊情况欲指定分包人时,应在专用合同条款中写明分包工作内容和指定分包人的资质情况。承包人可自行决定同意或拒绝发包人指定的分包人。若承包人在投标时接受了发包人指定的分包人,则该指定分包人应与承包人的其他分包人一样被视为承包人雇用的分包人,由承包人与其签订分包合同,并对其工作和行为负全部责任。

(2) 在合同实施过程中,若发包人需要指定分包人时,应征得承包人的同意,此时发包人应负责协调承包人与分包人之间签订分包合同。发包人应保证承包人不因此项分包而增加额外费用;承包人则应负责该分包工作的管理和协调,并向指定分包人计取管理费;指定分包人应接受承包人的统一安排和监督。由于指定分包人造成的与其分包工作有关而又属承包人的安排和监督责任所无法控制的索赔、诉讼和损失赔偿均应由指定分包人直接对发包人负责,发包人也应直接向指定分包人追索,承包人不对此承担责任。

9. 承包人的人员及其管理

9.1 承包人的人员

9.1.1 承包人的职员和工人

承包人应为完成合同规定的各项工作向工地派遣或雇用技术合格和数量足够的下述人员:

(1) 具有合格证明的各类专业技工和普工。

(2) 具有相应技术理论知识和施工经验的各类专业技术人

员及有能力进行现场施工管理和指导施工作业的工长。

（3）具有相应岗位资格的管理人员。

9.1.2　承包人项目经理

（1）承包人项目经理是承包人驻工地的全权负责人，按合同规定的承包人义务、责任和权利履行其职责。承包人项目经理应按本合同的规定和监理人的指示负责组织本工程的圆满实施。在情况紧急且无法与监理人联系时，可采取保证工程和人员生命财产安全的紧急措施，并在决定采取措施后24h内向监理人提交报告。

（2）承包人为实施本合同发出的一切函件均应盖有承包人授权的现场机构公章和承包人项目经理或其授权代表签名。

（3）承包人指派的项目经理应经发包人同意。项目经理易人，应事先征得发包人同意。项目经理短期离开工地，应委派代表代行其职，并通知监理人。

9.2　承包人人员的管理

9.2.1　承包人人员的安排

（1）除合同另有规定外，承包人应自行安排和调遣其本单位和从本工程所在地或其他地方雇用的所有职员和工人，并为上述人员提供必要的工作和生活条件及负责支付报酬。

（2）承包人安排在工地的主要管理人员和专业技术骨干应相对稳定，上述人员的调动应经监理人同意。

9.2.2　提交管理机构和人员情况报告

承包人应在接到开工通知后84天内向监理人提交承包人在工地的管理机构以及人员安排的报告，其内容应包括管理机构的设置、主要技术和管理人员资质以及各工种技术工人的配备状况。若监理人认为有必要时，承包人还应按规定的格式，定期向监理人提交工地人员变动情况的报告。

9.2.3　承包人人员的上岗资格

技术岗位和特殊工种的工人均应持有通过国家或有关部门统一考试或考核的资格证明，监理人认为有必要时可进行考核，合格者才准上岗。承包人应在按第9.2.2款要求提交的人员情况报告中，说明承包人人员持有上岗资格证明的情况。监理人有权随时检查承包人人员的上岗资格证明。

9.2.4　监理人有权要求撤换承包人的人员

承包人应对其在工地的人员进行有效的管理，使其能做到尽职尽责。监理人有权要求撤换那些不能胜任本职工作或行为不端或玩忽职守的任何人员，承包人应及时予以撤换。

9.2.5　保障承包人人员的合法权益

承包人应遵守有关法律、法规和规章的规定，充分保障承包人人员的合法权益。承包人应做到（但不限于）：

（1）保证其人员有享受休息和休假的权利，承包人应按劳动法的规定安排其人员的工作时间。因工程施工的特殊需要占用休假日或延长工作时间，不应超过规定的限度，并应按规定给予补休或付酬。

（2）为其人员提供必要的食宿条件以及符合环境保护和卫生要求的生活环境，配备必要的伤病预防、治疗和急救的医务人员和医疗设施。

（3）按有关劳动保护的规定采取有效的防止粉尘、降低噪声、控制有害气体和保障高温、高寒、高处作业安全等措施。若其人员在施工中受到伤害，承包人应有责任立即采取有效措施进行抢救和治疗。

（4）按有关法律、法规和规章的规定，为其管辖的所有人员办理养老保险。

（5）负责处理其管辖人员伤亡事故的全部善后事宜。

10.　材料和设备

10.1　材料和工程设备的提供

10.1.1　承包人提供的材料和工程设备

（1）除合同另有规定外，为完成本合同各项工作所需的材料和按合同规定由承包人提供的工程设备，均由承包人负责采购、验收、运输和保管。

（2）合同规定由承包人负责采购的主要材料和工程设备，一经与供货厂家签订供货协议，应将一份副本提交监理人。

10.1.2 发包人提供的工程设备

（1）按合同规定由发包人提供的工程设备的名称、规格、数量、交货地点和计划交货日期，均规定在专用合同条款中。

（2）承包人应根据合同进度计划的安排，提交一份满足工程设备安装进度要求的交货日期计划报送监理人审批，并抄送发包人。监理人收到上述交货日期计划后，应与发包人共同协商确定交货日期。

（3）发包人提供的工程设备不能按期交货时，应事先通知承包人，并应按第12.4.2款的规定办理，由此增加的费用和工期延误责任，由发包人承担。

（4）发包人要求按专用合同条款中规定的提前交货期限内交货时，承包人不应拒绝，并不得要求增加任何费用。

（5）承包人要求更改交货日期时，应事先报监理人批准，否则由于承包人要求提前交货或不按时提货所增加的费用和工期延误责任，由承包人承担。

（6）若发包人提供的工程设备的规格、数量或质量不符合合同要求或交货日期拖后，由此增加的费用和工期延误责任，由发包人承担。

10.2 承包人材料和设备的管理

10.2.1 承包人设备应及时进入工地

合同规定的承包人设备应按合同进度计划（在施工总进度计划尚未批准前，按签订协议书时商定的设备进点计划）进入工地，并需经监理人核查后投入使用，若承包人需更换合同规定的承包人设备时，须经监理人批准。

10.2.2 承包人的材料和设备专用于本合同工程

（1）承包人运入工地的所有材料和设备应专用于本合同工程。

（2）承包人除在工地转移这些材料和设备外，未经监理人同意，不得将上述材料和设备中的任何部分运出工地。但承包人从事运送人员和外出接运货物的车辆不要求办理同意手续。

（3）承包人在征得监理人同意后，可以按不同施工阶段的计划撤走其属于自己的闲置设备。

10.2.3 承包人旧施工设备的管理

承包人的旧施工设备进入工地前必须按有关规定进行年检和定期检修，并应由具有设备检定资格的机构出具检修合格证或经监理人检查后才准进入工地。承包人还应在旧施工设备进入工地前提交主要设备的使用和检修记录，并应配置足够的备品备件以保证旧施工设备的正常运行。

10.2.4 承包人租用的施工设备

（1）发包人拟向承包人出租施工设备时，应在专用合同条款中写明各种租赁设备的型号、规格、完好程度和租赁价格。

（2）承包人可以根据自身的条件选租发包人的施工设备。若承包人计划租赁发包人提供的施工设备，则应在投标时提出选用的租赁设备清单和租用时间，并在报价中计入相应的租赁费用，中标后另行签订协议。

（3）承包人从其他人处租赁施工设备时，则应在签订的租赁协议中明确规定若在协议有效期内发生承包人违约而解除合同时，发包人或发包人邀请承包本合同的其他承包人，可以相同的条件取得该施工设备的使用权。

10.2.5 监理人有权要求承包人增加和更换施工设备

监理人一旦发现承包人使用的施工设备影响工程进度或质量时，有权要求承包人增加或更换施工设备，承包人应予及时增加或更换，由此增加的费用和工期延误责任由承包人承担。

11. 交通运输

11.1 场内施工道路

（1）发包人按第3.1.5款规定提交给承包人使用的道路和交通设施，应由承包人负责其在合同实施期内的维修、养护和交通管理工作，并承担一切费用。

（2）除本款（1）项所述的由发包人提供的部分道路和交通设施外，承包人应负责修建、维修、养护和管理其施工所需的全部临时道路和交通设施，并承担一切费用。

（3）承包人修建的临时道路和交通设施，应免费提供给发包人和监理人使用；其他承包人需要使用上述道路和设施时，应按第3.2.12款的规定办理。

11.2　场外公共交通

（1）承包人的车辆外出行驶所需的场外公共道路的通行费、养路费和税款等一切费用由承包人承担。

（2）承包人车辆应服从当地交通部门的管理，严格按照道路和桥梁的限制荷重安全行驶，并服从交通监管部门的检查和检验。

11.3　超大件和超重件的运输

由承包人负责运输的物件中，若遇有超大件或超重件时，应由承包人负责向交通管理部门办理申请手续。运输超大件或超重件所需进行的道路和桥梁临时加固改造费用和其他有关费用，均由承包人承担。若实际运输中的超大件或超重件超过合同规定的件数、尺寸或重量时，应由发包人和承包人共同协商确定各自分担的费用。

11.4　道路和桥梁的损坏责任

承包人应为自己进行的物品运输造成工地内外公共道路和桥梁的损坏负全部责任，并负责支付修复损坏的全部费用和可能引起的索赔。

11.5　水路运输

本条上述各款的内容也适用于水路运输，其中"道路"一词的涵义应包括水闸、码头、堤防或与水路有关的其他结构物；"车辆"一词的涵义应包括船舶，本条各款规定仍有效。

12. 工程进度

12.1　进度计划

12.1.1　合同进度计划

承包人应按本合同技术条款规定的内多和期限以及监理人的指示，编制施工总进度计划报送监理人审批。监理人应在本合同技术条款规定的期限内批复承包人。经监理人批准的施工总进度计划（称合同进度计划），作为控制本合同工程进度的依据，并据此编制年、季和月进度计划报送监理人审批。在施工总进度计划批准前，应按签订协议书时商定的进度计划和监理人的指示控制工程进展。

12.1.2 修订进度计划

（1）不论何种原因发生工程的实际进度与第12.1.1款所述的合同进度计划不符时，承包人应按监理人的指示在28天内提交一份修订的进度计划报送监理人审批，监理人应在收到该进度计划后的28天内批复承包人。批准后的修订进度计划作为合同进度计划的补充文件。

（2）不论何种原因造成施工进度计划拖后，承包人均应按监理人的指示，采取有效措施赶上进度。承包人应在向监理人报送修订进度计划的同时，编制一份赶工措施报告报送监理人审批，赶工措施应以保证工程按期完工为前提调整和修改进度计划。由于发包人原因造成施工进度拖后，应按第12.4.2款的规定办理；由于承包人原因造成施工进度拖后，应按第12.4.3款的规定办理。

12.1.3 单位工程（或部分工程）进度计划

监理人认为有必要时，承包人应按监理人指示的内容和期限，并根据合同进度计划的进度控制要求，编制单位工程（或部分工程）进度计划报送监理人审批。

12.1.4 提交资金流估算表

承包人应在按第12.1.1款的规定向监理人报送施工总进度计划的同时，按专用合同条款规定的格式，向监理人提交按月的资金流估算表。估算表应包括承包人计划可从发包人处得到的全部款额，以供发包人参考。此后，如监理人提出要求，承包人还应在监理人指定的期限内提交修订的资金流估算表。

12.2 工程开工和完工

12.2.1 开工通知

监理人应在专用合同条款规定的期限内，向承包人发出开工通知。承包人应接到开工通知后及时调遣人员和调配施工设备、材料进入工地。并从开工日起按签订协议书时商定的进度计划进行施工准备。

12.2.2 发包人延误开工

监理人未按合同规定的期限发出开工通知或发包人未能按合同规定向承包人提供开工的必要条件，承包人有权提出延长工期的要求。监理人应在收到承包人的要求后立即与发包人和承包人共同协商补救办法，由此增加的费用和工期延误责任由发包人承担。

12.2.3 承包人延误进点

承包人在接到开工通知后 14 天内未及时进场组织施工，监理人可通知承包人立即采取有效措施赶上进度，承包人应在接到通知后的 7 天内向监理人提交一份补救措施报告报送监理人审批。补救措施报告应详细说明不能及时进场的原因和补救办法，由此增加的费用和工期延误责任由承包人承担。

12.2.4 完工日期

本合同的全部工程、单位工程和部分工程的要求完工日期规定在专用合同条款中，承包人应在上述规定的完工日期内完工或在第 12.4.2 款和第 12.5 条规定可能延后或提前的完工日期内完工。

12.3 暂停施工

12.3.1 承包人暂停施工的责任

属于下列任何一种情况引起的暂停施工，承包人不能提出增加费用和延长工期的要求。

（1）合同中另有规定的。

（2）由于承包人违约引起的暂停施工。

（3）由于现场非异常恶劣气候条件引起的正常停工。

（4）为工程的合理施工和保证安全所必需的暂停施工。

（5）未得到监理人许可的承包人擅自停工。

（6）其他由于承包人原因引起的暂停施工。

12.3.2　发包人暂停施工的责任

属于下列任何一种情况引起的暂停施工，均为发包人的责任，由此造成的工期延误，应按第12.4.2款的规定办理。

（1）由于发包人违约引起的暂停施工。

（2）由于不可抗力的自然或社会因素引起的暂停施工。

（3）其他由于发包人原因引起的暂停施工。

12.3.3　监理人的暂停施工指示

（1）监理人认为有必要时，可向承包人发布暂停工程或部分工程施工的指示，承包人应按指示的要求立即暂停施工。不论由于何种原因引起的暂停施工，承包人应在暂停施工期间负责妥善保护工程和提供安全保障。

（2）由于发包人的责任发生暂停施工的情况时，若监理人未及时下达暂停施工指示，承包人可向其提出暂停施工的书面请求，监理人应在接到请求后的48h内予以答复，若不按期答复，可视为承包人请求已获同意。

12.3.4　暂停施工后的复工

工程暂停施工后，监理人应与发包人和承包人协商采取有效措施积极消除停工因素的影响。当工程具备复工条件时，监理人应立即向承包人发出复工通知，承包人收到复工通知后，应在监理人指定的期限内复工。若承包人无故拖延和拒绝复工，由此增加的费用和工期延误责任由承包人承担。

12.3.5　暂停施工持续56天以上

（1）若监理人在下达暂停施工指示后56天内仍未给予承包人复工通知，除了该项停工属于第12.3.1款规定的情况外，承包人可向监理人提交书面通知，要求监理人在收到书面通知后28天内准许已暂停施工的工程或其中一部分工程继续施工。若监理人逾期不予批准，则承包人有权作出以下选择：当暂时停工仅影响合同中部分工程时，按第17.1.1款规定将此项停工工程视作可取消的工程，并通知监理人；当暂时停工影响整个工程时，可视为发包人违约，应按第18.2条的规定办理。

（2）若发生由承包人责任引起的暂停施工时，承包人在收到监理人暂停施工指示后56天内不积极采取措施复工造成工期延误，则应视为承包人违约，可按第18.1条的规定办理。

12.4　工期延误

12.4.1　发包人的工期延误

在施工过程中，发生下列情况之一使关键项目的施工进度计划拖后而造成工期延误时，承包人可要求发包人延长合同规定的工期。

（1）增加合同中任何一项的工作内容。

（2）增加合同中关键项目的工程量超过专用合同条款第17.1.1款规定的百分比。

（3）增加额外的工程项目。

（4）改变合同中任何一项工作的标准或特性。

（5）本合同中涉及的由发包人责任引起的工期延误。

（6）异常恶劣的气候条件。

（7）非承包人原因造成的工期延误。

12.4.2　承包人要求延长工期的处理

（1）若发生第12.4.1款所列的事件时，承包人应立即通知发包人和监理人，并在发出该通知后的28天内，向监理人提交一份细节报告，详细说明发生该事件的情节和对工期的影响程度，并按第12.1.2款的规定修订进度计划和编制赶工措施报告报送监理人审核。若发包人要求修订的进度计划仍应保证工程按期完工，则应由发包人承担由于采取赶工措施所增加的费用。

（2）若事件的持续时间较长或事件影响工期较长，当承包人采取了赶工措施而无法实现工程按期完工时，除应按上述第（1）项规定的程序办理外，承包人应在事件结束后的14天内，提交一份补充细节报告，详细说明要求延长工期的理由，并修订进度计划。此时发包人除按上述第（1）项规定承担赶工费用外，还应按以下第（3）项规定的程序批准给予承包人延长工期的合理天数。

（3）监理人应及时调查核实上述第（1）和（2）项中承包人提交的细节报告和补充细节报告，并在审批修订进度计划的同时，与发包人和承包人协商确定延长工期的合理天数和补偿费用的合理额度，并通知承包人。

12.4.3　承包人的工期延误

由于承包人原因未能按合同进度计划完成预定工作，承包人应按第12.1.2款（2）项的规定采取赶工措施赶上进度。若采取赶工措施后仍未能按合同规定的完工日期完工，承包人除自行承担采取赶工措施所增加的费用外，还应支付逾期完工违约金。逾期完工违约金额规定在专用合同条款中。若承包人的工期延误构成违约时，应按第18.1条的规定办理。

12.5　工期提前

12.5.1　承包人提前工期

承包人征得发包人同意后，在保证工程质量的前提下，若能比合同规定的完工日期提前完工时，则应由监理人核实提前天数，并由发包人按专用合同条款的规定向承包人支付提前完工奖金。

12.5.2　发包人要求提前工期

发包人要求承包人提前合同规定的完工日期时，由监理人与承包人共同协商采取赶工措施和修订合同进度计划，并由发包人和承包人按成本加奖金的办法签订提前完工协议。其协议内容应包括：

（1）提前的时间和修订后的进度计划。

（2）承包人的赶工措施。

（3）发包人为赶工提供的条件。

（4）赶工费用和奖金。

13.　工程质量

13.1 质量检查的职责和权力

13.1.1 承包人的质量管理

承包人应建立和健全质量保证体系，在工地设置专门的质量检查机构，配备专职的质量检查人员，建立完善的质量检查制度。承包人应在接到开工通知后的 84 天内，提交一份内容包括质量检查机构的组织和岗位责任及质检人员的组成、质量检查程序和实施细则等的工程质量保证措施报告，报送监理人审批。

13.1.2 承包人的质量检查职责

承包人应严格按本合同的规定和监理人的指示，对工程使用的材料和工程设备以及工程的所有部位及其施工工艺，进行全过程的质量检查，详细做好质量检查记录，编制工程质量报表，定期提交监理人审查。

13.1.3 监理人的质量检查权力

监理人有权对全部工程的所有部位及其任何一项工艺、材料和工程设备进行检查和检验。承包人应为监理人的质量检查和检验提供一切方便，包括监理人到施工现场或制造、加工地点或合同规定的其他地方进行察看和查阅施工记录。承包人还应按监理人指示，进行现场取样试验、工程复核测量和设备性能检测，提供试验样品、试验报告和测量成果以及监理人要求进行的其他工作。监理人的检查和检验不免除承包人按合同规定应负的责任。

13.2 材料和工程设备的检查和检验

13.2.1 材料和工程设备的检验和交货验收

(1) 承包人负责采购的材料和工程设备，应由承包人会同监理人进行检验和交货验收，验收时应同时查验材质证明和产品合格证书。承包人还应按本合同技术条款的规定进行材料的抽样检验和工程设备的检验测试，并将检验结果提交监理人，其所需费用由承包人承担。监理人应按合同规定参加交货验收，承包人应为监理人进行交货验收的监督检查提供一切方便。监理人参加交货验收不免除承包人在检验和交货验收中应负的责任。

(2) 发包人负责采购的工程设备，应由发包人和承包人在合同规定的交货地点共同进行交货验收，并由发包人正式移交给承包人。在验收时，承包人应按监理人指示进行工程设备的检验测试，并将检验结果提交监理人，其所需费用由发包人承担。工程设备安装后，若发现工程设备存在缺陷时，应由监理人与承包人共同查找原因，如属设备制造不良引起的缺陷应由发包人负责；如属承包人运输和保管不慎或安装不良引起的损坏应由承包人负责。

13.2.2　监理人进行检查和检验

对合同规定的材料和工程设备，应由监理人与承包人按商定的时间和地点共同进行检查和检验。若监理人未按商定的时间派员到场参加检查或检验，除监理人另有指示外，承包人可自行检查或检验，并立即将检查或检验结果提交监理人。除合同另有规定外，监理人应在事后确认承包人提交的检查或检验结果，若监理人对承包人自行检查和检验的结果有疑问时，可按第13.1.3款的规定进行抽样检验。检验结果证明该材料或工程设备质量不符合合同要求，则应由承包人承担抽样检验的费用和工期延误责任；检验结果证明该材料或工程设备质量符合合同要求，则应由发包人承担事后的抽样检验费用和工期延误责任。

13.2.3　未按规定进行检查和检验

承包人未按合同规定对材料和工程设备进行检查和检验，监理人有权指示承包人按合同规定补做检查和检验，承包人应遵照执行，并应承担所需的检查和检验费用和工期延误责任。

13.2.4　不合格的材料和工程设备

（1）承包人使用了不合格的材料或工程设备，监理人有权按第13.5.2款规定指示承包人予以处理，由此造成的损失由承包人负责。

（2）监理人的检查或检验结果表明承包人提供的材料或工程设备不符合合同要求时，监理人可以拒绝验收，并立即通知承包人，承包人除应立即停止使用外，还应与监理人共同研究补救措施，由此增加的费用和工期延误责任由承包人承担。

（3）若按第13.2.1款（2）项规定的检查或检验结果表明，发包人提供的工程设备不符合合同要求，承包人有权拒绝接收，并可要求发包人予以更换，由此增加的费用和工期延误责任由发包人承担。

13.2.5　额外检验和重新检验

（1）若监理人要求承包人对某项材料和工程设备的检查和检验在合同中未做规定，监理人可以指示承包人增加额外检验，承包人应遵照执行，但应由发包人承担额外检验的费用和工期延误责任。

（2）不论何种原因，若监理人对以往的检验结果有疑问时，可以指示承包人重新检验，承包人不得拒绝。若重新检验结果证明这些材料和工程设备不符合合同要求，则应由承包人承担重新检验的费用和工期延误责任；若重新检验结果证明这些材料和工程设备符合合同要求，则应由发包人承担重新检验的费用和工期延误责任。

13.2.6　承包人不进行检查和检验及补救办法

承包人不按第13.2.3款和第13.2.5款的规定完成监理人指示的检查和检验工作，监理人可以指派自己的人员或委托其他有资质的检验机构或人员进行检查和检验，承包人不得拒绝，并应提供一切方便。由此增加的费用和工期延误责任由承包人承担。

13.3　现场试验

13.3.1　现场材料试验

承包人应在工地建立自己的试验室，配备足够的人员和设备，按合同规定和监理人的指示进行各项材料试验，并为监理人进行质量检查和检验提供必要的试验资料和原始记录。监理人在质量检查和检验过程中若需抽样试验，所需试件应由承包人提供，监理人可以使用承包人的试验设备，承包人应予协助。上述试验所需提供的试件和监理人使用试验设备所需的费用由承包人承担。

13.3.2　现场工艺试验

承包人应按合同规定和监理人的指示进行现场工艺试验，除合同另有规定外，其所需费用由承包人承担。在施工过程中，若监理人要求承包人进行额外的现场工艺试验时，承包人应遵照执行，所需费用由发包人承担，影响的工期应予以合理补偿。

13.4 隐蔽工程和工程的隐蔽部分

13.4.1 覆盖前的检查

经承包人的自检确认隐蔽工程和工程的隐蔽部位具备覆盖条件后的24h内，承包人应通知监理人进行检查，通知应按规定的格式说明检查地点、内容和检查时间，并附有承包人自检记录和必要的检查资料。监理人应按通知约定的时间派员到场进行检查，在监理人员确认质量符合本合同技术条款要求，并在检查记录上签字后，承包人才能进行覆盖。

13.4.2 监理人未到场检查

监理人应在约定的时间内到场进行隐蔽工程和工程隐蔽部位的检查，不得无故缺席或拖延。若监理人未及时派员到场检查，造成工期延误，承包人有权要求延长工期和赔偿其停工、窝工等损失。

13.4.3 重新检查

对隐蔽工程或工程的隐蔽部位按第13.4.1款规定进行检查并覆盖后，若监理人事后对质量有怀疑，可要求承包人对已覆盖的部位进行钻孔探测以致揭开重新检验，承包人应遵照执行。其重新检查所需增加的费用和工期延误，按第13.2.5款（2）项规定的相同原则划分责任。

13.4.4 承包人私自覆盖

承包人未及时通知监理人到场检查，私自将隐蔽部位覆盖，监理人有权指示承包人采用钻孔探测以致揭开进行检查，由此增加的费用和工期延误责任由承包人承担。

13.5 不合格的工程、材料和工程设备的处理

13.5.1 禁止使用不合格的材料和工程设备

工程使用的一切材料和工程设备，均应满足本合同技术条款

和施工图样规定的等级、质量标准和技术特性。监理人在工程质量的检查和检验中发现承包人使用了不合格的材料和工程设备时，可以随时发出指示，要求承包人立即改正，并禁止在工程中继续使用这些不合格的材料和工程设备。

13.5.2 不合格的工程、材料和工程设备的处理

（1）由于承包人使用了不合格材料和工程设备造成了工程损害，监理人可以随时发出指示，要求承包人立即采取措施进行补救，直至彻底清除工程的不合格部位以及不合格的材料或工程设备，由此增加的费用和工期延误责任由承包人承担。若上述不合格的材料或工程设备是由发包人提供的，应由发包人负责更换，并承担由此增加的费用和工期延误责任。

（2）若承包人无故拖延或拒绝执行监理人的上述指示，则发包人有权委托其他承包人执行该项指示，由此增加的费用和利润以及工期延误责任，由承包人承担。

13.6 测量放线

13.6.1 施工控制网

监理人应在本合同技术条款规定的期限内，向承包人提供测量基准点、基准线和水准点及其书面资料，承包人应根据上述基准点（线）以及国家测绘标准和本工程精度要求，测设自己的施工控制网，并应在本合同技术条款规定的期限内，将施工控制网资料报送监理人审批。

承包人应负责管理好施工控制网点，若有丢失或损失，应及时修复，其所需的管理和修复费用由承包人承担。工程完工后应完好地移交给发包人。

13.6.2 施工测量

承包人应负责施工过程中的全部施工测量放线工作，并应自行配置合格的人员、仪器、设备和其他物品。

监理人可以指示承包人在监理人监督下进行抽样复测，当复测中发现有错误时，承包人必须按监理人指示进行修正或补测，发包人将不再支付上述增加的复测费用。

13.6.3 监理人使用施工控制网

监理人可以使用本合同的施工控制网，承包人应及时提供必要的协助，发包人也不再为此另行支付费用。其他承包人需要使用上述施工控制网时，应按第3.2.12款的规定办理。

13.7 补充地质勘探

在合同实施期间，监理人可以指示承包人进行必要的补充地质勘探和提供有关资料；承包人为本合同永久工程施工的需要进行补充地质勘探时，须经监理入批准，并应向监理人提交有关资料，上述补充勘探的费用由发包人承担。承包人为其临时工程所需进行的补充地质勘探，其费用由承包人承担。

14. 文明施工与环境保护

14.1 文明施工

发包人应统一管理本工程的文明施工工作，负责管理和协调全工地的治安保卫、施工安全和环境保护等有关文明施工事项。发包人对文明施工的统一管理和协调工作不免除承包人按第14.1.1款、14.1.2款和第14.2条规定应负的责任。

14.1.1 治安保卫

（1）发包人应负责与当地公安部门协商，共同在工地建立或委托当地公安部门建立一个现场治安管理机构，统一管理全工地的治安保卫事宜，负责履行本工程的治安保卫职责。

（2）发包人和承包人应教育各自的人员遵纪守法，共同维护全工地的社会治安，协助现场治安管理机构，做好各自管辖区（包括施工工地和生活区）的治安保卫工作。

14.1.2 施工安全

（1）发包人应负责统一管理本工程的施工作业安全以及消防、防汛和抗灾等工作。监理人应按有关法律、法规和规章以及本合同的有关规定，检查、监督施工安全工作的实施，承包人应认真执行监理人有关安全管理工作的指示。监理人在检查中发现施工中存在不安全因素，应及时指示承包人采取有效措施予以改正，若承包人故意延误或拒绝改正时，监理人有权责令其停工整改。

（2）承包人应按合同规定履行其安全职责。承包人应设置必要的安全管理机构和配备专职的安全人员，加强对施工作业安全的管理，特别应加强易燃、易爆材料、火工器材和爆破作业的管理，制订安全操作规程，配备必要的安全生产设施和劳动保护用具，并经常对其职工进行施工安全教育。

（3）发包人或委托承包人（应在专用合同条款中约定）在工地建立一支消防队伍负责全工地的消防工作，配备必要的消防水源、消防设备和救助设施。

（4）发包人或委托监理人在每年汛前组织承包人和有关单位进行防汛检查，并负责统一指挥全工地的防汛和抗灾工作。

承包人应负责其管辖范围内的防汛和抗灾等工作，按发包人的要求和监理人的指示，做好每年的汛前检查，配置必要的防汛物资和器材，按合同规定做好汛情预报和安全度汛工作。

14.2　环境保护

14.2.1　环境保护责任

承包人在施工过程中，应遵守有关环境保护的法律、法规和规章及本合同的有关规定，并应对其违反上述法律、法规和规章以及本合同规定所造成的环境破坏以及人员伤害和财产损失负责。

14.2.2　采取合理的措施保护环境

（1）承包人应在其编报的施工组织设计中，做好施工弃渣的处理措施，严格按批准的弃渣规划有序地堆放和利用弃渣，防止任意堆放弃渣降低河道的行洪能力以及影响其他承包人的施工和危及下游居民的安全。

（2）承包人应按合同规定采取有效措施对施工开挖的边坡及时进行支护和做好排水措施，避免由于施工造成的水土流失。

（3）承包人在施工过程中应采取有效措施，注意保护饮用水源免受施工活动造成的污染。

（4）承包人应按本合同技术条款的规定，加强对噪声、粉尘、废气、废水的控制和治理，努力降低噪声，控制粉尘和废气浓度以及做好废水和废油的治理和排放。

（5）承包人应保持施工区和生活区的环境卫生，及时清除垃圾和废弃物，并运至指定的地点堆放和处理。进入现场的材料、设备必须置放有序，防止任意堆放器材、杂物阻塞工作场地周围的通道和破坏环境。

15. 计量与支付

15.1 计量

15.1.1 工程量

本合同工程量清单中开列的工程量是合同的估算工程量，不是承包人为履行合同应当完成的和用于结算的工程量。结算的工程量应是承包人实际完成的并按合同有关计量规定计量的工程量。

15.1.2 完成工程量的计算

（1）承包人应按合同规定的计量办法，按月对已完成的质量合格的工程进行准确计量，并在每月末随同月付款申请单，按本合同工程量清单的项目分项向监理人提交完成工程量月报表和有关计量资料。

（2）监理人对承包人提交的工程量月报表进行复核，以确定当月完成的工程量，有疑问时，可以要求承包人派员与监理人共同复核，并可要求承包人按第13.6.2款的规定进行抽样复测，此时，承包人应指派代表协助监理人进行复核并按监理人的要求提供补充的计量资料。

（3）若承包人未按监理人的要求派代表参加复核，则监理人复核修正的工程量应被视为承包人实际完成的准确工程量。

（4）监理人认为有必要时，可要求与承包人联合进行测量计量，承包人应遵照执行。

（5）承包人完成了本合同工程量清单中每个项目的全部工程量后，监理人应要求承包人派员共同对每个项目的历次计量报表进行汇总和通过测量核实该项目的最终结算工程量，并可要求承包人提供补充计量资料，以确定该项目最后一次进度付款的准确工程量。如承包人未按监理人的要求派员参加，则监理人最终核实的工程量应被视为该项目完成的准确工程量。

15.1.3　计量方法

除合同另有规定外，各个项目的计量方法应按本合同技术条款的有关规定执行。

15.1.4　计量单位

本合同的计量，均应采用国家法定的计量单位。

15.1.5　总价承包项目的分解

承包人应将本合同工程量清单中的总价承包项目进行分解，并在签订协议书后的 28 天内将该项目的分解表提交监理人审批。分解表应标明其所属子项和分阶段需支付的金额。

15.2　预付款

15.2.1　工程预付款

（1）工程预付款的总金额应不低于合同价格的 10%，分两次支付给承包人。第一次预付款的金额应不低于工程预付款总金额的 40%。工程预付款总金额的额度和分次付款比例在专用合同条款中规定。工程预付款专用于本合同工程。

（2）第一次预付款应在协议书签订后 21 天内，由承包人向发包人提交经发包人认可的工程预付款保函，并经监理人出具付款证书报送发包人批准后予以支付。工程预付款保函在预付款被发包人扣回前一直有效，担保金额为本次预付款金额，但可以根据以后预付款扣回的金额相应递减。

（3）第二次预付款需待承包人主要设备进入工地后，其估算价值已达到本次预付款金额时，由承包人提出书面申请，经监理人核实后出具付款证书报送发包人，发包人收到监理人出具的付款证书后 14 天内支付给承包人。

（4）工程预付款由发包人从月进度付款中扣回。在合同累计完成金额达到专用合同条款规定的数额时开始扣款，直至合同累计完成金额达到专用合同条款规定的数额时全部扣清。在每次进度付款时，累计扣回的金额按下列公式计算：

$$R = A/(F_2 - F_1)S(C - F_1 S)$$

式中 R——每次进度付款中累计扣回的金额；

   A——工程预付款总金额；

   S——合同价格；

   C——合同累计完成金额；

  F_1——按专用合同条款规定开始扣款时合同累计完成金额达到合同价格的比例；

  F_2——按专用合同条款规定全部扣清时合同累计完成金额达到合同价格的比例。

上述合同累计完成金额均指价格调整前未扣保留金的金额。

15.2.2 工程材料预付款

（1）专用合同条款中规定的工程主要材料到达工地并满足以下条件后，承包人可向监理人提交材料预付款支付申请单，要求给予材料预付款。

1）材料的质量和储存条件符合本合同技术条款的要求。

2）材料已到达工地，并经承包人和监理人共同验点入库。

3）承包人应按监理人的要求提交了材料的订货单、收据或价格证明文件。

（2）预付款金额为经监理人审核后的实际材料价的90%，在月进度付款中支付。

（3）预付款从付款月后的6个月内在月进度付款中每月按该预付款金额的1/6平均扣还。

15.3 工程进度付款

15.3.1 月进度付款申请单

承包人应在每月末按监理人规定的格式提交月进度付款申请单（一式四份），并附有第15.1.2款规定的完成工程量月报表。该申请单应包括以下内容：

（1）已完成的本合同工程量清单中的工程项目及其他项目的应付金额。

（2）经监理人签认的当月计日工支付凭证标明的应付金额。

（3）按第15.2.2款规定的工程材料预付款金额。

（4）根据第16.1条和第16.2条规定的价格调整金额。

（5）根据合同规定承包人应有权得到的其他金额。

（6）扣除按第15.2条规定应由发包人扣还的工程预付款和工程材料预付款金额。

（7）扣除按第15.4条规定应由发包人扣留的保留金金额。

（8）扣除按合同规定应由承包人付给发包人的其他金额。

15.3.2　月进度付款证书

监理人在收到月进度付款申请单后的14天内完成核查，并向发包人出具月进度付款证书，提出他认为应当到期支付给承包人的金额。

15.3.3　工程进度付款的修正和更改

监理人有权通过对以往历次已签证的月进度付款证书的汇总和复核中发现的错、漏或重复进行修正或更改；承包人也有权提出此类修正或更改。经双方复核同意的此类修正或更改，应列入月进度付款证书中予以支付或扣除。

15.3.4　支付时间

发包人收到监理人签证的月进度付款证书并审批后支付给承包人，支付时间不应超过监理人收到月进度付款申请单后28天。若不按期支付，则应从逾期第一天起按专用合同条款中规定的逾期付款违约金加付给承包人。

15.3.5　总价承包项目的支付

本合同工程量清单中的总价承包项目，应按第15.1.5款规定的总价承包项目分解表统计实际完成情况，确定分项的应付金额列入第15.3.1款第（1）项内进行支付。

15.4　保留金

（1）监理人应从第一个月开始，在给承包人的月进度付款中扣留按专用合同条款规定百分比的金额作为保留金（其计算额度不包括预付款和价格调整金额），直至扣留的保留金总额达到专用合同条款规定的数额为止。

（2）在签发本合同工程移交证书后 14 天内，由监理人出具保留金付款证书，发包人将保留金总额的一半支付给承包人。

（3）在单位工程验收并签发移交证书后，将其相应的保留金总额的一半在月进度付款中支付给承包人。

（4）监理人在本合同全部工程的保修期满时，出具为支付剩余保留金的付款证书。发包人应在收到上述付款证书后 14 天内将剩余的保留金支付给承包人。若保修期满时尚需承包人完成剩余工作，则监理人有权在付款证书中扣留与剩余工作所需金额相应的保留金额。

15.5 完工结算

15.5.1 完工付款申请单

在本合同工程移交证书颁发后的 28 天内，承包人应按监理人批准的格式提交一份完工付款申请单（一式四份），并附有下述内容的详细证明文件。

（1）至移交证书注明的完工日期止，根据合同所累计完成的全部工程价款金额。

（2）承包人认为根据合同应支付给他的追加金额和其他金额。

15.5.2 完工付款证书及支付时间

监理人应在收到承包人提交的完工付款申请单后的 28 天内完成复核，并与承包人协商修改后，在完工付款申请单上签字和出具完工付款证书报送发包人审批。发包人应在收到上述完工付款证书后的 42 天内审批后支付给承包人。若发包人不按期支付，则应按第 15.3.4 款规定的相同办法将逾期付款违约金加付给承包人。

15.6 最终结清

15.6.1 最终付款申请单

（1）承包人在收到按第 21.2.3 款规定颁发的保修责任终止证书后的 28 天内，按监理人批准的格式向监理人提交一份最终付款申请单（一式四份），该申请单应包括以下内容，并附有关的证明文件。

1）按合同规定已经完成的全部工程价款金额。

2）按合同规定应付给承包人的追加金额。

3）承包人认为应付给他的其他金额。

（2）若监理人对最终付款申请单中的某些内容有异议时，有权要求承包人进行修改和提供补充资料，直至监理人同意后，由承包人再次提交经修改后的最终付款申请单。

15.6.2　结清单

承包人向监理人提交最终付款申请单的同时，应向发包人提交一份结清单，并将结清单的副本提交监理人。该结清单应证实最终付款申请单的总金额是根据合同规定应付给承包人的全部款项的最终结算金额。但结清单只在承包人收到退还履约担保证件和发包人已向承包人付清监理人出具的最终付款证书中应付的金额后才生效。

15.6.3　最终付款证书和支付时间

监理人收到经其同意的最终付款申请单和结清单副本后的14天内，出具一份最终付款证书报送发包人审批。最终付款证书应说明：

（1）按合同规定和其他情况应最终支付给承包人的合同总金额。

（2）发包人已支付的所有金额以及发包人有权得到的全部金额。

发包人审查最终付款证书后，若确认还应向承包人付款，则应在收到该证书后的42天内支付给承包人。若确认承包人应向发包人付款，则发包人应通知承包人，承包人应在收到通知后的42天内付还给发包人。不论是发包人或承包人，若不按期支付，均应按专用合同条款第15.3.4款规定的相同办法将逾期付款违约金加付给对方。

若承包人和发包人始终未能就最终付款的内容和额度取得一

致意见，监理人应对双方已同意的部分出具临时付款证书，双方应按上述规定执行。对于未取得一致的部分，双方均有权按第19.1.1款的规定提出按合同争议处理的要求。

16. 价格调整

16.1 物价波动引起的价格调整

16.1.1 价格调整的差额计算

因人工、材料和设备等价格波动影响合同价格时，按以下公式计算差额，调整合同价格。

$$\Delta P = P_0(A + \sum B_n F_{tn} / F_{on} - 1)$$

式中 ΔP——需调整的价格差额；

P_0——按第15.3.2款、第15.5.2款和第15.6.3款规定的付款证书中承包人应得到的已完成工程量的金额（不包括价格调整，不计保留金的扣留和支付以及预付款的支付和扣还；对第17.1条规定的变更，若已按现行价格计价的也不计在内）；

A——定值权重（即不调部分的权重）；

B_n——各可调因子的变值权重（即可调部分的权重），为各可调因子在合同估算价中所占的比例；

F_{tn}——各可调因子的现行价格指数，是指与第15.3.2款、第15.5.2款和第15.6.3款规定的付款证书相关周期最后一天前42天的各可调因子的价格指数；

F_{on}——各可调因子的基本价格指数，是指投标截止日前42天的各可调因子的价格指数。

以上价格调整公式中的各可调因子、定值和变值权重，以及基本价格指数及其来源规定在投标辅助资料的价格指数和权重表内。价格指数应首先采用国家或省、自治区、直辖市的政府物价管理部门或统计部门提供的价格指数，若缺乏上述价格指数时，可采用上述部门提供的价格或双方商定的专业部门提供的价格指数或价格代替。

16.1.2 暂时确定调整差额

在计算调整差额时得不到现行价格指数，可暂用上一次的价格指数计算，并在以后的付款中再按实际的价格指数进行调整。

16.1.3 权重的调整

由于按第17.1.1款规定的变更导致原定合同中的权重不合理时，监理人应与承包人和发包人协商后进行调整。

16.1.4 其他的调价因素

除在专用合同条款中另有规定和本条各款规定的调价因素外，其余因素的物价波动均不另行调价。

16.1.5 承包人工期延误后的价格调整

由于承包人原因未能按专用合同条款中规定的完工日期内完工，则对原定完工日期后施工的工程，在按第16.1.1款所示的价格调整公式计算时应采用原定完工日期与实际完工日期的两个价格指数中的低者作为现行价格指数。若按第12.4.2款规定延长了完工日期，但又由于承包人原因未能按延长后的完工日期内完工，则对延期期满后施工的工程，其价格调整计算应采用延长后的完工日期与实际完工日期的两个价格指数中的低者作为现行价格指数。

16.2 法规更改引起的价格调整

在投标截止日前的28天后，国家的法律、行政法规或国务院有关部门的规章和工程所在地的省、自治区、直辖市的地方法规和规章发生变更，导致承包人在实施合同期间所需要的工程费用发生除第16.1条规定以外的增减时，应由监理人与发包人和承包人进行协商后确定需调整的合同金额。

17. 变更与备用金

17.1 变更

17.1.1 变更的范围和内容

（1）在履行合同过程中，监理人可根据工程的需要指示承包人进行以下各种类型的变更。没有监理人指示，承包人不得擅自变更。

1）增加或减少合同中任何一项工作内容。

2）增加或减少合同中关键项目的工程量超过专用合同条款规定的百分比。

3）取消合同中任何一项工作（但被取消的工作不能转由发包人或其他承包人实施）。

4）改变合同中任何一项工作的标准或性质。

5）改变工程建筑物的形式、基线、标高、位置或尺寸。

6）改变合同中任何一项工程的完工日期或改变已批准的施工顺序。

7）追加为完成工程所需的任何额外工作。

（2）第17.1.1款（1）项范围内的变更项目未引起工程施工组织和进度计划发生实质性变动和不影响其原定的价格时，不予调整该项目的单价。

17.1.2　变更的处理原则

（1）变更需要延长工期时，应按第12.1.2款和第12.4.2款的规定办理；若变更使合同工作量减少，监理人认为应予提前变更项目的工期时，由监理人和承包人协商确定。

（2）变更需要调整合同价格时，按以下原则确定其单价或合价：

1）本合同工程量清单中有适用于变更工作的项目时，应采用该项目的单价。

2）本合同工程量清单中无适用于变更工作的项目时，则可在合理的范围内参考类似项的单价或合价作为变更估价的基础，由监理人与承包人协商确定变更后的单价或合价。

3）本合同工程量清单中无类似项目的单价或合价可供参考，则应由监理人与发包人和承包人协商确定新的单价或合价。

17.1.3　变更指示

（1）监理人应在发包人授权范围内，按第17.1.1款的规定及时向承包人发出变更指示。变更指示的内容应包括变更项目的详细变更内容、变更工程量、变更项目的施工技术要求和有关文件图样以及监理人按第 17.1.2 款规定指明的变更处理原则。

（2）监理人在向承包人发出任何图样和文件前，应仔细检查其中是否存在第 17.1.1 款所述的变更。若存在变更，监理人应按本款（1）项的规定发出变更指示。

（3）承包人收到监理人发出的图样和文件后，经检查后认为其中存在第 17.1.1 款所述的变更而监理人未按本款（1）项规定发出变更指示，则应在收到上述图样和文件后 14 天内或在开始执行前（以日期早者为准）通知监理人，并提供必要的依据。监理人应在收到承包人通知后 14 天内答复承包人：若同意作为变更，应按本款（1）项规定补发变更指示；若不同意作为变更，也应在上述期限内答复承包人。若监理人不在 14 天内答复承包人，则视为监理人已同意承包人提出的作为变更的要求。

17.1.4　变更的报价

（1）承包人收到监理人发出的变更指示后 28 天内，应向监理人提交一份变更报价书，其内容应包括承包人确认的变更处理原则和变更工程量及其变更项目的报价单。监理人认为必要时，可要求承包人提交重大变更项目的施工措施、进度计划和单价分析等。

（2）承包人对监理人提出的变更处理原则持有异议时，可在收到变更指示后 7 天内通知监理人，监理人则应在收到通知后 7 天内答复承包人。

17.1.5　变更决定

（1）监理人应在收到承包人变更报价书后 28 天内对变更报价书进行审核后作出变更决定，并通知承包人。

（2）发包人和承包人未能就变更同监理人的决定取得一致意见，则监理人可暂定他认为合适的价格和需要调整的工期，并将其暂定的变更处理意见通知发包人和承包人，此时承包人应遵照执行。对已实施的变更，监理人可将其暂定的变更费用列入第 15.3.2 款规定的月进度付款中。但发包人和承包人均有权在收到监理人变更决定后的 28 天内要求提请争议调解组解决，若在此期限内双方均未提出上述要求，则监理人的变更决定即为最终决定。

（3）在紧急情况下，监理人向承包人发出的变更指示，可要求立即进行变更工作。承包人收到监理人的变更指示后，应先按指示执行，再按第 17.1.4 款的规定向监理人提交变更报价书，监理人则仍应按本款（1）、（2）项的规定补发变更决定通知。

17.1.6　变更影响本项目和其他项目的单价或合价

按第 17.1.1 款进行的任何一项变更引起本合同工程或分部工程的施工组织和进度计划发生实质性变动，以致影响本项目和其他项目的单价或合价时，发包人和承包人均有权要求调整本项目和其他项目的单价或合价，监理人应与发包人和承包人协商确定。

17.1.7　合同价格增减超过 15%

完工结算时，若出现由于合同规定进行的全部变更工作引起合同价格增减的金额，以及实际工程量与本合同工程量清单中估算工程量的差值引起合同价格增减的金额（不包括备用金和第 16.1 条、第 16.2 条规定的价格调整）的总和超过合同价格（不包括备用金）的 15% 时，在除了按第 17.1.6 款确定的变更工作的增减金额外，若还需对合同价格进行调整时，其调整金额由监理人与发包人和承包协商确定。若协商后未达成一致意见，则应由监理人在进一步调查工程实际情况后提出调整意见，征得发包人同意后将调整结果通知承包人。上述调整金额仅考虑变更引起的增减总金额以及实际工程量与本合同工程量清单中估算工程量的差值引起的增减总金额之和超过合同价格（不包括备用金）的 15% 的部分。

17.1.8　承包人原因引起的变更

（1）若承包人根据工程施工的需要，要求监理人对合同的任一项目和任一项工作作出变更，则应由承包人提交一份详细的变更申请报告报送监理人审批。未经监理人批准，承包人不得擅自变更。

（2）承包人要求的变更属合理化建议的性质时，应按第22.5条的规定办理。

（3）承包人违约或其他由于承包人原因引起的变更，其增加的费用和工期延误责任由承包人承担。

17.1.9　计日工

（1）监理人认为有必要时，可以通知承包人以计日工的方式，进行任何一项变更工作。其金额应按承包人在投标文件中提出，并经发包人确认后列入合同文件的计日工项目及其单价进行计算。

（2）采用计日工计量的任何一项变更工作，应列入备用金中支付，承包人应在该项变更实施过程中，每天提交以下报表和有关凭证报送监理人审批。

1）项目名称、工作内容和工作数量。

2）投入该项目的所有人员姓名、工种、级别和耗用工时。

3）投入该项目的材料种类和数量。

4）投入该项目的设备型号、台数和耗用工时。

5）监理人要求提交的其他资料和凭证。

（3）计日工项目由承包人按月汇总后按第15.3.1款的规定列入月进度付款申请单中，由监理复核签证后按月支付给承包人，直至该项目全部完工为止。

17.2　备用金

17.2.1　备用金和定义

备用金是指由发包人在本合同工程量清单中专项列出的用于签订协议书时尚未确定或不可预见项目的备用金额。

17.2.2　备用金的使用

监理人可以指示承包人进行上述备用金项下的工作，并根据第17.1条规定的变更办理。

该项金额应按监理人的指示，并经发包人批准后才能动用。承包人仅有权得到由监理人决定列入备用金有关工作所需的费用和利润。监理人应与发包人协商后，将根据本款作出的决定通知承包人。

17.2.3 提供凭证

除了按合同文件中规定的单价或合价计算的项目外，承包人应提交监理人要求的属于备用金专项内开支的有关凭证。

18. 违约和索赔

18.1 承包人违约

18.1.1 承包人违约

在履行合同过程中，承包人发生下述行为之一者属承包人违约。

（1）承包人无正当理由未按开工通知的要求及时进点组织施工和未按签订协议书时商定的进度计划有效开展施工准备，造成工期延误。

（2）承包人违反第8.1条和第8.2条规定私自将合同或合同的任何部分或任何权利转让给其他人，或私自将工程或工程的一部分分包出去。

（3）未经监理人批准，承包人私自将已按合同规定进入工地的工程设备、施工设备、临时工程或材料撤离工地。

（4）承包人违反第13.5.1款的规定使用了不合格的材料和工程设备，并拒绝按第13.5.2款的规定处理不合格的工程、材料和工程设备。

（5）由于承包人原因拒绝按合同进度计划及时完成合同规定的工程，而又未按第12.4.3款规定采取有效措施赶上进度，造成工期延误。

（6）承包人在保修期内拒绝按第21.2条的规定和工程移交证书中所列的缺陷清单内容进行修复，或经监理人检验认为修复质量不合格而承包人拒绝再进行修补。

（7）承包人否认合同有效或拒绝履行合同规定的承包人义务，或由于法律、财务等原因导致承包人无法继续履行或实质上已停止履行本合同的义务。

18.1.2 对承包人违约发出警告

承包人发生第18.1.1款的违约行为时，监理人应及时向承包人发出书面警告，限令其在收到书面警告后的28天内予以改正。承包人应立即采取有效措施认真改正，并尽可能挽回由于违约造成的延误和损失。由于承包人采取改正措施所增加的费用，应由承包人承担。

18.1.3 责令承包人停工整改

承包人在收到书面警告后的28天内仍不采取有效措施改正其违约行为，继续延误工期或严重影响工程质量，甚至危及工程安全，监理人可暂停签发支付工程价款凭证，并按第12.3.3款的规定暂停其工程或部分工程施工，责令其停工整改，并限令承包人在14天内提交整改报告报送监理人。由此增加的费用和工期延误责任由承包人承担。

18.1.4 承包人违约解除合同

监理人发出停工整改通知28天后，承包人继续无视监理人的指示，仍不提交整改报告，也不采取整改措施，则发包人可通知承包人解除合同。发包人在发出通知14天后派员进驻工地直接监管工程，使用承包人设备、临时工程和材料，另行组织人员或委托其他承包人施工，但发包人的这一行动不免除承包人按合同规定应负的责任。

18.1.5 解除合同后的估价

因承包人违约解除合同后，监理人应尽快通过调查取证并与发包人和承包人协商后确定并证明：

（1）在解除合同时，承包人根据合同实际完成的工作已经得到或应得到的金额。

（2）未用或已经部分使用的材料、承包人设备和临时工程等的估算金额。

18.1.6 解除合同后的付款

（1）若因承包人违约解除合同，则发包人应暂停对承包人的一切付款，并应在解除合同后发包人认为合适的时间，委托监理人查清以下付款金额，并出具付款证书报送发包人审批后支付。

1）承包人按合同规定已完成的各项工作应得的金额和其他应得的金额。

2）承包人已获得发包人的各项付款金额。

3）承包人按合同规定应支付的逾期完工违约金和其他应付金额。

4）由于解除合同，承包人应合理赔偿发包人损失的金额。

（2）监理人出具上述付款证书前，发包人可不再向承包人支付合同规定的任何金额。此后，承包人有权得到按本款（1）项1）减去2）、3）和4）的金额，若上述2）、3）和4）相加的金额超过1）的金额时，则承包人应将超出部分付还给发包人。

18.1.7　协议利益的转让

若因承包人违约解除合同，则发包人为保证工程延续施工，有权要求承包人将其为实施本合同而签订的任何材料和设备的提供或任何服务的协议和利益转让给发包人，并在解除合同后的14天内，通过法律程序办理这种转让。

18.1.8　紧急情况下无能力或不愿进行抢救

在工程实施期间或保修期内发生危及工程安全的事件，当监理人通知承包人进行抢救时，承包人声明无能力执行或不愿立即执行，则发包人有权雇用其他人员进行该项工作。若此类工作按合同规定应由承包人负责，由此引起的费用应由监理人在发包人支付给承包人的金额中扣除，监理人应与发包人协商后将作出的决定通知承包人。

18.2　发包人违约

18.2.1　发包人违约

在履行合同过程中，发包人发生下述行为之一者属发包人违约。

（1）发包人未能按合同规定的内容和时间提供施工用地、测量基准和应由发包人负责的部分准备工程等承包人施工所需的条件。

（2）发包人未能按合同规定的期限向承包人提供应由发包人负责的施工图样。

（3）发包人未能按合同规定的时间支付各项预付款或合同价款，或拖延、拒绝批准付款申请和支付凭证，导致付款延误。

（4）由于法律、财务等原因导致发包人已无法继续履行或实质上已停止履行本合同的义务。

18.2.2　承包人有权暂停施工

（1）若发生第18.2.1款（1）、（2）项的违约时，承包人应及时向发包人和监理人发出通知，要求发包人采取有效措施限期提供上述条件和图样，并有权要求延长工期和补偿额外费用。监理人收到承包人通知后，应立即与发包人和承包人共同协商补救办法。由此增加的费用和工期延误责任，由发包人承担。

发包人收到承包人通知后的28天内仍未采取措施改正，则承包人有权暂停施工，并通知发包人和监理人。由此增加的费用和工期延误责任，由发包人承担。

（2）若发生第18.2.1款（3）项的违约时，发包人应按第15.3.4款的规定加付逾期付款违约金，逾期28天仍不支付，则承包人有权暂停施工，并通知发包人和监理人。由此增加的费用和工期延误责任，由发包人承担。

18.2.3　发包人违约解除合同

若发生第18.2.1款（3）、（4）项的违约时，承包人已按第18.2.2款的规定发出通知，并采取了暂停施工的行动后，发包人仍不采取有效措施纠正其违约行为，承包人有权向发包人提出解除合同的要求，并抄送监理人。发包人在收到承包人书面要求后的28天内仍不答复承包人，则承包人有权立即采取行动解除合同。

18.2.4　解除合同后的付款

若因发包人违约解除合同，则发包人应在解除合同后28天内向承包人支付合同解除日以前所完成工程的价款和以下费用（应减去已支付给承包人的金额）。

（1）即将支付承包人的，或承包人依法应予接收的为该工程合理订购的材料、工程设备和其他物品的费用。发包人一经支付此项费用，该材料、工程设备和其他物品即成为发包人的财产。

（2）已合理开支的、确属承包人为完成工程所发生的而发包人未支付的费用。

（3）承包人设备运回承包人基地或合同另行规定的地点的合理费用。

（4）承包人雇用的所有从事工程施工或与工程有关的职员和工人在合同解除后的遣返费和其他合理费用。

（5）由于解除合同应合理补偿承包人损失的费用和利润。

（6）在合同解除日前按合同规定应支付给承包人的其他费用。

发包人除应按本款规定支付上述费用和退还履约担保证件外，也有权要求承包人偿还未扣完的全部预付款余额以及按合同规定应由发包人向承包人收回的其他金额。本款规定的任何应付金额应由监理人与发包人和承包人协商后确定，监理人应将确定的结果通知承包人。

18.3　索赔

18.3.1　索赔的提出

承包人有权根据本合同任何条款及其他有关规定，向发包人索取追加付款，但应在索赔事件发生后的 28 天内，将索赔意向书提交发包人和监理人。在上述意向书发出后的 28 天内，再向监理人提交索赔申请报告，详细说明索赔理由和索赔费用的计算依据，并应附必要的当时记录和证明材料。如果索赔事件继续发展或继续产生影响，承包人应按监理人要求的合理时间间隔列出索赔累计金额和提出中期索赔申请报告，并在索赔事件影响结束后的 28 天内，向发包人和监理人提交包括最终索赔金额、延续记录、证明材料在内的最终索赔申请报告。

18.3.2　索赔的处理

（1）监理人收到承包人提交的索赔意向书后，应及时核查承包人的当时记录，并可指示承包人提供进一步的支持文件和继续做好延续记录以备核查，监理人可要求承包人提交全部记录的副本。

（2）监理人收到承包人提交的索赔申请报告和最终索赔申请后的42天内，应立即进行审核，并与发包人和承包人充分协商后作出决定，在上述期限内将索赔处理决定通知承包人。

（3）发包人和承包人应在收到监理人的索赔处理决定后14天内，将其是否同意索赔处理决定的意见通知监理人。若双方均接受监理人的决定，则监理人应在收到上述通知后的14天内，将确定的索赔金额列入第15.3条、第15.5条或第15.6条规定的付款证书中支付；若双方或其中任一方不接受监理人的决定，则双方均可按第19.1.1款的规定提请争议调解组解决。

（4）若承包人不遵守本条各项索赔规定，则应得到的付款不能超过监理人核实后决定的争议调解组按第19.1.3款规定提出的或由仲裁机构裁定的金额。

18.3.3 提出索赔的期限

（1）承包人按第15.5.1款的规定提交了完工付款申请单后，应认为已无权再提出在本合同工程移交证书颁发前所发生的任何索赔。

（2）承包人按第15.6.1款规定提交的最终付款申请单中，只限于提出本合同工程移交证书颁后发生的索赔。提出索赔的终止期限是提交最终付款申请的时间。

19. 争议的解决

19.1 争议调解

19.1.1 争议的提出

发包人和承包人或其中任一方对监理人作出的决定持有异议，又未能在监理人的协调下取得一致意见而形成争议，任一方均可以书面形式提请争议调解组解决，并抄送另一方。在争议尚未按第19.1.3款的规定获得解决之前，承包人仍应继续按监理人的指示认真施工。

19.1.2 争议调解组

发包人和承包人应在签订协议书后的 84 天内，按本款规定共同协商成立争议调解组，并由双方与争议调解组签订协议。争议调解组由 3（或 5）名有合同管理和工程实践经验的专家组成，专家的聘请方法可由发包人和承包人共同协商确定，也可请政府主管部门推荐或通过行业合同争议调解机构聘请，并经双方认同。争议调解组成员应与合同双方均无利害关系。争议调解组的各项费用由发包人和承包人平均分担。

19.1.3 争议的评审

（1）合同双方的争议，应首先由主诉方向争议调解组提交一份详细的申诉报告，并附有必要的文件图样和证明材料，主诉方还应将上述报告的一份副本同时提交给被诉方。

（2）争议的被诉方收到主诉方申诉报告副本后的 28 天内，也应向争议调解组提交一份申辩报告，并附有必要的文件图样和证明材料。被诉方也应将其报告的一份副本同时提交给主诉方。

（3）争议调解组收到双方报告后的 28 天内，邀请双方代表和有关人员举行听证会，向双方调查和质询争议细节；若需要时，争议调解组可要求双方提供进一步的补充材料，并邀请监理人代表参加听证会。

（4）在听证会结束后的 28 天内，争议调解组应在不受任何干扰的情况下，进行独立和公正的评审，提出由全体专家签名的评审意见提交发包人和承包人，并抄送监理人。

（5）若发包人和承包人接受争议调解组的评审意见，则应由监理人按争议调解组的评审意见拟定争议解决议定书，经争议双方签字后作为合同的补充文件，并遵照执行。

（6）若发包人和承包人或其中任一方不接受争议调解组的评审意见，并要求提交仲裁，则任一方均可在收到上述评审意见后的 28 天内将仲裁意向通知另一方，并抄送监理人。若在上述28 天期限内双方均未提出仲裁意向，则争议调解组的评审意见为最终决定，双方均应遵照执行。

19.2 友好解决

发包人和承包人或其中任一方按第 19.1.3 款（6）项的规定发出仲裁意向通知后，争议双方还应共同作出努力直接进行友好磋商解决争议，也可提请政府主管部门或行业合同争议调解机构调解以寻求友好解决。若在仲裁意向通知发出后 42 天内仍未能解决争议，则任何一方均有权提请仲裁。

19.3 仲裁或诉讼

19.3.1 仲裁

（1）发包人和承包人应在签订协议书的同时，共同协商确定本合同的仲裁范围和仲裁机构，并签订仲裁协议。

（2）发包人和承包人未能在第 19.2 条规定的期限内友好解决双方的争议，则任一方均有权将争议提交仲裁协议中规定的仲裁机构仲裁。

（3）在仲裁期间，发包人和承包均应暂按监理人就该争议作出的决定履行各自的职责，任何一方均不得以仲裁未果为借口拒绝或拖延按合同规定应进行的工作。

19.3.2 诉讼

发包人和承包人因本合同发生争议，未达成书面仲裁协议的，任一方均有权向人民法院起诉。

20. 风险和保险

20.1 工程风险

20.1.1 发包人的风险

工程（包括材料和工程设备）发生以下各种风险造成的损失和损坏，均应由发包人承担风险责任。

（1）发包人负责的工程设计不当造成损失和损坏。

（2）由于发包人责任造成工程设备的损失和损坏。

（3）发包人和承包人均不能预见、不能避免并不能克服的自然灾害造成的损失和损坏，但承包人迟延履行合同后发生的除外。

（4）战争、动乱等社会因素造成的损失和损坏，但承包人迟延履行合同后发生的除外。

（5）其他由于发包人原因造成的损失和损坏。

20.1.2　承包人的风险

工程（包括材料和工程设备）发生以下各种风险造成的损失和损坏，均应由承包人承担风险责任。

（1）由于承包人对工程（包括材料和工程设备）照管不周造成的损失和损坏。

（2）由于承包人的施工组织措施失误造成的损失和损坏。

（3）其他由于承包人原因造成的损失和损坏。

20.1.3　风险责任的转移

工程通过完工验收并移交给发包人后，原由承包人按上述第20.1.2款规定承担的风险责任同时转移给发包人（在保修期发生的在保修期前因承包人原因造成的损失和损坏除外）。

20.1.4　不可抗力解除合同

合同签订后发生第20.1.1款（3）和（4）项的风险造成工程的巨大损失和严重损坏，使双方或任何一方无法继续履行合同，经双方协商后可解除合同。解除合同后的付款由双方协商处理。

20.2　工程保险和风险损失的补偿

20.2.1　工程和施工设备的保险

（1）承包人应以承包人和发包人的共同名义向发包人同意的保险公司投保工程险（包括材料和工程设备），投保的工程项目及其保险金额在签订协议书时由双方协商确定。

（2）承包人应以承包人的名义投保施工设备险，投保项目及其保险金额由承包人根据其配备的施工设备状况自行确定，但承包人应充分估计主要施工设备可能发生的重大事故或因自然灾害造成施工设备的损失和损坏对工程的影响。

（3）工程和施工设备的保险期限及其保险责任范围为：

1）从承包人进点至颁发工程移交证书期间，除保险公司规定的除外责任以外的工程（包括材料和工程设备）和施工设备的损失和损坏。

2）在保修期内，由于保修期以前的原因造成上述工程和施工设备的损失和损坏。

3）承包人在履行保修责任的施工中造成上述工程和施工设备的损失和损坏。

20.2.2 损失和损坏的费用补偿

（1）自工程开工至完工移交期间，任何未保险的或从保险部门得到的赔偿费尚不能弥补工程损失和修复损坏所需的费用时，应由发包人或承包人根据第20.1.1款或第20.1.2款规定的风险责任承担所需的费用，包括由于修复风险损坏过程中造成的工程损失和损坏所需的全部费用。

（2）若发生的工程风险包含第20.1.1款和第20.1.2款所述的发包人和承包人的共同风险，则应由监理人与发包人和承包人通过友好协商，按各自的风险责任分担工程的损失和修复损坏所需的全部费用。

（3）若发生承包人设备（包括其租用的施工设备）的损失或损坏，其所得到的保险金尚不能弥补其损失或损坏的费用时，除第20.1.1款所列的风险外，应由承包人自行承担其所需的全部费用。

（4）在工程完工移交给发包人后，除了在保修期内发现的由于保修期前承包人原因造成的损失或损坏外，应由发包人承担任何风险造成工程（包括工程设备）的损失和修复损坏所需的全部费用。

20.3 人员的工伤事故

20.3.1 人员工伤事故的责任

（1）承包人应为其执行本合同所雇用的全部人员（包括分包人的人员）承担工伤事故责任。承包人可要求其分包人员自行承担自己雇用人员的工伤事故责任，但发包人只向承包人追索其工伤事故责任。

（2）发包人应为其现场机构雇用的全部人员（包括监理人员）承担工伤事故责任，但由于承包人过失造成在承包人责任区内工作的发包人的人员伤亡，则应由承包人承担其工伤事故责任。

20.3.2　人员工伤事故的赔偿

发包人和承包人应根据有关法律、法规和规章以及按第20.3.1款规定，对工伤事故造成的伤亡按其各自的责任进行赔偿。其赔偿费用的范围应包括人员伤亡和财产损失的赔偿费、诉讼费和其他有关费用。

20.3.3　人员工伤事故的保险

在合同实施期间，承包人应为其雇用的人员投保人身意外伤害险。承包人可要求分包人投保其自己雇用人员的人身意外伤害险，但此项投保不免除承包人按第20.3.2款规定应负的责任。

20.4　人身和财产的损失

20.4.1　发包人的责任

发包人应负责赔偿以下各种情况造成的人身和财产损失：

（1）工程或工程的任何部分对土地的占用所造成的第三者财产损失。

（2）工程施工过程中，承包人按合同要求进行工作所不可避免地造成第三者的财产损失。

（3）由于发包人责任造成在其管辖区内发包人和承包人以及第三者人员的人身伤害和财产损失。

上述赔偿费用应包括人身伤害和财产损失的赔偿费、诉讼费和其他有关费用。

20.4.2　承包人的责任

承包人应负责赔偿由于承包人的责任造成在其管辖区内发包人和承包人以及第三者人员的人身伤害和财产损失。

上述赔偿费用应包括人身伤害和财产损失的赔偿费、诉讼费和其他有关费用。

20.4.3　发包人和承包人的共同责任

由于在承包人辖区内工作的发包人人员或非承包人雇用的其他人员的过失造成的人身伤害和财产损失，若其中含有承包人的部分责任时，应由监理人与发包人和承包人共同协商合理分担赔偿费用。

20.4.4　第三者责任险（包括发包人的财产）

承包人应以承包人和发包人的共同名义投保在工地及其毗邻地带的第三者人员的人身伤害和财产损失的第三者责任险，其保险金额由双方协商确定。此项投保不免除承包人和发包人各自应负的在其管辖区内及其毗邻地带发生的第三者人员人身伤害和财产损失的赔偿责任，其赔偿费用应包括赔偿费、诉讼费和其他有关费用。

20.5　对各项保险的要求

20.5.1　保险凭证和条件

承包人应在接到开工通知后的84天内向发包人提交按合同规定的各项保险单的副本，并通知监理人。保险单的条件应符合本合同的规定。

20.5.2　保险单条件的变动

承包人需要变动保险单的条件时，应事先征得发包人同意，并通知监理人。

20.5.3　未按规定投保的补救

若承包人在接到开工通知后的84天内未按合同规定的条件办理保险，则发包人可以代为办理，所需费用由承包人承担。

20.5.4　遵守保险单规定的条件

发包人和承包人均应遵守保险单规定的条件，任何一方违反保险单规定的条件时，应赔偿另一方由此造成的损失。

21. 完工与保修

21.1　完工验收

21.1.1　完工验收申请报告

当工程具备以下条件时，承包人即可向发包人和监理人提交完工验收申请报告（附完工资料）。

（1）已完成了合同范围内的全部单位工程以及有关的工作项目，但经监理人同意列入保修期内完成的尾工项目除外。

（2）已按第 21.1.2 款的规定备齐了符合合同要求的完工资料。

（3）已按监理人的要求编制了在保修期内实施的尾工工程项目清单和未修补的缺陷项目清单以及相应的施工措施计划。

21.1.2　完工资料

完工资料（一式六份）应包括：

（1）工程实施概况和大事记。

（2）已完工程移交清单（包括工程设备）。

（3）永久工程竣工图。

（4）列入保修期继续施工的尾工工程项目清单。

（5）未完成的缺陷修复清单。

（6）施工期的观测资料。

（7）监理人指示应列入完工报告的各类施工文件、施工原始记录（含图片和录像资料）以及其他应补充的完工资料。

21.1.3　工程完工的验收

监理人收到承包人按第 21.1.1 款规定提交的完工验收申请报告后，应审核其报告的各项内容，并按以下不同情况进行处理。

（1）监理人审核后发现工程尚有重大缺陷时，可拒绝或推迟进行完工验收，但监理人应在收到完工验收申请报告后的 28 天内通知承包人，指出完工验收前应完成的工程缺陷修复和其他的工作内容和要求，并将完工验收申请报告同时退还给承包人。承包人应在具备完工验收条件后重新申报。

（2）监理人审核后对上述报告及报告中所列的工作项目和工作内容持有异议时，应在收到报告后的 28 天内将意见通知承包人，承包人应在收到上述通知后的 28 天内重新提交修改后的完工验收申请报告，直到监理人同意为止。

（3）监理人审核后认为工程已具备完工验收条件，应在收到完工验收申请报告后的 28 天内提请发包人进行工程验收。发包人应在收到完工验收申请报告后的 56 天内签署工程移交证书,颁发给承包人。

(4) 在签署移交证书前,应由监理人与发包人和承包人协商核定工程的实际完工日期,并在移交证书中写明。

21.1.4　单位工程验收

在单位工程完工后,经发包人同意,承包人可申请对本合同所列的单位工程项目中某些需要进行验收的项目进行验收,其验收的内容和程序应按第 21.1.1 款至第 21.1.3 款的规定进行。单位工程的验收成果的结论可作为本合同工程完工验收申请报告的附件,验收后应由发包人或授权监理人按第 21.1.3 款的规定签发该单位工程的移交证书。

21.1.5　部分工程验收

在全部工程完工验收前,发包人根据合同进度计划的安排,需要提前使用尚未全部完工的某项工程时,可以对已完成的部分工程进行验收,其验收的内容和程序可参照第 21.1.1 款至第 21.1.3 款的规定进行,并应由发包人或授权监理人签发临时移交证书,其完工验收申请报告应说明已验收的该部分工程的项目或部位,还需列出应由承包人负责修复的未完成缺陷修复项目清单。

21.1.6　施工期运行

(1) 按第 21.1.4 款、第 21.1.5 款进行验收的单位工程或部分工程,发包人需要在施工期投入运行时,应对其局部建筑物承受施工运行荷载的安全性进行复核,在证明其能确保安全时才能投入施工期运行。

(2) 在施工期运行中新发现的工程缺陷和损坏,应按第 21.2.2 款 (2) 项的规定办理。

(3) 因施工期运行增加了承包人修复缺陷的损坏工作的困难而导致费用增加时,应由监理人与承包人和发包人协商确定需由发包人合理分担的费用。

21.1.7 发包人不及时验收

(1) 若监理人确认承包人已完成或基本完成合同规定的工程，并具备了完工验收条件，但由于非承包人原因使完工验收不能进行时，应由发包人或授权监理人进行初步验收，并签发临时移交证书。但承包人仍应执行监理人在此后进行正式完工验收所发出的指示，由此增加的费用由发包人承担。当正式完工验收发现工程不符合合同要求时，承包人应有责任按监理人指示完成其缺陷修复工作，并承担缺陷修复的费用。

(2) 若发包人或监理人在收到承包人的完工申请报告后不及时进行验收，或在验收后不颁发工程移交证书（即不接收工程），则发包人应从承包人发出完工申请报告 56 天后的次日起承担工程保管费用。

21.2 工程保修

21.2.1 保修期

保修期自工程移交证书中写明的全部工程完工日开始算起，保修期限在专用合同条款中规定。在全部工程完工验收前，已经发包人提前验收的单位工程或部分工程，若未投入正常使用，其保修期也按全部工程的完工日开始算起。

21.2.2 保修责任

(1) 保修期内，承包人应负责未移交的工程和工程设备的全部日常维护和缺陷修复工作，对已移交发包人使用的工程和工程设备，则应由发包人负责日常维护工作，但承包人应按移交书中所列的缺陷修复清单进行修复，直至经监理人检验合格为止。

(2) 发包人在保修期内使用工程和工程设备过程中，发现新的缺陷和损坏或原修复的缺陷部位或部件又遭损坏，则承包人应按监理人的指示负责修复，真至经监理人检验合格为止。监理人应会同发包人和承包人共同进行查验，若经查验确属由于承包人施工中隐存的或其他由于承包人责任造成的缺陷或损坏，应由承包人承担修复费用；若经查验确属发包人使用不当或其他由于发包人责任造成的缺陷或损坏，则应由发包人承担修复费用。

21.2.3 保修责任终止证书

在整个工程保修期满后的 28 天内，由发包人或授权监理人签署和颁发保修责任终止证书给承包人。若保修期满后还有缺陷未修补，则需待承包人按监理人的要求完成缺陷修复工作后，再发保修责任终止证书。尽管颁发了保修责任终止证书，发包人和承包人均仍应对保修责任终止证书颁发前尚未履行的义务和责任负责。

21.3 完工清场撤离

21.3.1 完工清场

工程移交证书颁发前（经发包人同意，可在保修期满前），承包人应按以下工作内容对工地进行彻底清理，并需经监理人检验合格为止。

（1）工地范围内残留的垃圾已全部焚毁、掩埋或清除出场。

（2）临时工程已按合同规定拆除，场地已按合同要求清理平整。

（3）按合同规定应撤离的承包人设备的剩余的建筑材料已按计划撤离工地，废弃的施工设备和材料也已清除。

（4）施工区内的永久道路和永久建筑物周围（包括边坡）的排水沟道，均已按合同图样要求和监理人的指示进行了疏通和修整。

（5）主体工程建筑物附近及其上、下游河道中的施工堆积物，已按监理人的指示予以清理。

21.3.2 承包人撤离

整个工程的移交证书颁发后的 42 天内，除了经监理人同意需在保修期内继续工作和使用的人员、施工设备和临时工程外，其余的人员、施工设备和临时工程均应拆除和撤离工地，并应按本合同技术条款的规定清理和平整临时征用的施工用地，做好环境恢复工作。

22. 其他

22.1 纳税

承包人应按有关法律、法规的规定纳税。除合同另有规定外，承包人应纳的税金包括在合同价格中。

22.2 严禁贿赂

严禁对本合同有关的单位和人员进行贿赂和使用不正当竞争手段谋取非法利益。

若发现任何上述行为，发包人和承包人均应进行追查和处理，构成犯罪的提交司法部门处理。

22.3 化石和文物

在施工场地发掘的所有化石、钱币、有价值的物品或文物、古建筑结构以及有地质或考古价值的其他遗物等均为国家财产。承包人应按国家文物管理的有关规定采取合理的保护措施，防止任何人员移动或损坏上述物品。一旦发现上述物品，应立即把发现的情况通知监理人，并按监理人的指示做好保护工作。由于采取保护措施而增加的费用和工期延误，应按第20.2款的规定办理。

22.4 专利技术

（1）承包人应保障发包人免于承担承包人所用的任何材料、承包人设备、工程设备或施工工艺等方面因侵犯专利权等知识产权引起的一切索赔和诉讼，保障发包人免于承担由此导致或与此有关的一切损害赔偿费、诉讼费和其他有关费用。但如果此类侵犯是由于遵照发包人的要求，或由于发包人提供的设计或本合同技术条款规定所引起的除外。

（2）发包人要求承包人采用专利技术，应办理相应的申请审批手续，承包人应按发包人的规定使用，并承担使用专利技术的一切试验工作。申报专利技术和试验所需的费用由发包人承担。

（3）发包人应对承包人在投标中和合同执行过程中提交的标有密级的施工文件进行保密，应保障文件中涉及承包人自身拥有的专利等知识产权不因发包人疏漏而遭损害。若由于发包人的责任或其人员的不正当行为造成对承包人知识产权的侵害，承包人有权要求发包人赔偿损失和承担相应的侵权责任。

22.5　承包人的合理化建议

在合同实施过程中，承包人对发包人提供的施工图样、技术要求及其他方面提出的合理化建议，应以书面形式提交监理人，建议的内容应包括建议的价值、对其他工程的影响和必要的设计原则、标准、计算和图样等。监理人收到承包人的合理化建议后，应会同发包人与有关单位研究后确定。若建议被采纳，需待监理人发出变更决定后方可实施，否则承包人仍应按原合同规定进行施工。若由于采用了承包人提出的合理化建议降低了合同价格，则发包人应酌情给予奖励。

22.6　合同生效和终止

22.6.1　合同生效

除合同另有规定外，发包人和承包人的法定代表人或其委托代理人在协议书上签名并盖单位公章后，合同生效。

22.6.2　合同终止

承包人已将合同工程全部移交给发包人，且保修期满，发包人或被授权的监理人已颁发保修责任终止证书，合同双方均未遗留按合同规定应履行的义务时，合同自然终止。

第二部分　专用合同条款

专用合同条款中的各条款是补充和修改通用合同条款中条款号相同的条款或当需要时增加新的条款，两者应对照阅读，一旦出现矛盾或不一致，则以专用合同条款为准，通用合同条款中未补充和修改的部分仍有效。

实例：《长江重要堤防隐蔽工程×××工程》专用合同条款

1.　词语定义（补充）

1.1　发包人是长江水利委员会×××建设管理局（简称长江建管局），是项目法人。

1.4　工程设计单位是×××规划设计研究院。

1.5　监理人是×××建设监理中心或中标后发包人另行

通知的单位。

1.15 主体工程是指各标段工程量清单中"主体工程"项下的全部永久工程。

1.16 单位工程是指一个标段中所有的永久和临时工程。

1.23 本工程的完工日期为合同工程（单位工程）完工并通过单位工程验收后在移交证书中写明的完工日，或者是在单位工程验收中核定的完工日。

2. 合同文件及解释顺序（补充）

除合同另有规定外，解释合同文件的优先顺序如下：

（1）协议书（包括补充协议）。

（2）中标通知书。

（3）投标报价书。

（4）专用合同条款。

（5）通用合同条款。

（6）技术条款。

（7）图样。

（8）已标价的工程量清单。

（9）经双方确认进入合同的其他文件。

3. 双方的一般义务和责任（补充）

3.1.4 提供施工用地（补充）

为了本工程施工而需要的一切临时用地，包括承包人施工所用的临时支线、便道和现场的临时出入道路以及办公、生产、生活等临时设施的占地等，承包人应根据投标文件中规划的区段、用地范围、占用顺序，在接到中标通知书后的7天内，向发包人提交2份临时占用地的详细计划表。发包人将按上述计划中位置、数量和需用时间，进行调整后审批，并根据施工先后顺序分期办理临时用地借用手续。在批准计划内的临时用地的借用费由发包人承担。

在实施临时征用地的过程中，承包人应协助发包人或受发包人委托与当地政府（包括乡村）、居民、企业等进行协调，按规定办理各种需要的手续，获得许用权，处理各种矛盾。

3.2.15 其他一般义务和责任（补充）

3.2.15.1 现场视察

(1) 承包人在提交投标文件之前，应视为已对现场及其周围环境和与之有关的可用资料进行了视察和检查，并对以下几点在费用和时间方面的可行性感到满意：

1) 现场的形状和性质，其中包括地表和河床以下的条件。

2) 水文和气候的条件。

3) 为工程施工和完工以及修补其任何缺陷所需的工作和材料的范围与性质。

4) 进入现场的手段以及承包人可能需要的生产和生活条件。

并且，一般应认为承包人已取得有关上述可能对其投标文件产生影响或发生作用的风险、意外事件及所有其他情况的全部必要资料。

应当认为承包人的投标文件是以发包人提供的可利用的资料和承包人自己进行的上述视察和检查为依据的。无论发包人提供或承包人自己收集的上述资料，对于其完整性和正确性、以及作出的推论、解释和结论均由承包人负责。

(2) 承包人不得以下列理由提出索取额外款项的申请：对第3.2.15.1款 (1) 项所述事项或其他方面有所误解；指称或以事实指出任何受雇或非受雇于发包人的人员向承包人提供错误或不足够资料；同时承包人也不得以上述理由或因他没有或未能预见任何事实上会影响或已经影响合同工程进行的施工为理由，而获得免除他根据合同规定须承担的风险或责任。

3.2.15.2 投标价包括所有费用

承包人应对投标报价以及经评标确定的工程量清单中所报的单价和合价的正确性和完备性负责。除合同中另有规定的以外，上述报价包括了合同内列明和包含的全部风险、责任和义务，以及为合同工程的施工、完工和修补缺陷所需的全部费用及利润、税费。

3.2.15.3 提供当地材料与矿区使用

除合同另有规定外，用于合同工程的当地材料包括合格的土料、石料、砂石料等，由承包人负责提供。各种料源、料场由承包人自己考察决定，其各项指标应符合技术规范和设计图样要求。承包人根据有关地质资料开采或采用其他方式供应时，应负责这类材料矿区的占用、剥离、开采、复耕、环保（含水土保持），以及办理各种许可相关手续和协调与当地居民的关系。施工总布置图所示的范围以外的各种料场的征地费用由承包人承担。所有上述工作所产生的一切费用均应包含在合同价格中。

3.2.15.4 现场施工配合与协调

承包人在实施和完成承建合同工程及修复缺陷过程中的一切作业应保证发包人免于承担因承包人借用、占用或进出其他标段工区或影响作业等所引起的索赔、诉讼费、损害赔偿及其他开支，有义务提供与相邻标段工程施工的配合与协调，包括：

（1）工作面的安全和施工质量影响。

（2）施工进度的影响。

（3）及时提供或移交工作面。

（4）保持相邻界面附近的结构质量。

（5）为其他标段承包人提供交通道路、码头、交叉工作面的作业场地。

（6）在承建标段范围区段的维护与保养，不得造成损坏或障碍而影响相邻标段的施工。

3.2.15.5 对现场作业和施工方法负责

监理人对承包人的施工计划、方法、措施以及设计图样的审查与批准，或对于分包人的确认和分包人选择的批准，或对于承包人所实施工程的检查和检验，并不意味着可变更或减轻承包人应承担的全部合同义务和责任。

3.2.15.6 防汛

（1）在合同工程施工期和缺陷责任期，承包人有义务采取措施防御洪水，保证工程的安全，必须服从抗洪抢险的命令和统一调度指挥。

（2）由于承包人施工需要设置在河道（或行洪区）内的所有设施，在汛前必须完全拆除，不能对原河道的泄流能力造成任何影响。

3.2.15.7　对公众利益损害负责

在符合合同要求所许可的范围内，实施和完成本合同工程及缺陷修复工程中的一切施工作业，不得对现有大堤及各种管道、电线、电缆、涵闸等穿堤设施造成任何影响或破坏，不得影响邻近建筑物、构造物、当地居民与企业财产等的安全与正常使用或不适当地干扰群众的通行方便。如果发生上述情况，并由此导致索赔、赔偿、诉讼费、指控费及其他开支时，应由承包人承担一切责任及费用。承包人应协调和处理好与当地群众的关系。

3.2.15.8　对工程施工质量负终身责任

承包人对合同工程的施工质量负终身责任，承包人的法定代表人是工程施工质量的终身责任人。

3.2.15.9　安全监测施工配合

承包人有义务向承担安全监测设备安装、埋设的承包人提供施工场地、工作面，并负责土建工程和安全监测施工进度的协调。在安全监测设备安装、设施埋设的过程中有义务负责这些监测设备、设施不因土建施工造成任何损坏。上述工作的配合费用应包括在工程量清单相应项目的单价和合价中，发包人不另行支付。如果安全监测安装承包人打算使用承包人的设备和人员，由此增加的费用发包人将和承包人另行协商。

4. 履约担保

4.1　履约担保证件（修改）

本合同采用银行履约保函形式的担保，担保金额为合同价格的10%，发包人不接受履约担保书形式的履约担保。

4.2　履约担保证件的有效期（修改）

履约保函自合同生效日起至发包人颁发保修责任终止证书前

一直有效，发包人在保修责任终止证书颁发后 14 天内将履约保函退还给承包人。5. 监理人和总监理工程师

5.1 监理人的职责和权力（补充）

本款（2）项补充：

监理人在行使下列权力前，必须得到发包人的批准：

1) 按第 8.2 条规定，批准工程的分包。

2) 按第 12.3 条规定，发布影响全局进度的工程暂停指示；发出暂停施工后的复工通知。

3) 按第 12.4 条规定，确定延长完工期限。

4) 按第 17.1 条规定，确定变更的范围；因变更调整单价或合价。

尽管有以上规定，但当监理人认为出现了危及生命、工程或毗邻财产等安全的紧急事件时，在不免除合同规定的承包人责任的情况下，监理人可以指示承包人实施为消除或减少这种危险所必须进行的工作，即使没有发包人的事先批准，承包人也应立即遵照执行。监理人应按第 17.1 条的规定增加相应的费用，并通知承包人。

5.3 监理人员（补充）

本款补充下述内容：

由总监理工程师按此指派送交承包人的函件应与监理人送交的函件具有同等效力，但：

1) 监理人员没有对任何工作、材料和工程设备提出否定意见，应不影响监理人以后对该工作、材料或工程设备提出否定意见并发出进行改正的指示的权力。

2) 承包人对监理人员的函件有疑问，可向监理人提出，监理人应对此函件的内容进行确认、否定或更改。

7. 图样

7.3 施工图样的修改（补充）

本款增加下述内容：

发包人和监理人有权随时向承包人发出施工图样（包括设

计技术要求等）的设计修改图、设计通知单以及为使工程合理及正确施工、完工和修补缺陷所需的补充图样和指示。上述设计修改图和设计通知单与施工图样具有同等效力，承包人应遵照执行，并受其约束。

7.5 图样的保密（修改）

本款全文删去，并代之以下：

发包人提供的合同工程所有设计图样、技术文件与资料以及本合同招标文件等，版权归发包人及招标代理人、工程设计单位所有，未经发包人许可，承包人不得将发包人提供的上述图样、技术文件、资料及本合同招标文件等泄密给与本合同无关的第三方或公开发表，违者应对泄密造成的后果承担责任和费用。

8.2 分包（补充）

8.2.1 工程分包应经批准（修改）

本款中的"经监理人同意的分包工程不允许分包人再分包出去"改为"经监理人同意的分包工程总金额不得大于合同价格的30%，且分包人不得将分包的工程再分包出去"。

8.2.2 发包人指定分包人（补充）

本款（1）项后补充：

发包人指定的分包人的分包工作内容和资质如下：

1）分包工作内容。

2）分包人名称及地址。

3）分包人具有的与分包工作相类似的经验：

①工程名称及地点。

②工程主要特性。

③合同价格。

④工程完成年月。

⑤工作内容和履行合同情况。

⑥该工程的发包人名称及地址。

本款增加第（3）项：

（3）若承包人在客观条件造成难以完成部分工程施工或难

以保证提供当地材料，则在必要时，发包人可以指定分包人，对此承包人不得提出异议或其他要求。承包人应与其分包人签订相关分包协议，并且承包人仍应承担本合同规定的责任和义务。

8.2.3　分包的价格

承包人如果按第 8.2.1、8.2.2 款的规定采用分包，分包项目的价格应为中标的相应项目的合同价格，承包人向分包人收取的管理费不得高于分包合同价格的 3%。

9.2　承包人人员的管理

9.2.1　承包人人员的安排（补充）

本款增加内容如下：

（3）雇用当地工人的工资与工作条件

承包人雇用当地工人的工资标准应按承包人与当地劳务部门协议规定的标准支付。劳动条件不得低于当地劳动部门有关的规定。

（4）招收雇员

承包人不得在发包人和监理人的服务人员中招收雇员或寻求服务。

（5）劳务遣返

承包人应自行安排并支付招收的雇员和工人进入和离开现场的一切费用，承包人应妥善地安排好这些雇员直至离开现场。

（6）所雇员工的生活设施

除合同另有规定，承包人应对其一切雇员、工人提供和维护必要的生活设施包括水、电、卫生、炊事、消防设备、家具等。完工后，除另有规定，承包人应将临时房屋拆除，恢复原貌。

（7）健康

承包人应自费在现场适当配备医护人员、急救站、药物等，以确保其人员的健康。

（8）传染病

一旦发生任何具有传染性疾病时，承包人应遵守并执行当地政府，或当地医疗卫生部门为防治和消灭疾病制订和发布的规章、命令。

（9）地方病

承包人应自行调查工程所在地的地方病（包括血吸虫病）的情况，并采取必要的措施以保障承包人的人员或雇员的健康。

（10）丧葬

凡在工地内死亡的承包人的人员或雇员，承包人应负责安排其丧葬事宜。承包人也应按当地规定，负责安排从事本工程的当地员工的丧葬事宜。

9.2.2 提交管理机构和人员情况报告（修改）

本款中"承包人应在接到开工通知后84天内……"改为"承包人应在接到开工通知后14天内……"。

10.1 材料和工程设备的提供

10.1.1 承包人提供的材料和工程设备（补充）

（3）承包人使用的水泥如果不是国家规定的免检品牌水泥，如抽检时有两次不合格承包人必须更换使用合格的满足要求的品牌水泥。

本条10.1.2款全文删除。

10.2 承包人材料和设备的管理

本条10.2.4款（1）、（2）项全文删除。

11.1 场内施工道路（补充）

本款（3）项补充以下内容：

承包人应负责与当地的交通部门协调取得出入施工区内外已有的国道、堤顶公路、码头等交通设施的使用权，如果这些国道、堤防公路在施工期需要设置临时交通通道，则应由承包人自己负责，上述费用包含在合同价格中。如在进行合同工程或其任何部分的施工过程中，承包人需挖掘任何公路或其他道路或通道，则承包人必须与当地有关部门协调好并自费负责修复，由此引起的任何的索赔、要求、诉讼、损害赔偿、费用均应由承包人负责。

11.2 场外公共交通（补充）

本款补充以下内容：

承包人的运输车辆应服从当地交通部门的管理，并按照道路桥梁的限制荷重安全行驶，服从检验和缴纳养路费用。对于超大、超重件的运输，承包人采用必要的措施，并征得当地交通管理部门的同意与支持。承包人车辆缴纳的养路费用，运输超大超重件所需附加费用，包括公路、桥梁临时加固等费用，均由承包人承担。如果承包人因工程需要采用水运时，承包人的船舶应服从当地航运港监管部门的管理，并按照港口码头的规定安全停泊，服从检验和缴纳有关费用。对于超大、超重件的运输，承包人应采取可靠的措施，并征得当地航运部门的同意与支持。承包人应按合同规定承担有关的费用。

12.1　进度计划

12.1.2　修订进度计划（修改）

本款中承包人提交和监理人批复修订进度计划的期限"28天内"均改为"7天内"。

12.1.4　提交资金流估算表（补充）

本款补充表 12.1.4 资金流估算表。

表 12.1.4　资金流估算表

年	月	工程预付款	完成工作量付款	保留金扣留	预付款扣还	其他	应得付款

12.2　工程开工和完工

12.2.1　开工通知（补充）

监理人应在合同签订后并且在承包人按合同规定提交了确认其具备开工条件的资料后 7 天内发出开工通知。

12.2.4　完工日期（补充）

本合同工程要求完工日期均为×××××年××月××日。

12.3　暂停施工

12.3.5　暂停施工持续 56 天以上（补充）

本款补充如下：

（3）由于洪水期防汛而引起的暂时停工，其持续停工时间不受限制。监理人将视其具体情况在防汛结束时向承包人发出复工通知。此时，不能视为发包人违约，承包人必须承担合同规定的全部责任和义务。

12.4 工期延误

12.4.2 承包人要求延长工期的处理（修改）

本款中"并在发出该通知后的 28 天内，向监理人提交一份细节报告"改为"并在发出该通知后的 7 天内，向监理人提交一份细节报告"。

12.4.3 承包人的工期延误（补充）

本合同工程所有标段逾期完工违约金按专用条款 22.7 条有关规定执行。

12.5 工期提前

12.5.1 承包人提前工期（补充）

本款补充如下：

发包人向承包人支付的提前完工奖金按专用条款 22.7 条有关规定执行。

13.1 质量检查的职责和权力（补充）

13.1.1 承包人的质量管理（修改）

本款中"承包人应在接到开工通知后的 84 天内，……"改为"承包人应在接到开工通知后的 7 天内，……"。

本条增加下款：

13.1.4 工程施工、材料和设备的质量检查与检验标准（增加）

（1）检查和检验内容依照本合同、国家和有关部门颁布的现行施工技术和质量验收规程规范以及相应单项工程质量等级评定标准的规定执行，并应达到上述规程、规范和标准规定应达到的合格要求。按本款要求所进行的一切检查和检验的费用均由承包人承担。

（2）工程的施工和检验应与技术规范表明的标准一致。承包人提议的标准未经监理工程师批准不得使用。技术规范可以在工程进行过程中由设计单位或监理人不断修改、扩充或补充并由监理工程师发送。承包人应对由于使用废弃的或不完整的技术规范所出现的任何错误负责。承包人应购买新的标准技术规范。

（3）进行试验和检测的单位应为有 CMA 认证的单位。

13.2 材料和工程设备的检查和检验

13.2.1 材料和工程设备的检验和交货验收（修改）

本款（1）项中"承包人负责采购的材料和工程设备，应由承包会同监理人进行检验和交货验收"改为"无论是承包人提供的材料和工程设备，还是发包人指定供应来源的材料和工程设备，均由承包人负责检验和交货验收"。

13.4 隐蔽工程和工程的隐蔽部分

13.4.1 覆盖前的检查（修改）

本款补充如下：

除非监理人认为检验无必要，并就此通知了承包人，否则未经监理人批准，工程的任何部分都不能覆盖。承包人应保证监理人有足够的时间对即将覆盖的或掩盖的任何一部分工程进行检查、检验，并为检查、检验提供条件。

14.1 文明施工与环境保护（补充）

14.1.1 治安保卫（补充）

本款补充如下：

（3）妨碍治安行为等

承包人在任何时候均应采取各种合理的预防措施，以防止其员工或在其员工之中发生任何违法的、暴乱性的或妨害治安的行为，并维持治安和保护本工程附近的个人或财产免受上述行为的破坏。

14.1.2 施工安全（修改）

删去本款（3）项全文，代之以：

发包人委托承包人在工地建立一支消防队伍负责全工地的消

防工作，并配备必要的消防设备和救助设施，所需费用由承包人承担。对消防的要求见本合同技术条款。

本款补充如下：

（5）安全与健康记录

承包人应保存有关人员的安全与健康的记录，随时供监理人查阅。

（6）事故报告

一旦事故发生，承包人应尽快将事故详细情况报告监理人。若遇重大的交通事故或其他重大伤亡事故，承包人应以现有最快的手段立即报告监理人，并应以最快的速度报告主管单位和事故现场所在地的公安和交通管理部门。发生上述事故，承包人应采取措施妥善处理。

14.1.3 工程的照管（增加）

（1）从本合同工程开工之日起直到本合同工程移交证书签发之日为止，承包人应全面负责照管本合同工程和将用于在本合同工程中的材料、设备的安全。在以后的缺陷责任期内，承包人还应全面负责对未移交的工程和将用于及安装在本合同工程中的材料、设备的照管。

（2）在承包人负责照管期间，如果本合同工程或其任何部分，或将用于或安装在本合同工程中的材料、设备等发生任何损失、被盗、损坏或损害，不论出于什么原因，除合同规定的风险外，承包人均应自费弥补上述损失、被盗、损坏或损害，以使永久工程在各方面都符合合同的规定并使发包人和监理人满意。承包人在进行作业的过程中由承包人造成的对工程的任何损失或损害，承包人也应对此承担责任。

15.1 计量

15.1.3 计量方法（补充）

本款补充以下内容：

承包人必须按照本合同规定和监理人指示的操作规则与要求的方法进行测量计量，监理人有权随机检测，并有最终核定的权力。在检测计量过程中，承包人有责任和义务保证和创造条件让监理人员方便地进行计量工作，并防止障碍和意外事件发生。

15.1.5 总价承包项目的分解（修改）

本款中"承包人应将本合同工程量清单中的总价承包项目进行分解，并在签订协议书后的 28 天内将该项目的分解表提交监理人审批"改为"承包人应将本合同工程量清单中的总价承包项目进行分解，并在签订协议书后的 21 天内将该项目的分解表提交监理人审批"。

15.2 预付款

15.2.1 工程预付款（修改）

本款全文删除，并代之以下：

（1）工程预付款总金额为合同价格的 10%，采用一次性支付给承包人。工程预付款专用于本合同工程。

（2）在承包人主要施工设备、施工人员进入工地后，由承包人向发包人提交了经发包人认可的工程预付款保函和书面申请，并经监理人出具付款证书报送发包人批准后予以支付。工程预付款保函在预付款被发包人扣回前一直有效，担保金额为工程预付款金额，但可根据以后预付款扣回的金额相应递减。

（3）承包人在投标文件中提交的实施本合同工程的施工设备、施工和管理的项目经理、技术负责和其他主要人员必须按合同规定的时间按时进场，监理人有权对上述进场设备、人员进行核实，如果上述施工设备、人员未能按时进场，监理人有权扣减工程预付款的金额。

工程预付款由发包人从月进度付款中扣回，在合同累计完成金额达到合同价格的 40% 时开始扣款，每次扣款为完成金额的 20%，直至累计完成金额达到合同价格的 90% 时全部扣清。

15.2.2 工程材料预付款（删除）

本款全文删去。

15.3 工程进度付款

15.3.1 月进度付款申请单（修改）

本款中"承包人应在每月末按监理人规定的格式提交月进度付款申请单"改为"承包人应在每月25日前按监理人规定的格式提交月进度付款申请单"。

本款(2)、(3)、(4)项全文删去。

本款(6)项中"扣除按第15.2条规定应由发包人扣还的工程预付款和工程材料预付款金额"改为"扣除按第15.2条规定应由发包人扣还的工程预付款金额"。

15.3.2　月进度付款证书(修改)

本款"监理人在收到月进度付款申请单后的14天内完成核查"改为"监理人对收到的月进度付款申请单在每月3日前完成核查"。

15.3.4　支付时间(补充)

本款中"……收到月进度付款申请单后28天"改为"……收到完整合格的月进度付款申请单后56天"。

本款中"专用合同条款中规定的逾期付款违约金"按财政部的有关规定执行。

15.3.6　工程险的保险费、中标服务费、工程验收费的支付(增加)

工程险的保险费、中标服务费、工程验收费由发包人统一代收代付。

15.3.7　对分包人的支付(增加)

当承包人未能按合同规定按时向分包人支付应付的合同款项时,发包人有权在应支付给承包人的合同款中扣减相应的金额,直接向分包人支付。

15.4　保留金(修改)

本款(1)项中"在给承包人的月进度付款中扣留按专用合同条款规定的百分比"为"5%","直至扣留的保留金总额达到专用合同条款规定的数额"为"合同价格的5%"。

本款(2)项中"发包人将保留金总额的一半支付给承包人"改为"最后一个分部工程完工验收后的14天内发包人将保

留金总额的 50% 支付给承包人"。

本款第（3）项删除，第（4）项改为第（3）项。

16.1 物价波动引起的价格调整（修改）

删去本条全文，并代之以下：

本合同工程工期较短，在合同有效期内，所有因人工、材料和设备等价格波动影响合同价格时，均不调整合同价格。

16.2 法规更改引起的价格调整（修改）

删去本条全文，并代之以下：

在投标截止日前的 14 天以后，国家的法律、行政法规或国务院有关部门的规章发生变更，直接导致承包人在实施合同期间所需的工程费用发生除第 16.1 条规定以外的增减时，应由监理人与发包人和承包人进行协商后确定需调整的合同金额。

17.1 变更

17.1.1 变更的范围和内容（补充）

本款第（1）项2）中，"关键项目"对于本合同工程而言是指砌石工程、抛石工程。"专用合同条款规定的百分比"为"20%"。

本款增加第（3）项：

（3）承包人未能按原定施工进度实施合同工程，临近汛期或在防汛抢险出现紧急情况时，当发包人认为承包人没有能力在汛前完成合同工程或完成抢险任务而影响堤防安全渡汛时，发包人有权指派其他承包人来实施部分合同工程或抢险。承包人不得拒绝。该部分工程价款应从合同中扣出，且不能构成承包人试图索赔或改变工程单价的理由。

17.1.2 变更的处理原则（补充）

本款（2）项补充：

4）承包人所提交的投标辅助资料作为确定变更估价的依据，监理人可根据投标辅助资料中的基础价格、取费标准和其他费用标准确定变更单价或合价。

5）由于承包人施工设备、施工能力等方面不能满足施工质量或施工进度的要求，导致必须更换施工方法时，监理人应重新估算变更项目的单价或合价，如果重新估算的单价或合价高于合同中该变更项目的单价或合价时，则采用合同中的单价或合价；反之如果重新估算的单价或合价低于合同中该变更项目的单价或合价时，则按重新估算的单价或合价执行。

（3）发生 17.1.1 款（1）项下 2）变更时，按 17.1.7 款规定的办法和原则处理。

17.1.3　变更指示（修改）

本款（3）项中规定的期限"14 天内"均改为"7 天内"。

17.1.4　变更的报价（修改）

本款（1）项中"承包人收到监理人发出的变更指示后 28 天内，应向监理人提交一份变更报价书"改为"承包人收到监理人发出的变更指示后 14 天内，应向监理人提交一份变更报价书"。

17.1.7　合同价格增减超过 15%（修改）

完工结算时，若出现由于第 17.1 条规定进行的全部变更工作引起合同价格增减的金额，以及实际工程量与本合同工程量清单中估算工程量的差值引起合同价格增减金额（不包括备用金、中标服务费、工程险的保险费、工程验收费）超过 15% 时，合同单价不做调整，按超过增减 15% 的工程价款占合同价格（不包括备用金、中标服务费、工程险的保险费、工程验收费）的比例相应补偿人员及设备的进退场费。

17.1.9　计日工（删除）

删去本款全文。

17.2　备用金（补充）

备用金按合同金额（不含中标服务费、工程险的保险费、工程验收费）的 5% 计算。

18.3　索赔

18.3.2　索赔的处理（补充）

本条 18.3.2 款补充：

（5）索赔补偿费用和计算标准

根据本合同 18.3.2 款所确认的索赔，其补偿费用由（并且仅由）人员窝工费、机械停置费、管理费和相应的税金构成。

补偿费用计算标准如下：

1）人员窝工费：每人每昼夜 20 元，窝工人员数量仅为索赔范围内的生产工人。

2）机械停置费：每台施工机械每昼夜计算一个停置台班，每台班机械停置费按下式计算：

$$机械停置台班费 = 机械使用台班折旧费 \times 50\% +$$
$$机械使用台班修理费 \times 25\%$$

上式中机械使用台班有关费用执行水利部水建（1998）15 号文规定的标准，停置机械数量仅为索赔范围内承包人的施工机械。

3）管理费：管理费为人员窝工费的 5%。

4）税金：按税务部门的有关规定计算。

19.1 争议调解

19.1.2 争议调解组（修改）

发包人和承包人双方认为有必要时将按本条款共同协商成立争议调解组。

20.2 工程保险和风险损失的补偿

20.2.1 工程和施工设备的保险（修改）

删去本款第（1）项全文，并代之以：

本合同工程的工程险由发包人负责投保。

20.4 人身和财产的损失

20.4.4 第三者责任险（包括发包人的财产）（修改）

本款第一句"承包人应以承包人和发包人的共同名义……"改为"发包人和承包人各自负责投保其在工地及其毗邻地带的第三者人员的人身伤害和财产损失的第三者责任险，其保险金额由双方协商确定"。

20.5 对各项保险的要求

20.5.1 保险凭证和条件（修改）

本款第一句中"承包人应在接到开工通知书后84天内向发包人提交按合同规定的各项保险单的副本。……"改为"发包人和承包人应在承包人接到开工通知书后28天内相互提交按合同规定的各项保险单的副本。……"。

20.5.2 保险单条件的变动（修改）

删去本款全文，并代之以：

"发包人或承包人需要与保险公司协商变动各自投保的保险单条件时，应事先征得另一方的同意，并通知监理人。"

20.5.3 未按规定投保的补救（修改）

删去本款全文，并代之以：

"发包人或承包人在承包人接到开工通知后28天内未按合同规定的条件办理保险，则另一方可以代为办理，所需费用由合同规定的投保责任方承担。"

21.1 完工验收

21.1.3 工程完工的验收（补充）

本款增加：

（5）发包人应在全部分部工程完工验收后9个月内组织单位工程验收。

21.1.4 单位工程验收（修改）

本款全文删除，并代之以下：

21.1.4 分部工程验收

在分部工程完工后，经发包人同意，承包人可申请对本合同专用合同条款1.15、1.16款所列的工程项目中某些需要验收的项目进行验收，其验收的内容和程序应按第21.1.1款至第21.1.2款的规定进行。分部工程的验收成果的结论可作为本合同工程完工验收申请报告的附件，验收后应由发包人或授权监理人按第21.1.2款的规定签发该分部工程的移交证书。

21.2 工程保修（缺陷责任）

21.2.1 保修期（缺陷责任期）（补充）

本合同工程的保修期为 1 年。

21.2.4　水下工程（增加）

承包人负责的水下开挖与填筑或铺设工程，在通过完工验收并颁发移交证书后，在工程移交证书写明的完工日期后所发生的工程缺陷或其他不合格之处，承包人不承担保修责任，也不承担这类处理与修补的费用。

22.2　严禁贿赂（补充）

严禁以任何方式向本合同有关单位、人员提供现金、有价证券（卡）、贵重物品及过度的款待和娱乐，损害其公正操守，谋取非法利益。

22.7　奖罚（增加）

发包人将根据合同工程在工程质量、施工安全和文明施工、进度和现场配合等方面的实施情况进行综合考核，考核达标者则予以奖励，奖励总金额控制在原合同总价的 3% 以内，由发包人控制使用。奖金发放的对象包括发包人、设计单位、监理人和承包人在内的参建各方。

发包人将根据承包人在工程质量、施工安全和文明施工、进度和现场配合等方面的实施情况进行综合考核，考核不达标者则予以处罚，处罚总金额控制在原合同总价的 3% 以内，由发包人直接在工程结算价款中扣除。

第四章　投标报价书、投标保函和授权委托书

投标报价书、投标保函以及委托授权书的编写内容和格式见案例。

实例：《长江重要堤防隐蔽工程×××工程》投标报价书、投标保函和授权委托书

1. 投标报价书

1.1　投标报价书格式

投标报价书

长江重要堤防隐蔽工程_____工程

合同编号：

致：长江重要堤防隐蔽工程建设管理局

（一）我们已仔细研究了长江重要堤防隐蔽工程_____工程（合同编号：　　　）的合同条款、技术条款、工程量清单、投标辅助资料、招标图样和所有其他相关文件的全部内容并察勘了现场，我方愿以人民币_____元（大写）的投标总报价（分项报价见已标价的工程量清单）按上述招标文件规定的条件和要求承包合同规定的全部工作，并承担相关的责任。

（二）我方提交的投标文件（包括投标报价书、已标价的工程量清单和其他投标文件）在投标截止时间后的 56 天有效，在此期间被你方接受的上述文件对我方一直具有约束力。我方保证在投标文件有效期内不撤回投标文件，除招标文件另有规定外，不修改投标文件。

（三）随同本投标报价书附上投标保函一份，作为我方投标的担保。

（四）若我方中标：

1）我方保证在收到你方的中标通知书后，按招标文件规定的期限，及时派代表前去签订合同。

2）随同本投标报价书提交的投标辅助资料中的任何部分，经你方确认后可作为合同文件的组成部分。

3）我方保证向你方按时提交招标文件规定的履约保函，作为我方的履约担保。

4）我方保证接到开工通知后尽快调遣人员和调配施工设备、材料进入工地进行施工准备，并保证在合同规定的期限内完成合同规定的全部工作。

（五）我方完全理解你方不保证投标价最低的投标人中标。

投标人法定代表人(或委托代理人)：　　（签字、盖单位章）

姓名：

地址：

电话：

传真：

银行账号： （包括开户行地址、电话、传真）

邮编：

日期： 年 月 日

1.2 投标报价汇总表

投标报价汇总表

工程名称：长江重要堤防隐蔽工程×××工程　　　　工程形式：

序号	表号	工程项目名称	合计/万元	备注
一		土建工程工程量清单报价		
1.				
2.				
……				
二		安装工程工程量清单报价		
1.				
2.				
……				
三		设备费用		
四		现场因素、特殊施工技术措施及赶工措施费		
五		其他		
1.				
……				
六		合计		

投标总造价　　　　元（大写）

投标人：　　　　　　　　　　　（盖章）

法定代表人或委托代理人：　　　　　（签字或盖章）

日期： 年 月 日

1.3 投标报价书附录

我方为圆满完成承建所投合同标段，承诺：

（1）保证遵守合同规定

履约保函：合同价格的 10%。

完工时间：合同条款第 12.2.4 款。

保修期：签发完工验收证书之日起 12 个月。

保留金金额：合同价格的 5%。

（2）保证完成工程

我们保证按合同条款第 12.2.4 款限定的完工日确保完成合同所规定的各项工程以及全部工程的施工。

（3）按要求随投标书提供满足进度要求的施工组织设计和临时工程设计的文件，并附有这些设计的图样或图表。按施工方法和技术措施，编制符合合同条款第 12.2.4 款规定的控制性进度和完工日期的施工进度计划。

（4）在合同签定 7 天内，提供符合合同条款第 12.1 条和技术条款规定的详细施工进度计划，合同各项目工程实施时所采用的施工方法和施工质量控制措施、分月施工设备与劳动力及材料供应计划、所有需要设置的临时工程的详细设计文件。并与当地工作相协调。我们同意按监理人意见修改此施工进度计划并在监理人审查后，将取代所有其他的进度和计划。如果我方修改施工进度，只有在此修改进度得到批准后，才能付诸实施。如果我们落后于规定的施工进度要求，我们将在接到监理人通知后的 7 天内提出措施，包括为了按时完成工程所追加的技术措施、施工设备、劳动力和材料，引起的费用由我方负责。

（5）对本合同工程发包人提供的设计图样和材料，我们同意按发包人的供图计划及材料设备供应计划执行。

（6）我们已充分理解本项工程在实施过程中的困难程度以及与其他的工作的相互影响和干扰，在此，我方承诺在施工过程中由我方承担全部责任，并服从监理人的协调、指示，或监理人要求的其他支持条件，并按招标文件要求完成合同工程。

（7）我们确认工程量清单上的单价和合价包括了合同条款和技术条款内的要求与规定有关的费用。

（8）我们理解本合同工程施工质量与进度对实现整个长江堤防工程有其重大政治影响，我们保证采取措施确保合同工程施工质量，在合同条款和技术条款的规定范围内，承担我方施工质量和进度方面的责任与义务。

（9）我们决定按发包人的要求确保专用施工机械按时到位投入使用，保证工程的施工进度。

（10）我们保证按合同规定向监理人、发包人、工程设计单位按时报送施工计划、施工监测等各种资料或文件。

（11）在本合同工程实施期间我们采取可靠措施保证：

1）堤防已建和正在施工的土建工程、相邻标段承包人的设备设施、供电、给水排水、通信等系统的运行安全和人身安全。

2）施工区内的环境保护与清洁卫生、治安保卫、消防、施工期的工程管理、防汛及工程（包括设备、材料）照管。

3）做好本标范围内施工排水与水流控制工作，防汛工作，服从防洪抢险调遣、指示。

4）协调好与当地有关部门、群众的关系，做好施工用料（土料、石料、木料等）的采购、供应，确保工程顺利施工，做好施工区堤顶公路、国道及其他交通设施的管理、维护等工作，并避免施工对交通的影响、群众人身及财产损害。

5）其他标段内外的支持性配合、辅助性、协调性的工作。

对这些工作，我们理解为是执行好本项合同的必要的组成部分，也在合同报价中给予了充分考虑，因此不再提出增加金额的要求。

（12）我们理解，在合同期，其他标段承包人也将同时进行施工，我们与他们的相互联系、配合施工、友好合作对圆满完成本合同工程是十分重要的。我们保证按照监理人和发包人的指示和协调，提供通道与配合及支援，特别是提供本合同工程与其他标段工程的分界面施工程序与进度步骤方面的协作，按时提供工作面。

（13）进场通行权、施工道路、供水、供电、共用施工设备、场地占用等，均由我方负责。但随时可能使我们受到很多的限制，我们将采取措施解决，确保合同的执行，不提出增加合同金额的要求。

（14）为顺利完成合同工程，提出如下建议，但无论此建议是否被发包人接受，我们仍将履行本合同规定和上述承诺：

1）按时向我方支付工程预付款。

2）按时向我方支付进度款。

投标人法定代表人（或委托代理人）：　（签字、盖单位章）

姓名：

地址：

电话：

传真：

邮编：

日期：　　年　　月　　日

2. 投标保函

投标保函

致：长江重要堤防隐蔽工程建设管理局

因被保证人＿＿＿＿＿＿＿＿（承包人名称）（以下简称被保证人）参加你方招标发包的长江重要堤防隐蔽工程＿＿＿＿＿＿＿＿工程合同（合同编号：　　）的投标，我方已接受被保证人的请求，愿向你方提供如下保证：

（一）本保函担保的投标保证金金额为人民币＿＿＿＿＿＿＿＿元（大写）。

（二）本保函的有效期自开标之日起至开标后 78 天内有效。若你方要求延长投标文件的有效期，经被保证人同意并通知我方后，本保函的有效期相应延长。

（三）在本保函有效期内，如被保证人有下列任何一种违反招标文件规定的事实，你方可向我方发出提款通知。

1）在招标文件规定的投标文件的有效期内撤回投标文件。

2）中标后，未能在招标文件规定的期限内提交履约担保证件。

3）中标后，拒绝在招标文件规定的期限内签订合同。

（四）我方在收到你方的提款通知后7天（日历天）内凭本保函向你方支付本保函担保范围内你方要求提款的金额，但提款通知应符合下列条件：

1）你方的提款通知必须在本保函有效期内以书面形式（包括信函、电传、电报、传真和电子邮件）提出，并应由你方法定代表人（或委托代理人）签字并加盖单位公章。

2）应说明被保证人违反招标文件规定的事实，并附有关材料。

银行名称：

地址：

许可证号：

负责人：（签字盖公章）

邮编：

电话：

传真：

日期：　　　年　　　月　　　日

3. 授权委托书

授权委托书

致：长江重要堤防隐蔽工程建设管理局

兹委托_____（被委托人姓、职务）为我单位的委托代理人，代表我单位就长江重要堤防隐蔽工程_____工程合同全权办理谈判、签约事宜，其签名真迹如本授权委托书尾所示，特此证明。

　　法定代表人（授权人签字盖公章）：
　　委托代理人（被授权人）：（签名）
　　工程局（或公司）名称：
　　地址：
　　日期：　　年　　月　　日

第五章　工程量清单

　　工程量清单是表现拟建工程的分部分项工程项目、措施项目、其他项目名称和相应数量的明细清单。招标人按照"计价规范"附录中统一的项目编码、项目名称、计量单位和工程量计算规则进行编制。包括分部分项工程量清单、措施项目清单、其他项目清单。

　　工程量清单部分需有工程量清单说明和工程量清单报价表两项内容，见案例。

实例：《长江重要堤防隐蔽工程×××工程》工程量清单

　　1. 工程量清单说明

　　（1）本工程量清单应与投标须知、合同条款、技术条款和图样等招标文件结合起来理解、解释和使用。

　　（2）本工程量清单中所有单价、合价及表格等均由投标人填写，整个合同的总价应根据工程量清单中填写的工程量并按工程量清单中所载各项目内所报的单价和合价确定。若投标人对某些项目未填报单价和合价，则应认为已包括在其他项目的单价和合价以及投标总报价内。

　　（3）本工程量清单所列工程数量是设计图样工程量，作为投标报价的基础，不作为最终结算的工程量，用于结算的工程量是承包人实际完成的并按合同有关计量规定计量的工程量。投标人必须充分考虑施工过程中不可避免的超挖、超填及施工附加量，这部分费用应摊入所报的单价和合价中。实际施工图样工程量与工程量清单中所列工程量不一致时，按本合同有关规定执行。

（4）具有标价的工程量清单中所报的单价和合价，除另有规定外，均已包括了本合同工程以及其他临时工程、施工设备、提供工程材料（如有）、施工耗用材料、场内和场外运杂费、公路过路费、航运货港费、劳务、管理、安装、拆卸、试验与调试、检测、验收、维护、协调与配合、保险、利润、税金及合同包含的所有风险、义务和责任等，也包括了投标人配合招标人完成施工期的土地征用、搬迁、当地协调工作处理等，其中保险应遵照合同条款有关规定执行。合同规定应由承包人承担而在工程量清单中未详细列出的项目，其费用和利润应包括在有关的项目的单价和合价中。投标人不得在工程量清单中自行增加新的项目或修改项目名称。

（5）土方开挖按施工布置图所示的弃料场计算运距，如果图中未明确弃料场的位置，投标人报价时暂按2km运距计算，并按投标辅助资料中单价分析表的格式增报运距为1km、3km、4km以及4km后每增运1km的单价。

（6）工程量清单中单独列项的临时工程项目为总价承包项目，投标人应在投标辅助资料中列报这些项目的详细费用构成。除此以外所有的临时设施（包括施工照明及动力线路的架设、供电设施摊销、电力供应、施工用水等）、施工队伍调遣和施工设备的提供、运输及拆、装费用，应包括在工程量清单的单价与合价中。

（7）工程量清单中单独列项的"工程险的保险费"项目按工程量清单各组成项目的合计金额（不包括"中标服务费""工程验收费""备用金"）的0.45%计列。除工程险以外由承包人负责投保的施工设备险、人身意外伤害险、第三者责任险等各种保险费应包括在相应项目的单价与合价内，发包人对此类费用不单独列项支付。

（8）工程量清单中单独列项的"中标服务费"项目按工程量清单各组成项目的合计金额（不包括"工程险的保险费""工

程验收费""备用金")的 0.9%计列。

(9) 工程量清单中单独列项的"工程验收费"项目按工程量清单各组成项目的合计金额（不包括"工程险的保险费""中标服务费""备用金"）的 0.65%计列。

(10) 工程量清单中单独列项的"备用金"项目按工程量清单各组成项目的合计金额（不包括"工程险的保险费""中标服务费""工程验收费"）的 5%计列。

(11) 无论工程量是否列明，具有标价的工程量清单中的每一项均须填写单价或合价。对投标人没有填写单价或合价的项目的费用应视为已包含在工程量清单的其他有关项目的单价或合价之中。

(12) 工程量清单中任一项目的单价与其工程量的乘积与该项目合价不一致时，以所报的单价为准，改正合价。但经合同双方共同核对后认为单价有明显的小数点错位时，则应以合价为准，改正单价。

(13) 若投标总报价的金额与相应的各个项目工程量清单中的合计金额不一致时，以修正算术错误后的各项目工程量清单中的合计金额为准，改正投标总报价。

(14) 所有工程量的变化，丝毫不会使合同条款无效或降低，也不免除投标人承包按合同要求的标准进行施工和缺陷修复的责任。

(15) 工程量清单中各项均以人民币元报价。

(16) 投标人应将工程量清单说明附在工程量清单中一并提交。

(17) 投标人应对所投标段的工程量清单签署姓名（法定代表人或其委托代理人）和日期。

2. 工程量清单报价表

《长江重要堤防隐蔽工程×××工程》工程量清单报价表

项目编号	项目名称	单　位	估算数量	单　价	合　计
1	主体工程				
2	临时工程				
3	工程险的保险费				
4	中标服务费				
5	工程验收费				
6	备用金				
	合计				

授权代表（签字）：

第六章　投标辅助资料

投标辅助资料是对招标工程项目情况的辅助性说明文件。其内容见案例。

实例：《长江重要堤防隐蔽工程×××工程》投标辅助资料

投标人应完全按本章规定格式与要求的文字说明，提供所列的投标辅助资料，并由投标人授权代表签字。

1. 单价分析表

投标人填入工程量清单中的主要工程单价，均应按下表形式编制单价分析表，该表格按工程量清单中的序号，每个单价一份，随同投标文件一起递送。

单价分析表

项目编号：

项目名称：

工作内容：

单价：

编号	名称及规格	单位	数量	单价/元	合价/元	备注
1	直接费					
1.1	基本直接费					
1.1.1	人工费	工时				
1.1.2	材料费					
(1)						
(2)						
:						
1.1.3	机械使用费	台时				
(1)		台时				
(2)		台时				
:		台时				
1.2	其他直接费					
1.3	现场经费					
2	间接费					
3	企业利润					
4	税金					
5	合计					

投标人：　　　　（盖单位公章）

法定代表人（或委托代理人）：　　　（签名）

2. 报价基础价格及单价计算取费费率表

报价基础价格及单价计算取费费率表

合同编号：

编　号	名　称	单　位	预算价格/元或百分比	备　注
1	人工	工时		
2	材料			
3	机械使用费			
		台时		
		台时		
4	取费费率			（取费基础）
	其他直接费			
	现场经费			
	间接费			
	计划利润			
	税金			

3. 主要材料预算价格计算表

主要材料预算价格计算表

合同编号：　　　　　　　　　　　　　　　（单位：元）

序号	材料名称及规格	单位	材料原价	运距/km	运输费	装卸费	采保费	运输保险	合计

4. 工程量清单费用构成表

投标人在下表中填入所有项目对应构成部分的费用。有单价的项目为工程量乘以该项目单价中相应构成的费用，没有单价的汇总项目为该项下所有构成部分的费用总和。

工程量清单费用构成表（建筑安装工程）

合同编号： （单位：元）

序号	项目名称	人工费	材料费	机械使用费	其他直接费	现场经费	间接费	计划利润	税金	合计

5. 工程量清单单价汇总表

工程量清单单价汇总表

合同编号： （单位：元）

编号	项目名称	单位	人工费	材料费	机构使用费				其他	合计
					一类费用	二类费用	三类费用	小计		

6. 施工设备台班费分析及计划使用

（1）施工设备台班费分析表

施工设备台班费分析表

合同编号： （单位：元）

编号	机械名称及规格	单位	一类费用					二类费用							三类费用	合计
			折旧	修理	替换	安拆	小计	人工	柴油	汽油	电	水	其他	小计		

注：三类费用包括养路费、车船使用税及有关的保险费。

（2）施工设备计划使用台班表

施工设备计划使用台班表

合同编号：　　　　　　　　　　　　　　　　　　　（单位：元）

提供方式	设备名称	规格型号	数量	年、月	年、月	年、月		合计
自带设备								
租赁设备								

7. 分月用款计划表

分月用款计划表

合同编号：

时间	金额/元
年　　　月	
年　　　月	
年　　　月	

8. 临时工程报价细目表

临时工程报价细目表

合同编号：　　　　　　　　　　　　　　　　　　　（单位：元）

项目编号	项目名称	工程规模和特性指标	单位	工程量	单价	合价
	合计					

9. 施工组织设计文件

投标人应根据招标单位划定的施工红线范围编制施工组织设

计，自行考虑对红线外的影响。递交完整的施工组织设计，说明各分部分项工程的施工方法、程序和施工计划，提交包括临时工程的总布置图及其他必需的图表、文字说明书等资料，至少应包括：

1）施工总布置图。

2）施工规划总说明书。

3）施工总进度网络图与说明书。

4）施工道路布置图。

5）各分部分项工程的完整的施工方案。

此外，投标人还应提交一份施工组织措施文件，所采用的施工措施：

1）应能够保证人员、施工机械设备按时进场，合理组织施工材料的供应。

2）保证工程在可能出现的各种不利情况下均能顺利施工。

3）应充分认识本招标工程的重要性和工期的紧迫性，保证按合同文件的进度要求和质量要求进行施工。

10. 主要施工机械设备

投标人承建本工程中使用的施工机械设备，包括投标人拥有的机具设备具体情况，并按下表格式填写。

拟投入本工程的主要施工机械设备表

序号	机械或设备名称	型号规格	数量	国别产地	制造年份	定额/kW	生产能力	用于施工部位	备注

11. 投标人劳动力计划

投标人应按下表填写其打算在本工程中使用的劳动力，包括所有分包人的劳动力计划。

投标人劳动力计划

工 种	人 数				
	年 月	年 月	年 月	年 月	年 月

12. 分包人

投标人如要分包部分工程，只能将投标人自己认为没有能力完成的专业工程分包，同时不允许分包人再次分包。对拟分包的工程应提交下列资料。

分包情况表

合同编号：

分包项目	分包人名称、地址	分包人资质	项目内容	估算金额	从事同类工程的情况

注：虽然投标人提交了这份资料，如果签定了合同，投标人仍应单独地为本工程的圆满竣工负有全面的责任。

13. 投标人组织机构

（1）组织机构

投标人应提供他打算建立的现场管理机构图。

（2）主要人员

投标人应按下表要求，列出与总部及现场管理机构相对应的主要人员。

投标人组织机构

合同编号：

任命职务	姓名	年龄	资历	以往经验	现任职务
一、总部					
法人代表					
项目主管					
其他主要人员					

（续）

任命职务	姓名	年龄	资历	以往经验	现任职务
二、现场办公室					
项目经理					
项目副经理					
施工总工程师					
质检总工程师					
质量检测工程师					
施工监督员					
其他主要人员					

注：投标人中标后，应实现此管理机构，未经发包人同意，不应对该组织机构
做重大变更。

14. 投标人财务资料和最近三年有关经营的其他资料

（1）最近三年投标人财务情况

投标人最近三年投标人财务情况

序号	项　目	年	年	年
1	资产总额			
2	固定资产			
3	流动资产			
	1）货币资金			
	2）存货			
4	负债总额			
	1）长期负债			
	2）流动负债			
5	建筑安全产值			
6	销售利润总额			
7	销售利润率			
8	资产负债率			
9	流动比率			
10	审计单位			

（2）基本结算账户开户银行资信证明。

（3）流动资金证明材料。

15. 投标人有关资质材料

投标人应提交企业法人营业执照副本复印件、企业法人代码证、企业施工资质等级证书及银行资信证明材料。

第二卷　技术条款

技术条款编制的目的是规定招标人所需要工程、货物和相关服务的技术特性。

技术条款的编写应允许投标人在广泛范围内展开竞争，同时还要对所招标的工程或货物的工艺、材料及性能要求的标准要有准确的说明。只有这样，招标中才能实现经济、高效和公平的目标，才能保证投标书符合招标文件的要求，才能使其后的评标工作更为简化。

大部分技术规范都是由招标人或项目资询公司或设计院为具体项目而编写的。目前还没有一套标准的技术规范在所有国家、所有行业能够通用。因此，对此部分内容暂不做详细的介绍。

第九章 编制招标标底

第一节 招标标底概述

招标标底是建筑产品价格的表现形式之一，是招标人对招标工程所需费用的预测和控制，是招标工程的期望价格。

通俗地讲，招标标底就是招标人定的价格底线。

招标标底一般由招标人自行组织或委托有编制标底资格和能力的设计、咨询、监理单位或招标代理机构编制，是工程招标的一项重要的准备工作。编制标底既要实事求是，符合政策法律，有利于提高投资效益，又要使施工单位经过努力，可以取得较好的经济效益。

一、招标标底编制的作用

编制好招标标底是控制工程造价的重要基础工作。

标底是招标工程的预期价格，能反映出拟建工程的资金额度，以明确招标单位在财务上应承担的义务。按规定，我国国内工程施工招标的标底，应在批准的工程概算或修正概算以内，招标单位用它来控制工程造价，并以此为尺度来评判投标人的报价是否合理，中标都要按照报价签订合同。这样，招标人就能掌握控制造价的主动权。

招标标底的使用可以相对降低工程造价；标底是衡量投标单位报价的准绳，有了标底，才能正确判断投标报价的合理性和可靠性；标底是评标、定标的重要依据。科学合理的标底能为招标人在评标、定标时正确选择出标价合理、保证质量、工期适当、企业信誉良好的施工企业。

二、招标标底编制的原则及依据

1. 建筑工程招标标底编制的原则

建筑工程招标标底的编制应遵照以下原则来进行：

1）根据国家规定的工程项目划分、统一计量单位、统一计算规则以及施工图样、招标文件，并参照国家编制的基础定额和国家、行业、地方规定的技术标准、规范以及生产要素市场的价格，确定工程量和计算标底价格。

2）标底的计价内容、计算依据应与招标文件的规定完全一致。

3）标底价格应尽量与市场的实际变化相吻合。标底价格作为建设单位的预期控制价格，应反映和体现市场的实际变化，尽量与市场的实际变化相吻合，要有利于开展竞争和保证工程质量，让承包商有利可图。标底中的市场价格可参考有关建设工程价格信息服务机构向社会发布的价格行情。

4）招标人不得因投资原因故意压低标底价格。

5）一个工程只能编制一个标底，并在开标前保密。

6）编审分离和回避。承接标底编制业务的单位及其标底编制人员，不得参与标底审定工作；负责审定标底的单位及其人员，也不得参与标底编制业务。受委托编制标底的单位，不得同时承接投标人的投标文件编制业务。

2. 建筑工程招标标底编制的依据

建筑工程招标标底受到诸多因素的影响，譬如项目划分、设计标准、材料价差、施工方案、定额、取费标准、工程量计算准确程度等。

综合考虑可能影响标底的诸多因素，编制标底时应遵循的依据主要有：

1）国家公布的统一工程项目划分、统一计量单位、统一计算规则。

2）招标文件，包括招标交底纪要。

3）招标人提供的由有相应资质的单位设计的施工图及相关说明。

4）有关技术资料。

5）工程基础定额和国家、行业、地方规定的技术标准规范。

6）要素市场价格和地区预算材料价格。

7）经政府批准的取费标准和其他特殊要求。

需要指出的是，上述各种标底编制依据，在实践中要求遵循的程度并不都是一样的。有的不允许有出入，如对招标文件、设计图样及有关资料等，各地一般都规定编制标底时必须作为依据；有的则允许有出入，如对技术、经济标准定额和规范等，各地一般规定编制标底时应作为参照。

三、招标标底编制的内容

建筑工程招标标底是对一系列反映招标人对招标工程交易预期控制要求的文字说明、数据、指标、图表的统称，是有关标底的定性要求和定量要求的各种书面表达形式。其核心内容是一系列数据指标。因为工程交易最终主要是用价格或酬金来体现的，所以在招标实践中，建筑工程招标标底文件，主要是指有关标底价格的文件。

一般来说，建筑工程招标标底文件编制的内容，主要是由标底报审表和标底正文两部分组成。其格式如下：

建设工程招标标底文件格式

第一章　标底报审表

第二章　标底正文

　　第一节　总则

　　第二节　标底编制的要求及其编制说明

　　第三节　标底价格计算用表

　　第四节　施工方案及现场条件

1. 标底报审表

标底报审表是招标文件和标底正文内容的综合摘要。其内容主要包括以下方面：

（1）招标工程综合说明　包括招标工程的名称；报建建筑面积；结构类型；建筑物层数；设计概算或修正概算总金额；施工质量要求；定额工期；计划工期；计划开工竣工时间等。

另外，在必要时还要附上招标工程（单项工程、单位工程等）一览表。

（2）标底价格　包括招标工程的总造价、单方造价，钢材、木材、水泥等主要材料的总用量及其单方用量。

（3）招标工程总造价中各项费用的说明　包括对包干系数、不可预见费用、工程特殊技术措施费等的说明，以及对增加或减少的项目的审定意见和说明。

2. 标底正文

标底正文是详细反映招标人对工程价格、工期等的预期控制数据和具体要求的部分。一般包括以下内容：

（1）总则　主要包括：

1）说明标底编制单位的名称。

2）持有的标底编制资质等级证书。

3）标底编制的人员及其执业资格证书。

4）标底具备的条件。

5）编制标底的原则和方法。

6）标底的审定机构。

7）对标底的封存、保密要求。

8）其他一些相关内容。

（2）标底编制的要求及其编制说明　标底编制应主要说明招标人在方案、质量、期限、价金、方法、措施等诸方面的综合性预期控制指标或要求，并要阐释其依据、包括和不包括的内容、各有关费用的计算方式等。

1）标底编制的要求。在标底诸要求中，要注意：

①明确各单项工程、单位工程、室外工程的名称、建筑面积、方案要点、质量、工期、单方造价（或技术经济指标）以及总造价。

②明确钢材、木材、水泥等的总用量及单方用量，甲方供应的设备、构件与特殊材料的用量。

③明确分部、分项直接费、其他直接费、工资及主材的调价、企业经营费、利税取费等。

2）标底编制说明。在标底编制说明中，要特别注意对标底价格的计算说明。一般来说，需要阐明以下几个问题：

①关于工程量清单的使用和内容。主要说明工程量清单必须与投标须知、合同条件、合同协议条款、技术规范和图样一起使用，工程量清单中不再重复或概括工程及材料的一般说明，在编制和填写工程量清单的每一项的单价和合价时，参考投标须知和合同文件的有关条款。

②关于工程量的结算。主要是工程量清单所列的工程量，是招标人估算的和临时的，只作为编制标底价格及投标报价的共同基础，付款则以实际完成的工程量为依据。实际完成的工程量，由承包人计量、监量工程师核准。

③关于标底价格的计价方式和采用的货币。主要说明：

采用工料单价的，工程量清单中所填入的单价与合价，应按照现行预算定额的工、料、机消耗标准及预算价格确定，作为直接费的基础。其他直接费、间接费、利润、有关文件规定的调价、材料差价、设备价、现场因素费用、施工技术措施费、赶工措施费以及采用固定价格的工程所测算的风险金、税金等的费用，计入其他相应标底价格计算表中。

采用综合单价的，工程量清单中所填入的单价和合价，应包括人工费、材料费、机械费、其他直接费、间接费、有关文件规定的调价、利润、税金和现行取费中的有关费用、材料差价以及采用固定价格的工程所测算的风险金等的全部费用。

标底价格中所有标价均以人民币（或其他适当的货币）

计价。

（3）标底价格计算用表　采用工料单价标底价格计算用表与采用综合单价标底价格计算用表，二者有所不同。

1）采用工料单价标底价格计算用表。主要有：

①标底价格汇总表。

②工程量清单汇总及取费表。

③工程量清单表。

④材料清单及材料差价。

⑤设备清单及价格。

⑥现场因素、施工技术措施及赶工措施费用表。

⑦其他。

2）采用综合单价的标底价格计算用表。主要有：

①标底价格汇总表。

②工程量清单表。

③设备清单及价格。

④现场因素、施工技术措施及赶工措施费用表。

⑤材料清单及材料差价。

⑥人工工日及人工费。

⑦机械台班及机械费。

⑧其他。

（4）施工方案及现场条件　主要应说明以下几方面：

1）关于施工方法的给定条件。编制标底价格所依据的方案应先进、可行、经济、合理，并能指导施工。各分部分项工程与工程造价有关的施工方法和布置，提交包括临时设施和施工道路的施工总平面布置图及其他必需的图表、文字说明书等资料，要求量化、图文并茂。至少应包括：

①各分部分项工程的完整的施工方法，保证质量措施。

②各分部施工进度计划。

③施工机械的进场计划。

④工程材料的进场计划。

⑤施工现场平面布置图及施工道路平面图。

⑥冬、雨期施工措施。

⑦地下管线及其他地上地下设施的加固措施。

⑧保证安全生产、文明施工，减少扰民降低环境污染和噪声的措施。

2）关于工程建设地点的现场条件。可分为：

①现场自然条件。包括现场环境、地形、地貌、地质、水文、地震烈度及气温、雨雪量、风向、风力等。

②现场施工条件。包括建设用地面积、建筑物占用面积、场地拆迁及平整情况、施工用水、电及有关勘探资料等。

3）关于临时设施布置及临时用地表

①对临时设施布置。招标人应提交一份施工现场临时设施布置图表并附文字说明，说明临时设施、加工车间、现场办公、设备及仓储、供电、供水、卫生、生活等设施的情况和布置。

②对临时用地。招标人要列表注明全部临时设施用地的面积、详细用途和需用的时间。

第二节　招标标底的编制

前面了解了招标标底编制的作用、原则以及内容，本节中将具体讲述招标标底的编制。

一、招标标底编制的方法

我国当前编制建筑工程招标标底有以下几种方法：

1. 以施工图预算为基础的标底

它是当前我国建筑工程施工招标较多采用的标底编制方法。其特点是根据施工详图和技术说明，按工程预算定额规定的分部分项工程子目，逐项计算工程量，套用定额单价（或单位估价表）确定直接费，再按规定的取费标准确定临时设施费、环境保护费、文明施工费、安全施工费、夜间施工增加费等费用以及利润，还要加上材料调价系数和适当的不可预见费，汇总后即为工程预算，也就是标底的基础。

如果拆除旧建筑物，场地"三通一平"以及某些特殊器材采购也在招标范围之内，则须在工程预算之外再增加相应的费用，才构成完整的标底。

其标底的编制程序和主要工作内容见表2-9-1。

表 2-9-1　标底的编制程序和主要工作内容

序号	工作步骤	主要工作内容
1	准备工作	图样及说明；勘察施工现场；拟定施工方案和土方平衡方案；了解建设单位提供的器材落实情况；进行市场调查等
2	计算工程量	工程量计算规则，计算分部分项工程量，编制工程量清单
3	确定单价	分项工程选定适合的定额单价，编制必要的补充单价
4	计算直接费	分项工程直接费，措施费（工程用水电费、搬运费、大型机械进出场费、高层建筑超高费等）
5	计算间接费	以直接费为基数，按规定费率计算
6	计算主要材料数量和差价	水泥、木材、玻璃、沥青等材料用量及统配价与议价或市场价的差额
7	确定不可预见费	
8	计算利润	确定利润率计算
9	确定标底	以上各项，并经主管部门审核批准

2. 以工程概算为基础的标底

其编制程序和以施工图预算为基础的标底大体相同，所不同的是采用工程概算定额，分部分项工程子目做了适当的归并与综合，使计算工作有所简化。采用这种方法编制的标底，通常适用于初步设计或技术设计阶段即进行招标的工程。在施工图阶段招标，也可按施工图计算工程量，按概算定额和单价计算直接费，既可提高计算结果的准确性，又能减少计算工作量，节省时间和人力。

3. 以扩大综合定额为基础的标底

它是由工程概算为基础的标底发展而来的，其特点是在工程概算定额的基础上，将措施费、间接费以及法定利润都纳入扩大的分部分项单价内，可使编制工作进一步简化。

4. 以平方米造价包干为基础的标底

主要适用于采用标准图大量建造的住宅工程。一般做法是由地方主管部门对不同结构体系的住宅造价进行测算分析，制定每平方米造价包干标准。在具体招标时，再根据装修、设备情况进行适当调整，确定标底单价。因为基础工程因地质条件不同对造价有很大的影响，所以平方米造价包干多以工程的正负零以上为对象，基础和地下部分工程仍应以施工图预算为基础确定标底，二者之和才能构成完整的工程标底。

二、招标标底编制方法具体应用

1) 在工程招标标底编制实践中，对工程造价计价可以实行"控制量、指导价、竞争费"的办法。具体做法是：

①根据施工图预算准确计算工程量。

②人工和机械费按定额计算。

③材料价格采用市场指导价。

采用市场指导价和现行定额编制标底，材差费用很大，约占定额直接费的30%。由甲方定价供应的材料不宜多，主要是钢材、木材、水泥，也可以包括混凝土空心板、钢门窗、玻璃等材料，其单价、品类在各招标文件中明确，约占材差总额50%以下，最高不宜超过70%；其余材料如砖、石、石子、砂、白灰、油漆、化工、五金及装饰材料等，由投标人按市场调节价自行定价或采购，不找差价。有些特殊材料，也可采取甲方看货乙方采购的办法。乙方自采材料材差约占50%，最低不宜低于30%。甲方定价供应材料和乙方自采材料大于所采用定额中材料预算价格的差价，可以作为含税价差（不计其他任何费用）进入标价。

2) 编制高级装饰工程招标标底，可以采用"定额量、市场价、竞争费"一次包定的方式，不执行季度竣工调价系数。具体做法是：

①按设计图样概算定额确定主材量、人工工日。

②材料价格、工资单价均按市场价格计算，粘结层及辅料部分价格自行调整。

③机械费按定额的机械费及历次调整机械费乘以 1.2 系数计算。

④其他费用可根据自身优势浮动。

⑤实行土建工程总包时，建设单位要求将其中的装饰工程分离出来发包给装饰施工公司的，应按分包总造价 2% ~5% 的比例给总包单位增加计取现场施工管理费用，列入总包工程造价，并相应计取税金和政府规定的有关基金。

3）编制外商投资工程标底，可以采用以下方法：

①根据施工图或扩初设计（招标图）计算工程量，是按概算定额的项目划分和工程量计算规则（以轴线、层高为主的虚方量）计算；补充项目也应与概算定额的口径相一致；钢筋用量必须按图"抽筋"后调整定额用量。

②经过市场询价，确定人工、材料及设备的市场单价。

③人工、材料等以市场价格计算，机械费用规定系数调整，其他材料（次材）用一个综合系数来调整一个单位工程的全部次要材料费。工程单价采用定额单价先算出直接费，然后调整工、料、机差价的办法编制。其具体步骤如下：

套用定额单价，对局部材料需要换算者加以必要的换算；定额缺项者编制补充单价（此补充单价可以一次包定不再调整；也可以作为"暂估价"处理），并计算出单位工程直接费。

计算人工、主材、机械费的消耗量。

根据上述工、料、机消耗量，调整市场价与定额价的差价，其中包括次要材料要算出一笔总的费用，然后根据施工工期参照季度调价趋势结合市场价格，综合确定一个次要材料的调价系数，与主材等一并调差。

计算措施费，在定额取费的基础上按市场价格进行调整。

计算工程直接费，即定额直接费加工、料、机的调价，再加措施费。这是取费基数。

④计算各项取费，包括间接费、计划利润及税金等。

⑤其他包干费如技术措施费、分包工程施工交叉作业费（即总包管理费）及风险系数等，应根据有关规定及工程的现场情况及工期等合理确定。

⑥标底总价的确定。上述各项之和即为标底总价。标底总价一般可以人民币计价，也可用美元等外币计价。

三、招标标底编制应注意的事项

在编制招标标底时应注意：

1. 做好标底编制前的各项准备工作

1）认真研究招标文件。

2）踏勘现场。标底编制一定要踏勘现场，了解现场供水、供电、运输和场地状态。

3）清点和熟悉施工图。首先，要检查接收的施工图所表达的工程内容，是否属于招标范围，属于招标范围的工程项目或内容是否都表达在施工图内。其次，将图样目录与各张施工图校对，防止目录与实际图样不一致。

2. 计算工程量

工程量是标底编制中最基本和最重要的数据，漏项和错算都会直接影响标底造价的正确程度，而且工程量又作为招标文件的组成内容，即工程量清单，投标单位按工程量清单确定的工程数量进行报价。

工程量的工程分项名称，以及工程量的计算方法，应与所使用的定额的规定一致。用什么定额，就按所用的定额列出分项工程名称，依据相应计算规则计算工程量。

分项工程名称的描述要全面妥贴。名称含糊不清，容易造成理解错误。

3. 正确使用定额和补充单价

定额要正确运用。定额不适用的一些分项，如何正确换算和补充，要有依据，不能凭主观想象，生搬硬套。

标底中的单价以当地现行的预算定额为依据。对定额中的缺项或有特殊要求的项目，应编制补充单价分析。

另外，各种预制构件的加工地点的远近，影响运输费；大型施工机构的进退场费、一次性安装拆卸费用等也要慎重仔细考虑。

4. 正确计算材料价差

计算材料价差一般都遵循当地工程造价管理部门颁发的材差调整的文件。但是标底有别于施工图预算。材料价差系数的颁发有一定的时点，该时点过后才相继出现标底编制时点、工程竣工时点。材料价差系数仅仅考虑了该系数颁发前那一阶段的材料价格的浮动，而没有考虑也不可能考虑其后阶段的材料价差问题。如果招标工程采用固定总价合同，要求在编制标底时要特别注意未来市场价格的变化，合理估计涨价因素，原则上要考虑施工单位的风险承受能力。目前常用的处理方法有：

1）先按有关文件规定使用材料价差系数。

2）对地方材料，调查价差系数颁发以来的价格浮动，预测下阶段的价格浮动。对工期长的工程，这种预测尤为重要。综合各项材料，如浮动幅度不大，略去不计，如浮动有一定的幅度可以采取下述方法：

①按具体材料品名、数量、浮动价格计算价差，列入标底。

②把价差折合成系数，在原材料价差系数基础上递增，列入标底。

3）对钢材、水泥、木材等主要材料，如由建设单位供应，则价差直接发生在建设单位，不列入标底，施工单位投标报价也不包括这部分价差。如建设单位委托施工单位采购，则材料价差应在标底内估列；工程竣工结算时，或允许高进高出调整，或不予调整，应视招标文件规定。

5. 正确计算施工措施性费用

施工措施性费用是标底编制中较难处理的问题之一。设计单位只提供施工图，一般不提供施工方案。所以标底编制人员，平时要注意积累收集有关这方面的资料。如缺少资料，要做好调查研究，进行多方案的比较，特别是对一些深基础工程、超重和超大构件的吊装和运输、大规模的混凝土结构工程、工期要求比定额工期缩短过多的工程要采取抢工施工措施、施工机械搬迁费等，更应慎重考虑。

6. 计算直接费、间接费及总造价

在准确核对各项目工程量及相应的预算单价基础上，计算分项直接费后并汇总。然后按地区规定的取费率计算出间接费及利润等，最后加入材料价差、施工措施性费用、代办项目费等，即可得出预算总造价，即招标工程的标底。

招标工程的标底应包括如下内容：

1）工程量清单。
2）工程项目分部分项的单价，包括补充单价分析表。
3）招标工程的直接费。
4）按各地区规定的取费标准计算的间接费及利润。
5）其他不可预见的费用估计。
6）招标工程项目的总造价，即标底总价，见表2-9-2。

表2-9-2 标底造价汇总

金额单位：人民币元

项　　目	标底造价组成					合计	备注
	工程直接费合计	工程间接费合计	利润	其他费用	税金		
一、工程量清单汇总及取费							
二、材料差异							
三、设备费（含运杂费）							
四、现场各项措施费用							

（续）

项　　目	标底造价组成					合计	备注
	工程直接费合计	工程间接费合计	利润	其他费用	税金		
五、其他							
六、风险金							
七、合计							
八、标底总价							

7）钢材、水泥、木材三大材料需用量。钢筋的耗用量应按施工图实际配筋为准。

标底的取费标准，应按照工程主要特征（如高度、跨度、工程结构、技术要求、用途等）和企业等级，以直接费为计算基础，宜采用综合费率。

四、应用工程量清单编制标底的说明

应用工程量清单编制标底，应做到：

1）工程量清单应与投标须知、合同条件、合同协议条款、技术规范和图样一起使用。

2）工程量清单所列的工程量是招标单位估算的和临时的，作为编制标底造价及投标报价的共同基础。付款以实际完成的图样工程量为依据。

3）工程量清单配价采用工料单价法所填入的单价和合价，应按照现行预算定额的工、料、机消耗标准及预算价格确定，作为直接费的基础。其他直接费、间接费、利润、有关文件规定的调价、材料价差、设备价、现场因素费用、施工技术措施费、赶工措施费以及采用固定总价合同的所测算的风险金、税金等费用，计入其他相应标底造价计算表中。

4）工程量清单不再重复或概括工程及材料的一般说明，在编制和填写工程量清单的每一项的单价和合价时应参考投标须知和合同文件的有关条款。

第三节　招标标底的审定

建设工程招标标底的审定是一个颇有争议的问题。有些人认为，标底既为招标人设定，则无需再送他人审定。但实际上，各地一般都规定标底是要报经有关部门审定的。标底的审定是一项政府职能，是政府对招标投标活动进行监管的重要体现。

一、标底审定的原则和内容

1. 标底审定的原则

标底的审定原则和标底的编制原则是一致的，标底的编制原则也就是标底的审定原则。这里需要特别强调的是编审分离原则。实践中，编制标底和审定标底必须严格分开，不准以编代审、编审合一。

2. 标底审定的内容

招标投标管理机构审定标底时，主要审查以下内容：

1）工程范围是否符合招标文件规定的发包承包范围。

2）工程量计算是否符合计算规则，有无错算、漏算和重复计算。

3）使用定额、选用单价是否准确，有无错选、错算和换算的错误。

4）各项费用、费率使用及计算基础是否准确，有无使用错误，多算、漏算和计算错误。

5）标底总价计算程序是否准确，有无计算错误。

6）标底总价是否突破概算或批准的投资计划数。

7）主要设备、材料和特种材料数量是否准确，有无多算或少算。

关于标底价格的审定，在采用不同的计价方法时，审定的内容也有所不同。

（1）对采用工料单价的标底价格的审定内容　主要包括：

1）标底价格计价内容。包括发包承包范围、招标文件规定的计价方法及招标文件的其他有关条款。

2）预算内容。包括工程量清单单价、"生项"补充定额单价、直接费、措施费、有关文件规定的调价、间接费、取费标准、利润、设备费、税金以及主要材料设备数量等。

3）预算外费用。包括材料、设备的市场供应价格、措施费（赶工措施费、施工技术措施费）、现场因素费用、不可预见费（特殊情况）、材料设备差价、对于采用固定价格的工程测算的在施工周期人工、材料、设备、机械台班价格波动风险系数等。

（2）对采用综合单价的标底价格的审定内容　主要包括：

1）标底价格计价内容。包括发包承包范围、招标文件规定的计价方法及招标文件的其他有关条款。

2）工程量清单单价组成分析。包括人工、材料、机械台班计取的价格、直接费、措施费、有关文件规定的调价、间接费、取费标准、利润、税金、采用固定价格的工程测算的在施工周期人工、材料、设备、机械台班价格波动风险系数、不可预见费（特殊情况）以及主要材料数量等。

二、标底审定的程序

建设工程招标标底的审定，一般按以下程序进行：

1. 标底送审

（1）送审时间　关于标底送审时间，在实践中有不同的做法：

1）在开始正式招标前，招标人应当已将编制完成的标底和招标文件等一起报送招标投标管理机构审查认定，经招标投标管理机构审查认定后方可组织招标。

2）在投标截止日期后、开标之前，招标人应将标底报送招标投标管理机构审查认定，未经审定的标底一律无效。

（2）送审时应提交的文件材料　招标人申报标底时应提交的有关文件资料，主要包括：

1）工程施工图样。

2）施工方案或施工组织设计。

3）填有单价与合价的工程量清单。

4）标底价格计算书。

5）标底价格汇总表。

6）标底价格审定书（报审表）。

7）采用固定价格的工程的风险系数测算明细。

8）各种施工措施测算明细。

9）材料设备清单。

10）其他相关资料。

2. 进行标底审定交底

招标投标管理机构在收到招标标底后应及时进行审查认定工作。

一般来说，对结构不太复杂的中小型工程招标标底应在 7 天以内审定完毕，对结构复杂的大型工程招标标底应在 14 天以内审定完毕，并在上述时限内进行必要的标底审定交底。当然，在实际工作中，各种招标工程的情况是十分复杂的，在标底审定的实践中，可以而且应该根据工程规模大小和难易程度，确定合理的标底审定时限。一般的做法是划定几个时限档次，如 3 ~ 5 天，5 ~ 7 天，7 ~ 10 天，10 ~ 15 天，20 ~ 25 天等，最长不宜超过一个月（30 天）。

3. 对经审定的标底进行封存

标底自编制之日起至公布之日止应严格保密。标底编制单位、审定机构必须严格按规定密封、保存，开标前不得泄露。经审定的标底即为工程招标的最终标底。未经招标投标管理机构同意，任何单位和个人无权变更标底。开标后，对标底有异议的，可以书面提出异议，由招标投标管理机构复审，并以复审的标底为准。标底允许调整的范围，一般只限于重大设计变更（是指结构、规模、标准的变更）、地基处理（是指基础垫层以下需要处理的部分），这时均按实际发生进行结算。

第十章 发布招标公告或
投标邀请书

第一节 招标公告和投标邀请书的概念

招标单位在招标文件、标底编制等事情完成后，就要对外发布招标信息。根据招标方式的不同发布招标公告或投标邀请书。

一、招标公告和投标邀请书的解释

1. 招标公告

所谓招标公告，依照《招标投标法》的规定，是指采用公开招标方式的招标人（包括招标代理机构）向所有潜在的投标人发出的一种广泛的通告。招标公告是以完全公开的形式，通过大众化的有关传播媒介没有保留地向公众发出。这样，招标人通过发布招标公告，使所有潜在的投标人都具有公平的投标竞争的机会。

2. 投标邀请书

所谓投标邀请书，依照《招标投标法》的规定，是指采用邀请招标方式的招标人，向三个以上具备承担招标项目的能力、资信良好的特定的法人或者其他组织发出的投标邀请的通知。

二、招标公告和投标邀请书的内容

招标公告和投标邀请书基本上具有相同的内容，应以简短、明了和完整为宗旨。《招标投标法》规定：

招标公告应当载明招标人的名称和地址、招标项目的性质、数量、实施地点和时间以及获取招标文件的办法等事项。

招标公告和投标邀请书，通常情况下应包括以下内容：

1）招标单位或招标人名称和代理人名称。这是对招标人情况的简单描述。招标人是依照《招标投标法》规定提出招标项目、进行招标的法人或者其他组织。法人或者其他组织必须有自己的名称。法人或者其他组织的名称是一个法人或者组织与其他民事主体相互区分的重要标志。法人或者其他组织以其主要办理机构所在地为住所。法人或者其他组织的地址一般是其住所所在地。招标人的名称和地址在法律上具有重要意义。委托招标代理机构进行招标的，还要注明该机构的名称和地址等。

2）项目名称、地点及性质。

①项目名称和地点。项目名称和地点是指什么地方实施该招标项目，也就是招标项目的位置，材料、设备的供应地点，土建工程的建设地点，服务的提供地点等。

②项目性质。项目性质是指该招标项目属于什么类型和属于什么专业的问题。招标项目的性质是指项目属于基础设施、公用事业项目，或使用国有资金投资的项目，或利用国际组织或外国政府贷款、援助资金的项目；是土建工程招标，或是设备采购招标，或勘察设计、科研课题等服务性质的招标。

3）项目资金来源。国际金融组织贷款或政府业已批准的预算等。

4）招标目的。简短叙述招标规模、数量及其内容。招标项目的数量是指把招标项目具体地加以量化，如设备供应量、土建工程量等。

5）招标方式。招标方式是什么？是公开招标或是邀请招标？

6）项目实施的时间。这是指招标项目何时开始实施，设备、材料等货物的交货期，工程施工期，服务的提供时间或项目的完工时间等。

7）投标资格的标准。采用资格预审的项目，应提供资格预审资料的内容、日期、份数和使用的语言。如采用邀请招标方式，则应注明邀请投标人的名称。

8）获取招标文件的办法。这里包括在什么地方、什么时间获取招标文件和招标文件需要支付的费用等问题，包括发售招标文件的地点、招标文件的售价及开始和截止出售的时间、招标人或招标代理机构的开户银行及账号等。招标文件的售价不应当定得太高，致使潜在的投标人不敢问津，从而妨碍了竞争。

9）投标书递交地点及投标截止时间。这里包括在什么地方、什么时间、以什么样的方式递交投标书。

10）开标日期、时间和地点。这是指在什么地方、什么时间进行开标。

11）如有必要，也可明确投标保证金金额。

12）招标人和招标代理人的地址、联系人及其电话、传真等。

第二节　拟制招标公告和投标邀请书

招标公告和投标邀请书的拟制要有一定的规范性。这里，以建筑工程施工招标为例，分别拟制一份招标公告和投标邀请书格式范本。至于建筑工程设计、监理或其他类型的招标，只要根据其具体特点将有关内容和要求做适当的调整即可。

1. 招标公告格式及实例

招标公告格式

招标工程项目编号：

1. _____（招标人名称）的_____（招标工程项目名称），已由_____（项目批准机关名称）批准建设。现决定对该项目的工程施工进行公开招标，选定承包人。

2. 本次招标工程项目的概况如下：

2.1 （说明招标工程项目的性质、规模、结构类型、招标范围、标段及资金来源和落实情况等）。

2.2 工程建设地点为_____。

2.3 计划开工日期为____年____月____日，计划竣工日期为____年____月____日，工期____日历天。

2.4 工程质量要求符合____标准。

（资格预审）

3. 凡具备承担招标工程项目的能力并具备规定的资格条件的施工企业，均可对上述_____（一个或多个）招标工程项目（标段）向招标人提出资格预审申请，只有资格预审合格的投标申请人才能参加投标。

4. 投标申请人须是具备建设行政主管部门核发的_____（行业资质类别和等级）以上资质，及安全生产许可证（副本）原件及复印件的法人或其他组织。自愿组成联合体的各方均应具备承担招标工程项目的相应资质条件；相同专业的施工企业组成的联合体，按照资质等级低的施工企业的业务许可范围承揽工程。

5. 投标单位拟派出的项目经理须是具备建设行政主管部门核发的_____（行业资质类别和等级）及以上资质，拟派出的项目管理人员，应无在建工程，否则按废标处理。

6. 拒绝列入政府不良行为记录期间的企业或个人投标。

7. 投标申请人可从_____处获取资格预审文件，报名时投标人需持单位介绍信、身份证原件及复印件购买资格预审文件。时间为____年____月____日至____年____月____日，每天上午____时____分至____时____分，下午____时____分至____时____分（公休日、节假日除外），购买招标文件联系电话：_____。

8. 资格预审文件每套售价为人民币_____元，售后不退。

如需邮购，可以书面形式通知招标人，并另加邮费每套人民币 _____ 元。招标人在收到邮购款后 _____ 日内，以快递方式向投标申请人寄送资格预审文件。

9. 资格预审申请书封面上应清楚地注明"_____（招标工程项目名称、标段名称、投标申请人资格预审申请书）"字样。

10. 资格预审申请书须密封后，于 _____ 年 _____ 月 _____ 日 _____ 时以前送至 _____ 处，逾期送达或不符合规定的资格预审申请书将被拒绝。

11. 资格预审结果将及时告知投标申请人，并预计于 _____ 年 _____ 月 _____ 日发出资格预审合格通知书。

12. 凡资格预审合格的投标申请人，请按照资格预审合格通知书中确定的时间、地点和方式获取招标文件及有关资料。

（资格后审）

3. 凡具备承担招标工程项目的能力并具备规定的资格条件的施工企业，均可参加上述 _____（一个或多个）招标工程项目（标段）的投标。

4. 投标申请人须是具备建设行政主管部门核发的 _____（建筑企业资质类别、资质等级）及以上资质，及安全生产许可证（副本）原件及复印件的法人或其他组织。自愿组成联合体的各方均应具备承担招标工程项目的相应资质条件；相同专业的施工企业组成的联合体，按照资质等级低的施工企业的业务许可范围承揽工程。

5. 投标单位拟派出的项目经理须是具备建设行政主管部门核发的 _____（资质类别和等级）及以上资质，拟派出的项目管理人员，应无在建工程，否则按废标处理。

6. 拒绝列入政府不良行为记录期间的企业或个人投标。

7. 本工程对投标申请人的资格审查采用资格后审方式，主要资格审查标准和内容详见招标文件中的资格审查文件，只有资格审查合格的投标申请人才有可能被授予合同。

8. 投标申请人可从＿＿＿＿＿＿（获取招标文件地址）处获取招标文件、资格审查文件和相关资料，报名时投标人需持单位介绍信、身份证原件及复印件购买招标文件。时间为＿＿＿年＿＿＿月＿＿＿日至＿＿＿年＿＿＿月＿＿＿日，每天上午＿＿＿时＿＿＿分至＿＿＿时＿＿＿分，下午＿＿＿时＿＿＿分至＿＿＿时＿＿＿分（公休日、节假日除外），购买招标文件联系电话：＿＿＿＿＿＿。

9. 招标文件每套售价为人民币＿＿＿＿＿＿元，售后不退。投标人需交纳图样押金人民币＿＿＿＿＿＿元，当投标人退还全部图样时，该押金将同时退还给投标人（不计利息）。本公告所述的资料如需邮寄，可以书面形式通知招标人，并另加邮费每套＿＿＿＿＿＿元。招标人在收到邮购款后＿＿＿＿＿＿日内，以快递方式向投标申请人寄送上述资料。

10. 投标申请人在提交投标文件时，应按照有关规定提供不少于投标总价的＿＿＿%或人民币＿＿＿＿＿＿元的投标保证金或投标保函。

11. 投标文件提交的截止时间为＿＿＿＿＿＿年＿＿＿＿＿＿月＿＿＿＿＿＿日＿＿＿＿＿＿时＿＿＿＿＿＿，提交到＿＿＿＿＿＿。逾期送达的投标文件将被拒绝。

12. 招标工程项目的开标将于上述投标截止的同一时间在＿＿＿＿＿＿公开进行，投标人的法定代表人或其委托代理人应准时参加。

13. 有效投标人不足五家时，招标人另行组织招标。

14. 当投标人的有效投标报价超出招标人设定的拦标价时，该投标报价视为无效报价。

招标人：

办公地址：

邮政编码：　　　　　　　联系电话：

传　　真：　　　　　　　联系人：

招标代理机构：

办公地址：

邮政编码：　　　　　　联系电话：

传　　真：　　　　　　联系人：

购买招标文件联系电话：

购买招标文件联系人：

　　　　　　　　　　　　日期：　年　月　日

实例：××市工程建设项目招标公告（资格预审）

招标编号：

1. ××市××××中心围墙工程业已经有权部门批准建设。工程所需资金来源是国有资金，现已落实。现发布招标公告邀请合格的潜在投标人参加本工程的资格预审。

2. ××××咨询管理有限公司受招标人委托具体负责本工程的招标事宜。

3. 招标项目概况

（1）工程地点：××市××区。

（2）工程总规模：通透式围墙约900m长，工程造价约40万元。

（3）计划开工时间：××××年××月。

4. 本次招标项目共分1个标段。招标内容为：围墙工程。

5. 申请人应当具备的资格条件

（1）申请人资质类别和等级：具有独立法人资格和房屋建筑工程施工总承包三级及以上企业资质。

（2）拟选派项目经理资质等级：三级及以上资质。

（3）企业及项目经理业绩要求：××××年1月1日以来有已完工房屋建筑或围墙工程施工业绩。

（4）申请人具有有效安全生产许可证。

（5）企业具有××市建设行政主管部门颁发的《建设市场

信用管理手册》。

（6）本招标项目不接受联合体投标。

6. 请申请人于××××年××月××日至××××年××月××日每日 8 时 30 分至 11 时 30 分和 14 时 30 分至 17 时 30 分（节假日除外）携带法人授权委托书（或单位介绍信）及经办人身份证到××区建设工程招标投标交易服务中心（××区建设局一楼）报名并购取资格预审文件。

7. 其他：按照×建法〔2006〕222 号文件规定，资格预审合格和通过考察的投标申请人过多时，招标人将采用"随机抽签"的方式从中确定不少于 9 家的投标申请人参加投标。

招标人地址：

联系人：

传真：

电话：

邮编：

招标代理机构地址：

联系人：

传真：

电话：

邮编：

购买招标文件联系电话：

购买招标文件联系人：

日期： 年 月 日

实例：××县××至××公路改造工程施工招标公告（资格后审）

招标编号：

××县××至××公路改造工程项目经批准建设，国家补助资金已落实。项目法人为××县××工程建设指挥部，招标人为××县××工程建设指挥部，现对本项目在全国范围公开招标，符合条件的申请人均可投标，本项目不接受联合体申请，不得分包。现将招标有关事宜通告如下：

1. ××县××至××公路改建工程起于××县××镇，经××乡、××乡，止于××，路线全长 37.7596km。

2. 标段划分及主要内容：

该项目为一个合同段，全长 37.7596km，工程内容有：路基、路面（沥青路面、块石路面）、安全设施等。

3. 施工标段的申请：采用国内竞争性公开招标，资格后审的方式。凡具有独立法人资格、持有营业执照，具有不低于公路工程专业承包三级以上（含三级）资质，且近五年无不良业绩的施工企业，均可对上述标段进行报名。

4. 符合条件的申请人须于×××年××月××日至××年××月××日 8:30 时至 17:30 时（北京时间，下同）携带企业营业执照正本或副本原件、资质证书正本或副本原件、安全生产许可证副本、经公证的法人授权书原件（格式参照《公路工程国内招标文件范本》2003 年版）、被授权人的身份证（原件及复印件）到××县××局四楼公路工程勘察设计室购买标书（含资格后审文件），每套招标文件售价壹仟元整（¥：1000.00 元），图样资料费：壹仟贰佰元整（¥：1200.00 元），售后不退。

5. 投标人在送交投标文件时，应同时以现金形式向招标人提交投标保证金伍万元整（¥：50000.00 元）作为投标担保。

6. 递交投标文件的截止日期为：×××年××月××日 9:00 时，投标文件必须在上述时间交到：××县××局四楼公路工程勘察设计室；地址：××县××镇××路××号××局四楼。

7. 定于×××年××月××日 9:00 时在××县××局四楼会议室公开开标，投标人应派其授权代表出席。

8. 公告发布媒体：××日报；××报；中国采购与招标网，网址：www.chinabidding.com.cn

招标人地址：

联系人：　　　　传真：　　　电话：　　　邮编：

招标代理机构地址：

联系人：　　　　传真：　　　电话：　　　邮编：

购买招标文件联系电话：

购买招标文件联系人：

日期：　　年　　月　　日

2. 投标邀请书格式及实例

投标邀请书格式

致：＿＿＿＿＿＿＿（投标人名称）

1. ＿＿＿＿＿＿（招标人名称）的＿＿＿＿＿＿（招标工程项目名称），已由＿＿＿＿＿＿（项目批准机关名称）批准建设。现决定对该项目的工程施工进行邀请招标，择优选定承包人。

2. 本次招标工程项目的概况如下：

（1）（说明招标工程项目的性质、规模、结构类型、招标范围及资金来源和落实情况等）。

（2）工程建设地点为＿＿＿＿＿＿＿＿＿＿。

（3）计划开工日期为＿＿＿年＿＿＿月＿＿＿日，竣工日期为＿＿＿年＿＿＿月＿＿＿日，工期＿＿＿天。

（4）工程质量要求达到国家施工验收规范＿＿＿＿＿＿＿标准。

（资格预审）

3. 被邀请参加本次招标项目投标的投标人均须具备建设行政主管部门核发的（建筑业企业资质类别、资质等级）级及以上和具有足够资产及能力来有效地履行合同的施工企业。

4. 如你方对本工程上述（一个或多个）招标工程项目感兴趣，可向招标人提出资格预审申请，只有资格预审合格，才有可能被邀请参加投标。

5. 请你方按本邀请书后所附招标人或招标代理机构地址从招标人或招标代理机构处获取资格预审文件，时间为____年____月____日至____年____月____日，每天上午____时____分至____时____分，每天下午____时____分至____时____分（公休日与节假日除外）。

6. 资格预审文件每套售价_____元人民币，售后不退。如欲邮购，可以书面形式通知招标人，并另加邮费每套_____元，招标人将立即以航空挂号方式向投标人寄送资格预审文件，但在任何情况下，如寄送的文件迟到或丢失招标人均不对此负责。

7. 资格预审申请书必须经密封后，在____年____月____日____时以前送至招标人。申请书封面上应清楚地注明"（招标工程项目名称和标段名称）资格预审申请书"字样。

8. 迟到的申请资料（申请书）将被拒绝（以送达招标人的时间为准）。

9. 招标人将及时通知投标申请人资格预审结果，并预计于____年____月____日发出资格预审合格通知书。

10. 凡资格预审合格的投标申请人，请按照资格预审合格通知书中通知的时间、地点和方式获取招标文件及有关资料。

11. 有关本项目投标的其他事宜，请与招标人或招标代理机构联系。

（资格后审）

3. 被邀请参加本次招标项目投标的投标人均须具备建设行政主管部门核发的（建筑业企业资质类别、资质等级）级及以上和具有足够资产及能力来有效地履行合同的施工企业。

4. 本工程对投标申请人的资格审查采用资格后审方式，主要资格审查标准和内容详见招标文件中的资格审查文件，只有资格审查合格的投标申请人才有可能被授予合同。

5. 如你方对上述的招标工程项目感兴趣，请从_____获取招标文件和相关资料，时间为____年____月____日至____月____日（节假日休息），每天上午____至____，下午____至____。招标文件每套售价____元（人民币），售后不退。

6. 投标申请人须在____年____月____日____时前，按照有关规定向____提供____投标保证金。

7. 投标文件提交的截止时间为____年____月____日____时，投标文件提交到_____，由_____接收，逾期送达的投标文件将被拒绝。

8. 有关本项目投标的其他事宜，请与招标人或招标代理机构联系。

招标人：　　　　　　　　　　（盖章）

单位地址：

邮政编码：　　　　　　　　　联系电话：

传真：　　　　　　　　　　　联系人：

招标代理机构：　　　　　　　（盖章）

单位地址：

邮政编码：　　　　　　　　　联系电话：

传真：　　　　　　　　　　　联系人：

日期：　　　年　　月　　日

实例：×××百货大楼桩基工程施工投标邀请书（资格预审）

编号：_____

致_____（投标人名称）：

1. ××××百货有限公司的××××百货大楼桩基工程，已由××县发展和改革局×发改投〔2008〕186号文件批准建设。

资金自筹已毕，现决定对该项目的桩基工程施工进行邀请招标，择优选定承包人。

2. 本次招标工程项目的概况如下：

（1）招标工程类别：一类打桩工程。

（2）建设规模：总建筑面积约 33022.9m²，建筑高度 24m。

（3）结构类型：桩基工程采用 φ600 钻孔灌注桩，框架结构，层数 5 层，地下 1 层。

（4）招标范围：××××百货大楼桩基工程设计图样范围内的桩基工程，包括钻孔灌注桩及基坑围护等工程。

（5）工程建设地点为××县××镇××路。

（6）计划开工日期为×××年××月××日，竣工日期为×××年××月××日，工期为 100 日历天。

（7）工程质量要求达到国家施工验收规范合格工程标准。

3. 如你方对本工程上述（一个或多个）招标工程项目感兴趣，可向招标人提出资格预审申请，只有资格预审合格，才有可能被邀请参加投标。

4. 请你方按本邀请书后所附招标人或招标代理机构地址从招标人或招标代理机构处获取资格预审文件，时间为×××年××月××日至××月××日，每天上午 8 时 30 分至 11 时 30 分，每天下午 14 时 00 分至 17 时 00 分（公休日与节假日除外）。

5. 资格预审文件每套售价 200 元人民币，售后不退。如欲邮购，可以书面形式通知招标人，并另加邮费每套 25 元，招标人将立即以航空挂号方式向投标人寄送资格预审文件，但在任何情况下，如寄送的文件迟到或丢失招标人均不对此负责。

6. 资格预审申请书必须经密封后，在×××年××月××日 17 时以前送至我方。申请书封面上应清楚地注明"（招标工程项目名称和标段名称）资格预审申请书"字样。

7. 迟到的申请资料（申请书）将被拒绝（以送达招标人的

时间为准）。

8. 我方将及时通知你方资格预审结果，并预计于××××年××月××日发出资格预审合格通知书。

9. 有关本项目投标的其他事宜，请与我方联系。

招标人地址：

联系人：　　　　传真：　　　电话：　　　邮编：

购买招标文件联系电话：

购买招标文件联系人：

实例：××市××大楼工程施工投标邀请书（资格后审）

招标编号：

致_____（投标人名称）：

1. ××市××大楼工程，已由××省发展和改革委员会批准立项建设。现决定通过对该项目工程施工进行公开招标，选定承包人。

2. 本项目招标为一个合同段，招标内容为××市××大楼工程施工总承包。总承包范围包括：建安工程等。项目投资估算170万元。

3. 本工程采用经评审的最低投标价中标的办法选择中标候选人，由招标人依法确定中标人。本工程采用资格后审的方式对投标人（潜在投标人）进行资格审查，资格审查标准和内容详见招标文件中的资格审查文件，只有资格审查合格的投标人才有可能被授予合同。

4. 招标女件（含资格审查文件、工程量清单、光盘、地质勘察资料及图样等）出售时间为××××年××月××日至×××年××月××日，北京时间9时00分至11时00分，15时00分至17时00分；出售地点为××市建设工程项目交易管理中心。投标人购买招标文件时无须提供任何证件，也无须签字登记。

5. 投标人应于投标截止时间×××年××月××日北京时间 9 时 30 分前将密封的投标文件按下述地址送至××市建设工程项目交易管理中心。在递交投标文件的同时，投标人法定代表人或其授权委托代理人、拟派出的项目经理应到场并提交：

（1）加盖投标人单位公章的投标人法定代表人或其授权委托代理人身份证复印件（须提供原件核验），投标人法定代表人授权委托书原件（由法定代表人本人到场的不必提交）。

（2）加盖投标人单位公章的拟派出项目经理身份证复印件、项目经理资质证书复印件（须提供原件核验）。

（3）资格审查文件所要求提供的证明、证件、文件的原件由投标申请人在开标时随身携带，×××年××月××日北京时间 8:30 ~ 9:30 时，由招标人及招标代理单位对资格审查资料的相关原件进行核对，无法提供原件的，复印件无效。

逾期送达的或不符合规定的投标将被拒绝。

6. 开标时间为×××年××月××日北京时间 9 时 30 分开始，开标地点为××市建设工程项目交易管理中心。

招标人：　　　　　　　　（盖章）

单位地址：

邮政编码：　　　　　　　联系电话：

传真：　　　　　　　　　联系人：

招标代理机构：　　　　　（盖章）

单位地址：

邮政编码：　　　　　　　联系电话：

传真：　　　　　　　　　联系人：

日期：　　　年　　月　　日

第三节　招标公告和投标邀请书的媒介传播

1. 招标公告

于 2000 年 7 月 1 日起施行的原国家计委第 4 号令《招标公告发布暂行办法》中规定：

《中国日报》、《中国经济导报》、《中国建设报》和《中国采购与招标网》（http：//www. chinabidding. com. cn）为发布依法必须招标项目招标公告的媒介。其中，国际招标项目的招标公告应在《中国日报》发布。

2. 投标邀请书

对于邀请投标书，一般由招标人直接向被邀请的投标人通过传真、邮寄方式送达。

第十一章　资格预审和资格后审

在上一节招标公告与投标邀请书格式范本中，有这样两个重要名词：资格预审、资格后审。本章就此做具体的介绍。

第一节　资格审查

就招标来说，其目的就是要选择一个有实力的中标人，以便能按标书所规定的条款、条件和期限完成招标工程。如果投标人的技术和财力背景，及过去的经验不能向建设单位保证投标具有能够完成所承诺的承包能力，那么与他签合同将是冒风险的。仅仅是承包人所提供的履约担保或保证，不能给建设单位以充分的保护，因为建设单位的目的在于得到建筑工程，而无意于以诉讼收场。为此，招标人必须千方百计采取措施，查明中选投标人履行承包合同的能力，也就是所说的资格审查。

资格审查在招标投标过程中，剔除了资格条件不适合承担或履行合同的潜在投标人或投标人。这种程序，对复杂的或高价值的招标项目特别有用，甚至对于价值较低但技术复杂或高度专业化的招标项目，也是非常有帮助的。如果越过这道程序，而直接对投标人的投标文件进行审查和比较，不仅费用要高得多，而且也更加耗费时间。采用资格审查程序，可以缩减招标人评审和比较投标文件的数量。另外，有的资信较好、能力较高的供应商或承包商，往往不愿意与不合格或名声不好的供应商或承包商进行竞争，以免失去他们的"面子"。因此，资格审查程序，可能是这些资信较好、能力较高的潜在投标人决定是否参加投标的一个重要条件。

资格审查应当完全根据承包人能够令人满意地实施招标项目

的能力。为了判断这种能力，发包招标人必须着重检查承包投标人的以下几方面的情况：

1）组织机构。

2）营业范围及行业资质。

3）财务状况。

4）正在执行的承包合同。

5）经验和过去表现。

6）关于人员和设备的能力。

7）社会信誉。

招标人对于投标人的资格审查通常有两种方式，即资格预审和资格后审。

第二节 资 格 预 审

所谓的资格预审是指在招标开始前，由招标人组织对投标企业的资格、信誉、业绩、技术实力等进行审查，以确定投标企业是否具有完成招标项目的能力。目前，在招标实践中，招标人经常会采用资格预审。

一、资格预审文件的内容

资格预审文件的内容一般包括以下几项：

1. 资格预审通告

资格预审通告的内容应包括：

1）资金的来源，资金用于投资项目的名称和合同的名称。

2）对申请预审人的要求。主要写明投标人应具备以往类似的经验和在设备、人员及资金方面完成本工作能力的要求，有的还对投标人本身成员的政治地位提出要求。

3）招标人的名称和邀请投标人对工程建设项目完成的工作，包括工程概述和所需劳务、材料、设备和主要工程量清单。

4）获取进一步信息和资料预审文件的办公室名称和地址、

负责人姓名、购买资格预审文件的时间和价格。

5）资格预审申请递交的截止日期、地址和负责人姓名。

6）向所有参加资格预审的投标人公布"短名单"的时间。

2. 资格预审须知及有关附件

（1）资格预审须知　资格预审须知应包括以下内容：

1）总则。分别列出工程建设项目或其各合同的资金来源、工程概述、工程量清单、合同的最小规模（可用附件的形式）、对申请人的基本要求。

2）申请人应提供的资料和有关证明。在资格预审须知中应说明内容和要求，一般包括：

①申请人的身份和组织机构。

②申请人过去的详细履历（包括联营体各方成员），可用于本工程的主要施工设备的详细情况。

③在本工程内外从事管理及执行本工程的主要人员的资历和经验。

④主要工作内容拟议的分包情况说明。

⑤过去两年经审计的财务报表（联营体应提供各自的资料），今后两年的财务预测以及申请人出具的允许招标人在其开户银行进行查询的授权书。

⑥申请人近两年介入诉讼的情况。

如果申请人打算申请同一工程项目中两个或两个以上的合同，应就所申请的每个合同分别提交预审资料，提供与申请合同相适应的财务和工程经历。

3）资格预审通过的强制性标准。强制性标准通常以附件的形式列入资格预审文件。

强制性标准是指通过资格预审时对列入工程项目一览表中各主要项目提出的强制性要求。包括以下两个主要方面：

①强制性经验标准：是指主要工程一览表中主要项目的业绩要求。

②强制性财务、人员、设备、分包、诉讼及履约标准：是对

财务能力、人员、施工设备、分包、诉讼、履约提出的强制性要求。如对某合同规定的财务能力的强制性标准是要求提供营运资金、现金票据、银行贷款、信贷证明的总和不能少于所申请合同价格的10%，过去5年中平均营业额的现价不得少于申请合同价的40%，对人员规定至少有30%的技术和管理人员有5年以上的工作经验等，达不到标准的，资格预审不能通过。

4）对联合体提交资格预审申请的要求。由两个或两个以上的施工企业组成的联合体，按下列要求提交投标申请人资格预审申请：

①联合体的每一成员均须提交符合要求的全套资格预审文件。

②资格预审申请书中应保证资格预审合格后，投标申请人将按招标文件的要求提交投标文件，投标文件和中标后与招标人签订的合同，须有联合体各方的法定代表人或其授权委托代理人签字和加盖法人印章；除非在资格预审申请书中已附有相应的文件。在提交资格预审申请书时应附联合体共同投标协议或类似性质的协议书，该协议应约定联合体的共同责任和联合体双方各自的责任，该协议作为资格预审申请书的必要组成部分一并提交招标人。

③资格预审申请书中均须包括联合体各方计划承担的份额和责任的说明。联合体各方须具备足够的经验和能力来承担各自的工程。

④资格预审申请书中均应约定一方作为联合体的主办人，投标申请人与招标人之间的往来信函将通过主办人传递。

⑤联合体各方均应具备承担本招标工程项目的相应资质条件。相同专业的施工企业组成的联合体，按照资质等级低的施工企业的业务许可范围承揽工程。

⑥如果达不到本须知对联合体的要求，其提交的资格预审申请书将被拒绝。

⑦联合体各方可以单独参加资格预审，也可以联合体的名义

统一参加资格预审，但不允许任何一个联合体成员就本工程独立投标，任何违反这一规定的投标文件将被拒绝。

⑧如果施工企业能够独立通过资格预审，鼓励施工企业独立参加资格预审；由两个或两个以上的资格预审合格的企业组成的联合体，将被视为资格预审当然合格的投标申请人。

⑨资格预审合格后，联合体在组成等方面的任何变化，须在投标截止时间前征得招标人的书面同意。如果招标人认为联合体的任何变化将出现下列情况之一的，其变化将不被允许：严重影响联合体的整体竞争实力的；有未通过或未参加资格预审的新成员的；联合体的资格条件已达不到资格预审的合格标准的；招标人认为将影响招标工程项目利益的其他情况。

⑩以联合体名义通过资格预审的成员，不得另行加入其他联合体就本工程进行投标。在资格预审申请书提交截止时间前重新组成的联合体，如提出资格预审申请，招标人应视具体情况决定其是否被接受。

⑪以合格的分包人身份分包本工程某一具体项目为基础参加资格预审并获通过的施工企业，在改变其所列明的分包人身份或分包工程范围前，须获得招标人的书面批准，否则，其资格预审结果将自动失效。

⑫投标申请人须以书面形式对上述招标人的要求作出相应的保证的理解。

5）对申请参加资格预审的国有企业的要求。凡参加资格预审的国有企业应满足如下要求方可投标：

①该企业是一个与招标人或借款单位不同的从事商业活动的法律实体，不是政府机关。

②该企业必须是一个有经营权和策划权的企业，可自行承担合同义务且有对雇员的解聘权。

6）其他规定。包括：

①递交资格预审文件的份数、送交单位的地址、邮编、电话、传真、负责人、截止日期。

②招标人要求申请者提供的资料要准确、详尽，并有对资料进行核定和澄清的权利，对于弄虚作假、不真实的介绍可拒绝其申请。

③对于资格预审合格者的数量不限，并且有资格参加投一个或多个合同标的。

④资格预审的结果和已通过资格预审的申请者的名单将以书面的形式通知每一位申请人，申请人在收到通知后的规定时间内回复招标人，确认收到通知。随后招标人将投标邀请函送给每一位通过资格预审的申请人。

（2）资格预审须知的有关附件　其内容应包括：

1）工程概述。工程概述的内容一般包括：项目的环境，如地点、地形与地貌、地质条件、气象与水文、交通和能源及服务设施等；工程概况，主要说明所包含的主要工程项目的情况，如结构工程、土方工程、合同标段的划分、计划工期等。

2）主要工程一览表。用表格的形式将工程项目中各项工程的名称、数量、尺寸和规格用表格列出，如果一个项目分几个合同招标的话，应按招标的合同分别列出，使人看起来一目了然。

3）强制性标准一览表。对于各工程项目通过资格预审的强制性要求用表格的形式全部列出，并要求申请人填写满足或超过强制性标准的详细情况。因此，该表一般分为三栏，一栏为提出强制性要求的项目名称；一栏是强制性业绩要求；一栏是申请人满足或超过业绩要求的项目评述（由申请人填写）。

4）资格预审时间表。表中应列出：

①发布资格预审通告的时间。

②出售资格预审文件的时间。

③递交资格预审申请书的最后日期。

④通知资格预审合格的投标人名单的日期。

3. 资格预审申请书所用表格

（1）投标人概况一览表（表2-11-1）

表 2-11-1　投标人概况一览表

企业名称			负责人	
注册地址			邮政编码	
成立时间		电　话	传　真	
企业资质级别			营业执照号	
承包经历	年（国内）　年（国际）		外地企业注册证号	
职工人数	总人数：　人　技术人员：　人　管理人员：　人			
公司主要业务概述				

组织机构框图
（包括结构、领导成员、主要技术人员及数量等情况）

投标人：（盖章）

投标人代表人：（签字或盖章）

日　期：　年　月　日

（2）申请人财务状况表（表2-11-2）

表2-11-2　申请人财务状况表

1. 基本数据

项　　目		金额/万元
资金	注册资金	
	实有资金	
总资产		
流动资产		
速动资产		
总负债		
流动负债		
未完工程的平均年投资额（后两年）		
未完工程总投资额		
平均年完成的总投资额（近两年）		
年最大施工能力		

2. 年度营业额（前三年）

年度（前三年）	年营业额/万元
××××年	
××××年	
××××年	
会计师签名：	负责人签名：

请开列有关银行名称和地址，以便招标人取得有关资料

银行名称	授权人	申请人公章

注：1. 表中指标应根据审核后的财务报表中相应数据计算得出。

2. 平均（值）是指两年的算术平均数。

3. 本表后必须附××××、××××、××××年经审计的财务报表，并提供原件在递交资格审查文件时备查。

申请人（盖章）：　　　　时间：

（3）近三年已完成工程及目前在建工程一览表（表2-11-3）

表2-11-3　近三年已完成工程及目前在建工程一览表

序号	工程名称	合同身份	楼型	结构形式	建筑面积/m²	合同金额/万元	结算金额/万元	竣工日期	竣工质量标准	监理单位
1										
2						·				
3										
...										

注：1. 对于已完工程，投标人应提供收到的中标通知书或双方签订的承包合同或已签发的最终竣工证书。

2. 申请人应列出近三年所有已完工程情况（包括总包工程和分包工程），如有隐瞒，一经查实将导致其投标申请被拒绝。

3. 在建工程投标人必须附上工程的合同协议书复印件，不填"竣工质量标准"和"竣工日期"两栏。

4. 必须确保在本工程施工合同签订之日起，拟派往本投标工程的项目经理，在本工程施工期间，不再担任其他建设项目的项目经理，否则，其投标可能被拒绝，或其中标可能被否决。对此，招标人可会同建设行政主管部门作押证管理。

5. 本页不够用时可拓展。

投标人：　　　（盖章）

投标人代表人：　　　（签字或盖章）

日　　期：　年　月　日

（4）拟派往本招标工程项目经理简历（表2-11-4）

表2-11-4　拟派往本招标工程项目经理简历

姓　　名		出　生　年　月	
资质证书等级		职　　　称	
学　　历		任项目经理年限	
职　　务			

（本人所从事工程获得省、部级及以上奖励和荣誉称号）

	项目经理施工的主要工程简况	
已完工程	竣工日期	从事已竣工工程与本工程同类同规模（或大于本工程规模）的工程情况，注明获奖情况或验收质量情况
	年　月	
	年　月	
	年　月	

注：1. 表中列举的项目经理从事过的工程情况应附有效证明能够证明是他本人
　　　作为项目经理完成的。

　　2. 在建工程必须附建设单位的工程形象进度证明。

投标人：（盖章）

投标人代表人：（签字或盖章）

日　期：　年　月　日

（5）项目经理近三年所承建工程情况一览表（表2-11-5）

表2-11-5　项目经理近三年所承建工程情况一览表

工程名称	招标人名称	联系人	联系电话	建设地点	建设规模	合同金额	质量达到标准	开竣工日期	合同履约情况

注：以上内容填写必须完整、真实；确无承建项目的，应在表格内明确注明"无项目"。

投标申请人：（盖章）

投标申请人代表人：（签字或盖章）

日　期：　　年　　月　　日

（6）项目经理目前正在承建工程情况一览表（表2-11-6）

表2-11-6　项目经理目前正在承建工程情况一览表

工程名称	招标人名称	联系人	联系电话	建设地点	结构类型	建设规模	开竣工日期	合同金额	项目进展情况	合同履约情况

注：以上内容填写必须完整、真实，确无承建项目的，应在表格内明确注明"无项目"。

投标人：　　　　（盖章）

投标人代表人：　　　　（签字或盖章）

日　期：　　年　　月　　日

（7）拟投入本工程的主要管理人员一览表（表2-11-7）

表2-11-7 拟投入本工程的主要管理人员一览表

姓名	性别	年龄	职务	职称	本岗工龄	岗位证书号码	备注

注：投标人应根据本工程实际情况拟派相应的管理人员。

投标人： （盖章）

投标人代表人： （签字或盖章）

日　期：　年　月　日

（8）拟提供用于本工程的主要施工机械设备一览表（表2-11-8）

表2-11-8 拟提供用于本工程的主要施工机械设备一鉴表

序号	设备名称	规格型号	数量			设备所在地	进场时间	备注
			自有	新购	租用			

注：投标人应根据本工程实际情况提供主要施工机械设备。

投标人： （盖章）

投标人代表人： （签字或盖章）

日　期：　年　月　日

（9）现场组织机构情况表（表2-11-9）

表2-11-9　现场组织机构情况表

现场组织机构框图	
现场组织机构框图文字描述	
总部与现场管理部门之间的关系详述	（注：前确赋予现场管理部门以何种权限与职责）

（10）联合体情况表（表2-11-10）

表2-11-10　联合体情况表

名称					
牵头公司					
成员公司个数					
联系人					
联系电路		传真		邮编	
联合体各公司的名称与地址					
各联合体相关银行的名称与地址、电话号码等					

其他要说明的情况：

（11）未完成项目、延期完成项目和涉及的诉讼案件（表2-11-11）

表2-11-11　未完成项目、延期完成项目和涉及的诉讼案件

详细说明贵公司或联合体内各方近5年内未完成项目、延期完成项目和涉及的诉讼案件（如果有的话）

（12）安全记录/质量事故（表2-11-12）

表2-11-12　安全记录/质量事故

请提供最近2年内工伤事故数量和工地死亡事故的情况（如果有的话）

请说明最近2年内出现质量事故的情况（如果有的话）

（13）企业综合业绩表（表2-11-13）

表2-11-13 企业综合业绩表

申请单位： 编号：

业绩内容	序号	奖惩部门	文号或证号	发文时间	文件（证书）名称或主要内容
重合同守信用	1				
	2				
质量、安全创建文明施工达标样板工程、推进建筑科技进步、采用新技术、先进（优秀）单位荣誉	1				
	2				
	3				
	4				
	5				
	6				
	7				
	8				
质量安全受处罚	1				
	2				
	3				
	4				

	序号	工程名称	建筑面积/m²	质量等级	核验部门	签发日期	工程类别	独建或参建
	1							
	2							
	3							
	4							
	5							

以上业绩内容已全部反映公司参加本次申请所需要提供的内容，内容属实、无错漏，特此确认

投标申请人（印章）：

年 月 日

（14）其他资料（见表2-11-14）。

表2-11-14　其他资料

请提供过去三年中发包人为贵公司承建工程招标人的评价意见
请提供其他与贵方通过资格预审有关的资料。附上的文件请在此列明，或说明没有附后文件

（15）针对本工程的初步管理计划（大型项目采用）　请送交一份关于本工程总承包工作计划，为了通过该项目资格预审而成为合格投标人，贵公司必须表明对本项目的理解和贵公司管理多个分包商的大型复杂项目的能力。此初步施工组织计划应包括但不限于以下内容，申请人应根据对此项目有限信息的理解，提供初步的施工管理计划和施工方案，以便于招标人对你公司作出正确的评价。

1）以下的分包商（包括公用事业单位执行的分包）可能会由招标人指定，见表2-11-15。

表2-11-15　招标人指定的分包商

序号	分部（项）工程名称

2）组织和管理以上指定分包商的能力是选择总承包商的关键因素之一。根据以上分包清单和总承包的工作范围，贵公司提供书面的文件，描述对本项目整体的初步组织计划和对各分包商的协调与管理计划。

3）施工现场平面布置图，包括但不限于：

①现场垂直运输机械：塔式起重机位置，人货电梯位置等。

②混凝土机械：混凝土泵布置，混凝土搅拌运输车通行路线等。

③材料加工场及堆场：钢筋加工场，钢筋及模板堆放场地。

4）主体进度计划。提供主体施工进度计划，包括施工分区的划分，各施工分区完成的日期，以及总的竣工日期。

5）主要供应商。提供贵公司在这个项目上拟定的提供服务的供应商的名单，并清楚指出，每个供应商的工作和服务范围。

6）初步质量控制计划。提供初步总体质量控制计划。指出本工程的重点与难点部分，及应采取的措施与对策，特别需强调如何保证商品质量的最终产品。

7）安全管理计划。提供贵公司在这个大型项目总承包管理中安全管理总体计划。贵公司需提供针对主要安全隐患的预防措施，针对这个项目的安全管理人员的安排、分包商安全教育和监督等安全控制程序的简短描述。

二、递交资格预审申请书

资格预审申请书一份正本，两份副本，在规定的截止时间前，按规定地点送达招标人或招标代理人。

施工单位提供的全部资料必须准确详细，以便招标人或招标代理人作出正确的判断。资格预审将完全依据资格预审文件中提供的资料，或者应招标人要求对所报资格预审文件的澄清。如果没按要求在资格预审文件中提供具体证明材料，将导致资格预审不合格。

实例：××市地铁招标资格预审申请书

致：××市地下铁道总公司

（一）经研究资格预审文件中各项条款及要求后，我方愿根据资格预审文件的要求提交所需的资格预审资料，对<u>××××安装工程项目</u>的招标提出申请，并接受贵中心组织的对我方进行的资格预审。

（二）我方将接受并遵守资格预审文件所规定的各项条款。

（三）一旦我方资格预审合格并得到允许参加投标，我方保证在规定的时间内到指定地点购买招标文件，参加该项目的投标，对所有货物及服务投标，而不只对一种或几种货物及服务进行投标，并严格遵守招标文件及招标人的各项规定。

（四）本申请充分理解并接受下列情况：

1. 资格预审合格的申请人，投标时必须核实所有资料与资格预审时递交的资料一致。

2. 你方保留如下的权力：

1）更改本项目下任何合同的规模和金额，在这种情况下，投标仅面向资格预审合格且能满足变更后要求的投标人。

2）拒绝或接受任何申请，取消资格预审和废除全部申请。

3）你方将不对其上述行为承担责任，也无义务向申请人解释其原因。

（五）我方在此声明，申请文件中所提交的报表和资料在各方面都是完整的、真实的和准确的。如与事实不符，因而导致的任何法律和经济责任由我方负责。

（六）你方可联系下列人员获取进一步的资料：

联系人员

一般查询和管理方面的查询	
联系人 1	地址和联系方式
联系人 2	地址和联系方式
有关人员方面的查询	
联系人 1	地址和联系方式
联系人 2	地址和联系方式

（续）

有关财务方面的查询	
联系人1	地址和联系方式
联系人2	地址和联系方式

申请单位（盖单位法人公章）：

法定代表人或授权代表（签字或签章）：

申请单位地址：

电话：

传真：

年　　月　　日

三、资格预审的评审

资格预审一般由招标人组织评审小组，对投标人提供的文件和资料进行评比和分析，确定合格的投标人名单。评审的方法可采用打分法和综合评议法。

实例：××水电站工程施工招标资格预审的评审（打分法）

（一）评审办法说明：

1. 该水电站工程合同估算价4亿元，预计施工期7年。

2. 对于独立申请人而言，总得分不少于60分，且强制性条件项得分不少于及格分。

3. 对于联合体申请人而言，工程经验、设备能力、财务能力、实际投标能力按各自具备的相应情况评审打分，以责任方的总得分为联合体的总得分，对总得分及强制性条件项得分的要求与独立申请人相同。

（二）企业资质，ISO 9000质量体系认证情况，一般工程经验，业绩和信誉（满分20分）

其中：

1. 工程经验（大型水利水电工程经验）（10分）

2. 业绩和信誉（大型水利水电工程中获省级以上优质工程

奖或招标人好评的）（满分 5 分）

3. 企业资质（3 分）

4. ISO 9000 质量体系认证情况（满分 2 分）

（三）类似工程经验、类似现场条件经验（满分 20 分）

其中：

1. 类似工程经验（15 分）

2. 类似现场条件经验（南方高温、多雨、湿度大地区施工经验）（5 分）

（四）人员能力、设备能力、财务能力（满分 40）

1. 人员能力（15 分）

2. 设备能力（设备数量、质量、使用年限、来源）（15 分）

3. 财务能力

（1）年营业额（6 分）

（2）可获得的信贷（4 个月的营运资本）（4 分）

（五）实际投标能力（年营业额×3 – 已承诺合同与在建工程未付款工程金额）（满分 20）

××水电站工程施工招标资格预审评分

	评分项目	满分	及格分	得分
企业资质，ISO 9000 质量体系认证情况，一般工程经验，业绩和信誉（满分 20）	企业资质	3	2	
	ISO 9000 认证情况	2		
	一般工程经验（大型水利水电项目）	10		
	业绩和信誉	5		
类似工程经验、类似现场条件经验（满分 20 分）	类似工程经验	15	8	
	类似现场条件经验	5		

（续）

	评分项目		满分	及格分	得分
人员能力、设备能力、财务能力（满分40）	人员能力（满分15）	项目经理经验与素质	5		
		项目总工经验与素质	4		
		其他人员经验与素质	6		
	设备能力（满分15）	钻爆设备	7		
		运输机械	5		
		混凝土施工设备	3		
	财务能力（满分10）	年营业额	6	4	
		可获得的信誉（4个月的营运资本）	4	2	
实际投标能力（年营业额×3-已承诺合同与在建工程未付款工程金额）（满分20）			20		
总分			100		

四、资格预审结论、报告、通知

资格预审是按所报资料和调查情况，根据所定标准，分出通过和未通过两种。通过资格预审的公司，其资料要汇集起来，按每一定公司分别附在资格预审报告中。未通过的只提出在哪方面不合格。所有资料归档备查。评定工作组人员手中的资料全部收回后，按保密文件处理。

评定结束后，应写出资格预审报告。资格预审报告一般应包括以下内容：一般说明（包括资格预审申请人概况和资格预审的大致过程）；评审标准；评审结果和合格者名单；通过者的情况证明和未通过者的理由。报告按需要份数报送招标人、主管部门和有关部门审定。

在初步确定投标人名单后，应及时向名单中所列的承包商发出通知，以便让其确认是否有投标的意向。

资格预审合格通知书（格式）

致：_____（预审合格的投标申请人名称）

鉴于你方参加了我方组织的招标工程项目编号为_____的（招标工程项目名称）工程施工投标资格预审，经我方审定，资格预审合格。现通知你方资格预审合格的投标人就上述工程施工进行密封投标，并将其他有关事宜告知如下：

1. 凭本通知书于____年____月____日至____年____月____日，每天上午____时____分至____时____分，下午____时____分至____时____分（公休日、节假日除外）到____（地址和单位名称）购买招标文件，招标文件每套售价为____（币种、金额、单位），无论是否中标，该费用不予退还。另需交纳图样押金____（币种、金额、单位），当投标人退回图样时，该押金将同时退还给投标人（不计利息）。上述资料如需邮寄，可以书面形式通知招标人，并另加邮费每套____（币种、金额、单位）。招标人在收到邮购款____日内，以快递方式向投标人寄送上述资料。

2. 收到本通知书后____日内，请以书面形式予以确认。如果你方不准备参加本次投标，请于____年____月____日前通知我方。

招标人：

办公地址：

邮政编码：　　　　　　　　联系电话：

传　　真：　　　　　　　　联系人：

招标代理机构：

办公地址：

邮政编码：　　　　　　　　联系电话：

传　　真：　　　　　　　　联系人：

日　期　　　年　　　月　　　日

实例：××能源中心土建工程资格预审文件

工程名称：××能源中心土建工程

招标人：××××公司

法定代表人或其委托代理人：×××（签字或盖章）

招标代理单位：××××监理有限公司（盖章）

法定代表人或其委托代理人：×××（签字或盖章）

编制日期：××××年××月××日

（一）资格预审须知

1. 前附表

前附表

项号	内容提示	内容规定
1	招标人名称	××××公司
2	工程综合说明	工程名称：1#能源中心土建工程
		工程地点：××××公司厂区内
		结构形式：框架结构
		面积：总建筑面积为 $9341m^2$
		招标范围：土建、装饰、总体
		发包方式：施工总承包、土建主承包
		要求工期：××××年××月～××××年××月
		要求质量标准：一次验收合格并获"白玉兰奖"
		计划开工日期：××××年××月上旬
3	资金来源	财政拨款
4	资格预审文件报送时间	××××年××月××日下午15:00止
5	资格预审文件报送地址	××路××号
6	资格预审文件份数	正本一份，副本一份
7	其他事项	详见资格预审文件

2. 工程概况

（1）本工程位于××××公司厂区内，总建筑面积9341m²，框架结构，最高生产类别为丙或丁类，建筑耐火等级二级。主体建筑包括冷冻机房、变配电所、燃气燃油锅炉房、公共设施管理中心以及水蓄冷储罐、地下储油罐、地下管线共同管沟等配套构筑物。

（2）本工程是工业建筑，涉及的设备安装工程专业较多，参加本工程资格预审的申请人除承担土建施工主承包人职责外，同时要承担本工程的施工总承包职责，对整个工程的质量、进度进行总协调、总管理、总负责。

（3）本工程合同条件采用《建设工程施工合同（示范文本）》（GF—1999—0201）。

3. 资格与合格条件的要求

（1）参加资格预审的申请人必须是符合公开报名条件的潜在投标人。申请人企业资质等级必须为"房屋建筑工程施工总承包一级"及以上，并获得类似工程项目"白玉兰奖"，获得过类似工程项目国家级优质奖项或"鲁班奖"的在同等条件下可优先获得投标权。

（2）为能通过资格预审，并在此之后参加本工程合同的投标，参加资格预审的申请人应提供令招标人满意的资格预审文件，以证明其符合和具备规定要求的投标合格条件和履行合同的能力。为此，所提交的资格预审申请书中应包括下列资料：

1）有关确立法律地位文件及相关资质证书（法定代表人证书及法定代表人授权委托证书、联合体协议书和授权书）。

2）提供近三年工程营业额。

3）提供在近三年内完成的与本工程相似的工程情况和现在正在履行合同的工程情况。

4）提供近三年经审计的财务报表、下一年度的财务预测报告（包括信贷能力），以及申请人出具的允许招标人在其开户银行进行查询的授权书。

5) 提供类似工程经验。

6) 提供公司人员及拟派往本招标工程项目的人员情况。

7) 提供拟派往本工程项目负责人与主要技术人员情况。

8) 提供拟派往本招标工程项目的负责人与项目技术负责人简历。

9) 提供拟用于本招标工程项目的主要施工设备情况。

10) 提供现场组织机构情况。

11) 提供规定的其他资料。

（3）资格预审文件一式两份（正本1份，副本1份），应在前附表规定的截止时间前，按规定送达指定地点。

（4）申请人提供的全部资料必须准确、详细，以便让招标人作出正确的判断。资格预审将完全依据资格预审申请书中提供的资料，或者应招标人要求申请人对所报预审申请书的澄清。如果申请人没按要求在资格审查申请书提供具体证明材料，将可能导致资格预审不予通过。

（5）资格预审评审。首先，对申请人的资格预审文件是否作出实质性响应进行评审，不排除对填报的资格预审文件进行进一步核实的可能性。对于满足资格预审文件要求的申请人，按组织机构与经营管理、财务状况、技术能力、施工经验进行综合评议。

（6）招标人向所有资格预审通过的申请人发出资格预审合格通知书。申请人在收到资格预审合格通知书后，应以书面形式通知招标人，确认准备参加投标。对于未通过资格预审的申请人，招标人没有通知和解释义务。

（7）招标人和代理机构联系人、地址、联系电话（略）

（二）资格预审申请书（略）

附表1投标申请人一般情况（略）。

附表2近三年工程营业额数据表（略）。

附表3近三年已完工程及目前在建工程一览表（略）。

附表4财务状况表（略）。

附表5类似工程经验（略）。

附表 6 公司人员及拟派往本招标工程项目的人员情况（略）。

附表 7 拟派往本招标工程项目负责人与主要技术人员情况（略）。

附表 8 拟派往本招标工程项目的负责人与项目技术负责人简历（略）。

附表 9 拟用于本招标工程项目的主要施工设备情况（略）。

附表 10 现场组织机构情况。

（1）现场组织机构框图。

（2）现场组织机构框图文字详述。

（3）总部与现场管理部门之间的关系详述（注：明确赋予现场管理部门以何种权限与职责）。

附表 11 其他资料。

（1）近三年的已完和目前在建工程合同履行过程中，投标申请人所介入的诉讼或仲裁情况。请分别说明事件年限、发包人名称、诉讼原因、纠纷事件、纠纷所涉及金额，以及最终裁判是否有利于投标申请人。

（2）近三年中所有发包人对投标申请人所施工的类似工程的评价意见。

（3）与资格预审申请书评审有关的其他资料。

投标申请人可以在其资格预审申请书中附有宣传性材料，但这些材料在资格评审时将不作为评审依据。

（三）资格预审评审办法

1. 评审依据和原则

（1）本评审办法作为择优选定投标人的依据，在评审过程中应遵照执行。

（2）评审小组由招标人的代表、有关专业技术、财务经济等方面的人员组成。

（3）评审小组根据评审办法的规定对投标申请人的资格预审文件是否作出实质性响应进行评审，不排除对填报的资格预审文件进一步核实的可能性。对于满足资格预审文件要求的投标申请人，按组织机构与经营管理、财务状况、技术能力和施工经验四项内容进行评审。

（4）评审采用全体评委记名评定方式决定投标申请人资格预审合格与不合格。

（5）资格预审合格的投标申请人可参加本工程的投标，招标人对资格预审合格的投标申请人发出资格预审合格通知书（投标邀请书）。

2. 评审细则

（1）组织机构与经营管理

主要评定内容如下：

1）公司组织机构情况，包括企业资质等级、企业质量保证体系认证情况、企业经营范围、企业作为总承包人经历年数等。

2）近三年工程营业额。

3）近三年已完工程及在建工程情况，包括工程类型、工程规模（合同金额）、竣工质量评定等级等。

4）以往履约情况。

5）获得的奖励或处罚情况，包括获奖的工程类型、获奖等级。获得过类似工程项目国家级优质奖项或"鲁班奖"的申请人在其他条件同等的情况下可优先获得投标权。

（2）财务状况

主要评定内容如下：

1）财务投标能力。工程预算/工程建设期/（流动资产—流动负债）。

2）年生产能力。工程预算/工程建设期/近三年平均完成类似工程的总值。

3）获利能力（销售利润率）。净收益/销售收入×100%。

4）信贷能力。

5）债务比率。负债总额/企业总资产×100%。

（3）技术能力

主要评定内容如下。

1）拟派主要管理人员的经验与胜任强度。

2）拟派项目经理的经验与胜任强度。

3）拟选用主要施工设备满足程度。

（4）施工经验

主要评定内容如下。

1）类似工程的施工经验。

2）类似现场条件下的施工经验。

3）完成类似工程中特殊工作的能力。

4）过去完成类似工程的合同额。

3. 评定办法

1）先由各评委对所有申请书针对上述评审指标进行评议和分析，然后各自以记名方式对各申请人的资格预审进行评定。评定标准为"合格"与"不合格"。

2）汇总所有评委的评定结果。合格票数超过半数（不合半数）的申请人，其资格预审为合格。

第三节　资格复审和资格后审

资格复审是为了使招标人能够确定投标人在资格预审时提交的资格材料是否仍然有效和准确。资格预审时提交的信息在授予合同时应当加以确认和校正，如果发现供应商和承包商有不轨行为，比如做假账、违约或者作弊，招标机构可以中止或者取消供应商或承包商的资格，如果判定一个投标人没有能力或者资源完整履行合同义务时，可以拒绝授予合同。

资格后审是在确定中标人后，对中标人是否有能力履行合同义务进行的进一步审查。不管是否进行了资格预审过程，招标人可以要求中标的投标商进一步证明其资格。

无论是资格复审还是资格后审，其执行资格审查的内容要求与资格预审基本上是一致的，这里就不再对二者进行具体的描述。

第十二章　发售招标文件

　　招标人向经审查合格的投标人发售招标文件及有关资料，公开招标实行资格后审的，可直接向所有投标报名者发售招标文件和有关资料。

　　招标文件发出后，招标人不得擅自变更其内容。确需进行必要的澄清、修改或补充的，应当在招标文件要求的截止日内以书面通知所有获得招标文件的投标人。该澄清、修改或补充的内容是招标文件的组成部分，对招标人和投标人都有约束力。

　　招标人向投标人发售招标文件的程序如下：

　　1）领取并填写申购表。申购表由招标人编制成固定的格式，发给前来购买招标文件的企业，主要是便于统计购买招标文件的企业情况，同时表明购买标书是企业自觉自愿的行为。

　　申购表的参考格式如下：

招标文件申购表格式

致_____（招标人和招标代理人名称）：

　　我们已通读了贵公司的招标公告，并无条件地认同公告所述内容，我单位_____自愿向你局/公司申请购买_____工程项目的施工招标文件。

　　我方承诺：我方所购招标文件只用于我方在本工程项目的投标的使用，不转让或用于其他的项目或提供给其他人。

　　申购单位（全称）：

　　代表人（签名）：

　　代表人身份证：

　　工作证号码：

日　期：　　年　　月　　日

申购单位基本情况登记

企业名称				
地址				
法人代表		联系电话		
主管部门		资质等级		
注册资金		注册地点		
通信地址			邮编	
联系人	姓名		手机	
	电话		传真	

2）检查申购人的证件。为防止招标文件被冒领，前来购买招标文件的企业代表必须持有单位介绍信、身份证和工作证，并交由发售招标文件的工作人验证。对于采用资格预审和邀请招标的项目，还应验证招标人发放的投标邀请书；对于采用资格后审的项目，可要求购买人出示能证明企业满足招标公告要求的资格的证明材料。

3）收取购买招标文件的费用。

4）凭发票发放招标文件和其他资料。

5）对购买了招标文件的企业进行登记，并报项目法人和主管部门。购买招标文件企业的名单属于保密文件，应按有关的保密要求分发。

第十三章　组织踏勘现场与召开标前会

第一节　组织踏勘现场

招标文件发售后，招标人要在招标文件规定的时间内，组织投标人踏勘现场。

招标人组织投标人进行踏勘现场，主要目的是让投标人了解工程现场和周围环境情况，获取必要的信息。活动中可先请工程项目设计负责人进行设计交底，然后边勘察现场边解答投标人提出的问题。同时，这个阶段也是招标单位和投标企业互相摸底，增进了解，加深印象的好时机。

踏勘现场时，招标人应向投标人介绍有关现场情况，主要包括：

1）现场是否达到招标文件规定的条件。

2）现场的地理位置和地形、地貌。

3）现场的地质、土质、地下水位、水文等情况。

4）现场气温、湿度、风力、年雨雪量等气候条件。

5）现场交通、施工和生活用水、用电、通信等环境情况。

6）工程在现场中的位置与布置。

7）临时用地、临时设施搭建等。

8）当地材料供应及价格，以及现场料场、弃料场的位置等情况。

9）其他一些情况。

第二节 召开标前会议

标前会议也称投标预备会、答疑会，是指招标人为澄清或解答招标文件或现场踏勘中的问题，以便投标人更好地编制投标文件而组织召开的会议。

投标预备会一般安排在招标文件发出后的适当时机举行。参加会议的人员包括招标人、投标人、代理人、招标文件编制单位的人员、招标投标管理机构的人员等。会议由招标人或招标代理人主持。

1. 标前会议的内容

标前会议的主要内容是：

1）介绍招标文件和现场情况，对招标文件进行交底和解释。

2）解答投标人以书面或口头形式对招标文件和在现场踏勘中所提出的各种问题或疑问。

2. 标前会议的程序

标前会议的程序是：

1）投标人和其他与会人员签到，以示出席。

2）主持人宣布投标预备会开始。

3）介绍出席会议人员。

4）介绍解答人，宣布记录人员。

5）解答投标人的各种问题和对招标文件进行交底。

6）通知有关事项。

7）整理解答内容，形成书面形式，并送达所有获得招标文件的投标人。

第十四章 投 标

第一节 做好投标准备工作

对投标人而言，资格预审合格并获得招标人的招标文件，也就意味着投标进入了实战的准备阶段。

一、研究招标文件

投标人首要的准备工作就是要仔细认真地研究招标文件，充分了解其内容和要求，以便安排投标工作的部署，并发现应提请招标单位予以澄清的疑点。

研究招标文件的着重点，通常应放在以下几方面：

1）研究工程项目综合说明，以获得对工程全貌的轮廓性了解。

2）熟悉并详细研究设计图样和规范（技术说明），目的在于弄清工程的技术细节和具体要求，使制订施工方案和报价有确切的依据。

3）研究合同主要条款，明确中标后应承担的义务和责任及应享有的权利，重点是承包方式，开竣工时间及工期奖罚，材料供应及价款结算办法，预付款的支付和工程款结算办法，工程变更及停工、窝工损失处理办法等。

4）熟悉投标须知，明确了解在投标过程中，投标单位应在什么时间做什么事和不允许做什么事，目的在于提高效率，避免造成废标。

全面研究了招标文件，对工程本身和招标单位的要求有了基本的了解之后，投标单位才便于制订明确的投标工作计划，以争取中标为目标，有秩序地开展工作。

二、收集与分析各种投标信息

在投标竞争中，投标信息是一种非常宝贵的资源，正确、全面、可靠的信息对于投标决策起着至关重要的作用。投标信息包括影响投标决策的各种主观因素和客观因素：

1. 影响投标决策的各种主观因素

（1）企业技术方面的实力　即投标人是否拥有各类专业技术人才、熟练工人、技术装备以及类似工程经验，来解决工程施工中所遇到的技术难题。

（2）企业经济方面的实力　包括：

1）垫付资金的能力。

2）购买项目所需新的大型机械设备的能力。

3）支付施工用款的周转资金的多少。

4）支付各种担保费用以及办理纳税和保险的能力。

5）其他。

（3）管理水平　是指是否拥有足够的管理人才、运转灵活的组织机构、各种完备的规章制度、完善的质量和进度保证体系等。

（4）社会信誉　企业拥有良好的社会信誉，是获取承包合同的重要因素，而社会信誉的建立不是一朝一夕的事，要靠平时的保质、按期完成工程项目来逐步建立。

2. 影响投标决策的各种客观因素

（1）招标人和监理工程师的情况　即：

1）招标人的合法地位、支付能力及履约信誉情况。

2）监理工程师处理问题的公正性、合理性、是否易于合作等。

（2）项目的社会环境　主要是指国家的政治经济形势，建筑市场是否繁荣，竞争激烈程度，与建筑市场或该项目有关的国家的政策、法令、法规、税收制度以及银行贷款利率等方面的情况。

（3）项目的自然条件 是指项目所在地及其气候、水文、地质等对项目进展和费用有影响的一些因素。

（4）项目的社会经济条件 包括：

1）交通运输。

2）原材料及构配件供应。

3）水电供应。

4）工程款的支付。

5）劳动力的供应。

6）其他各方面条件。

（5）竞争环境 包括竞争对手的数量，其实力与自身实力的对比，对方可能采取的竞争策略等。

（6）工程项目的难易程度 即：

1）工程的质量要求、施工工艺难度的高低。

2）是否采用了新结构、新材料。

3）是否有特种结构施工。

4）工期的紧迫程度。

5）其他。

第二节　工程项目投标决策

投标人通过投标取得项目，是市场经济条件下的必然。但是，作为投标人来说，并不是每标必投的，这里面牵扯到一个投标决策的问题。

所谓的投标决策即针对某一项目要不要投标；怎样去投标；投什么性质的标；投标中如何采用以长制短，以优胜劣的策略和技巧。

投标决策的正确与否，关系到能否中标和中标后的效益问题；关系到施工企业的信誉和发展前景和职工的切身经济利益，甚至关系到国家的信誉和经济发展问题。因而，企业的决策班子必须充分认识到投标决策的重要意义。

一、投标的分类

1. 按性质对投标进行分类

投标按性质可分为：

（1）风险标 即明知工程承包难度大、风险大，且技术、设备、资金上都有未解决的问题，但由于队伍窝工，或因为工程盈利丰厚，或为了开拓新技术领域而决定参加投标，同时设法解决存在的问题，谓之风险标。投标后，如果问题解决得好，可取得较好的经济效益；可锻炼出一支好的施工队伍，使企业更上一层楼。否则，企业的信誉、利益就会因此受到损害，严重者将导致企业严重亏损甚至破产。因此，投风险标必须审慎从事。

（2）保险标 即对可以预见的情况从技术、设备、资金等重大问题都有了解决的对策之后再投标。企业经济实力较弱，经不起失误的打击，则往往投保险标。当前，我国施工企业多数都愿意投保险标，特别是在国际工程承包市场上去投保险标。

2. 按经济效益对投标进行分类

投标按经济效益可分为：

（1）盈利标 如果招标工程既是本企业的强项，又是竞争对手的弱项；或建设单位意向明确；或本企业任务饱满，利润丰厚，才考虑让企业超负荷运转，此种情况下的投标，称为盈利标。

（2）保本标 当企业无后继工程，或已出现部分窝工，必须争取投标中标。但招标的工程项目对于本企业又无优势可言，竞争对手又是"强手如林"的局面，此时，宜投保本标，至多投薄利标，称为保本标。

（3）亏损标 亏损标是一种非常手段，一般是在下列情况下采用，即：

1）本企业已大量窝工，严重亏损，若中标后至少可以使部分人工、机械运转，减少亏损。

2）为在对手林立的竞争中夺得头标，不惜血本压低标价。

3）为了在本企业一统天下的地盘里，为挤垮企图插足的竞争对手。

4）为打入新市场，取得拓宽市场的立足点而压低标价。

以上这些，虽然是不正常的，但在激烈的投标竞争中有时也这样做。

二、投标决策阶段的划分

投标决策可分为两个阶段来进行，即：

1. 投标决策的前期阶段

这一阶段必须在购买招标人资格预审资料前后完成。其决策的主要依据是招标公告，以及公司对招标工程、招标人的情况的调研和了解的程度，如果是国际工程，还包括对工程所在国和工程所在地的调研和了解的程度。

投标决策前期阶段必须对投标与否作出论证。通常情况下，下列招标项目应放弃投标：

1）本施工企业管理和兼营能力之外的项目。

2）工程规模、技术要求超过本施工企业技术等级的项目。

3）本施工企业生产任务饱满，而招标工程的盈利水平较低或风险较大的项目。

4）本施工企业技术等级、信誉、施工水平明显不如竞争对手的项目。

2. 投标决策的后期阶段

如果施工企业决定投标，即进入投标决策的后期阶段，即从申报资格预审至投标报价（封送投标书）前完成的决策研究阶段。主要研究如果去投标，该投什么性质的标以及在投标中采取的策略问题。

三、影响投标决策的各种因素

影响投标决策的因素包括：

1. 企业自身因素

影响投标决策的企业自身因素主要包括以下方面：

（1）技术方面的实力　譬如：

1）有精通本行业的估算师、建筑师、工程师、会计师和管理专家组成的组织机构。

2）有工程项目设计、施工专业特长，能解决技术难度大和各类工程施工中的技术难题的能力。

3）有同类型工程的施工经验。

4）有一定技术实力的合作伙伴，如实力强的分包商、合营伙伴和代理人。

（2）经济方面的实力

1）有垫资的能力。如预付款是多少？在什么条件下拿到预付款？有的招标人要求承包商"带资承包工程"、"实物支付工程"，根本没有预付款。

所谓"带资承包工程"是指工程由承包商筹资兴建，从建设中期或建成后某一时期开始，招标人分批偿还承包商的投资及利息，但有时这种利率低于银行贷款利息。承包这种工程时，承包商需投入大部分工程项目建设投资，而不止是一般承包所需的少量流动资金。

所谓"实物支付工程"是指有的招标人用滞销的农产品、矿产品折价支付工程款，而承包商推销上述物资而谋求利润将存在一定难度。因此，遇上这种项目须要慎重对待。

2）有一定的固定资产和机具设备及其投入所需的资金。大型施工机械的投入，不可能一次摊销。因此，新增施工机械将会占用一定资金。另外，为完成项目必须要有一批周转材料，如模板、脚手架等，这也是占用资金的组成部分。

3）有一定的资金周转用来支付施工用款。一般在建筑工程中对已完成的工程量需要监理工程师确认后并经过一定手续，才能将工程款拨入承包人的账户。

4）有支付各种担保的能力。包括投标保函（或担保）、履约保函（或担保）、预付款保函（或担保）、缺陷责任期保函（或担保）等。

5）有支付各种纳税和保险的能力。

6）承担风险的能力。

（3）信誉方面的实力　承包商一定要有良好的信誉，这是投标中标的一条重要标准。要建立良好的信誉，就必须遵守法律和行政法规，认真履约，保证工程的施工安全、工期和质量，而且各方面的实力雄厚。

（4）经营管理方面的实力　具有高素质的项目管理人员，特别是懂技术、会经营、善管理的项目经理人选。能够根据合同的要求，高效率地完成项目管理的各项目标，通过项目管理活动为企业创造较好的经济效益和社会效益。

2. 企业外部因素

影响投标决策的企业外部因素主要包括以下方面：

（1）招标人和监理工程师的情况

1）招标人的情况。招标人的合法地位、支付能力、公平性、公正性及履约信誉。了解招标人在招标项目中是否有倾向性，如果招标人带有倾向性、则对手的基本情况如何等。

2）监理工程师的情况。监理工程师处理问题的公正性、合理性等，也是影响企业投标决策的重要因素。

（2）竞争对手和竞争形势

1）竞争对手。企业是否投标，应注意竞争对手的实力、优势及投标环境的优劣情况。另外，竞争对手的在建工程情况也十分重要。如果对手的在建工程即将完工，可能急于获得新承包项目心切，投标报价不会很高；如果竞争对手在建工程规模大、时间长，如仍参加投标，则标价可能很高。

2）竞争形势。从总的竞争形势来看，大型工程的承包公司技术水平高，善于管理大型复杂工程，其适应性强，可以承包大型工程，中小型工程由中小型工程公司或当地的工程公司承包可能性大。因为，当地中小型公司在当地有自己熟悉的材料、劳动力供应渠道；管理人员相对比较少；有自己惯用的特殊施工方法等优势。

（3）风险问题　工程承包，特别是国际工程承包，由于影响因素众多，因而存在很大的风险性，从来源的角度看风险可分为政治风险、经济风险、技术风险、商务及公共关系风险和管理方面的风险等。

投标决策中对拟投标项目的各种风险进行深入研究，进行风险因素辨识，以便有效规避各种风险，避免或减少经济损失。

（4）法律、法规的情况　对于国内工程承包，我国的法律、法规具有统一或基本统一的特点，但各个地方也有一些根据各地的特点制定的规定。

四、作出投标决策

作为投标决策者，要对各种投标信息，包括自身因素和外部因素，进行认真、科学的综合分析，在此基础上选择投标对象，作出投标决策。总的来说，要选择与企业的装备条件和管理水平相适应，技术先进，招标人的资信条件及合作条件较好，施工所需的材料、劳动力、水电供应等有保障，盈利可能性大的工程项目去参加竞标。

在选择投标对象时要注意避免以下两种情况：

1）工程项目不多时，为争夺工程任务而压低标价，结果即使得标却盈利的可能性很小，甚至要亏损。

2）工程项目较多时，企业总想多得标而到处投标，结果造成投标工作量大大增加而导致考虑不周，承包了一些盈利可能性甚微或本企业并不擅长的工程，而失去可能盈利较多的工程。

五、确定投标策略

承包商参加投标竞争，能否战胜对手而获得施工合同，在很大程度上取决于自身能否运用正确灵活的投标策略，来指导投标全过程的活动。

正确的投标策略，来自于实践经验的积累、对客观规律的不断深入的认识以及对具体情况的了解。同时，决策者的能力和魄力也是不可缺少的。

概括起来讲，投标策略可以归纳为四大要素，即"把握形势，以长胜短，掌握主动，随机应变"。具体地讲，常见的投标策略有以下几种：

1. 靠经营管理水平高取胜

这主要靠做好施工组织设计，采取合理的施工技术和施工机械，精心采购材料、设备，选择可靠的分包单位，安排紧凑的施工进度，力求节省管理费用等，从而有效地降低工程成本而获得较高的利润。

2. 低利政策

主要适用于承包商任务不足时，与其坐吃山空，不如以低利承包到一些工程。此外，承包商初到一个新的地区，为了打入这个地区的承包市场，建立信誉，也往往采用这种策略。

3. 虽报低价，却着眼于施工索赔，从而得到高额利润

即利用图样、技术说明书与合同条款中不明确之处寻找索赔机会。一般索赔金额可达标价的 10% ~ 20%。不过这种策略并不是到处可用的。

4. 靠缩短建设工期取胜

即采取有效措施，在招标文件要求的工期基础上，再提前若干个月或若干天完工，从而使工程早投产，早收益。这也是能吸引招标人的一种策略。

5. 靠改进设计取胜

即仔细研究原设计图样，发现有不够合理之处，提出能降低造价的措施。

6. 着眼于发展，为争取将来的优势，而宁愿目前少赚钱

承包商为了掌握某种有发展前途的工程施工技术（如建造核电站的反应堆或海洋工程等），就可能采用这种有远见的策略。

值得一提的是，以上各种策略不是互相排斥的，投标企业可根据具体情况，综合、灵活运用。

第三节　资格预审

投标是招标的对称词，是承包商对招标人的工程项目招标的响应。

投标人在获悉招标人的招标公告或投标邀请后，应当按照招标公告或投标邀请书中所提出的资格预审要求，向招标人申报资格审查。

资格预审是投标人投标过程中的第一关。

有关资格预审文件的要求、内容以及资格预审评定，在前面的章节中已做了介绍。这里仅就承包商申报资格预审时需注意的事项做一介绍。

1. 要注意资格预审有关资料的积累

平时应将一般资格预审的有关资料准备齐全，最好全部储存在计算机内，到针对某个项目填写资格预审调查表时，再将有关资料调出来，并加以补充完善。如果平时不准备资料，到时靠临时填写，则往往会达不到招标人要求而失去机会。

2. 填表时宜突出重点

在填表时应加强分析，要针对工程特点，下功夫填好重点部位，特别是要反映出本企业的施工经验、施工水平和施工组织能力。这往往是招标人考虑的重点。

3. 针对本企业拟发展经营业务的地区

平时注意收集信息，发现可投标的项目，并做好资格预审的预备。当认为本企业某些方面难以满足投标要求，则应考虑与适当的其他施工企业组成联合体参加资格预审。

4. 做好跟踪工作

企业应做好递交资格预审调查表后的跟踪工作，发现不足之处，及时补送资料。

对于企业来说，只要参加一个工程的招标资格预审，就要全力以赴，力争通过资格预审，成为可以投标的合格投标人。

第四节　购领招标文件

投标人经资格预审合格后，便可向招标人申购招标文件和有关资料，同时要缴纳投标保证金。

投标保证金是为防止投标人对其投标活动不负责任而设定的一种担保形式，是招标文件中要求投标人向招标人缴纳的一定数额的金钱。

投标保证金的收取和缴纳办法，在招标文件中有相应的规定，并按招标文件的要求进行。一般来说，投标保证金可以采用现金，也可以采用支票、银行汇票，还可以是银行出具的银行保函。银行保函的格式应符合招标文件提出的格式要求。

投标保证金的额度，根据工程投资大小由招标人在招标文件中确定。在国际上，投标保证金的数额较高，一般设定在占投资总额的 1%～5%。投标保证金有效期为直到签订合同或提供履约保函为止，通常为 3～6 个月，一般应超过投标有效期的28 天。

第五节　投标班子的组建

企业作出投标决策，实施工程投标，需要有专门的机构和人员对投标的全部活动过程加以组织和管理。建立一个强有力的、内行的投标班子，是投标获得成功的重要保证。

对于承包商来说，参加投标就如同参加一场赛事竞争，它关系到企业的兴衰存亡。这场赛事不仅比报价的高低，而且比技术、经验、实力和信誉。一方面是技术上要求承包商具有先进的科学技术，能够完成高、新、尖、难工程；另一方面是管理上要求承包商具有现代先进的组织管理水平，能够以较低价中标，靠管理获利。

为迎接技术和管理方面的挑战，在竞争中取胜，承包商的投标班子应该由如下三种类型的人才组成：

1. 经营管理类人才

即制订和贯彻经营方针与规划，负责工作的全面筹划和安排，有决策能力的人。包括：

1）经理。

2）副经理。

3）总工程师。

4）总经济师。

5）其他经营管理人才。

2. 专业技术类人才

即：

1）建筑师。

2）结构工程师。

3）设备工程师。

4）其他各类专业技术人员。

这些人应具备熟练的专业技能，丰富的专业知识，能从本公司的实际技术水平出发，制订投标用的专业实施方案。

3. 商务金融类人才

即概预算、财务、合同、金融、保函、保险等方面的人才。

投标工作机构不但要做到个体素质良好，更重要的是做到共同参与，协同作战，发挥群体力量。

在参加投标的活动中，以上各类人才相互补充，形成人才整体优势。另外，由于项目经理是未来项目施工的执行者，为使其更深入地了解该项目的内在规律，把握工作要点，提高项目管理的水平，在可能的情况下，应吸收项目经理人进入投标班子。在国际工程（含境内涉外工程）投标时，还应配备懂得专业和合同管理的翻译人员。

一般说来，承包商的投标工作机构应保持相对稳定，这样有利于不断提高工作班子中各成员及整体的素质和水平，提高投标的竞争力。

第六节 现场考察和参加标前会

投标班子组建后，接下来的工作就是要组织人员对招标工程进行现场考察以及参加招标单位组织的标前会。

一、现场考察

现场考察即投标人去工地现场进行考察，招标人一般在招标文件中要注明现场考察的时间和地点，在文件发出后就应安排投标人进行现场考察的准备工作。

施工现场考察是投标人必须经过的投标程序。按照国际惯例，投标人提出的报价单一般被认为是在现场考察的基础上编制报价的。一旦报价单提出之后，投标人就无权因为现场考察不周、情况了解不细或因素考虑不全面而提出修改投标、调整报价或提出补偿等要求。

现场考察既是投标人的权利又是其职责。因此，投标人在报价以前必须认真地进行施工现场考察，全面地、仔细地调查了解工地及其周围的政治、经济、地理等情况。

在去现场考察之前，投标人应先仔细地研究招标文件，特别是文件中的工作范围、专用条款，以及设计图样和说明，然后拟定出调研提纲，确定重点要解决的问题，做到事先有准备，因有时招标人只组织投标人进行一次工地现场考察。

现场考察均由投标人自费进行。如果是国际工程，招标人应协助办理现场考察人员出入项目所在国境签证和居留许可证。

进行现场考察应从下这几方面调查了解：

1. 自然地理条件

主要包括：

1）施工现场的地理位置、地形、地貌、用地范围。

2）气象、水文情况。

3）地质情况。

4）地震及设防烈度，洪水、台风及其他自然灾害情况。

5）其他一些自然地理情况。

2. 市场情况

主要包括：

1）建筑材料、施工机械设备、燃料、动力和生活用品的供应状况。

2）价格水平与变动趋势。

3）劳务市场状况。

4）银行利率和外汇汇率。

5）其他一些市场情况。

3. 施工条件

主要包括：

1）施工场地四周情况，临时设施、生活营地如何安排。

2）给水排水、供电、道路条件、通信设施现状。

3）引接或新修给水排水线路、电源、通信线路和道路的可能性和最近的线路与距离。

4）附近现有建筑工程情况。

5）其他一些情况。

4. 其他条件

主要包括：

1）交通运输条件，如运动方式、运输工具与运费。

2）编制报价的有关规定。

3）工地现场附近的治安情况。

5. 招标人的情况

主要是招标人的资信情况，包括：

1）资金来源与支付能力。

2）履约情况、招标人的信誉。

6. 竞争对手情况

主要包括：

1）竞争对手的数量。

2）竞争对手的资质等级。

3）竞争对手的社会信誉。

4）竞争对手类似工程的施工经验。

5）竞争对手在承揽该项目竞争中的优势与劣势。

6）竞争对手的其他一些情况。

二、参加标前会

标前会是招标人组织召开的答疑形式的会议，一般在现场考察之后的 1～2 天内举行。投标人可就招标文件和现场中所遇到的各种问题以及工程图样中不明确的地方向招标人寻求解释和答疑。

第七节　编制和递交投标文件

经过现场考察和标前会后，投标人即可着手编制并向招标人递交投标文件。

一、编制投标文件的步骤

投标文件的编制可按如下步骤进行：

1. 结合现场考察和标前会的结果，对招标文件做进一步的分析

招标文件是编制投标文件的主要依据，因而必须结合已获取的有关信息认真细致地加以分析研究，特别是要重点研究其中的投标须知、专用条款、设计图样、工程范围以及工程量表等，要弄清到底有没有特殊要求或有哪些特殊要求。

2. 校核招标文件中的工程量清单

投标人是否校核招标文件中的工程量清单或校核得是否准确，直接影响到投标报价和中标机会，因此，投标人应认真对待。通过认真校核工程量，投标人在大体确定了工程总报价之后，估计某些项目工程量可能增加或减少，就可以相应地提高或降低单价。如发现工程量有重大出入的，特别是漏项的，可以找招标人核对，要求招标人认可，并给予书面确认。这对于总价固定合同来说，尤其重要。

3. 根据工程类型编制施工规划或施工组织设计

施工规划和施工组织设计都是关于施工方法、施工进度计划的技术经济文件，是指导施工生产全过程组织管理的重要设计文件，是确定施工方案、施工进度计划和进行现场科学管理的主要依据之一。但两者相比，施工规划的深度和范围没有施工组织设计详尽、精细，施工组织设计的要求比施工规划的要求详细得多，编制起来要比施工规划复杂些。因此，在投标时，投标人一般只要编制施工规划即可，施工组织设计可以在中标以后再编制。这样，就可避免未中标的投标人因编制施工组织设计而造成人力、物力、财力上的浪费。但有时在实践中，招标人为了让投标人更充分地展示实力，常常要求投标人在投标时就要编制施工组织设计。

（1）施工规划或施工组织设计的内容　一般包括：

1）施工程序、方案。

2）施工方法。

3）施工进度计划。

4）施工机械、材料、设备的选定。

5）临时生产、生活设施的安全。

6）劳动力计划。

7）施工现场平面和空间的布置。

8）其他。

（2）施工规划或施工组织设计内容的编制依据　主要是：

1）设计图样和技术规范。

2）复核了的工程量。

3）招标文件要求的开工、竣工日期。

4）对市场材料、机械设备、劳动力价格的调查。

5）其他。

（3）施工规划或施工组织设计编制要求　编制施工规划或施工组织设计，要在保证工期和工程质量的前提下，尽可能使成本最低、利润最大。具体要求是：

1）根据工程类型编制出最合理的施工程序。

2）选择和确定技术上先进、经济上合理的施工方法。

3）选择最有效的施工设备、施工设施和劳动组织。

4）周密、均衡地安排人力、物力和生产。

5）正确编制施工进度计划。

6）合理布置施工现场的平面和空间。

4. 根据工程价格构成进行工程估价，确定利润方针，计算和确定报价

投标报价是投标的一个核心环节，投标人要根据工程价格构成对工程进行合理估价，确定切实可行的利润方针，正确计算和确定投标报价。投标人不得以低于成本的报价竞标。

5. 形成、制作投标文件

投标文件应完全按照招标文件的各项要求编制。投标文件应当对招标文件提出的实质性要求和条件作出响应，一般不能带任何附加条件，否则将导致投标无效。

二、投标文件的内容

一份完整的投标文件，应包括以下几项内容：

1. 投标书

招标文件通常有规定的投标书格式，投标人只需填写必要的数据和签字即可，其内容包括：项目名称、投标人的名称、并且要表明投标人完全愿意按招标文件中的规定承担工程施工，建成移交和维修任务，并写明自己的总报价金额，总工期，提交履约保证的数额；在最后投标人中签名盖章等。

2. 投标致函或降价函

投标人主要是在投标致函中就降价优惠、建议方案等作出说明。

3. 授权书

投标企业法定代表人对参与本项目招标、投标及文件签署人的授权文件。

4. 投标保函或投标保证金

根据招标文件要求的投标保证格式，承包商在投标时要填写投标担保金额，寻找担保的银行或保险公司、担保公司等，并写明担保有效期和责任，然后签字盖章。

5. 标有价格的工程量清单（投标报价）

招标文件所附的工程量清单原件上填写单价和分项细目的总价，每页小计，并汇总出最后报价。工程量清单上的每一数字大、小写都必须认真校核，并签字确认。如有修改数据，必须加盖公章并签字。

6. 施工技术与计划进度

投标时根据工程项目的情况首先确定拟采用的施工技术与方法，据此来初步安排施工进度计划。依据招标规定的工期范围和自己的施工方法及工序安排，可以用横道图或网络图，利用计算机程序优化出最佳的关键线路。编制进度计划时，应考虑节假日、气候条件的影响等，留有一定余地，又使工序紧凑和工期较短，以利中标和获取效益。

7. 施工机械装备报表

施工机械装备应满足该工程项目的需要，符合招标文件的要求。主要包括机械设备的选型和规格、名称、数量、制造厂家、使用年限等。招标人从施工机械装备表中可以判断承包商的施工经验和实力，甲承包商与乙承包商的区别及特点。中标后，招标人则按所报机械装备数量表要求承包商如数提供。投标人要注意填报适宜，多报造成不必要的机械设备闲置和浪费，少报又不能急取中标。

8. 工程材料的需求说明

有些招标文件已写明材料供应商或厂家，也有些要求承包商上报工程材料需求及来源表。投标时，应慎重、主动地说明材料需求及货源，必要进口时，还要增加外汇需求量。

9. 项目组织结构及关键人员简历

投标人应提供拟为实施本工程所采用的组织结构示意图，并说明关键人员的职责及相互之间的工作关系，使招标人对投标人的人事安排一目了然。关键人员是指投标人为本工程所拟派往现场的主要管理人员，包括项目经理、部门经理、专业组长、高级工程师等人员。关键人员简历表主要介绍其学历和工作经验。

10. 建议或比较方案说明与编制

如果招标人在招标中要求承包商提出工程分项的建议或比较方案，则承包商必须编制比较方案，否则招标人认为不符合投标要求。比较方案的编制为承包商中标多了一个机会。若承包商的比较方案结构合理，技术先进，又较美观，即使报价略高于原方案也可能得标。

对于比较方案的编制，也必须认真对待，详细计算，不可造成漏算和失误，否则一旦被招标人选中，可能会造成亏损和失利。

11. 投标辅助资料

1）报价说明：主要说明工程量清单中报价的收费、费率、计算依据等。

2）单价分析表及主要单价总表。

3）基础价格表。

4）总价承包工程分解表。

5）分包工程及分包人一览表。

6）主要材料用量表。

7）近年承担的类似工程以及正在施工的类似工程业绩表。

8）项目人员情况表。

9）投标证明文件及附加文件，一般包括：营业证书、法人资格证书、公司简介，经审计的财务报表，银行资信证明，注册证书、项目主要管理人员的学历证、职称证等。

三、投标文件的格式

投标文件几项主要内容的编制格式如下：

1. 投标书

投标书是由投标单位充分授权的代表签署的一份投标文件。投标书是对招标人和承包商双方均有约束力的合同的一个重要组成部分。其格式如下：

投标书（格式）

（合同名称、编号）

_____（工程简介）

致_____（招标人名称）

1. 经现场考察和研究上述工程合同的图样、合同条款、规范、工程量清单和其他有关文件后，我方愿以人民币____元的总价或上述合同确定的一个总价和上述图样，合同条款，规范和工程量清单的条款承包上述工程的施工，完工和修补缺陷。

2. 一旦我方中标，我方保证在收到工程师的开工通知后____天开工，并在开工通知所限定的时段的最后一天算起____天内完工并移交整个过程。

3. 如果我方中标，我方将按照合同条款的规定提交上述总价的10%的银行保函（或30%的履约担保书），作为履约保证金，共同地和分别地承担责任。

4. 我方同意本投标的有效期按投标须知的规定为开标日期之后的____，期间内我方的投标有可能中标，我方将受此约束。

5. 除非另外达成协议并生效，你方的中标通知和本投标书将构成约束我们双方的合同。

6. 我方理解：你方不必定授标给最低报价的投标或收到的某一投标。

7. 我方的金额为人民币____元的投标保证金与本投标书同

时递交。

　　投标人法人代表：　　（签字盖公章）
　　姓名：
　　地址：　　　　　　　　（包括电话、电传、传真号）
　　银行账号：　　　　　　（包括开户行地址、电话、电传等）
　　证人：　　　　　　　　（签字盖公章）
　　地址：
　　日期：　　　年　　月　　日

2. 投标保函

　　投标保函是指第三者（如银行、担保公司、保险公司或其他金融机构、商业团体或个人）应当事一方的要求，以其自身信用为担保交易项下的某种责任或义务的履行而作出的一种具有一定金额、一定期限、承担其中支付责任或经济赔偿责任的书面付款保证承诺。

　　在招标投标中常涉及投标保函、履约保函、动员预付款保函等。

　　投标保函是指在投标中，招标人为防止中标者不签定合同而使其遭受损失，要求投标人提供的银行保函，主要用于保证投标人在决标签约前不撤销其投标书。

　　保函的金额通常在招标文件（前附表）中作出规定，一般为投标报价总金额的0.5%~3%。特大型工程的总合同价很高，其保函金额百分比例可低一些，有些招标项目投标保证金数额不用百分比表达，而是规定一个固定数额，投标保函金额不宜定得过高，以免影响投标人的投标积极性。

　　投标保证金还可以是现金、保兑支票、银行汇票，有价证券或投标人开户银行出具不撤回的信用证，也可以是保险公司或担保公司出具的担保书。银行开具的保函或担保书格式，应符合招标文件格式，也可采用其他格式，但须事先得到招标人的批准。

按国际惯例，投标保函（信用证或担保书）的有效期，应超出投标有效期 28 天。如果在投标有效期满之前，出现特殊情况，招标人可向投标人提出延长投标有效期的要求，如果投标人同意适当延长投标有效期的话，则保函的有效期也按规定相应延长。

在决标授标后，未中标的投标人的保证金将尽快清退，最迟不超过规定标书有效期期满后的 28 天，以便银行注销和使押金解冻。

如有下列情况，将没收投标保证金：

1）投标人在投标有效期内撤回投标书。

2）中标人未能在规定期限内签署协议或提供所需的履约保证金。

投标保函的内容，通常包括：

1）担保银行确认自己承担支付保证金的义务。

2）阐明上述支付义务和承担条件及义务的消失条件。

3）确认在承担支付义务的条件存在时应支付的额度。

4）确认当支付义务的条件存在时，收到招标人第一次书面要求（应声明要求赔偿的原因）时，即无条件支付上述金额。如果是有条件保函，则要求招标人提供足以证明投标人不履行投标诺言的材料。

投标保函（格式）

编号：

致_____（招标人）

鉴于_____（以下称投标人）参加_____项目投标，应投标人申请，根据招标文件，我方愿就投标人履行招标文件约定的义务以保证的方式向贵方提供如下担保：

（一）保证的范围及保证金额

我方在投标人发生以下情形时承担保证责任：

1. 投标人在招标文件规定的投标有效期内即____年____月____日后至____年____月____日内未经贵方许可撤回投标文件。

2. 投标人中标后因自身原因未在招标文件规定的时间内与贵方签订《建设工程施工合同》。

3. 投标人中标后不能按照招标文件的规定提供履约保证。

4. 招标文件规定的投标人应支付投标保证金的其他情形。

我方保证的金额为人民币＿＿＿＿＿＿＿元（大写：　　　　　　）。

（二）保证的方式及保证期间

我方保证的方式为：连带责任保证。

我方的保证期间为：自本保函生效之日起至招标文件规定的投标有效期届满后＿＿＿日，即至＿＿＿年＿＿＿月＿＿＿日止。

投标有效期延长的，经我方书面同意后，本保函的保证期间做相应调整。

（三）承担保证责任的形式

我方按照贵方的要求以下列方式之一承担保证责任：

1. 代投标人向贵方支付投标保证金为人民币＿＿＿元。

2. 如果贵方选择重新招标，我方向贵方支付重新招标的费用，但支付金额不超过本保证函第一条约定的保证金额，即不超过人民币＿＿＿元。

（四）代偿的安排

贵方要求我方承担保证责任的，应向我方发出书面索赔通知。索赔通知应写明要求索赔的金额，支付款项应到达的账号，并附有说明投标人违约造成贵方损失情况的证明材料。

我方收到贵方的书面索赔通知及相应证明材料后，在＿＿＿工作日内进行核定后按照本保函的承诺承担保证责任。

（五）保证责任的解除

1. 保证期间届满贵方未向我方书面主张保证责任的，自保证期间届满次日起，我方解除保证责任。

2. 我方按照本保函向贵方履行了保证责任后，自我方向贵方支付（支付款项从我方账户划出）之日起，保证责任即解除。

3. 按照法律法规的规定或出现应解除我方保证责任的其他情形的，我方在本保函项下的保证责任也解除。

我方解除保证责任后，贵方应按上述约定，自我方保证责任解除之日起____个工作日内，将本保函原件返还我方。

（六）免责条款

1. 因贵方违约致使投标人不能履行义务的，我方不承担保证责任。

2. 依照法律规定或贵方与投标人的另行约定，免除投标人部分或全部义务的，我方也免除其相应的保证责任。

3. 因不可抗力造成投标人不能履行义务的，我方不承担保证责任。

（七）争议的解决

因本保函发生的纠纷，由贵我双方协商解决，协商不成的，通过诉论程序解决，诉讼管辖地法院为____法院。

（八）保函的生效

本保函自我方法定代表人（或其授权代表人）签字或加盖公章并交付贵方之日起生效。

本条所称交付是指：

保证人：

法定代表人（或授权代理人）：

年　　月　　日

投标担保书（格式）

致：_____（招标人名称）

根据本担保书，_____（投标人名称）作为委托人（以下简称"投标人"）和_____（担保机构名称）作为担保人（以下简称"担保人"）共同向_____（招标人名称）（以下简称"招标人"）承担支付_____（币种，金额，单位）（小写）的责任，投标人和担保人均受本担保书的约束。

鉴于投标人_____年_____月_____日参加招标人的_____（招标工程项目名称）（招标编号）的投标，本担保人愿为投标人提供投标担保。

本担保书的条件是：如果投标人在投标有效期收到你方的中标通知书后：

1）不能或拒绝按招标文件或投标须知的要求签署合同协议书。

2）不能或拒绝按招标文件或投标须知的规定提交履约保证金。

只要你方指明产生上述任何一种情况的条件时，则本担保人在接到你方以书面形式的要求后，即向你方支付上述全部款额，无需你方提出充分证据证明其要求。

本担保人不承担支付下述金额的责任：

1）大于本担保书规定的金额。

2）大于投标人投标价与招标人中标价之间的差额的金额。

担保人在此确认，本担保书责任在投标有效期或延长的投标有效期满后 30 天内有效，若延长投标有效期无须通知本担保人，但任何索款要求应在上述投标有效期内送达本担保人。

委托人代表：（签字盖公章）　　担保人代表：（签字盖公章）

姓名：　　　　　　　　　　　　姓名：

地址：　　　　　　　　　　　　地址：

　　　　　　　　　　　　　　　日期：　　年　　月　　日

3. 履约保函与履约担保

（1）履约保函　履约保函是承包商通过银行向招标人提供的保证认真履行合同的一种经济担保。

履约保函一般在承包人收到中标通知后 28 天内向招标人提供。履约保函的担保金额，应在工程承包合同中规定，一般为合同总金额 5% ~ 10%，最多不超过 15%。履约保证金除可用银行保函外，还可用备用信用证或契约担保等形式。银行保函或备用信用证应由银行开立；契约担保通过保险公司进行。我国向世界银行贷款的项目一般规定，履约保函金额为合同总价的 10%，履约担保金额则为合同总价的 30%。

银行履约保函可分为两种形式：

1）无条件银行保函。银行见票即付，不需招标人提供任何证据。招标人在任何时候提出声明，认为承包商违约，而且提出的索赔日期和金额在保函有效期的限额之内，银行即无条件履行保证，进行支付，承包商不能要求银行止付。当然，招标人也要承担由此行动引起的争端、仲裁或法律程序裁决的法律后果。

对银行而言，他们愿意承担这种保函，既不承担风险，又不卷入合同双方的争端。

无条件银行履约保函（格式）

致：＿＿＿＿＿（招标人）

地址＿＿＿＿＿（招标人地址）

鉴于＿＿＿＿＿（承包商名称，下称承包商）根据＿＿＿＿＿（签约日期）签字的编号为＿＿＿＿＿的合同，已承担实施＿＿＿＿＿（工程及合同名称，下称合同）。

1. 鉴于你方在上述合同中规定，承包商应向你方递交一封由认可银行开具的银行保函，以规定的金额数作为承包商履行其合同中规定的义务的保证。

2. 我们愿意为该承包商提供此保函。

3. 在此，我们确认：作为担保人，我们代表承包商向你方负责，担保额总计为＿＿＿＿＿（文字数目）（　　）（数字），这笔款额将以合同价要求的货币种类和比例向你们支付。一旦接到你们的第一次书面要求，我们即无条件、无争议地向你们支付前述担保金额＿＿＿＿内的一笔或数笔款额。支付上述款额时，不需要你们证明或出示任何证据，或为上述款额的支付解释其理由。

4. 我们认为，在你们向我们提出要求之前，你方并不需要向承包商提出上述债款。

5. 我们还同意：合同条款的，或据此合同对拟实施工程的你方和承包商所签定的任何合同文件的改变，增加或修正均不解除本保函中我们的任何责任，并且我们在此不要求你们向我们发送有关上述改变，增加或修改的通知。

6. 本担保有效期为签发缺陷责任证书后＿＿＿天。

担保人签字和公章：

银行名称：

地址：

日期： 年 月 日

2）有条件银行保函。银行在支付之前，招标人必须提出理由，指出承包商执行合同失败、不能履行其业务或违约，并由招标人或监理工程师出示证据，提供所受损失的计算数据等。

一般来讲，银行不愿意承担这种保函，招标人也不喜欢这种保函。

有条件银行履约保函（格式）

根据本保证书，我们＿＿＿＿＿＿＿（填入单位名称）注册地址为＿＿＿＿＿＿＿（填入详细地址）（以下称承包商），和＿＿＿＿＿＿＿（填入保证人姓名）注册地址为＿＿＿＿＿＿＿（填入详细地址）（以下称保证人）在此以担保金额为（＿＿＿＿＿＿＿）（填入货币名称，数额），共同恪守对＿＿＿＿＿＿＿（填入招标人名称）（以下称为招标人）的义务。

根据本保证书，承包商与保证人应保证自己，以及其继承人受让人承担共同的及各自的对该项支付的义务。

根据以招标人为一方，承包商为另一方所达成的协议，承包商已承担了合同义务（以下称为所签合同）去实施并完成某项工程，并在工程出现任何缺陷时，按上述合同中有关条款规定进行修补。

兹将上述书面保证的条件表述如下：

如果承包商正确地履行和遵守所签合同中规定的承包商一方按合同的真实含义和意图应履行和遵守的所有条款，条件及规定；或者如果承包商违约，则保证人应偿还招标人因此而蒙受的损失，直到达到上述保证金额；届时，本保证书所承担之义务即告终止和失败，否则仍保持完全有效。但所签合同条款，或对工程的实施，完成及修补其缺陷的性质和范围的任何变更以及招标人或工程师根据所签合同给予的时间宽限或招标人或上述工程师方面对所签合同有关事宜所做的任何容忍或宽恕，均不解除保证人所承担之上述保证书规定的义务。但只在下述情形下保证人才承担清偿招标人蒙受损失之义务；

1. 收到招标人与承包商双方书面通知，说明招标人与承包商已一致同意向招标人支付这一笔损失赔偿费。

2. 保证人收到一份与所签合同条款规定相一致的，按仲裁程序签发的，并在法律上证明的裁决书副本，说明应向招标人支付这一笔损失赔偿费。

代表：	（填入承包商名称）	代表：	（填入保证人名称）
由	（填入签字人姓名）	由	（填入签字人姓名）
以	的资格	以	的资格
在	（填入证明人）证明下	在	（填入证明人）证明下
签于	（日期）	签于	（日期）

（2）履约担保　履约担保一般是由担保公司或保险公司开出的保函。担保公司要保证整个合同的忠实履行。一旦承包商违约，招标人在要求担保公司承担责任之前，必须证实投标人或承包商确已违约。这时担保公司可以采取以下措施之一：

1）根据原合同要求完成合同。

2）为了按原合同条件完成合同，可以另选承包商与招标人另签合同完成此工程，在原合同价以外所新增加的费用由担保公司承担，但不能超过规定的担保金额。

3）按招标人要求支付给招标人款额，用以完成原定合同。但款额不超过规定的担保金额。

履约担保（格式）

根据此履约担保_____（填入承包商名称，地址）作为委托人（以下称承包商）和_____（填入担保人，担保公司或保险公司的名称，法定资格和地址）作为担保人（以下称担保人）坚定而真诚地负责为权益人_____（填入招标人名称，地址）（以下称招标人）担保，担保总额为_____（填入担保金额）（填入文字数字），该笔金额的支付应完全和准确地按支付合同价格使用的货币类型和比例。承包商和担保人共同地和各自地严格遵守本文件的规定，约束自己及其各自的继承人，执行者，管理人员，继任人和受让人。

鉴于承包商与招标人为_____（填入合同名称）的执行已于____年____月____日签署了书面协议（以下简称合同），为此，特立约如下：

如果承包人能迅速、忠实地履行上述合同（包括任何其他修改），则本契约将废除并无效，否则本契约将保持完全有效。

根据本契约，无论何时如果承包商违背合同，或招标人声明承包商违约，在招标人已履行契约中的义务，担保人应迅速地对违约进行补偿，或应立即：

1）根据合同条款和条件完成合同。

2）为按照合同条款和条件完成本合同，选取一个或几个向招标人递交的投标书，并根据由招标人和担保人共同确定的合理最低投标，安排该投标人与招标人间签署合同（虽然如此安排的一项或几项合同的执行可能还会出现违约）。并应根据工程进度安排充足的资金，用于支付除合同价余额之外的完工费用（合同价余额是指按合同招标人应付给承包商的全部金额中减去招标人已经合理给承包商的金额后余下的款额数量），但包括担保人可能应支付的其他费用和损失，总金额不得超过上面所列的担保金额。

3）按招标人要求支付给其款额，以用于根据原合同条款和条件完成本合同，但总额不超过本担保效所担保的金额。

但对大于本担保数所列的赔偿金额的款项，担保人将永不负责。除本担保数指定的招标人或其继承人和转让人外，任何人或公司无权对本担保或对使用本担保进行诉讼。

对方已于____年____月____日在此分别签字盖章为据。

以正式授权的承包商代表签字，盖章。

姓名：　　　　地址：　　　职务：

以正式授权的担保人代表签字，盖章。

姓名：　　　　地址：　　　职务：

4. 动员预付款保函

如果在招标文件中规定了招标人向承包商提供动员预付款（一般为合同总价的 10% ~ 15%），则承包商应到银行去开动员预付款保函，招标人在收到此保函后，才能支付动员预付款。

动员预付款保函（格式）

合同编号：_____

鉴于_____（填入招标人名称，下称招标人）已于_____年_____月_____日发出了执行工程建设的中标通知书，即由_____（填入承包商名称下称承包商）承担_____（工程名称），招标人与承包商就上述的施工已签订了一项合同。

为此，我们_____（银行名称）在_____（地点）设有办事处和营业分行，为招标人下一笔动员预付作担保，用以保证承包商忠实地履行和信守上述招标文件中有关承包商的契约条款，其金额为人民币（相等于合同价的 10%）____元（填入数字），并且同意作为主要债务人而不仅仅是作为担保人，无条件地和不反悔地向招标人保证；在承包商没有完全履行上述合同中规定的责任和义务时，招标人有权按照合同从承包商处追回预付款或其余下部分，我们将在招标人第一次提出要求时，即向招标人付款，但金额不得超出上述担保金额。

我们确认，招标人有权按合同从承包商追回预付款或其剩下部分。招标人是惟一的仲裁人，并且我们将负责按照招标人的要求退还该预付款或余下部分。招标人的要求是承包商向招标人退还上述款项的可信凭证。

本保证书不得以通知的方式撤消。作为担保人，我们的责任不应因根据合同条款承认或同意的任何工期延长、变化或更改而消弱或取消，直至招标人从承包商的进度付款中扣回该预付款的全部金额。

本动员预付保函的有效期为：自预付款支付之日起至预付款全部归还之日止。

签署日期： 年 月 日

签字： （全权代表签字）

代表： （认可的银行）

证人： （证人签字）

5. 投标授权书

投标授权书是投标人委托有关单位个人代表投标人参加招标活动书面证明。授权书的作用主要是证明代理人是代表投标人行使权力的，其在授权范围内的行为对投标人有法律约束力。

投标授权书（格式）

本授权书声明：

在本书上签字的_____（公司名称）的_____（法人代表姓名、职务）代表本公司任命在本书上签字的_____（被授权人姓名、职务）为本公司的合法代理人，就_____

（合同名称）的施工、完工和修补缺陷，以本公司的名义签署投标书，进行谈判、签署合同和处理与之有关的一切事务。特签字如下，以资证明。

授权人：　　（签字盖公章）　　证人：　　（签字盖公章）

代理人（被授权人）：　　　　　所在单位：

公司名称：　　　　　　　　　　地址：

地址：

　　　　　　　　　　　　　　　日期：　年　月　日

6. 补充资料表

补充资料表是招标文件的一个组成部分，其目的是通过投标人填写咨询工程师在编制招标文件时统一拟定好格式的各类表格，得到所需要的相当完整的信息。通过这些信息既可以了解投标人的各种安排和要求，便于在评标时进行比较；又可以在工程实施过程中便于招标人安排资金计划，计算价格调整等。

下面将常用的各类补充资料表做一介绍。

（1）与投标书一同递交的文件和图样　所谓图样是指在国际工程项目管理中，设计人（或咨询工程师）负责为招标人进行全部永久工程的设计，承包商则要负责临时工程和施工详图的设计。招标时要求投标人将与投标书一同递交的文件和图样列出清单，编上序号，以使所有的投标人所送的文件和图样一致，便于评标时查找评比。

（2）现金流动表　投标人应根据初步施工计划，估算工程实施期间每季度计划完成的工程的价值和承包商可能得到的净付款，并列入表中。净付款是指扣除适当的动员预付款，材料预付款和保留金等的剩余值。

（3）外汇需求表　要求承包商按工程量表细目填写需用外汇支付的费用占每项总费用的百分比，还需要填写各种外币的汇率及各种外币的百分比。还可以要求投标人填写外汇需求明细表，列出诸如国外人员劳务的工资、福利、津贴、保险、医药、旅差等费用；进口材料费用；进口机械费用；管理费用等。

（4）价格调整　列表说明价格调整的相关指数和加权系数。

（5）施工组织机构和主要人员　投标人应充分说明为履行合同拟建立的领导管理机构和主要人员（含外籍人员），以及上述人员的姓名、资历、经验、现任职务等。

（6）分包商　此表的目的是为了审查分包商的资格。投标人应在表中填入其拟雇佣的分包商的名称，地址、以往完成类似工程的经验，包括该工程的规模、地址、造价、竣工年份以及其招标人和监理工程师的姓名。

（7）进口的施工设备及材料　是指一定价值以上的大中型机械，要求填写设备的名称、性能、出产国、到岸价、预计到达工地的月份等；材料表主要填写材料的生产国、到岸价、数量等。

四、递送投标文件

递送投标文件也称递标，是指投标商在规定的投标截止日期之前，将准备好的所有投标文件密封递送到招标单位的行为。

所有的投标文件必须经反复校核，审查并签字盖章，特别是投标授权书要由具有法人地位的公司总经理或董事长签署、盖章；投标保函在保证银行行长签字盖章后，还要由投标人签字确认。然后按投标须知要求，认真细致地分装密封包装起来，由投标人亲自在截标之前送交招标的收标单位；或者通过邮寄递交。邮寄递交要考虑路途的时间，并且注意投标文件的完整性，一次递交，不可迟交或文件不完整而作废。

有许多工程项目的截止收标时间和开标时间几乎同时进行，交标后立即组织当场开标。迟交的标书即宣布为无效。因此，不论采用什么方法送交标书，一定要保证准时送达。对于已送出的标书若发现有错误要修改，可致函、发紧急电报或电传通知招标单位，修改或撤销投标书的通知不得迟于招标文件规定的截标时间。总而言之，要避免因为细节的疏忽与技术上的缺陷使投标文件失效或无利中标。

至于招标者，在收到投标商的投标文件后，应签收或通知投标商已收到其投标文件，并记录收到日期和时间；同时，在收到投标文件到开标之前，所有投标文件均不得启封，并应采取措施确保投标文件的安全。

五、准备备忘录提要

招标文件中一般都明确规定，不允许投标人对招标文件的各项要求进行随意取舍、修改或提出保留。但是在投标过程中，投标人对招标文件反复深入地进行研究后，往往会发现很多问题需要处理：

1）对投标人有利的，可以在投标时加以利用或在以后提出索赔要求的，这类问题投标人一般在投标时是不提的。

2）发现的错误明显对投标人不利的，如总价包干合同工程项目漏项或是工程量偏少，这类问题投标人应及时向招标人提出质疑，要求招标人更正。

3）投标人企图通过修改某些招标文件的条款或是希望补充某些规定，以使自己在合同实施时能处于主动地位的问题。

上述问题在准备投标文件时应单独写成一份备忘录提要。但这份备忘录提要不能附在投标文件中提交，只能自己保存。第三类问题留待合同谈判时使用，也就是说，当该投标使招标人感兴趣，招标人邀请投标人谈判时，再把这些问题根据当事情况，一个一个地命出来谈判，并将谈判结果写入合同协议书的备忘录中。

总之，在投标阶段除第二类问题外，一般少提问题，以免影响中标。

第八节　工程项目投标报价

投标报价是投标文件编制过程中的核心内容。

投标报价是承包商采取投标方式承揽工程项目时，在工程估价的基础上，考虑投标技巧及其风险等所确定的承包该项工程的投标总价格。

在满足招标文件要求的前提下，报价的高低是承包商能否中标的关键。同时报价又是中标人在今后与招标人进行合同谈判的基础，报价又直接关系到中标人的未来经济效益。因而承包商必须研究投标报价规律，提高报价能力，从而提高投标竞争能力与获益能力。

一、投标报价的主要依据

工程项目投标报价的依据主要有下列诸项：

1）设计图样。

2）工程量清单。

3）合同条件，尤其是有关工期、支付条件、外汇比例的规定。

4）有关法规。

5）拟采用的施工方案、进度计划。

6）施工规范和施工说明书。

7）工程材料、设备的价格及运费。

8）劳务工资标准。

9）当地生活物资价格水平。

此外，投标报价还应考虑各种有关间接费用。

二、投标报价的范围

投标报价范围为投标人在投标文件中提出要求支付的各项金额的总和。这个总金额应包括按投标须知所列在规定工期内完成的全部，招标工程不得以任何理由重复计算。除非招标人通过修改招标文件予以更正，投标人应按工程量清单中列出工程项目和数量填报单价和合价。每一项目只允许有一个报价；招标人不接受有选择的报价，未填报单价或合价的工程项目，实施后，招标人将不予支付，并视为该项费用已包括在其他有价款的单价或合价之内。工程实施地点为投标须知前附表所列的建设地点。投标人应踏勘现场，充分了解工地位置，道路条件，储存空间，运输装卸限制以及可能影响报价的其他任何情况，而在报价中予以适当考虑。任何因忽视或误解工地情况而导致的索赔或延长工期的申请都将得不到批准。据此，投标人的报价，包括划价的工程量清单所列的单价和合价以及投标报价汇总表中的价格，均包括完成该工程项目的直接成本、间接成本、利润、税金、政策性文件规定的费用、技术措施费、大型机械进出场费、风险费等所有费用。但合同另有规定者除外。

三、投标报价的内容

目前，国内工程投标报价的内容具体就是指建筑安装工程费的全部内容，包括下列项目：

1. 直接费

直接费由直接工程费和措施费组成。

（1）直接工程费 即施工过程中耗费的构成工程实体的各项费用，包括人工费、材料费、施工机械使用费。

1）人工费。即直接从事建筑安装工程施工的生产工人开支的各项费用，内容包括：

①基本工资：即发放给生产工人的基本工资。

②工资性补贴：即按规定标准发放的物价补贴，煤、燃气补贴，交通补贴，住房补贴，流动施工津贴等。

③生产工人辅助工资：即生产工人年有效施工天数以外非作业天数的工资，包括职工学习、培训期间的工资，调动工作、探亲、休假期间的工资，因气候影响的停工工资，女工哺乳时间的工资，病假在六个月以内的工资及产、婚、丧假期的工资。

④职工福利费：即按规定标准计提的职工福利费。

⑤生产工人劳动保护费：即按规定标准发放的劳动保护用品的购置费及修理费，徒工服装补贴，防暑降温费，在有碍身体健

康环境中施工的保健费用等。

2）材料费。即施工过程中耗费的构成工程实体的原材料、辅助材料、构配件、零件、半成品的费用。内容包括：

①材料原价（或供应价格）。

②材料运杂费：即材料自来源地运至工地仓库或指定堆放地点所发生的全部费用。

③运输损耗费：即材料在运输装卸过程中不可避免的损耗。

④采购及保管费：即为组织采购、供应和保管材料过程中所需要的各项费用。包括：采购费、仓储费、工地保管费、仓储损耗。

⑤检验试验费：即对建筑材料、构件和建筑安装物进行一般鉴定、检查所发生的费用，包括自设试验室进行试验所耗用的材料和化学药品等费用。不包括新结构、新材料的试验费和建设单位对具有出厂合格证明的材料进行检验，对构件做破坏性试验及其他特殊要求检验试验的费用。

3）施工机械使用费。即施工机械作业所发生的机械使用费以及机械安拆费和场外运费。施工机械台班单价应由下列七项费用组成：

①折旧费：是指施工机械在规定的使用年限内，陆续收回其原值及购置资金的时间价值。

②大修理费：是指施工机械按规定的大修理间隔台班进行必要的大修理，以恢复其正常功能所需的费用。

③经常修理费：是指施工机械除大修理以外的各级保养和临时故障排除所需的费用。包括为保障机械正常运转所需替换设备与随机配备工具附具的摊销和维护费用，机械运转中日常保养所需润滑与擦拭的材料费用及机械停滞期间的维护和保养费用等。

④安拆费及场外运费：安拆费是指施工机械在现场进行安装与拆卸所需的人工、材料、机械和试运转费用以及机械辅助设施的折旧、搭设、拆除等费用；场外运费是指施工机械整体或分体自停放地点运至施工现场或由一施工地点运至另一施工地点的运

输、装卸、辅助材料及架线等费用。

⑤人工费：是指机上驾驶员（司炉）和其他操作人员的工作日人工费及上述人员在施工机械规定的年工作台班以外的人工费。

⑥燃料动力费：是指施工机械在运转作业中所消耗的固体燃料（煤、木柴）、液体燃料（汽油、柴油）及水、电等费用。

⑦养路费及车船使用税：是指施工机械按照国家规定和有关部门规定应缴纳的养路费、车船使用税、保险费及年检费等。

（2）措施费　即为完成工程项目施工，发生于该工程施工前和施工过程中非工程实体项目的费用。内容包括：

1）环境保护费：即施工现场为达到环保部门要求所需要的各项费用。

2）文明施工费：即施工现场文明施工所需要的各项费用。

3）安全施工费：即施工现场安全施工所需要的各项费用。

4）临时设施费：即施工企业为进行建筑工程施工所必须搭设的生活和生产用的临时建筑物、构筑物和其他临时设施费用等。临时设施一般包括：临时宿舍、文化福利及公用事业房屋与构筑物，仓库、办公室、加工厂以及规定范围内道路、水、电、管线等临时设施和小型临时设施。

5）夜间施工费：即因夜间施工所发生的夜班补助费、夜间施工降效、夜间施工照明设备摊销及照明用电等费用。

6）二次搬运费：即因施工场地狭小等特殊情况而发生的二次搬运费用。

7）大型机械设备进出场及安拆费：即机械整体或分体自停放场地至施工现场或由一个施工地点运至另一个施工地点，所发生的机械进出场运输及转移费用及机械在施工现场进行安装、拆卸所需的人工费、材料费、机械费、试运转费和安装所需的辅助设施的费用。

8）混凝土、钢筋混凝土模板及支架费：即混凝土施工过程中需要的各种钢模板、木模板、支架等的支、拆、运输费用及模板、支架的摊销（或租赁）费用。

9）脚手架费：即施工需要的各种脚手架搭、拆、运输费用及脚手架的摊销（或租赁）费用。

10）已完工程及设备保护费：即竣工验收前，对已完工程及设备进行保护所需费用。

11）施工排水、降水费：即为确保工程在正常条件下施工，采取各种排水、降水措施所发生的各种费用。

2. 间接费

间接费由规费、企业管理费组成。

（1）规费　即政府和有关权力部门规定必须缴纳的费用（简称规费）。内容包括：

1）工程排污费：即施工现场按规定缴纳的工程排污费。

2）工程定额测定费：即按规定支付工程造价（定额）管理部门的定额测定费。

3）社会保障费：

①养老保险费：即企业按规定标准为职工缴纳的基本养老保险费。

②失业保险费：即企业按照国家规定标准为职工缴纳的失业保险费。

③医疗保险费：即企业按照规定标准为职工缴纳的基本医疗保险费。

4）住房公积金：即企业按规定标准为职工缴纳的住房公积金。

5）危险作业意外伤害保险：即按照建筑法规定，企业为从事危险作业的建筑安装施工人员支付的意外伤害保险费。

（2）企业管理费　即建筑安装企业组织施工生产和经营管理所需费用。内容包括：

1）管理人员工资：即管理人员的基本工资、工资性补贴、职工福利费、劳动保护费等。

2）办公费：即企业管理办公用的文具、纸张、账表、印刷、邮电、书报、会议、水电、烧水和集体取暖（包括现场临时宿舍取暖）用煤等费用。

3）差旅交通费：即职工因公出差、调动工作的差旅费、住勤补助费，市内交通费和误餐补助费，职工探亲路费，劳动力招募费，职工离退休、退职一次性路费，工伤人员就医路费，工地转移费以及管理部门使用的交通工具的油料、燃料、养路费及牌照费。

4）固定资产使用费：即管理和试验部门及附属生产单位使用的属于固定资产的房屋、设备仪器等的折旧、大修、维修或租赁费。

5）工具用具使用费：即管理使用的不属于固定资产的生产工具、器具、家具、交通工具和检验、试验、测绘、消防用具等的购置、维修和摊销费。

6）劳动保险费：即由企业支付离退休职工的易地安家补助费、职工退职金、6个月以上的病假人员工资、职工死亡丧葬补助费、抚恤费、按规定支付给离休干部的各项经费。

7）工会经费：即企业按职工工资总额计提的工会经费。

8）职工教育经费：即企业为职工学习先进技术和提高文化水平，按职工工资总额计提的费用。

9）财产保险费：即施工管理用财产、车辆保险。

10）财务费：即企业为筹集资金而发生的各种费用。

11）税金：即企业按规定缴纳的房产税、车船使用税、土地使用说、印花税等。

12）其他：包括技术转让费、技术开发费、业务招待费、绿化费、广告费、公证费、法律顾问费、审计费、咨询费等。

3. 利润

即施工企业完成所承包工程获得的盈利。

4. 税金

即国家税法规定的应计入建筑安装工程造价内的营业税、城市维护建设税及教育费附加等。

凡是报价范围内的各项目的报价都应包括组成上述建筑安装工程费的各个项目,不可重复或遗漏。

四、投标报价的步骤

投标报价的步骤其实也就是前面所讲的编制投标文件的步骤,即:

1)深入研究和分析招标文件。

2)进行现场考察和参加标前会。

3)复核招标文件中的工程量清单。

4)编制施工规划或施工组织设计。

5)进行投标报价计算,即对建筑工程各项费用(直接费、间接费、利润和税金)的计算。

五、投标报价的策略与技巧

由于这部分内容的重要性,需花费较大篇幅来作介绍,因此本书在后文单独对此设章。

实例:某建筑工程投标文件的编写与报价

(一)投标文件的编制依据

1)招标人提供的招标文件,包括商务条款、技术条款、图样以及招标人对已发出的招标文件进行澄清、修改或补充的书面资料等。

2)现场勘察资料。

3)国家及地区颁发的现行建筑、安装工程定额及取费标准(规定)。

4)设备及材料市场价格。

5)施工组织设计或施工规划。

6)其他有关资料。

(二)准备阶段

1. 项目初步研究

为了编制出有竞争力的标书,必须认真阅读招标文件和图样，尤其招标文件商务条款中的投标须知、专用条款、工程量清单及说明，技术条款中的施工技术要求、计量与支付及施工材料要求，招标人对已发出的招标文件进行澄清、修改或补充的书面资料等。这些内容都与标书的编制有关，必须认真分析研究。

工程量清单说明及专用条款，规定了招标项目编制标书基础价格、工程单价和总价时必须遵照的条件，如主要材料的供应条件及地点，施工供电、供水的方式及条件，主要施工机械台时费计算的条件及标书工程单价包括的内容等。

初步研究的主要工作步骤如下。

1）从工程量清单的全部条目中累计出同类工程的工程量，从而得到项目各类主要工程的合计工程量。

2）用粗估或综合的单价来匡算这些主要工程量的造价，从而得到整个项目及其各类主要工作的匡算价格。

3）列出材料、设备数量及规格，向厂家发出询价单。

2. 现场勘察

了解工程布置、地形条件、施工条件、料场开采条件、场内外交通运输条件等。

3. 编写标书编制工作大纲

通常标书编制大纲应包括以下内容：

1）标书编制原则和依据。

2）计算基础价格的基本条件和参数。

3）计算标书工程单价所采用的定额、标准和有关取费数据。

4）编制、校审人员安排及计划工作量。

5）标书编制进度及最终标书的提交时间。

4. 调查、收集基础资料

（1）调查、收集内容　包括：

1）收集工程所在地的劳资、材料、税务、交通等方面的资料。

2）向有关厂家收集设备价格资料。

3）收集工程中所应用的新技术、新工艺、新材料的有关价格计算方面的资料。

（2）直接费材料的获取　直接费中材料预算价格确定的是否准确对标书影响非常大。获取材料估价的工作程序如下：

1）前期估价工作。由于时间限制，造价人员不能等材料供应商提供材料单价后才开展工程项目的估价工作。一般的做法是先以近期其他项目的询价资料以及造价人员对当前市场价格变动情况的了解，假定价格进行成本预算。当供应商提供实际单价信息后，再做相应的调整。

2）询价。材料、设备询价单的内容一般包括规格、数量、材料供应计划、工地地址、运输方式、各种交通限制和影响供货的条件、递交询价单的日期等。

（三）编制阶段

1. 计算基础单价

基础单价包括人工预算单价、材料预算价格、施工用风水电单价、砂石料预算价格、施工机械台时费以及设备预算价格等。

人工、材料、风水电等基础单价的计算，定额编制规定中均有详细规定，编制标书应严格按照规定进行。现仅以中级工人工基础单价为例，介绍在该投标项目中基础单价的计算过程。人工费基础单价计算见下表。

人工费基础单价计算

地区类型	项目费用计算		中级工
序号	项　　目	计算式	单价 /（元/工日）
一	基本工资	$400 \times 12 \div 251 \times 1.068$	20.42
二	辅助工资		9.87
1	地区津贴		
2	施工津贴	$5.3 \times 365 \times 0.95 \div 251 \times 1.068$	7.82
3	夜餐津贴	$(4.5 + 3.5) \div 2 \times 30\%$	1.2

（续）

地区类型	项目费用计算		中级工
序号	项　　目	计算式	单价/(元/工日)
4	加班津贴	基本工资(元/工日) × 3×10÷251×35%	0.85
三	工资附加费		
1	职工福利基金	14%	4.24
2	工会经费	2%	0.61
3	养老保险费	20%	6.06
4	医疗保险费	4%	1.21
5	工作保险费	1.5%	0.45
6	职工失业保险基金	2%	0.61
7	住房公积金	5%	1.51
	人工工日辅助预算单价		44.98
	人工工时预算单价		5.62

2. 分析取费费率及相关参数

主要有以下两部分：

（1）计算工程综合单价　根据施工组织设计确定施工方案，计算工程综合单价。

工程综合单价包括直接费、其他直接费、现场经费、间接费、利润及税金等，参照现行建设项目设计概（估）算的编制规定，结合投标工程项目的特点，合理选定费率，税金按现行规定计取。

1）根据计算的人工、材料、机械价格，套用合适的定额子目，计算基本直接费。以基本直接费为基数，根据工程类型及分部分项工程类型，选定取费标准，计算其他直接费和现场经费，从而得到直接费。

2）根据间接费费率，以直接费为基数可以求得间接费。

3）根据利润率和税金率，分别以直接费和间接费等为基数，计算出利润和税金。

直接费、间接费、利润和税金四项之和即为分部分项工程单价。

根据投标报价决策，还需对投标报价及投标文件相应内容进行调整。一般情况下，通过调整工程取费费率即可满足要求。如仍不能满足要求，可以根据企业实际情况，对人工、机械数量适当核减。正常情况下，材料数量和税金可不做调整。

以黄土填筑单价计算过程为例，说明标书中项目单价的编制步骤，见下表。

黄土填筑单价计算

项目编号：4.1.1

项目名称：黄土填筑

工作内容：挖装、运2.5km、卸、推平、铡毛、压实、洒水等

单价：13.10元/m³

编号	名称及规格	单位	数量	单价/元	台价/元	备注
1	直接费	元			11.36	
1.1	基本直接费	元			10.44	
1.1.1	人工费	元			0.68	
（1）	初级工	工时			0.68	
1.1.2	材料费	元			0.51	
（1）	零星材料费	元			0.51	
1.1.3	机械使用费	元	0.2230	3.04	9.25	
（1）	液压单斗挖掘机1.8m³	台时			1.24	
（2）	挖掘机59kW	台时	0.5074	1.00	0.17	
（3）	柴油型自卸汽车15t	台时			5.97	
（4）	振动凸块碾13～14t	台时	0.0058	212.97	1.47	
（5）	推土机74kW	台时	0.0029	58.80	0.38	

（续）

编号	名称及规格	单位	数量	单价/元	合价/元	备注
(6)	蛙式夯实机2.8kW	台时	0.0530	112.60		
(7)	刨毛机	台时	0.0090	163.73		
(8)	其他机械使用费	元	0.0046	82.66	0.02	
1.2	其他直接费	元		13.64	0.26	
1.3	现场经费	元		51.61	0.66	
2	间接费	元	0.0168	1.00	0.73	
3	其他费用	元				
4	利润	元			0.60	
5	税金	元			0.41	
	合计	元			13.10	

在该项目报价中，土方工程的取费根据企业实际及其他投标人情况确定如下。

1）其他直接费取2.5%（正常取值3%）。

2）现场经费取6.3%（正常取值9%）。

3）间接费取6.4%（正常取值8%~9%）。

4）利润取5%（正常取值7%）。

5）税金为3.22%。

（2）计算标书的建安工程费及设备费 要注意临时工程费用计算与分摊。临时工程费用在概算中主要由三部分组成：

1）单独列项部分，如导流、道路、房屋等。

2）含在其他临时工程中的部分，如附属企业、供水、通信等。

3）含在现场经费中的临时设施费。

在标书编制时，应根据工程量清单及说明要求，除单独列项的临时工程外，其余均应包括在工程单价中。

（四）汇总阶段

1. 汇总标书

按工程量清单格式逐项填入工程单价和合价，汇总形成工程标书合价和标书总价。

2. 分析标书的合理性

明确工程招标投标范围，分析本次招标投标的工程项目和主要工程量，并与初步设计的工程项目和工程量进行比较，再将标书与审批的初步设计概算进行比较分析，分析投标文件的合理性，调整不合理的单价和费用。

投标文件报价应包括总价和工程单价。总价和各分部分项工程单价所包括的内容、计算依据和表现形式，应严格按招标文件的规定和要求编制。

通常投标文件的分部分项工程单价将其他临时工程的费用摊入其工程单价中，这与概算单价组成内容不同。总报价中的工程项目和费用也与概算内容不同。在比较分析投标报价与概算时，应充分考虑其中的不同之处。

（五）投标文件的组成

投标人按照招标文件规定的内容和格式编制并提交投标文件。投标文件包括以下内容：

第一卷商务部分

一、投标报价书

二、授权委托书、投标保函和投标人关于资格的声明函

三、已标价的工程量清单

1. 工程量清单说明

2. 投标报价编制说明

3. 投标报价汇总表

4. 分组工程量清单

四、投标辅助资料（商务部分）

1. 单价汇总表

2. 材料费汇总表

3. 机械使用费汇总表

4. 单价分析表

5. 资金流量估算表

五、资信资料

1. 投标人基本情况表

2. 营业执照、资质证书复印件

3. 近五年内完成的类似工程汇总表和类似工程情况表

4. 近五年内完成的其他工程汇总表和其他工程情况表

5. 正在施工的和准备承接的类似工程汇总表和类似工程情况表

6. 近五年内省部级以上奖励情况汇总表及证明资料

7. 银行资信等级、重合同守信用企业等信誉证明证书复印件

8. 近五年内诉讼情况汇总表

9. 财务状况

第二卷技术部分

一、编制说明

二、施工规划总说明

三、施工总布置

四、施工总进度

五、施工组织及资源配置

六、施工方法与技术措施

七、施工质量控制与管理措施

八、安全保证与管理措施

九、环境保护措施与文明施工

十、信息管理

十一、投标辅助资料（技术部分）

1. 拟投入本合同工作的施工队伍简要情况表

2. 拟投入本合同工作的主要人员表

3. 拟投入本合同工作的主要施工设备表

4. 劳动力计划表

5. 主要材料和水、电需用量计划表

6. 分包情况表

十二、投标人按本投标须知要求或投标人认为需提供的其他资料

第三卷替代方案（如果有的话）

（六）投标标书最终报价

将分组工程投标标书进行汇总，即可编制出投标标书汇总表。

该投标人对该项目各分组工程进行汇总，最终以总价×××
×元人民币进行报价。

第九节　出席开标会议

投标人在编制、递交了投标文件后，要积极准备出席开标会议。

参加开标会议对投标人来说，既是权利也是义务。很多地方规定，投标人不参加开标会议的，视为弃权，其投标文件将无效，不允许参加评标。投标人参加开标会议，要注意其投标文件是否被正确启封、宣读，对于被错误地认定为无效的投标文件或唱标出现的错误，应当场提出异议。

在评标期间，评标组织要求澄清投标文件中不清楚问题的，投标人应积极予以说明、解释、澄清。

澄清招标文件一般可以采用向投标人发出书面询问，由投标人书面作出说明或澄清的方式，也可以采用召开澄清会的方式。澄清会是为评标组织有助于对投标文件进行审查、评价和比较，也有的采用当面澄清的方式，有关澄清的要求和答复，最后均应以书面形式进行。所说明、澄清和确认的问题，经招标人和投标人双方签字后，作为投标书的组成部分。

在澄清会谈中，投标人不得更改标价、工期等实质性内容，开标后和定标前提出的任何修改声明或附加优惠条件，一律不作

为评标的依据。但评标组织按照投标须知规定，对确定为实质上响应招标文件要求的投标文件进行校核时发现的计算上或累计上的计算错误，不在此列。

第十节 接受中标通知书

经评标，投标人被确定为中标人后，应接受招标人发出的中标通知书。未中标的投标人有权要求招标人退还其投标保证金。

中标人收到中标通知书后，应在规定的时间和地点与招标人签订合同，同时按照招标文件的要求，提交履约保证金或履约保函，招标人同时退还中标人的投标保证金。中标人如拒绝在规定的时间内提交履约担保和签订合同，招标人报请招标投标管理机构批准同意后取消其中标资格，并按规定不退还其投标保证金，并考虑在其余投标人中重新确定中标人，与之签订合同，或重新招标。

中标人与招标人正式签订合同后，应按要求将合同副本分送有关主管部门备案。

第十五章 投标报价的决策与技巧

第一节 投标报价决策的博弈论思想

在投标报价决策工作中，投标人最重要的一个问题就是如何智胜对手。而博弈论无疑可以为这一问题给出较好答案。

一、博弈论的概述

1. 博弈论的概念

博弈论又称对策论，是研究在风险不确定情况下，多个决策主体行为相互影响时理性行为及其决策均衡的问题。也就是说，在某种固定规则的竞争中，结果不是由单一决策者掌控，而是由所有决策者的共同决策实现的；单一决策者为在竞争中使个人利益最大化，在多个策略中，受个人偏好的影响，所采取的策略选择，以及所有决策者决策趋向问题的研究。

博弈论既是一门决策理论，也是一种经济分析工具，是在具有对抗和反应特征的社会经济环境中最有效的决策理论和经济分析工具。

2. 博弈类型划分

博弈类型可以从不同角度来划分：

1）根据博弈方数量可分为单人博弈、两人博弈、多人博弈。

2）根据收益情况可分为零和博弈、常和博弈和变和博弈。

3）根据博弈方策略的数量可分为有限博弈和无限博弈。

4）根据博弈过程可分为静态博弈、动态博弈和重复博弈。

5）根据博弈方的理性和行为逻辑差别分为完全理性博弈和

有限理性博弈，非合作博弈和合作博弈。

6）根据信息结构可分为完全信息博弈和不完全信息博弈。

7）根据信息是否完全和完美，可分出完全信息静态博弈和不完全信息静态博弈、完全且完美信息动态博弈、完全但不完美信息动态博弈、不完全信息的静态博弈和不完全信息的动态博弈。

二、纳什均衡

纳什均衡是 1950 年美国数学家约翰·纳什提出的。作为博弈论最基础的概念，纳什均衡奠定了博弈理论框架的基石，在非合作博弈分析中具有十分关键的作用和地位。

纳什均衡是指这样一种结局，就是其中任一博弈方的策略都是针对其他博弈方策略或策略组合的最佳策略。当博弈的其他方都不改变策略时，某一方单独改变自己的策略只会给自己带来损失。例如：

甲、乙两家企业生产同一种产品，乙企业实力明显高于甲企业，在产品定价时可分别采取低价和高价两个策略。对甲企业来讲，无论乙企业采取什么策略，他采取高价策略的收益都大于采取低价策略的收益。对乙企业来讲，无论甲企业采取什么策略，他采取高价策略的收益同样优于低价策略。因而甲、乙两企业当然都选取采取高价策略，并且在这种情况下，无论甲或乙企业单方面改变自己的策略只会使自己的收益减少，从而形成一个稳定的结局。

纳什均衡具有一致预测的本质属性。即：如果所有博弈方都预测一个特定的博弈结果会出现，那么所有博弈方都不会利用该预测或者这种预测能力，选择与预测结果不一致的策略，即没有哪一个博弈方有偏离这个预测结果的愿望。一致预测性使得纳什均衡在非合作博弈分析中具有不可替代重要地位。

之所以要进行博弈分析，最重要的原因就是预测特定博弈中的博弈方究竟会采取什么行动，博弈将会有怎样的结果。

在博弈论中，有一个非常著名的纳什均衡，即"智猪博弈"——

假设猪圈里有一大一小两只猪，猪圈的一头有一个猪食槽，另一头有一个控制猪食供应的踏板，每踩一下踏板就会有 10 个单位的猪食进槽。由于猪圈两头相隔较远，如果是小猪去踩踏板，大猪先吃，等小猪跑过来，大猪已经吃了 9 个单位，小猪只能吃到 1 个单位；如果是大猪去踩踏板，小猪先吃，等大猪跑过来，小猪可吃到 6 个单位，大猪吃到 4 个单位；如果是大猪和小猪同时去踩踏板，再跑过来同时吃，大猪可吃到 7 个单位，小猪吃到剩下的 3 个单位。

在以上情况下，不论是大猪采取什么样的策略，小猪的最佳策略都是在食槽边等待大猪去踩踏板，然后自己坐享其成。而由于小猪总是会选择等待，大猪无奈之下只好去踩踏板。这时，小猪和大猪之间达成了一个"多劳不多得，少劳不少得"的利益均衡，如图 2-15-1 所示。

		大猪	
		踩踏板	不踩踏板
小猪	踩踏板	3，7	1，9
	不踩踏板	6，4	0，0

图 2-15-1　"智猪博弈"博弈收益矩阵

三、投标报价决策的几种博弈类型

在作出投标报价决策时，每个投标人都在根据不同的外部环境不断地调整自己的行为，在给定的约束条件下，寻求各自利益的最大化。

下面来看几种博弈类型，它们可以用来解释投标报价策略行为。

1. 静态贝叶斯博弈

它属于不完全信息静态博弈，其中"不完全信息"是指博弈中至少有一个博弈方不完全清楚其他某些博弈方的得益或者得益函数。不完全信息并不是完全没有信息，实际上不完全信息的博弈方至少必须有关于其他博弈方得益分布的可能范围和分布概率的知识，否则，博弈方的决策就会完全失去依据，博弈分析也就没有了意义。

静态博弈是指局中人同时选择行动。这里的同时不单是指所有局中人在同一时刻行动，通常还包括在时间上虽有行动的先后，但在博弈结束时，局中人彼此不知道其他人采取什么具体行动，其效果仍等价于所有局中人同时行动。

根据静态贝叶斯博弈的定义，当静态贝叶斯博弈中的博弈方的一个策略组合是贝叶斯均衡时，意味着不会有任何一个博弈方想要改变自己策略中的哪怕只是一种类型的一个行动。

招标投标是典型的不完全信息静态博弈，也就是静态贝叶斯博弈。

通常的招标投标有这样几个特征：密封递交标书，统一时间公正开标，合理低价者中标。这种博弈的博弈方就是所有投标人，数量可多可少，但至少在3人以上；各个博弈方的策略就是他们各自提出的标价；中标博弈方的得益就是他对项目成本的估价和最终报价之差，未中标的博弈方的得益假设为0（忽略前期投标费用）。由于各博弈方的标书是密封递交同时开标，各博弈方在选择自己的策略之前都无法知道其他博弈方的策略，只能根据以往的经验做大致的判断，各博弈方的估算成本和报价属于自己的私人信息，这显然是一个不完全信息静态博弈问题，是静态贝叶斯博弈。

投标人的得益函数可以通过自己以往同类型投标活动的收益，利用统计的方法，确定在该类型的投标项目中投标报价和收益各自符合的某种函数分布类型（如指数分布、正态分布、均匀分布等类型），然后确定期望得益。这就需要长期参与招标投标的经验，以及对于具体招标投标确切信息的熟知，进行大量的数理统计后，得出结论。

在工程项目招标投标博弈模型中，设有 n 个投标人，第 i 个投标人测定该工程的成本为 c_i, $i = 1, 2, \cdots, n$。c_i 只有 i 自己知道，并且相互独立，假设投标人均为理性的，并有着一定的投标报价经验，即 c_i 在 $[0, 1]$ 上均匀分布。b_i 是第 i 个承包商的报价，若他中标则其净效益为 $b_i - c_i$，否则净效益为 0。假定局中人都是风险中性的，即效用期望值等价于确定值。

在招标博弈中，假定所有有效投标人的项目方案均符合招标要求，最终结果是报价最低者获得工程的承建权。因此第 i 个投标人的得益函数为

$$u_i(b_i, b_j, c_i) = \begin{cases} b_i - c_i & , b_i < b_j \\ \dfrac{b_i - c_i}{n} & , b_i = b_j, i, j = 1, 2, \cdots, n, j \neq i \\ n & , b_i > b_j \end{cases}$$

上述得益函数的第一种情况是博弈方 i 标价低于另一方中标的得益；第二种情况是博弈方报价相同；第三种情况是博弈方 i 的报价高于另一方，对方中标，此时得益为 0。

在报价博弈中，每个投标人只知道自己对招标工程的个别成本，并不通晓其他人对该工程的个别成本，只是对别人可能的个别成本有一个主观概率，故是不完全信息的。给定投标人 i 的个别成本 c 和投标报价 b，则其得益函数期望值为

$$u_i = (b - c) IIP(b < b_j)$$

这里 $P(b < b_j)$ 是 $b < b_j$ 的概率，$IIP(b < b_j)$ 表示选择纯策略组合的各个概率的乘积，b_j 是投标人 j 的报价，$(b - c)$ 是中标者的净收益。

现在，投标人 i 面临的问题是使自己的效用最大化，即

$$\max \quad u_i = (b - c) IIP(b < b_j)$$

当投标人选择 b 时，他的个人价值为 (b)，均衡条件下 $\Phi(b) = c$。理性的投标人之间相互博弈的结果是投标报价趋近于项目成本价，投标人越多，中标价格越接近于项目成本。这种决定投标报价的原则实际上反映了博弈方所面临的矛盾，那就是标价越小中标机会就越大，但中标的得益较小，而标价越大

中标的机会越小，但一旦中标得益就较大。因此，采取兼顾中标机会和得益大小的折衷原则，也就是确定为成本价加上自己估计其他博弈方利润加价的一个比例来进行报价，这是报价的最佳选择。

由于招标投标工作的连续动态性，决策人在进行每一相对独立博弈时，作为其中任一局中人，都会有不同的多个策略形成自己的策略集，在不受以前决策影响的前提下，进行一次决策，理智的局中人主观上（除去判断失误作出错误决策的客观现象外）都会选择其中的最优策略。而这个最优策略也是经过该局中人判断其他局中人可能采取的策略决策后，选择的相对最优策略，这一决策结果具有很大的风险性和不确定性，但同时它又直接影响下一步的决策，以及最终所有局中人的博弈结果。得益函数的建立是主观的，就好像棋手对弈的过程，均是在自己能力与经验范围内判断对手的可能策略集，以此确定自己的策略集，并从中作出对自己较为有利的最优决策。

2. 非合作性博弈

非合作性博弈是指在这种博弈中，参与者之间无法通过协商达成某种形式的用来约束彼此行为的协议。

"囚徒困境"是最经典非合作性博弈模型——

假设有两个小偷 A 和 B 联合犯事、私入民宅被警察抓住。警方将两人分别置于不同的两个房间内进行审讯，对每一个犯罪嫌疑人，警方给出的政策是：如果一个犯罪嫌疑人坦白了罪行，交出了赃物，于是证据确凿，两人都被判有罪。如果另一个犯罪嫌疑人也做了坦白，则两人各被判刑 8 年；如果另一个犯罪嫌疑人没有坦白而是抵赖，则以妨碍公务罪（因已有证据表明其有罪）再加刑 2 年，而坦白者有功被减刑 8 年，立即释放。如果两人都抵赖，则警方因证据不足不能判两人的偷窃罪，但可以私入民宅的罪名将两人各判入狱 1 年。

图 2-15-2 给出了这个博弈的收益矩阵。

		B	
		坦白	抵赖
A	坦白	−8，−8	0，−10
	抵赖	−10，0	−1，−1

图 2-15-2　"囚徒困境"博弈收益矩阵

通过囚徒困境模型来分析投标报价。

投标报价的决策者将往往要面临两种选择——高报价还是低报价。在图 2-15-3 所示矩阵中，如果投标人 A 报低价，投标人 B 也报低价，中标后获得的利润为 2000 万元；如果投标人 A 为了获得中标机会而持续降价，投标人 B 却报高价，投标人中标后其利润为 1000 万元。因此，投标人 A 报低价的最低利润为 1000 万元。报高价能保证投标人 A 至少获得利润 2000 万元。因此，最大最小策略要求投标人 A 报低价。同理，投标人 B 也选择报低价。

		投标人 B	
		高报价	低报价
投标人 A	高报价	3，3	1，4
	低报价	4，1	2，2

图 2-15-3　因降低报价引起的利润损失

两家投标人都选择报低价，结果任何一家投标人中标后的利润都为 2000 万元。但是，请注意，如果两家投标人都报高价，任何一家投标人中标后的企业利润是 3000 万元，也就是说，利润反而增加了。但两家企业都不会这样决策，因为另一企业有可能选择报低价策略，使它失去中标机会。

3. 重复性博弈

重复性博弈是指基本博弈重复进行构成的过程。在我国民间广泛流传的"石头·剪子·布"的游戏，此即重复性博弈。游戏虽小，却包含有相生相克、以柔克刚等相当深刻的哲理。如果以得益 0 表示没有输赢，用得益 1 表示赢，用得益 −1 表示输，该得益矩阵如图 2-15-4 所示。

		乙		
		石头	剪子	布
	石头	0, 0	1, −1	−1, 1
甲	剪子	−1, 1	0, 0	1, −1
	布	1, −1	−1, 1	0, 0

图 2-15-4　重复性博弈收益矩阵

虽然重复性博弈形式上是基本博弈重复的过程，但博弈方的行为和结果却不一定是基本博弈的简单重复，因为博弈方对于博弈会重复进行的意识，会使他们对利益的判断发生变化，从而使他们在重复博弈不同阶段的行为受到影响。这意味着选择策略时不仅要考虑到短期的利益关系，还要考虑到长期博弈关系。在短期行为中，人们缺乏追求共同利益的机会，或者通过报复、制裁的威胁相互约束行为，而在长期的重复进行的博弈中，这种机会就大得多。所以，在与招标人的重复博弈中，招标人会非常注重投标人以前的历史行为，是否属于诚信型，还是属于投机型。

在与投标人的重复博弈中，也存在一个有趣的现象，就是投标人都在模拟对手的最终报价，而模拟的依据都是竞争对手上一期的报价行为，即历史上投标报价数据。所以，要防止竞争对手预测自己的报价惯性。比如，在每次报价时都要按不同比例调整工程量清单的初始单价，形成最终报价清单。

每次报价决策之前，投标人都希望利用手段刺探对手报价情况。除了对自己的报价思路和最终报价进行保密外，还可以有意"泄漏"夸大或缩小了的投标报价，引诱对手报高价或极端低价，让竞争对手落入圈套。另外，也要对刺探到的报价情况仔细分析其可能性，防止被竞争对手迷惑。

4. 顺序性博弈

在某地区或者是某行业内，如果投标人 A 已经在本次招标项目之前中标其他同类工程项目，投标人 B 想要进入该市场就属于顺序性博弈。这时，投标人 B 首先要决定是否进入，然后投标人 A 决定是不管 B 还是阻止 B 的进入。

对于顺序性博弈来说，先行动的一方有一定的优势。比如：投标人 A 已经在该市场建立起了自己的良好的企业形象，构筑了良好的物质供应价值链，机械设备和人员也不用大批量调遣，尤其是为了开辟市场而实施的精品战略已经初见成效，受到招标人的高度评价和信任。

很显然，投标人 A 不但具有成本优势，而且具有天时、地理、人和的优势。对于投标人 A 的优势，投标人 B 应作出反应，寻找投标人 A 的薄弱环节作为突破口，突出自己的优势，权衡进入该市场的短期利益和长期利益。

假如投标人 A 为阻止投标人 B 的进入需降低报价 1000 万元，投标费用多耗费 50 万元，即利润损失为 1050 万元，不采取阻止措施投标人 B 没有进入市场，则没有利润损失，进入则项目利润损失 300 万元，加上报价降低额 1000 万元和投标费用多耗费 50 万元，共损失利润 1350 万元。投标人 B 为进入该市场采取措施，如果进入需花费 300 万元，加上报价降低额 1000 万元和项目利润损失 300 万元，共计利润损失 1600 万元，不进入则有长期利润损失，短期利润损失为 0。

通过以上分析，很显然，投标人 B 如果选择进入，最大利润损失为 1600 万元，投标人 A 必然作出阻止进入的决策，最大利润损失为 1350 万元，这时投标人 A 有顺序性优势。

阻止进入市场就是要设置进入障碍，最大限度保证企业的利益。经济学家贝恩认为，进入障碍应根据现有企业对潜在的竞争者持有的优势来定义。所以，在阻止进入的博弈中，从投标报价角度讲，阻止进入意味着要以低价取得优势，除合理低价决策之外，利用产品差异、规模经济、区域优势、行业优势等四种方法可以设置进入障碍，保证企业在现有市场内的优势。

（1）阻止进入报价法　从投标报价角度讲，阻止进入意味着要以低价取得优势，决策者在利润和风险之间权衡后作出选择：根据企业长期经营目标，针对投标项目具体情况，确定本次投标是为了获得项目利润，还是为了占领市场，取得长期利润。目的不同，采取不同的报价策略。

（2）设置进入障碍法

1）规模经济。如果该项目存在有规模经济性，那么先行进入的企业在生产性固定资产上拥有一定的优势。相同投标报价，先进入的承包商会形成经济利润，而新进入者未必会形成盈利。

2）产品差异。如果市场内企业的建筑产品已经在消费者（或招标管理部门或招标人）心中达到最大程度的满意，它就具有一定的优势。新企业不得不以较低价格进入市场，从而得不到足够的利润。比如××单位施工的桥梁工程质量一直得到社会的好评，是否真正是第一好，这没有一定的标准去衡量，但只要消费者感到好就行。所以有一些招标人认为有技术难度的工程会有一种倾向性，因为他宁可在质量上得到保证。这样该企业就把自己的产品同其他企业的产品区别开来，可以占领较多的市场份额和较高经济利润。

3）行业性优势。对于某些专业性强的特殊行业，有些企业拥有专利权或某种施工资质，其他企业没有可比性。比如爆破资质，大型建筑企业集团是综合性的施工资质，在定向爆破和大型土石方爆破方面却没有专业资质，这时，爆破行业就有优势。

4）区域性优势。如果外地企业与当地企业竞争进入当地市场，就不能容易地获得劳动力和原材料，比如砂石料等地材，新进入者会增加进入的难度。

5. 合作性博弈

在合作性博弈中，参与者有可能彼此协商、签订协议，从而都有义务在博弈中执行特定的策略。投标报价中有多种合作性博弈，譬如：

（1）联合保标法　在竞争对手众多的情况下，可以采取几家实力雄厚的承包商联合起来控制标价，一家出面争取中标，再将其中部分项目转让给其他承包商分包，或轮流相互保标。这种做法较为常见，但是一旦被招标人发现，则很可能被取消投标资格。

（2）与当地公司联合投标　借助当地公司力量也是争取中标的一种有效手段，有利于超越"地区保护主义"，并可分享当地公司的优惠待遇。

（3）与发达国家公司联合投标　一般在国际工程投标时会用到。

（4）聘请当地代理人　当地代理人可起到投标人耳目、喉舌和顾问的作用，为中标提供有效信息开疏通渠道。

商业成功的案例大部分是双赢的结果，即建立在别人也成功的基础上。比如微软与因特尔的合作，只有当微软开发出更强有力的软件时，因特尔芯片的需求量才会增加，而反过来，当因特尔提供速度更快的芯片时，微软的软件才更有价值。这是一种双赢关系。即使在竞争对手之间，也存在着双赢的机会。这就需要我们运用正确的思维方式和策略去理解和把握。你可以和对手合作，但不要忘了对方只关注自己的利益。在市场经济的浪潮中，必须同时合作与竞争。

第二节　投标报价决策的本土谋略

一、项目适应性策略

在招标投标过程中，投标人要根据局势，具体问题具体分析，利用自己的优势，选择合适的策略行为，最终取得投标的胜利。

1. "远交近攻"

"远交近攻"的思想就是分化瓦解敌方联盟，逐个击破，结交远离自己的国家而先攻打邻近的国家。

在投标过程中，和外部公司加强联合，往往可以提高中标概率。比如，遇到自己并不擅长或是缺乏经验和竞争实力的专业施工，投标人可根据自身的技术实力以及经验专长，分析各个标段的技术特点，联合其他在此方面有实力的企业，作为联营体进行投标，有的放矢地针对重点标段进行报价，以增强自身竞争力。

2. "抛砖引玉"

"抛砖引玉"，"砖"和"玉"，是一种形象的比喻。"抛砖"只是一种手段，"引玉"才是目的。

投标人对于市场前景发展好的项目，要有破釜沉舟、背水一战的勇气和信心，即使先以低价或亏损价中标，也在所不辞。比如，对于一个大型项目，招标方往往将工程分为多个阶段进行分别招标。招标人以小标选择优秀的施工队伍，是"抛砖"，真正在二期大型工程招标中对优秀的施工队伍情有独钟，是"引玉"。为了后期工程的中标，投标人不以盈利为目的，而代之以中标为目的，采取"先亏后赢法"，以谋取远期利润。

3. "李代桃僵"

招标投标期间，情况复杂多变，许多时候要把握事态的发展，随机应变，关键时候"李代桃僵"，舍车保帅。

在投标阶段，如果竞争激烈，决策者可以视具体情况，提出某些优惠条件。投标报价附带优惠条件是行之有效的一种投标手段。

在答辩期间或者是合同谈判期间，也要根据具体情况决定是否需要舍车保帅，舍哪个车，以及舍车的技巧。也就是说，要正确定谈判过程中的让步底线和附加合同条款的争取程度。

4. "金蝉脱壳"，"走为上"

"金蝉脱壳"意义在于通过伪装摆脱敌人，撤退或转移，决不是惊慌失措，消极逃跑；"走为上"，是指在敌我力量悬殊的不利形势下，采取有计划的主动撤退，避开强敌，寻找战机，以退为进，这是谋略中的上策。

如果在投标的过程中，投标方发现竞争压力过大，而中标的可能性极低，或是项目风险性极高，抑或本企业已经满负荷经营。在此情况下，为了维护承包商的信誉，同时不影响未来的投标机会，承包商可采用"高价"策略，溜之大吉。如果中标，则是意外之得，失标也是欣然接受。

二、目标定位策略

投标报价开始前，投标人初步估计出项目的风险性和预期收益之后，就必须结合自己的实际情况和整体经营战略，确立自己在该项目投标活动中的底线，也就是说投标的目标是什么。

不同的企业处在不同的发展阶段，其经营战略思路是不同的，其当前的战略能力以及战略要素的配置也是不同的，因而其战略需求是不同的。比如，有的企业可能开工不足，急于获得维持基本经营的业务，这时可能对于纯利要求比较低，所以在生存战略的要求下，必然以维持最低的利润为目标去争取项目。有的企业奉行的是差异战略，希望通过提供高附加值的服务来树立自己的形象和品牌，在这种情况下，对技术含量低的一般性项目可能会不感兴趣，也不会过分压低投标报价标准。

企业只有确定了投标活动的目标是什么——市场份额、高额利润、技术声誉、地域性的规模效应还是维持生存的业务量等——才能够确定报价的基本策略；是报高价还是报低价，能够接受的价格区间是什么等。

三、项目筛选策略

优选项目是企业提高中标概率和保证中标项目效益的保证。在竞争如此激烈的建筑市场，投标人只有精选，才有精揽。精选项目不仅要根据企业的长期经营目标选择发展前景的项目，在实际投标过程中，还要充分分析竞争对手的情况，对于没有优势的项目，宁可放弃。因此，在进行投标报价决策时，还要奉行以下策略：

1. "知己知彼"，寻求优势

当获得某工程招标信息后，投标人首先要从企业当前的经营状况和长远经营目标、招标人及招标项目总体情况全面衡量，确定是否参与投标。对拟投标项目，要对竞争对手做仔细分析。

如果通过研究，发现在这个项目上，和竞争对手相比，优势不足，就不要作无用功，当机立断。如果通过研究，发现在这个项目上，和竞争对手相比，力量相当，就要安排强有力的投标班子，重点项目重点突破，集中优势兵力打歼灭战，确保中标率。

2. 谨慎择标，"非利不动"

投标人在择标时，要从提高企业的竞争力入手，把承揽重点放在含金量比较高的项目上。把提高经济效益，降低经营风险作为重要原则来掌握，把承揽重点放在投资规模大、建设周期长、经济效益高、有滚动发展前景、能突出体现企业优势的工程项目上。作为一般性原则，集中优势力量在一个市场或承包一个大项目比利用同样资源分散承包几个小项目有利。

对于下列项目，一定要慎重选择，尽量回避：

1）市场经济和政治风险大的地区的项目。

2）规模和技术超过本公司能力的项目。

3）技术难度大、风险性大而在盈利上也无很大吸引力的项目。

4）非本专业又难以找到可靠施工单位的项目。

第三节　投标机会分析与
报价初步概（预）算

一、投标机会分析

当获得某工程项目招标的信息或者接到投标邀请以后，建筑企业首先应主要回答以下两个问题：

1）是否参与投标？

2）中标后是否有利可图？

回答这两个问题，必须对项目本身的情况、项目所在地的情况、企业自身的情况、招标人和评标方法、竞争对手的情况有一个初步的了解和分析。在作出参与投标的决策以后，依然必须围绕着上述几个方面进行信息的收集、分析和整理工作，不断深化企业对这几点的认识，为以后投标报价决策打下基础。

1. 招标项目基本情况分析

招标项目的基本情况包括以下两个方面的内容：

（1）调查分析招标项目自身的情况

1）调查分析招标项目的一般情况。包括：

①工程的性质、规模、发包范围。

②工程所在地区的气象和水文资料。

③施工场地的地形、土质、地下水位、交通运输、给水排水、供电、通信条件等情况。

④工程项目的资金来源和招标人的资信情况。

⑤对购买器材和雇用工人有无限制条件（例如是否规定必须采购当地某种建筑材料的份额或雇用当地工人的比例等）。

⑥对外国承包商和本国承包商有无差别待遇（例如在标价上给本国承包商以优惠等）。

⑦工程价款的支付方式，外汇所占比例。

⑧招标人、监理工程师的资历和工作作风等。

2）调查分析招标项目的投资情况。包括：

①该建设工程全部投资概算情况。

②招标项目分标段情况。

③参加项目的初步设计单位，在历史上设计的同类工程的技术经济指标情况。

④国内同期招标的同类工程的技术经济指标情况。

⑤当地招标市场近期工程招标情况。

3）分析招标文件。除了对外部情报进行分析外，投标人还必须对招标文件进行认真的分析研究，必须吃透标书，弄清各项条款的内容及其内涵。对招标文件的研究，重点是：

①工程的发包方式。

②报价的计算基础。

③工程规模和工期要求。

④施工组织设计要求。

⑤合同当事人各方的义务、责任和所享有的合法权利等。

⑥招标文件中规定的技术要求、支付条件及法律条款等。

⑦工程必须遵循的规范、标准及对物资采购的要求等。

⑧图样、施工说明书及工程量表等。

（2）调查项目环境　投标前，企业应通过对项目宏观环境的调查，分析该项目是否符合本企业长期发展目标和经营宗旨，市场开拓前景如何，最后确定是否要在该地区发展。

项目环境是指招标工程项目所在地区的经济条件、自然条件、地方法规等对投标和中标后履行合同有影响的各种宏观因素。其中，除了要了解当地风土人情，管辖外来建筑企业承包工程的地方性法律法规等，还需要了解以下两点：

1）项目的机会成本。即除了该项目之外可能获得的其他项目的情况。

只有把一个项目放到可能获得的一系列项目之中去比较才能够清楚地估量出其价值。这就需要对国家大政方针有很好的了解，能够从近期、中期、远期预测国家要上哪些大的项目；了解列入国家规划或政府批准的建设项目有哪些，国资、外资、信贷资金的投放方面是哪些等。其次，对各种投标渠道的建设项目从立项、土地征租、勘察设计到项目投标前期的全部信息都能够跟踪，能够通过设计单位或其他途径获得设计和概算，并对其进行分析。

2）直接影响项目本身成本的环境因素。即影响投标报价的有关定额规定、取费标准、可能出台的调价因素等国家政策，以及建筑材料、机电设备市场货源、供货渠道及价格、近中期走势预测分析，特别是新材料、新设备等市场因素。

2. 企业自身情况分析

获得工程招标信息后，建筑企业应根据自身的专业优势、经济实力、管理水平和施工经验来分析并确定是否参与该项目的投标，要注意扬长避短，发挥优势。正确评价参加该项目的建设对企业长远发展目标产生怎样的影响。投标中既要看到近期利益，更要看到长远目标，要把生存型战略与发展型战略相结合。承揽工程要为以后的市场开拓创造机会和条件，也可先进行分包或联合承包为今后进入某一市场创造条件。

分析企业经营实力主要内容包括：

1）本公司的施工能力和特点，针对本项目技术上有何优势。

2）有无从事过类似工程的经验。针对本项目的工程特点，企业的管理经验和管理能力如何。

3）投标项目对本公司今后业务发展的影响。

4）本公司的设备和机械状况。特别是临近地区有无可供调用的设备和机械，可投入本工程的周转材料情况。

5）有无垫付资金的来源，可投入本工程的流动资金情况。

6）企业的市场应变能力如何。

7）企业综合盈利能力如何。

8）其他。

3. 招标人与评标办法分析

分析招标人的基本条件，主要应分析考虑招标人的资金状况：其资金来源是本国自筹、外国或国际组织贷款、还是要求投标人垫资。因为资金牵扯到支付条件，是现金支付（其中外币与本地币比例），延期付款，还是实物支付，这一切和投标人的利益密切相关，资金来源可靠，支付条件好的可投低标。

投标之前，还要进行招标人心理分析，了解招标人的主要着眼点，如：

1）招标人资金紧缺，一般会考虑最低投标价中标。

2）招标人资金充足，则多半要求技术先进，如机电产品要

求名牌厂家，工程质量要求创优质、出精品，虽然标价高一些也不在乎）

3）工期要求紧迫的工程，则投标时可以标价稍高，但要在工期上尽量提前。

总之，要对招标人的情况进行全面细致的调查分析。

招标人如何评标以及评标时考虑哪些非价格因素（如质量管理、工期控制和完成所需的时间等）也很重要。标书的评价对投标人来说是生死攸关的大事，投标人只有了解招标人评标的原则、要求和侧重点，并精心准备，才有可能中标。

4. 竞争对手分析

掌握竞争对手情况，是投标决策的一个重要环节，是企业对外投标能否取胜的重要因素。准备参加投标的企业，必须要对本行业中所有参加过竞争或此次可能参加投标竞争的企业有所了解，列出竞争对手的名单，并调查他们在投标时的情况：

1）本次招标中投标单位名称、数量、每标段报名情况。

2）投标优势单位历史的投标经验。尽量多收集竞争对手投标资料，分析其过去参加过哪些投标、参加的次数、中标的次数、得次低标的次数、开标后降价的幅度。

3）投标优势单位市场份额和经营现状，包括经营情况、生产能力、技术水平、产品性能、质量及知名度等企业情况。

4）竞争对手是否具有行业保护和地方保护优势。

5）投标对手的最有利优势是什么，在这一点上，是否有通过采取其他措施取胜的可能性。

在分析竞争对手的情况之后，如果企业自身没有什么太大的优势，选择放弃也不失为明智之举。

二、投标报价的初步概（预）算

投标报价决策的基础是对工程概（预）算有比较准确的把握。投标报价是根据招标文件要求在工程概（预）算的基础上进行符合性修正后的项目工程造价。

项目概（预）算在招标投标过程中占有很重要的位置。对招标人来讲，这是控制项目投资的基准值。对投标人来讲，它能反映出本次招标投标项目在建设项目总投资额中招标人期望的发包比重，投标人编制的工程概（预）算是投标报价最终降价决策的基数，研究工程概（预）算在于寻求接近招标人思路的概（预）算费用，正确判断外界信息的准确性。

1. 以工程量清单为基础的投标报价概（预）算

工程量清单（或称工程量表）是招标文件中进行投标报价的关键性文件之一，是进行工程投标报价概（预）算的重要依据。

招标人要求投标人在工程量清单中填列出各单项或分项的单价或总价后，即作为报价单纳入投标文件。其汇总后的费用总额即为投标价格，并转入"投标书"中。

在评标过程中，工程量清单常常是评标者评价投标人报价是否合理，与标底或其他投标人所提供的报价之间的偏差是否合理的基本依据。对于投标报价来说，工程量清单既是投标人计算投标价格的基础，又是评标人评审投标价格的合理性的依据，对于中标具有非常重要的意义。

一般来说，施工项目的工程量清单报价程序如下：

1）在充分研究招标文件的各项技术规定及工程量清单的基础上，确定施工组织方案和施工方法。

2）根据工程性质确定编制报价所依据的定额。

3）根据施工方法确定参照的定额子目。

4）根据当地定额站发布的资料和现场调查资料确定材料单价。

5）根据行业规定和当地定额站发布的规定确定人工单价。

6）根据工程所在地和企业性质确定取费标准，然后按照常规概算编制办法编制初步的投标报价。

7）最后，根据项目竞争性和企业的风险承受能力确定降价额度，形成最终投标报价。

在本节中主要讨论工程概（预）算的做法以及在此基础上如何编制初步的工程量清单报价。由于投标报价时要求提供的工程量清单具有固定的格式和分项，与通常的工程施工预算的分项存在一定的差别。因此，必须依据招标文件的要求对工程概预算进行必要的调整与修正。

此外，在初步的工程量清单的基础上确定了最终投标报价之后，还要根据投标报价的策略对初步的工程量清单进行调整，把最后浮动后的差额合理地分摊到工程量清单的各项中。

2. 投标报价费用的组成

参考前文"投标报价的内容"。

3. 工程细目单价的确定与修正

投标报价中需要制作的工程量清单与一般工程概预算还存在一定区别，需要在其基础上做一调整才能对工程报价的基本成本有一个比较完整的认识。

（1）确定基本单价　以编制的工程概（预）算为基础，确定基本单价。确定单价时，一定要注意把招标人在工程量表中未列出的项目内容及其单价考虑进去，不可漏算。

1）定额的套用。首先应熟悉定额各章节的内容、各章节的说明及各子目包含的工作内容，熟练掌握定额的换算方法，防止重复计算和漏套子项。在使用定额时往往容易遇到设计与定额配合比不一致的项目，应按定额规定进行换算。对缺项部分，可借用类似项目或用相近项目换算。对无类似项目可套用、借用的工作项目，可编制补充定额。

2）材料单价的确定。根据市场调查情况，结合施工组织方案，确定人工、材料、设备和机械台班的基本单价及其现场操作的消耗水平。

3）确定间接费率及分摊费用。根据工程所在地区和工程性质，按照概预算标准确定间接费率，并计算需要分摊的费用，然后，进行单价分析，把全部间接费、上级管理费、风险费和计划利润按分项工程摊入，最后可确定每项工程单价。

4）计算总价。

（2）对基本单价进行必要的修正　在实际投标报价中，一般都会根据投标情况对基本单价进行必要的修正，确定有些费用如何摊入。

1）根据施工组织设计方案进行单价修正。根据施工组织设计方案，计算工程量清单外需要摊销费用的项目数量，对基本单价进行必要的修正。

①根据施工方案，调整图样给定的工程数量。

②认真分析施工现场情况，计算大型临时设施的数量。

③计算大型设备前期进场调遣费用。

2）认真阅读招标文件的工程清单说明。分析某些特殊单价是否摊入报价或单独列入总额价。如税金、测量放线、竣工资料编制费、驻地建设费等。

3）及时修正招标人补遗书对工程量清单的有关调整说明。

第四节　初步报价合理性分析

对投标报价进行初步的分析、根据既定的工程施工方案制订的工程概（预）算并对之进行调整后，得出了工程项目的初步报价或者说工程基本造价。那么，这个初步报价是否合理呢？必须进行分析。

初步报价计算出来以后，由预算工程师把投标报价分解成两部分：

1）根据招标图样和调查资料计算的预算费用，用 B_1 表示。

2）根据项目特殊情况和投标人经验估计的风险性费用，用 B_2 表示。

$$初步的投标报价 = B_1 \pm B_2$$

而后，对第一部分费用 B_1 进行静态分析，探讨初步报价的合理性；对第二部分 B_2 进行动态分析，探讨初步报价的风险性。确定其合适的项目预算成本和合理的投标报价，为最终报价决策提供依据。

除非出现计算错误，理性的投标人计算的标价应该是相近的，因为投标人获取的投标资料是相同的，现场调查的资料也大同小异，计算标价的方法也相近，但是，最后报价结果却不甚相同，原因就是对 B_2 的估算不同，投标人编标指导思想的不同，导致了对 B_1 值的加价不同，即不同的 B_2。这个加价可能是正值，也可能是负值。

一、初步报价的静态分析

投标报价的静态分析主要是分析招标图样和调查资料计算的预算费用 B_1。

1. 利用经济指标宏观审核报价的合理性

投标报价专业人员在平时要善于收集资料，按各个不同地区、不同行业、不同项目类别分别统计：

1）路基土石方按方量造价。

2）房屋工程按平方米造价。

3）公路桥梁按桥面平方米造价。

4）铁路桥梁按延长米造价。

5）铁路隧道按延长米造价。

6）爆破工程按山体自然方造价。

7）混凝土路面按平方米造价或混凝土立方米造价。

2. 用全员劳动生产率对投标报价进行审核

全员劳动生产率即全体人员每工日的生产价值，这是一项很重要的经济指标。用之对工程报价进行宏观控制是很有效的，尤其当一些综合性大项目难以用单位工程造价分析时，显得更为有用。但非同类工程，机械化水平悬殊的工程，不能绝对相比，要持分析态度。

3. 用单位工程用工用料正常指标对投标报价进行审核

正常指标例如：我国铁路隧道施工部门根据所积累的大量施工经验，统计分析出的各类围岩隧道的每延米隧道用工、用料正常指标；房建部门对房建工程每平方米建筑面积所需劳动力和各种材料的数量也都有一个合理的指数。可据此对工程投标报价进行宏观控制。国外工程也如此。

4. 用各分项工程价值的正常比例对投标报价进行审核

这是控制报价准确度的重要指标之一。例如一栋楼房，是由基础、墙体、楼板、屋面、装饰、水电、各种专用设备等分项工程构成的，它们在工程价值中都有一个合理的大体比例。国外房屋工程，主体结构工程（包括基础，框架和砖墙三个分项工程）的价值约占总价的 55%；水电工程约占 10%；其余分项工程的合计价值约占 35%。

例如，某国一房建工程，各分项工程价值占总价的百分比如下：基础 9.07；钢筋混凝土框架 37.09；砖墙（非承重）9.54；楼地面 10.32；装饰 10.40；屋面 50.46；门窗 8.48；上下水道 40.96；室内照明 4.68。

5. 用各类费用的正常比例对投标报价进行审核

任何一个工程的费用都是由人工费、材料设备费、施工机械费、间接费等各类费用组成的，它们之间都有一个合理的比例：

（1）国内工程　国内工程一般是人工费占 8% ~ 12%，材料费占 50% ~ 70%，机械使用费占 3% ~ 10%，间接费占 15% ~ 20%，税金一般占 3% 左右。

（2）国外工程　国外工程一般是人工费占 15% ~ 20%，材料费占 45% ~ 65%，机械使用费占 3% ~ 10%，间接费占 25%。

6. 用预测成本比较控制法对投标报价进行审核

将一个国家或地区的同类型工程报价项目和中标项目的预测工程成本资料整理汇总储存，作为下一轮投标报价的参考，可以此衡量新项目报价的得失情况。

7. 用个体分析整体综合控制法对投标报价进行审核

如修建一条铁路，这是包含线、桥、隧、站场、房屋、通信信号等个体工程的综合工程项目。应首先对个体工程进行逐个分析，而后进行综合研究和控制。

例如，某国铁路工程，每公里造价为208万美元，似乎大大超出常规造价；但经分析此造价是线、桥、房屋、通信信号等个体工程的合计价格，其中线、桥工程造价仅为112万美元/km，是个正常价格；房建工程造价77万美元/km，占铁路总价的37%，其比例似乎过高，但该房建工程不仅包括沿线车站等的房屋，还包括一个大货场的房建工程，每平方米的造价并不高。经上述一系列分析综合，认定该工程的价格是合理的。

8. 用综合定额估算法对投标报价进行审核

综合定额估算法是采用综合定额和扩大系数估算工程的工料数量及工程造价的一种方法；是在掌握工程实施经验和资料的基础上的一种估价方法。一般说来比较接近实际，尤其是在采用其他宏观指标对工程报价难以核准的情况下，该法更显出它较细致可靠的优点。其程序是：

1）选控项目。任何工程报价的工程细目都有几十或几百项。为便于采用综合定额进行工程估算，首先将这些项目有选择地归类，合并成几种或几十种综合性项目，称为"可控项目"，其价值占工程总价的75%～80%。有些工程细目，工程量小、价值不大、又难以合并归类的，可不合并，此类项目称为"未控项目"，其价值占工程总价的20%～25%。

2）编制综合定额。对上述选控项目编制相应的定额，能体现出选控项目用工用料的较实际的消耗量，这类定额称为综合定额。综合定额应在平时编制完好，以备估价时使用。

3）根据可控项目的综合定额和工程量，计算出可控项目的用工总数及主要材料数量。

4）估测"未控项目"的用工总数及主要材料数量。如用工数量占"可控项目"用工数量的20%～30%；用料数量占"可控项目"用料数量的5%～20%。为选好这个比率，平时做工程报价详细计算时，应认真统计"未控项目"与"可控项目"价值的比率。

5）根据上述3）、4），将"可控项目"和"未控项目"的

用工总数及主要材料数量相加，求出工程总用工数和主要材料总
数量

6）根据5）计算的主要材料总数量及实际单价，求出主要
材料总价。

7）根据5）计算的总用工数及劳务工资单价，求出工程总
工费。

8）工程材料总价 = 主要材料总价 × 扩大系数（1.5～2.5）。

选取扩大系数时，钢筋混凝土及钢结构等含钢量多、装饰贴
面少的工程，应取低值；反之，应取高值。

9）工程总价 = （总工费 + 材料总价）× 系数。

该系数的取值，承包工程为1.4～1.5，经援项目为1.3～
1.35。上述办法及计算程序中所选用的各种系数，仅供参考，不
可盲目套用。

综合定额估算法属宏观审核工程报价的一种手段。不能以此
代替详细的报价资料，报价时仍应按招标文件的要求详细计算。

综合应用上述指标和办法，做到既有纵向比较，又有横向比
较，还有系统的综合比较，再做些与报价有关的考察、调研，就
会改善新项目的投标报价工作，减少和避免报价失误，取得中标
承包工程的好成绩。

实例：某国某住宅楼工程综合定额估算

某国某3层住宅楼，建筑面积788.10m²，钢筋混凝土框架
结构，水泥砂浆空心砖填充墙，室内顶栅及室内外墙面均抹水泥
砂浆刷乳胶漆，釉面砖地面，木门，铝合金窗。

已知单价：18美元/工日，水泥102美元/t，砂子12美元/
m³，碎石23美元/m³，水0.46美元/t，钢筋568美元/t，木材
330美元/m³。

根据已知条件，估算工程总价。

（1）按照"综合定额估算法"1）～5）程序，已求出工程
总工日和主要材料数量。

（2）总人工费 = 3667 × 18 = 66006（美元）

（3）主要材料总价：

1）水泥　$227 \times 102 = 23154$（美元）

2）砂子　$447 \times 12 = 5364$（美元）

3）碎石　$460 \times 23 = 10580$（美元）

4）水　$1032 \times 0.46 = 475$（美元）

5）钢筋　$39 \times 568 = 22152$（美元）

6）木材　$49 \times 330 = 16170$（美元）

以上合计：77895 美元

（4）工程材料总价 $= 77895 \times 2.2$（扩大系数）$= 171369$（美元）

（5）工程总价 $=（66006 + 171369）\times 1.45$（系数）$= 344194$（美元）

该工程对外报价（详细计算）为 343340 美元，与本估价相近。

二、初步报价的动态分析

投标报价动态分析主要是分析根据项目特殊情况和投标人经验估计的风险性费用 B_2。

动态分析主要考虑建设期内人工、材料和机械的价格变动，包括考虑不可预见费、包干费和施工措施费的影响。分析的办法是假定某些因素发生变化，测算标价的变化幅度，特别是这些变化对项目预期利润的影响程度。

初步报价的动态分析主要包括以下几个方面的内容：

1. 材料、设备和人工费用的增涨

材料、设备和人工的增涨占了项目成本中很大的比重，通常可达到 60% 以上，如果是无利润报价，则比重更大。因此必须要通过计算建设期内初步投标报价中拟定的材料、设备和人工的费用及其增涨，测算其对项目最终形成利润的影响。

计算报价时，要切实了解当地材料物价和工资水平，并根据实际情况预测其升降趋势和幅度，估计项目实施过程中可能发生

的材料、设备和工资价格的上涨系数，与初步投标报价中计算的材料、设备和人工做比较，最后作出恰当判断。

2. 工期与报价

根据初步投标报价和招标人规定的施工工期，计算出月产值和年产值，如果从承包人的经验角度判断这一指标过高或者过低，就应当考虑工期的合理性。指标过高，会有赶工费用发生，指标过低，又会窝工，造成浪费。

在编制施工进度计划时，要合理安排工人上场时间。由于承包商安排不合理，造成工程延误，或出现质量问题造成返工等，承包商就会增大费用，这部分费用只能用项目利润来弥补。另外，还有其他很多种不可避免的风险都可能导致工期延误。管理不善、材料设备交货延误、质量返工、监理工程师的刁难、其他承包商的干扰等而造成工期延误，不但不能索赔，还可能遭致罚款；而且由于工期的延误，可能会使占用的流动资金及利息增加，管理费相应增大，工资开支也增多，机具设备使用费增大。这种增大的开支部分只能用报价利润来弥补，因此，通过多次测算可以得知，如果工期拖延一定的时间，利润将全部丧失。

3. 质量与报价

招标人在选择承包商时，对承包商过去的承包经验给予极大的关心。投标人如果有同类工程施工经验，尤其是同类工程曾经获得优质奖项，那么，如果不是在标书或投标过程中其他方面出现严重问题，招标人会对具有同类项目技术优势的投标人感兴趣。

另一方面，如果投标人在标书中为了满足招标人对质量提出的要求，增加了实施性特殊方案，预算工程师在编制投标报价时有必要考虑这部分费用。

4. 付款方式的影响

如果招标人资金充足，招标文件中规定的付款条件比较宽松，可以考虑适当的报价优惠，如果需要垫资，或有可能出现付款不及时情况，就要分析是否需要在投标报价中增加财务费用。

5. 外汇

如果是国际标或有涉及外汇比例的标段，要测算外汇比率变化趋势，测算初步投标报价中的支付外汇比例变动。

6. 地区干扰或相邻承包商的干扰

在工程实施过程中，资源性的材料或人力有可能发生人为的地区性控制，编制投标报价之前，要仔细调查当地风土人情，调查沿线附近材料资源和人力资源，预测可能发生的费用增加。另外，还要考虑相邻标段或有交叉作业的承包商，是否使用共同的施工便道，或使用共同的作业场地等，其维护费用或由于交叉作业引起干扰，将导致工效降低。

7. 其他可变因素的影响

有些影响标价的可变因素是投标人无法控制的。根据项目个体的特殊性，假定某些因素的变化，测算报价的变化幅度。如可能出现的特殊地质、施工图样因为非承包商原因突然发生变化等。

第五节　投标报价竞争性决策

报价决策是指报价决策人召集预算工程师和有关人员共同研究，就初步投标报价计算结果进行静态、动态的风险分析讨论，作出有关调整报价的最后决定，结合招标人规定的评标办法，定量分析确定投标报价区间。最优报价问题是决策最终投标报价的重要环节。

一、投标报价决策所依据的数据分析

作为决策的主要依据应当是预算工程师根据工程概（预）算书和分析指标，测定的投标概（预）算、项目期望成本、项目期望收益，以及根据投标经验模拟计算的招标人标底、评标标底、随机报价（竞标单位有效平均报价）。

把投标报价的决策理解为有约束条件下的最优化问题，线性规划是一种解决一组特殊的有约束条件下的最优化问题的方法，

在这里，目标函数 Y（投标报价）是线性的，并有一个或多个约束条件的限制。

$$Y_{投标报价} = f(A_1, A, A_0, D, A_2, \pi)$$
$$= f(投标概预算，招标人标底，评标标底，$$
$$随机报价，项目期望成本，项目期望利润)$$

1. A_1（投标概预算）

A_1 反映出本次招标投标项目在建设项目总投资额中招标人期望的发包比重，是最终降价决策的基数。

研究 A_1 的目的在于寻求接近招标人思路的概预算价格，推测原始设计概算调整系数 γ（招标人一般会在初始设计概算投资额基础上，经过测算，对其进行调整，作为控制项目总体投资规模的概算价格），正确判断外界信息的准确性，克服对中介信息的盲目依赖。

A_1 值的确定应遵循以下约束条件：

（1）执行招标文件规定的预算编制办法 要严格执行招标文件规定的预算编制办法，对投资比重大的足以影响报价的个别单价，采用"编制办法"和经验并举。

（2）调查材料价格 要准确调查当地材料价格，主要是砂、石、水、电、油料，同时考虑工程上场后地材的正常增长幅度，一般要达到地材目前价格的 5%～20%，如果资源不足，增幅更大；跨年度工程，造价增长一般综合考虑建安费用的 1%～3%。

（3）预算编制的个比差 预算编制因人而异，尤其是由于在项目中扮演角色的不同而产生不同的价位，如施工一线的预算人员因考虑效益问题一般选择较高价位，而经营预算人员因考虑中标因素往往又选择较低价位。

报价决策者一定要考虑因个比差发生的预算偏差。预算个比差一般为 3% 以内。超出 3% 就要考虑预算编制的准确性，其中是否有明显错误。

（4）行业性组价差异 由于行业平均定额水平的不同，同样结构的混凝土，单价也会有所差异。如公路路基工程定额水平比铁路高 3% 左右，公路桥涵工程定额水平比铁路低 12% 左右。

（5）优化施工组织设计产生的价格降比　概（预）算要参照招标文件规定的施工方法，按行业习惯编制，执行正常的施工组织设计标准。对于由于优化施工组织设计所产生的投资节约不能作为调整 A_1 的依据，只能用来计算项目预期成本 A_2。

由以上五个约束条件综合得出初始预算修正系数，确定符合招标人思路的概预算价格。

2. A（招标人标底）

标底是我国工程招标投标市场的一个特有概念，是针对我国目前建筑市场发育状况和国情而采取的措施，是招标人对建设工程预算的期望值。标底在开标前是保密的，任何人不得泄露标底。

一般招标投标领导小组会以被委托方编制的设计概预算作为确定标底的依据，在考虑设计概算降造率 β 后，确定一个招标人的招标标底。

投标人模拟 A 值应遵循以下约束条件：

（1）以模拟的 A_1 值为基数

$$A = (1 - \beta)A_1$$

（2）正确评价招标人对于 β 的期望值　政府投资的公路一般 $\beta = 3\% \sim 5\%$；政府投资的铁路一般为 $4\% \sim 6\%$。如果公路标的 A 值在复合标底中占的比重大于 50%，有效报价区域又控制在复合标底的 −10% 以内，为和相应的评标办法相配合，β 值有时也会突破 5%，甚至高达 10%。

（3）项目建设性质　重点建设项目，资金到位情况良好，A 值会略高；地方筹资项目，A 值会略低；世界银行和亚洲开发银行项目，一般无 A 值，如果有，也会很低。

（4）收集历史资料　为正确判断招标人委托编制投标概预算的单位及编制人的习惯做法和预算思路提供依据。

3. A_0（评标标底）

评标标底有两种形式，当招标人采用无标底招标时，评标标底为投标人有效平均报价；采用有标底招标时，评标标底为复合标底。

目前，国内招标的评标标底大多采用复合标底的形式。

有标底投标评标办法假设：招标人标底在复合标底中所占权重 ω_α，竞标单位有效平均报价（随机报价）所占权重为（$1 - \omega_\alpha$），评标标底复合公式如下：

$$A_0 = \omega_\alpha A + (1 - \omega_\alpha) D$$

式中，$1 - \omega_\alpha$ 表示竞标单位有效平均报价在复合过程中所占的比重。

确定 A_0 应遵循以下约束条件：

1）招标人发布的评标办法。如某公路标段招标人公布的评标办法中明确：招标人标底占复合标底的 60%，竞标单位有效平均报价占复合标底的 40%，这时 $\omega_\alpha = 0.6$。

2）如招标人没有发布评标办法，参照历史上曾经采取的评标办法，正确推测其取值范围和取值概率，模拟可能的 ω_α 值。一般 ω_α 在 $0.3 \sim 0.7$。

如果是无标底评标，这时 $\omega_\alpha = 0$。

4. 随机报价 D

由于施工企业的情况千差万别，其报价也会五花八门。

模拟 D 值应遵循的约束条件：

1）评标办法中规定的有效区域。如某公路标段招标人公布的评标办法：在复合标底的 $-15\% \sim 7\%$ 为有效标，复合标底的 -12% 为最佳报价点。这时

$$D \in [0.85A_0, 1.07A_0]$$
$$Y = 0.88A_0$$

2）找出重点竞标对手。如果本标段有多家（如 8 家）施工单位，要重点研究认为最有竞争力的 $3 \sim 4$ 家单位，找出他们的优势。

3）研究主要竞标对手的历史资料，尤其是报价惯性。

4）对投标经验丰富的大型企业集团，可以将其 D 值模拟为最优报价点，即 $Y = D$。

5）模拟过程中，可以忽略竞争力弱小单位报价和偏差较大的报价对复合标底的影响。

5. A_2（项目期望成本）

项目成本价应作为报价底线，合理的成本价是保证项目满足招标人招标文件要求的前提，这个参数的重要性在于它能使最终投标报价不会谬以千里，避免了不符合企业实际情况的重大失误。所以，这是投标决策的基础。

（1）项目期望成本应遵循的约束条件

1）由 A_1 得出预算成本中的工、料、机，作为计算 A_2 的主要依据。$A_2 = YA_1$，一般 Y 在 $0.7 \sim 0.9$，Y 值由于行业的不同及执行定额的不同而不同。

2）估算企业内部劳动生产率与所执行定额水平的差异，调整预算成本中工、料、机费用。编制 A_1 参照的定额并不能反映企业内部的全部情况，如工人工资水平高低，机械设备是自有还是租赁，尤其是大型设备的使用摊销和年度折旧，材料管理的损耗，周转材料的上场及施工期内摊销等。

3）应包括项目必须发生的非生产性开支。费用一般为投资额的 $3\% \sim 8\%$，因组建项目部情况及项目投资额项大小而不同。

4）应包括为保证年度财务预算所必须计入成本的项目应缴利润。

此处的 A_2 主要是指项目本身的成本，也可以认为是单一成本或短期成本。如果企业为了占领市场，从区域经营的角度，也可以考虑突破成本底线，从战略的高度，正确权衡项目收益和规模收益、短期成本和长期成本的相对性。

（2）项目期望成本计算 由以上数学模型得知，在无标底投标报价中随机报价模拟的重要性。随机报价的主要依据应该是项目实际成本。

1）分解概（预）算费用。把投标概（预）算分解为定额直接费、其他直接费、间接费、计划利润和技术装备费、税金五部分。对于铁路概（预）算来讲，要把运杂费及其差价、工费差价、材料差价合并到定额直接费的相应的工料机费用中。

2）分析各项费用

A. 定额工、料、机直接费

a. 工费。分析当地劳动力工资水平及劳动力资源，估计实际工资与预算工资差额；分析施工组织设计中的劳动力动态图，计算的概预算总用工量和估算的劳动力投入的工天差额。估计工期对劳动需求的影响，如需赶工期，高价雇用劳务并增大劳动力投入，应考虑对工费的影响。

b. 材料费。分析编制概预算的材料单价取定，与调查的原价比较，分析运杂费及保管费等加价是否合理；是否有新材料可以应用以节约材料成本；施工工艺是否可以改进以节约生产损耗性材料；是否可以利用既有周转材料以节约定型钢模的费用投入；是否有替代方案来实现设计要求。因为铁路概预算的材料差价采用测定的材料系数计算，所以分析时要采用总价比较的方式。

c. 机械使用费。分析施工组织设计，上场机械设备是自有还是租赁；按计划投入的设备估计量与概预算机械设备使用费有何出入；根据地区性规定分析机械养路费及过路费与定额的不同；根据是否高原、沙漠地带测算机械有效作业率能否达到概预算水平。

B. 其他直接费。其他直接费考虑工程的均衡性，以系数的形式来计算，适用于工程的普遍情况。如果投资大、跨年度、分项工程类别多，那么系数计算出的费用应该是合理的。但是，目前投标项目一般来讲工程性质比较单一，其他直接费的估计应考虑实际工程概况。冬、雨期施工费用是否充足，是否盈余；为了赶工期，夜间施工费估计要增加多少；实际估计时应主要考虑人工、机械的降耗。

C. 间接费。管理费用是为了完成工程项目必须要发生的费用。根据以往的经验和工程的技术复杂程度，测定投入的管理人员数量及其薪金总额；估计投入管理设施的多少；估计管理人员交通费、办公费、差旅费；施工期间的各种招待费；投标费用；

竣工资料编制费用；上级管理费。以实际的费用和该预算费用比较。

D. 计划利润和技术装备费。考虑投标的竞争激烈程度，来决定取值。

E. 税金。以分析估计的成本价为基数，按国家规定的系数计算。

6. π（项目期望利润）

正常的利润是企业持续健康发展的必要保证。确定合理的利润值，以期为确定合理且有竞争力的投标报价，提供依据。

确定 π 应遵循以下约束条件：

1）结合本企业已中标的在建或已完工同类工程，确定利润率。

2）分析投标项目工程特点。对施工难度小、固定资产投入少、无复杂施工技术的简单工程，宜取较低的利润率，对高、难、尖工程可确定较高利润率。

3）分析企业市场份额。任务充足时，可确定较高利润率，任务不足时可取较低利润率。

4）分析企业的技术优势。对于本行业工程是否有垄断竞争优势，是否有特殊技术工艺，以此来决定利润率的高低。

5）分析工程所在地市场行情。根据行业保护和地区保护是否严重，从而决定是否投标和是否增加报价利润。

6）分析项目投资性质。对于世界银行贷款项目和亚洲开发银行贷款项目，一般采取底价中标的原则，应确定低利润率。

7）根据国内招标投标项目大量开标资料分析表明，招标投标工程一般利润率宜确定在 3% ~ 10%。

二、复合标底投标报价决策

1. 模拟公式

$Y = f(A_1, A, A_0, D, A_2, \pi)$

　　$= f($投标概预算，招标人标底，评标标底，随机报价，

项目期望成本，项目期望利润）

假设：招标人设计概算降造率为 β，$\beta = \dfrac{A}{A_1}$，评标标底降低 Y_b 成为报价最高得分点，如果 $A_1 = 1$，则

$$A_0 = \omega_\alpha A + (1 - \omega_\alpha) D$$
$$= \omega_\alpha A_1 \beta + (1 - \omega_\alpha) D$$
$$= \omega_\alpha \beta + (1 - \omega_\alpha) D$$

不考虑安全系数时，报价最高得分点为

$$Y = (1 - Y_b) A_0$$
$$= (1 - Y_b)[\omega_\alpha \beta A_1 + (1 - \omega_\alpha) D]$$
$$= (1 - Y_b)[\omega_\alpha \beta + (1 - \omega_\alpha) D]$$

假设报价安全系数为 α，考虑安全系数时报价最高得分点

$$Y = (1 - Y_b)[\omega_\alpha \beta A_1 + (1 - \omega_\alpha) D]\alpha$$

式中，Y_b 为复合标底的最高分值系数；ω_α 为招标人标底在复合标底所占权重；β 为假设招标人设计概算降造率；A_1 为投标概预算；D 为随机报价；α 为报价安全系数。

假设评标报价有效范围：竞标单位随机报价在复合标底的 $[-a, b]$ 内有效，a，b 为大于零的百分数，这时，报价应该满足

$Y \in [-aA_0, bA_0]$ （约束条件1）

同时投标报价要控制在成本底线以上，并应该保证一定的项目利润收益，即

$Y \in [A_2, A_2 + \pi]$ （约束条件2）

另外，投标报价的项目期望利润

$\pi \geqslant 0$ （约束条件3）

2. 数学求证

Y 函数有极限，并且有最优解。因为投标报价的竞争性，所以，函数的最小极限值就是投标报价最优解。

对于成熟的投标人来讲，投标报价总是向着最贴近复合标底的最优分值靠近，因此，Y 与 D 的关系是投标人一次又一次复合

的关系，即

$$Y_{i+1} = f(Y_i)$$

有

$$Y_{i+1} = (1 - Y_b)[\omega_\alpha \beta A_1 + (1 - \omega_\alpha) D_i]\alpha$$
$$= (1 - Y_b)[\omega_\alpha \beta + (1 - \omega_\alpha) Y_i]\alpha$$

假设，初次以 A 值复合计算。

当 $i = 0$ 时，

$$Y_1 = (1 - Y_b)\beta A_1$$
$$= (1 - Y_b)\beta$$

当 $i = 1$ 时，

$$Y_2 = (1 - Y_b)[\omega_\alpha \beta + (1 - \omega_\alpha) Y_1]\alpha$$

为简化计算，假设 $1 - Y_b = \chi$，$\omega_\alpha = \alpha$，$1 - \omega_\alpha = b$，则有

$$Y_2 = \chi(\alpha\beta + bY_1)\alpha$$
$$= \alpha\beta\alpha\chi + \alpha\beta b\chi^2$$

当 $i = 2$ 时，

$$Y_3 = (1 - Y_b)[\omega_\alpha \beta + (1 - \omega_\alpha) Y_2]\alpha$$
$$= \alpha\beta\alpha\chi + \alpha^2\beta\alpha b\chi^2 + \alpha^2\beta b^2\chi^3$$

当 $i = 3$ 时，

$$Y_4 = (1 - Y_b)[\omega_\alpha \beta + (1 - \omega_\alpha) Y_3]\alpha$$
$$= \alpha\beta\alpha\chi + \alpha^2\beta\alpha b\chi^2 + \alpha^3\beta\alpha b^2\chi^3 + \alpha^3\beta b^3\chi^4$$

......

当 $i = n$ 时，

$$Y_n = (1 - Y_b)[\omega_\alpha \beta + (1 - \omega_\alpha) Y_n]\alpha$$
$$= \alpha\beta\alpha\chi + \alpha b\chi Y_{n-1}$$
$$= \alpha\beta\alpha\chi + \alpha^2\beta\alpha b\chi^2 + \alpha^3\beta\alpha b^2\chi^3 + \alpha^4\beta\alpha b^3\chi^4 + \cdots +$$
$$\alpha^{n-1}\beta b^{n-2}\chi^{n-1} + \alpha^{n-1}\beta b^{n-1}\chi^{n-1}$$

当 $i = n + 1$ 时，

$$Y_{n+1} = (1 - Y_b)[\omega_\alpha \beta + (1 - \omega_\alpha) Y_{n+1}]\alpha$$
$$= \alpha\beta\alpha\chi + \alpha b\chi Y_n$$
$$= \alpha\beta\alpha\chi + \alpha^2\beta\alpha b\chi^2 + \alpha^3\beta\alpha b^2\chi^3 + \alpha^4\beta\alpha b^3\chi^4 + \cdots +$$

$$\alpha^{n}\beta b^{n-1}\chi^{n} + \alpha^{n}\beta b^{n}\chi^{n+1}$$

假设 $f(y) = Y_{n+1} - Y_n$，则有

$$
\begin{aligned}
f(y) = &\ (\alpha\beta\alpha\chi + \alpha^2\beta\alpha b\chi^2 + \alpha^3\beta\alpha b^2\chi^3 + \alpha^4\beta\alpha b^3\chi^4 + \cdots + \\
&\ \alpha^n\beta b^{n-1}\chi^n + \alpha^n\beta b^n\chi^{n+1}) - (\alpha\beta\alpha\chi + \alpha^2\beta\alpha b\chi^2 + \\
&\ \alpha^3\beta\alpha b^2\chi^3 + \alpha^4\beta\alpha b^3\chi^4 + \cdots + \alpha^{n-1}\beta b^{n-2}\chi^{n-1} + \\
&\ \alpha^{n-1}\beta b^{n-1}\chi^{n-1}) \\
= &\ \alpha\beta\alpha\chi^2 + \alpha^2\beta\alpha b^2\chi^3 + \alpha^3\beta\alpha b^3\chi^4 + \alpha^4\beta\alpha b^3\chi^4 + \cdots + \\
&\ \alpha^{n-1}\beta b^{n-1}\chi^n + \alpha^n\beta b^n\chi^{n+1}
\end{aligned}
$$

因为，$\chi < 1$，所以，当 n 趋于无穷大时，χ^n 是无穷小的数，继续循环计算，对最终投标报价值的影响可以忽略不计。

这时令 $Y_{n+1} = Y_n$，则有

$f(y) = Y_{n+1} - Y_n = 0$，如果不考虑风险系数则有：

$$\beta\alpha\chi + b\chi Y_n - Y_n = 0$$

$$Y_n = \frac{\beta\alpha\chi}{1 - b\chi}$$

把 $1 - Y_b = \chi$，$\omega_\alpha = \alpha$，$1 - \omega_\alpha = b$，代回上式中

$$Y_n = \frac{\beta\omega_\alpha(1 - Y_b)}{[1 - (1 - \omega_\alpha)(1 - Y_b)]}$$

考虑风险系数时：

$$Y_n = \frac{\alpha\omega_\alpha(1 - Y_b)}{[1 - (1 - \omega_\alpha)(1 - Y_b)]}$$

由上式得知：最终投标报价最优解和评标办法规定的 ω_α、Y_b 有关，如果公布了评标办法，ω_α、Y_b 均为已知数据。如果招标人标底模拟计算比较准确，那么，β 也可认为是已知数据。计算报价时考虑风险系数 α 后，直接代入上式计算。

实例：×××高速公路项目复合标底投标报价实例

×××高速公路项目××工程第一标段，开标时间为××× ×年××月××日。

（一）评标办法中规定报价得分计算规则

（1）报价满分 60 分。

（2）评标用复合标底为招标人标底的70%和投标人有效平均报价的30%进行复合计算。

（3）复合标底的-8%为最高得分点，即60分。

（4）投标人报价比最高分值点高1%扣2分，低于复合标底-8%为废标。

（5）有效评标报价为复合标底的 [-8%，+5%] 区间。

（二）报价分析情况

1. 信息汇总

本标段投标概预算 $A_1 = 40127967$ 元，估计招标人概算降低率为3%，预测项目成本期望值为3200万元（包括应上缴的税金），按下表预测最终报价确定为3550万元。

投标报价模拟计算

循环	设计概预算 A	概算降低率 $\beta(\%)$	随机报价 D	评标标底 A_0	最优报价 γ	降价比 $\dfrac{Y}{A}$ （%）
Y_1	1	3%	0.89240	0.94672	0.87098	12.90
Y_2	1	3%	0.87098	0.94029	0.86507	13.49
Y_3	1	3%	0.86507	0.93852	0.86344	13.66
Y_4	1	3%	0.86344	0.93803	0.86299	13.70
Y_5	1	3%	0.86299	0.93790	0.86287	13.71
Y_6	1	3%	0.86287	0.93786	0.86283	13.72
Y_7	1	3%	0.86283	0.93785	0.86282	13.72
Y_8	1	3%	0.86282	0.93785	0.86282	13.72
Y_9	1	3%	0.86282	0.93785	0.86282	13.72

2. 模拟计算

为简化计算，式中假设 $A_1 = 1$，不考虑投票报价安全系数时

$$Y_{i+1} = (1 - Y_b)[\omega_\alpha \beta A_1 + (1 - \omega_\alpha) D]\alpha$$
$$= (1 - Y_b)[\omega_\alpha \beta + (1 - \omega_\alpha) Y_i]$$

当 $i = 0$ 时，

$$Y_1 = (1 - Y_b)\beta A_1$$
$$= (1 - Y_b)\beta = 0.92 \times 0.97 = 0.8924$$

当 $i = 1$ 时，

$$Y_2 = (1 - Y_b)[\omega_\alpha \beta + (1 - \omega_\alpha)Y_1]$$
$$= 0.92 \times 0.97 \times 0.7 + 0.92 \times 0.8924 \times 0.3$$
$$= 0.62468 + 0.2463024 = 0.87098$$

当 $i = 2$ 时，

$$Y_3 = (1 - Y_b)[\omega_\alpha \beta + (1 - \omega_\alpha)Y_2]$$
$$= 0.92 \times 0.97 \times 0.7 + 0.92 \times 0.87098 \times 0.3$$
$$= 0.62468 + 0.24039 = 0.86507$$

如此循环，得出上表。

由上表得知，复合取值到 Y_6 后，Y_{n+1} 值将不再有大的变动。

最优报价 $Y = 0.86282 \times 40127967$ 元 $= 34623130$ 元

考虑 1.025 的安全系数，

模拟最优报价 $Y = 0.86282 \times 40127967$ 元 $\times 1.025 = 35488708$ 元

3. 报价复核

确定的 Y 值 35488708 元大于成本价 33800000 元（满足约束条件 2）

项目期望形成利润 35488708 元 – 33800000 元 = 1688708 元 ≥ 0（满足约束条件 3）

另外，为满足约束条件 1 已经考虑了 1.025 的系数。

（三）公式计算

当 $i \to \infty$ 时，有

$$Y_n = \frac{\beta \omega_\alpha (1 - Y_b)}{[1 - (1 - \omega_\alpha)(1 - Y_b)]}$$

把 $1 - Y_b = 0.92$，$\omega_\alpha = 0.7$，$\beta = 0.97$ 代入上式，得到

$$Y_n = \frac{0.97 \times 0.7 \times 0.92}{[1 - (1 - 0.7) \times 0.92]}$$

$$= \frac{0.62468}{0.724} = 0.8628177$$

考虑风险系数 $\alpha = 1.025$，代入 $A_1 = 40127976$ 元，得到

最优报价 $Y = 0.8628177 \times 1.025 \times 40127976$ 元 $= 35488698$ 元

（四）最终开标情况（见下表）

开标情况

序号	投标人	投标价格 D/元	$\frac{D}{A_{01}}$	有效报价 /元	$\frac{D}{A_{01}}$	报价名次
1	招标人标底	38924128				
2	Tenderer1	43052209	12.12%			
3	Tenderer2	36260000	-5.57%	36260000	-4.97%	4
4	Tenderer3	33523500	-12.70%			
5	Tenderer4	36252800	-5.59%	36252800	-4.81%	3
6	Tenderer5	33958900	-11.56%			
7	Tenderer6	35720600	-6.97%	35720600	-6.21%	2
8	Tenderer7	35500000	-7.55%	35500000	-6.79%	1
9	Tenderer8	44409500	15.65%			
10	Tenderer9	36367897	-5.29%	36367897	-4.51%	5
11	Tenderer10	36668000	-4.51%	36668000	-3.72%	6
12	平均投标报价	37171341		36128216.17		
13	初次复合标底 A_{01}	38398292				
14	评比标底 A_{02}			38085354		
15	报价上限	40318206				
16	报价下限	35326428				
17	最高分值			35038526.09		

三、无标底投标报价决策

如果说复合标底招标的最优分值投标报价靠数学模拟计算，无标底投标报价决策的重点则应放在对项目期望成本的测算上。

由前所述：

$$Y = f(A_1, A, A_0, D, A_2, \pi)$$

$\quad$ = f(投标概预算，招标人标底，评标标底，随机报价，
$\quad\quad$ 项目期望成本，项目期望利润)

$$Y_{i+1} = (1 - Y_b)[\omega_\alpha \beta A_1 + (1 - \omega_\alpha) D_i] \alpha$$
$$= (1 - Y_b)[\omega_\alpha \beta + (1 - \omega_\alpha) Y_i] \alpha$$

因为招标人不设标底，所以 $\omega_\alpha = 0$，$1 - \omega_\alpha = 1$，

$$Y_{i+1} = (1 - Y_b) Y_i \alpha$$

函数 Y_{i+1} 和 Y_b、α 以及初始测定的成本价有关，但是没有最优解。报价决策应该以自己测定的成本价为基数。

无标底招标会有两种情况：一种情况是低价者得标；另一种情况是招标人会以投标人有效平均随机报价作为评标标底，这时，投标人要同时考虑评标办法规定的报价有效范围。

最终，投标报价应该满足如下条件：

1. 约束条件1

投标报价要控制在成本底线以上，并应该保持一定的项目利润收益

$$Y \in [A_2, A_2 + \pi]$$

项目期望利润 $\pi \geqslant 0$

当价格过低时，工程资金没有保障，如果投标人坚持要这么做，其后果是因低价而直接导致中标企业利润下降，企业运营举步维艰。虽然是无标底招标，但投标人不应低于成本价。为适应无标底招标，应将工作重心放在理顺企业内部关系，加强企业内部管理方面，致力于树立品牌形象。在保证工程质量的前提下，运用先进的施工技术来提高生产效率，提高企业经济效益和市场竞争力。

投标人在决策之前，要审视自身的技术水平、装备力量和管理能力，集中自身人力、物力等资源优势，利用先进的管理手段，降低生产成本。在严格履行合同并保证企业利润的前提下，使报价尽可能降低。反过来，为了降低成本，提高竞争力，企业会在改进施工技术，提高劳动生产率方面发挥尽可能大的效用，

在激烈竞争中培养一批施工经验丰富的工程技术人员和具有现代企业管理意识的优秀管理人才，配备先进的施工机械设备，从而保证企业的可持续发展。

2. 约束条件2

投标报价位于有效报价区间之内。假设评标报价有效范围：竞标单位随机报价在评标标底的 $[-\alpha, b]$

$$Y \in [-\alpha A_0, bA_0]$$

招标人为了避免风险，招标文件会规定有效报价区间，废掉过低报价的投标。

3. 其他约束条件

众所周知，在世界银行贷款项目的招标过程中决定中标与否，并不单纯取决于投标价格的高低，在招标文件或资格预审文件中对投标人的资格都有详细的规定。只有在满足这些资格标准的要求并且能够按照技术规格的要求履行合同的前提下，才会考虑投标人的评标价格。

一般在招标过程中出现投标价格过低的现象时，招标人会严格审查该投标人的财务能力。只有在投标人有足够的财务能力能够承担可能出现的亏损的前提下才有中标的可能。

另外，招标人在评标过程中会做好投标价格的价格分析，计算投标人实际承担的风险，提前做好风险防范。必要时，可以通过澄清的方式要求投标人就部分低价分部分项提出保证质量，保证工期实施的措施。

工程施工质量或工期出现问题并不全是由于投标价格低造成的。招标人如果严格按照招标文件的规定评比标书，选择队伍；招标人在合同执行过程中加强合同管理，公平执行合同；承包商自觉履行合同，兑现承诺，恪守信誉，工程项目是可以保证质量按期完成的。

实例：××铁路××连接线第二标段无标底投标报价

××铁路××连接线第二标段，开标时间为××××年××月××日。

（一）评标办法中规定报价得分计算规则

（1）报价满分70分。

（2）评标标底为投标人有效平均报价。

（3）评标标底的 −5% 为最高得分点，即70分。

（4）投标人报价比最高分值点高1%扣3分，低1%扣2分。

（5）有效评标报价为评标标底的 [−15%，+5%] 区间。

（二）报价分析情况

本标段投标概预算 $A_1 = 5509$ 万元，预测项目成本期望值为 4669 万元（包括应上缴的税金），通过计算，得到最优报价值为 4712 万元，最终报价确定为 4788 万元。

具体思路是：分析各竞争对手，有一投标人惯以高价，在成本价基础上一般要加价 8% ~ 12%；有另外一个投标人初次"接触"，据了解，其投标经验不足，可能报价偏差会较大，如此会造成自动剔除，不必予以过多考虑；另外一个投标人有丰富的投标经验，历史上曾多次在一个标段内参与竞争，报价思路和我们的估计应该比较接近，如此列出下表。

报价分析情况

序号	投票概预算	估计随机报价 D	评标标底 A_0	最优报价取值	备注
1	5509	5136	4960.5	4712	
2	5509	4902			
3	5509	4902			
4	5509	4902			

考虑 1.015 的安全系数，模拟最优报价 $Y = 4712$ 万元 × 1.015 = 4783 万元

调整工程量清单，得出最终投标报价 47879793 元。

报价复核：

$\dfrac{4788\,万元}{5509\,万元} = 86.91\%$，即在投标概预算基础上降低了 13.08%，控制在概（预）算费用 −15% 以内比较安全。

$\dfrac{4788\ 万元}{4669\ 万元}=1.025$，即在成本价基础上加价 2.5%，考虑当地投标市场行情和本企业急于中标的心情，保本微利，但报价位于成本价之上，比较合理。

（三）最终开标情况（见下表）

开 标 情 况

序号	投标人	投标价格 D/元	$\dfrac{D}{D_1}$	有效报价 /元	$\dfrac{D}{A_0}$	报价名次
1	Tenderer1	49742522	1.09%	49742552	−0.10%	2
2	Tenderer2	51546832	4.76%	51546832	3.52%	4
3	Tenderer3	47879793	−2.70%	47879793	−3.84%	1
4	Tenderer4	49997632	1.61%	49997632	0.41%	3
5	Tenderer5	38169730	−22.43%			
6	平均投标报价	49206659				
7	评比标底 A_0					
8	报价上限	51666992				
9	报价下限	41825660				
10	最高分值	46746326				

四、投标报价决策应考虑的其他因素

在投标报价决策前，投标人除了要收集计算本投标项目的分析数据外，还要充分考虑其他影响投标报价区间的相关因素。

1. 工程项目的利润弹性

利润传统的意思比较简单，即利润等于收入减去成本。

项目利润可以用数学公式来表示。如果影响项目利润的主要因素是工程项目的中标价格 P（contract price）、工程成本 C（costs）、追加价格 IP（incremental price）、创优增量成本 IC（incremental costs）。那么，利润方程可以写为

$$\pi=f(P,\ C,\ IP,\ IC)$$

由于 P 为常数，因此利润的不确定性就取决于其他三个变

量 C、IP、IC。

（1）利润弹性的概念　管理经济学理论中，利润弹性的概念即因变量发生一个单位即 1% 的变化而引起项目利润变化的百分比。

$$E_\pi = \frac{利润变化百分比}{变量变化百分比}$$

在进行投标报价时，投标人要估计项目利润变量的影响，确定合理的利润期望值。

（2）项目弹性利润的相关因素　利润弹性的产生是因为项目部管理方式的不同而形成了若干不确定因素。其表现方式是最终项目收益率的不同。投标报价时要估计管理因素带来的不确定性。

1）工程成本 C（costs）。工程成本包括工程的直接成本（建设工程所需的人工费、材料费及机械使用费）；间接成本（现场管理费、上级管理费、财务费用等）；其他成本（税金、投标费用、保险费用、贷款利息等）。

因项目个体情况不同，工程成本一般占到总投资的 85% ~ 95%，成本管理是项目管理中非常重要的一部分。

①C 的弹性 E_C。E_C 用来衡量项目利润对工程成本变化的反映程度。如果假定影响项目利润的其他因素不变，E_C 是指因工程成本变化 1% 而引起的利润变化的百分比。即

$$E_C = \frac{\%\Delta\pi}{\%\Delta C} = \frac{\dfrac{\Delta\pi}{\pi}}{\dfrac{\Delta C}{C}}$$

有类比性的项目，其工程成本变化对利润弹性贡献的大小，取决于项目部所采取的一系列降低成本的措施。如果，某项工程材料通过招标投标使得工程直接成本降低了 0.15%，结果利润增长了 0.13%，那么，利润弹性就等于

$$E_C = \frac{0.13\%}{-0.15\%} = -0.867$$

E_C 总是小于或等于 0 的负数，即成本和利润成反比关系，成本变化是正值，利润变化就是负值，反之亦然。

E_C 是小于 1 的负数，因为采取措施的同时，要多投入其他间接成本，E_C 越接近 -1，说明采取的措施越有效。

相同的材料价格，不同的项目部产生不同的利润弹性。因此选配优秀的项目经理，组建优秀的项目部班子，强化项目管理，这是非常重要的。

②增大 E_C 的途径。增大 E_C 应做到：施工中科学组织、严格管理；验工时量价分离、实行双控；物质设备采购坚决实行招标制度；建立合格分包商名录，通过招标投标择优录取队伍；实行内部单项工程承包责任制，杜绝工程数量的超计价；实行岗位责任制，以岗定员，降低岗位素质成本和企业体制成本；对非生产性费用成本，项目部要实行定额承包，杜绝浪费。

2）追加价格 *IP*（incremental price）。即项目追加的设计变更、施工索赔以及区域内滚动发展的其他项目投资的集合。

①*IP* 的弹性 E_{IP}。E_{IP} 用来衡量利润对追加价格变化的反映程度。

如果假定影响利润的其他因素不变，E_{IP} 是指因追加价格变化 1% 而引起的利润变化的百分比。即

$$E_{IP} = \frac{\% \Delta \pi}{\% \Delta IP} = \frac{\dfrac{\Delta \pi}{\pi}}{\dfrac{\Delta IP}{IP}}$$

在项目固定成本相对不变的情况下，通过追加工程投资来增加利润弹性。有类比性的项目，其追加价格变化对利润弹性贡献的大小，取决于项目部所采取的调概、索赔的措施。如果某项目追加工程投资额 15%，结果利润增长了 4.5%，那么利润弹性就等于

$$E_{IP} = \frac{4.5\%}{15\%} = 0.3$$

E_{IP} 总是正值，即追加价格的变化和利润的变化成正比，当

工程投资额增大，利润变化是正值，反之亦然。

E_{IP} 是小于 1 的数，说明设计变更作业内容要发生工程成本以及索赔工作必须付出费用投入。E_{IP} 越接近 1，说明项目部工作越卓有成效。

相同工程项目、相同地质条件、相同合同条款，不同项目部产生不同的利润弹性。

②增大 E_{IP} 的途径。一个工程项目，靠节约水泥钢筋想创造良好的经济效益，还远远不够，必须在施工中寻找变更索赔的重点和切入点。

索赔是在合同履行过程中，因对方责任而造成经济损失后，向对方提出经济补偿和时间补偿的一种要求。

索赔属于经济补偿行为，是工程承发包过程中正常的经济现象，是因施工现场条件、气候条件、施工进度、物价指数、合同条款及施工图样的变化而产生的。索赔一定要证据确凿，依据充分，计算准确，有说服力，重点强调索赔时间的突发性、干扰性、不可预见性。

设计变更一般是由施工技术要求产生的，现场的技术人员要及时根据具体情况办理变更手续、变更指令，及时通知相关业务人员对现场发生的时间、条件、会议纪要、实验数据等原始资料做好记录、收集、整理，及时让监理签字，及时让设计会签，及时让招标人认可。

区域内滚动发展的其他项目投资，因为对本项目作出了规模经济和范围经济的贡献，所以，它相对降低了项目部工程经营成本，有效提高了经济利润。

3）创优增量成本 IC（incremental costs）。创优增量成本即因执行某项超过合同标准的创优管理决策而引起的总成本的增加量。

创优增量成本是创优质量增量成本、安全增量成本、工期增量成本、环保增量成本、文明施工增量成本的集合。

①IC 的弹性 E_{IC}。E_{IC} 用来衡量利润对创优增量成本 IC 变化

的反映程度。

如果假定影响利润的其他因素不变，E_{IC} 是指因创优工程增量成本变化 1% 而引起的利润变化的百分比。即

$$E_{IC} = \frac{\% \Delta \pi}{\% \Delta IC} = \frac{\dfrac{\Delta \pi}{\pi}}{\dfrac{\Delta IC}{IC}}$$

优质、安全、创誉、高效是工程项目永恒的主题，为了创优而增加的必需成本对利润的贡献绝不仅仅是消耗了一定的人力、物力，树立良好的市场信誉，建立差别化识别系统是企业发展的根本保证。

假设某项目，制订了一条创优措施，直接成本加大 0.04%，结果利润降低了 0.05%。如果该项目美誉度因此得到大大提高，直接奖励使利润增加了 0.5%，同时，社会效益极大增强，为企业赚取了行业业绩，使间接利润成倍增长，这时利润弹性就远远大于 1。如果采取的措施没有带来良性收益，这时利润弹性就等于

$$E_{IC} = \frac{-0.05\%}{0.04\%} = -1.25$$

E_{IC} 可能是正值，也可能是负值。正值表示创优措施得到正向利润回报，负值表示创优措施带来了项目利润风险。

②增大 E_{IC} 的途径。工程质量、进度安全、现场管理、环境保护、文明施工是企业文化的集中体现。施工过程中，通过大力推广使用新材料、新技术、新工艺，积极科技创新等活动，增加创优增量成本的利润弹性。譬如：桥墩混凝土外表为了达到光滑如镜的效果，内层铺设宝利板；石方爆破采用水幕降尘；隧道施工采用环保通风机定期通风，等等。

2. 工程项目的规模经济

规模经济又称规模节约，是指因生产规模扩大，企业的生产成本递减，从而实现了节约，提高了项目收益。

美国经济学家就企业的市场份额与利润进行回归分析，证明

了集中度正相关关系，市场份额增长 10 个百分点，利润率可以提高 2 ~ 3 个百分点，相反的结果是利润率下降。

决定规模经济的相关因素如下：

（1）共享资源　在对项目成本进行预测时，应考虑企业共享资源得到充分利用所带来的收益。这些共享要素可以是资金、设备等硬要素，也可以是信息、知识、技能等软要素。

规模越大，可以量化的固定资产分摊到单位产量的成本就越低，如技术装备的单位产量成本一般在产量大的较低，在产量小时较高；大规模产生收益还因为存货经济性，如周转材料，规模大时，根据工期合理调用配置，提高其周转次数，降低非工程用材料的单位产量成本。

另外，软要素在生产过程中投入的比重越大，规模经济性就越明显。科学合理的共享资源管理，是降低成本提高规模经济的重要因素之一。

（2）市场结构　在进行项目投标报价时，应考虑项目因区域集中而增加的收益。这部分收益可以抵消因建筑市场过度竞争造成的部分利润损失。

市场结构区域化可以降低间接成本，如队伍调遣费、人员差旅费，以及因为市场的熟悉程度而减少了经营投入，并且有利于企业优势资源的集中使用，能杜绝管理上的漏洞，以质取胜，形成良性滚动。同时可以整合区域内的较小工程，在扩大投资规模的同时，避免了因零、散、碎、小造成事故多发，危及企业声誉。

（3）项目技术　在进行项目投标报价时，应考虑因本企业技术专业化带来的优势，尤其在标书中要体现出技术的先进性和熟练程度，并估计因专业化带来的成本节约。

项目技术就是要在组织结构、管理机制创新的同时，依靠技术创新，加大关键领域的科研开发，力求快速攻克和抢占行业技术制高点，加强企业核心技术的提升，形成核心专业技术优势，实现主营业务专业化、标识化，使企业处于行业领先地位，形成产品差别化优势。

3. 优化施工组织的项目收益

很多企业在投标报价时，为了满足招标文件要求，显示本企业的优势，制订了从技术的先进性、工艺的可行性方面都无可挑剔的施工组织设计方案。但从经济角度上讲这可能是不合理的，对于企业资源配置也许不是最优化的。所以投标报价是应该根据项目的可优化程度确定报价区间的可调整幅度。

决定优化施工组织项目收益的相关因素如下：

（1）组织结构的调配　工程项目越大，作业过程中的信息收集、整理就需要更多的时间。如果管理水平停滞不前，或管理信息反馈困难，造成政策指令和执行信息不对称，就容易损失大规模应该带来的规模经济。

因此，在组成项目部时，一定要组织结构扁平化，易于信息的对称交流，及时问题处理。如果目前的管理层次太多，已经影响了指令的执行，就要毫不留情地进行机构改组，精简管理人员。

（2）新材料、新技术、新工艺的采用　在满足招标文件的前提下，针对项目实施过程中可能产生的管理、质量、技术等方面的问题，制订详细的攻关课题和方案，通过现场 QC 小组活动，积极采用新材料、新技术、新工艺，藉以提高工程质量产生社会效益，或降低工程成本形成经济收益。

（3）空闲期劳务支出的调配　由于建筑行业作业不连续性，强度不均衡性，对劳动力的使用密度有一定的限制，如高峰期的劳动力需要量有时是空闲期的几倍甚至十几倍。

所以，在进行投标报价时，要分析工程特点，根据施工组织设计对劳动力投入的动态分布图，调查当地劳动力资源，高峰期所需招募的劳务是否进行简单的培训就可以上岗，低谷期是否可以解除合同，对优秀者建立档案，下次招募优先录用，使空闲期劳务工资支出最小化。

（4）非技术环节的外包　即企业核心技术部分一定不能外

包。不管外包队伍的表现如何优秀，及因外包制度为企业带来了多大的利润，在外包的比重项目上要特别注意，核心技术是企业赖以生存的基础，绝对不能外包。

五、投标报价方式的策略性

如果说，通过投标报价的初步分析、基于工程概预算的工程基本造价估算、合理性分析和竞争性调整，已经建立起了立于不败之地的堂堂之阵。那么，要取得最后的胜利，还有必要懂得如何通过报价方式的策略性来"出奇制胜"。

1. 不平衡报价法

也称为前重后轻法，即一个工程项目的投标报价在总价基本确定后，如何调整工程量清单内部各个子目的报价，以期既不提高总价、不影响中标，又能在结算时得到更理想的经济效益。

运用不平衡报价技巧时，一定要认真研究招标文件，分析评标办法，确定是否进行不平衡报价，哪些子目可以进行不平衡报价，避免由于使用不平衡报价而造成废标。

一般可以在以下几个方面考虑采用不平衡报价法：

1）经过工程量核算，预计今后工程量会增加的子目，单价适当提高，这样在最终结算时可多收益，而将工程量完不成的子目单价降低，工程结算时损失也不大。

2）能够早日验工计价的子目，如开办费、基础工程、土方开挖、桩基等可以报得较高，以利资金周转；后期工程子目，如机电设备安装、装饰、油漆等可适当降低。

对于工程量有错误的早期子目，如果经过核对分析不可能完成工程量清单中的数量，则不能盲目抬高单价，要具体分析比较后再定。

3）设计图样不明确，估计修改后工程量要增加的，可以提高单价，而工程内容不清楚的，则可降低一些单价。

4）在单价和包干混合的合同中，有某些子目招标人要求采用包干报价时，宜报高价。一是因为这类子目多会有风险，二是因为这类子目在完成后可全部按报价计价。

5）暂定项目。暂定项目又称为任意项目或选择项目，对这类项目要具体分析。因为这一类子目要开工后由招标人研究决定是否实施，由哪一承包商实施。如果工程不分标，只由一家承包商施工，则其中肯定要做的暂定项目单价可报得高些，不一定做的则应报得低些。如果工程分标，该暂定项目也可能由其他承包商施工，则不宜报高价，以免提高总报价。

6）在投标最后阶段，如果有机会就有关单价进行答辩，招标人希望投标人压低标价。这时投标人应该清楚，首先要压低那些工程量小的单价，这样即使压低了许多个单价，总的标价也不会降低很多，而给招标人的感觉却是工程量清单上的单价大幅度下降，投标人很有让利的诚意。

不平衡报价一定要建立在对工程量仔细核对分析的基础上，特别是对于单价报得太低的子目，如这类子目实施过程中工程量大幅增加，将对承包商造成重大损失。另外不平衡报价一定要控制在合理幅度内（一般可在10%左右），以免引起招标人反对，甚至导致废标。如果不注意这一点，有时招标人会挑选出过高的项目，要求投标人进行单价分析，并围绕单价分析中过高的内容压价，以致承包商得不偿失。

2. 突然降价法

突然降价法是指在投标最后截至时间内，采取突然降价的手段，确定最终投标报价的方法。强调的是时间效应。

作为一般性规律，招标人和投标人的报价过程是严格保密的，参与投标的竞争对手往往通过各种渠道、采取各种手段来刺探情况。因此，在编制初步的投标报价时，对基础数据要进行有效的泄密防范。另外，初步的报价清单可以比常规标准编的较高或较低，用以迷惑对手。但是，预算工程师和决策人要充分分析各子目单价，考虑好降价的子目，并计算出降价的幅度，以便在最后阶段准确决策。

例如鲁布革水电站引水系统工程招标时，日本大成公司知道主要竞争对手是前田公司，因而在临近开标前把总报价突然降低8.04%，取得最低标，为项目中标打下基础。

应用突然降价法，一般是采取降价函格式装订在标书中。

降价函通常是一个简短的价格调整的声明，可以称为"修正报价的声明书"或"投标报价调整函"。在降价函中，投标人根据招标人要求，或出于对降价合理性的解释，来决定声明中是否叙述及如何叙述降价理由。

降价函 1（修正报价的声明书）

致：_____（招标人名称）

经过进一步的分析和测算，我单位决定对_____（投标项目名称）投标书的原报价_____（大写）_____（小写）进行调整，调整后的最终报价为_____（大写）_____（小写）。

投标人：

法人代表：

授权的代理人：

投标日期：

降价函 2（投标报价调整函）

致：_____（招标人）

在充分研究招标文件及其补遗书的基础上，通过对施工现场的仔细勘察，结合我单位的综合实力及以往的施工经验，我们详细分析了原投标报价，在确保工程质量达到招标文件要求的前提下，认真测算了本标段工程成本，本着保本微利的原则，对原投标报价_____（大写）_____（小写）进行调整，调整后的最终报价为_____（大写）_____（小写）。工程量清单中各项费用按比例相应下调。

降价理由：

（一）我单位有着丰富的同类工程施工经验，一旦中标，我们将立即组织工程技术人员优化施组，使其更加科学合理。在施工中，我们将广泛地采用国内外先进的施工技术和我们长期以来积累的优秀的施工工法、先进的施工经验，有效地降低成本，提高效益。

（二）我单位在距本工程所在地××km施工的××项目已基本结束，人员、设备处于待命状态，且所有机械设备都已维修、保养完毕，处于良好状况，一旦我单位中标，施工队伍可以就近调遣，保证人员、设备及时到场，并且可以减少调遣费用。

（三）严把材料采购和使用关。对建筑材料的采购坚持做到货比三家，利用本项目地理位置优势，随用随购，不积压，不浪费，同时确定经济合理的运输工具和运输方法，把材料费严格控制在投标价范围内，在建筑材料使用上，必须严格按贯标程序文件执行，杜绝材料浪费，把废料降低到最低限度。

（四）缩短工期，提高劳动生产率，周密科学地制订工期计划，合理安排工序间的衔接，巧妙组织上场施工队伍，充分有效地使用劳动力，做到既不窝工也不误工，少投入，多产出，最大限度地挖掘企业内部潜力。

（五）降低非生产人员的比例，减少管理费用和其他开支。所设立的项目经理部要做到精干高效，一专多能，此项目的项目经理由具有丰富的同类工程施工经验的××同志担任。

（六）减少临时工程和临时设施，尽量利用施工现场附近的原有房屋和构筑物，以满足施工需要。

（七）文明施工，安全生产。文明施工措施得力可行，杜绝各类事故发生，减少不必要的各种费用开支。

投标人：

法人代表：

授权的代理人：

投标日期：　　年　　月　　日

如果招标人容许，尽量在降价函中只降总价，不进行工程量细目清单的单价调整，一方面是为了避免仓促出错，另一方面是为了在中标后签订合同时可以根据具体情况，有利于从投标人的角度，调整某些单价，以期取得更高的效益。

3. 先亏后赢法

有的承包商，为了打进某一地区，依靠国家、某财团或自身的雄厚资本实力，而采取一种不惜代价，只求中标的低价投标方案。应用这种手法的承包商必须有较好的资信条件，并且提出的施工方案也是先进可行，同时要加强对公司情况的宣传，否则即使低标价，也不一定被招标人选中。

4. 多方案报价法

多方案报价法是利用工程说明书或合同条款不够明确之处，以争取达到修改工程说明书和合同为目的的一种报价方法。

当工程说明书或合同条款有些不够明确之处时，往往使投标人承担较大风险。为了减少风险就必须扩大工程单价，增加"不可预见费"，但这样做又会因报价过高而增加被淘汰的可能性，多方案报价法就是为对付这种两难局面而出现的。

该方法的具体做法是在标书上报两价目单价：一是按原工程说明书合同条款报一个价；二是加以注解，"如工程说明书或合同条款可做某些改变时"，则可降低多少的费用，使报价成为最低，以吸引招标人修改说明书和合同条款。

还有一种方法是对工程中一部分没有把握的工作，注明按成本加若干酬金结算的办法。

但是，如有规定，政府工程合同的方案是不容许改动的，这个方法就不能使用。

5. 增加建议方案

有时招标文件中规定，可以提一个建议方案，即是可以修改原设计方案，提出投标人的方案。

投标人这时应抓住机会，组织一批有经验的设计和施工工程师，对原招标文件的设计和施工方案仔细研究，提出更合理的方案以吸引招标人，促成自己的方案中标。这种新的建议方案可以降低总造价或提前竣工或使工程运用更合理，但要注意的是对原招标方案一定也要报价，以供招标人比较。

增加建议方案时，投标人不要将方案写得太具体，应保留方案的技术关键，防止招标人将此方案交给其他承包商。同时要强调的是，建议方案一定要比较成熟，或过去有实践经验，因为投标时间不长，如果仅为中标而匆忙提出一些没有把握的方案，可能引起后患。

第六节　工程项目投标报价技巧

投标人确定了投标报价策略，要完成既定的投标报价策略，就必须有高超的投标文件制作技巧与之相配合。从某种意义上说，投标报价策略只有通过投标文件制作技巧才能够形诸于文字而发挥作用。

一、投标文件相关内容编制技巧

在投标文件中，除了最终的投标报价清单外，报价中所附的单价分析表是以后追加项目计算费的主要依据。编制单价分析表和合同用款估算表时，在保证费合理的前提下，着重点应该主要考虑如何反映投标人以后的利润空间。另外，在投标书中装订一份有吸引力的投标致函，是非常必要的。

1. 投标致函编制技巧

编写投标致函的目的是使招标人对投标人的优势有一个全面的了解。

投标致函一般装订在标书首页，其中逐一列出标书中的各种优惠条件以及公司优于其他竞争对手的优势，其意义在于一方面宣传投标人的优势，另一方面解释投标报价的合理性，另外附加对招标人的优惠条件，给招标人和评标人留下深刻印象。

投标致函中通常应包含以下内容：

1）结合项目具体情况，针对招标人感兴趣的方面，有重点地说明本公司的优势，特别是说明自己类似工程的经验和能力，使评标人感到满意。

2）宣布最终投标报价。投标人出于保密的需要，或由于时间的紧迫性，在填写工程量清单时单价一般都较高，如果招标人容许，可以采取降价函的形式降低初步投标报价；另外如果投标人有选择性技术方案，标书内可能会出现两种报价，在投标致函中应明确最终投标报价。按惯例，投标书中出现两个投标报价，招标人可以按废标处理。

3）声明由于最终报价的调整，标书内其他和投标报价相关内容也做相应变化。

4）着重声明投标报价附带的优惠条件。如果企业有能力和条件向招标人提供某些优惠的利益，可以专门列出说明。例如主动提出支付条件的优惠、工期提前、赠给施工设备或免费转让新技术或技术专利、免费技术协作、代为培训人员等。

5）如果发现招标文件中有某些明显的错误，而又不便在原招标和投标文件上修改，可以在此函中说明，如进行这项修改调整将是有益的，还可说明其对报价的影响。

6）如果需要，对所选择的施工方案的突出特点做简要说明，主要表明选择这种施工方案可以更好地保证质量和加快工程进度，保证实现预定的工期。

7）替代方案。如果招标人容许投标人有替代方案时，要在投标致函中做些重点的论述，着重宣传替代方案的突出优点。

8）如果招标人容许，可以提出某些对投标人有利的建议。譬如：如果同时取得两个标段则拟再降价多少；适当提高预付款，则拟再降价多少；适当改变某种材料或者某种结构，不仅完全可保证同等质量、功能，而且可降低价格等。致函中一定要声明这些建议只是供招标人参考的，如果本公司中标，而且招标人愿意接受这些建议时，可在投标人中标后商签合同时探讨细节。如果招标人不接受这些建议，投标人将按照招标人的意见签订合同。

2. 单价分析表编制技巧

招标人有时在招标文件中明确规定投标人在标书中要附单价分析表。其目的一是为考察单价的合理性，二是为了在以后增加项目时，可以参考单价分析表中的数据来决定单价。

为了给以后补充项目留有利润空间，编制单价分析表时，应将人工费及机械设备费报得较高，而材料费报得较低。其意义在于编制新的补充项目单价，一般是按照单价分析表中较高的人工费或机械设备费，而材料则往往采用市场价，因而可以获得较高的收益。

由于每个工程都有其特点，如现场道路情况、现场水源情况、供电情况、当地风土人情、气候条件、地貌与地质状况、工程的复杂程度、工期长短、对材料设备的要求等。在编制单价分析表之前，要充分了解项目的特殊性以及具体的施工方案，对单价进行逐项研究，确定合理的消耗量，然后根据施工步骤进行组价。

3. 合同用款估算表的编制

合同用款估算表是根据投标书中编制的施工进度填制的，用款额根据工程量清单内的单价和总报价估算。在编制合同用款估算表时应结合单价分析表，运用不平衡报价技巧，尽量提高前期支付比例，减少资金呆滞和沉淀。

在编制合同用款估算过程中，要充分考虑监理工程师签发支付证书到实际支付的时间间隔，尽量提前收回资金。

在编制过程中要考虑保留金的扣留和退还。保留金一般规定为5%，保修期一般是一年，保修期满后，招标人会返还全部保留金。但是如果按 FIDIC 条款（国际咨询工程师联合会编写的《土木工程合同条件》的条款）执行，一旦工程拿到临时验交证书，即便以后还有一段时间的保修责任，承包商就可以提交一个保留金银行保函，保函金额是合同款的2.5%，招标人在拿到银行保函后，要退还2.5%的现金给承包商。即承包商可以拿银行提供的保留金保函提前向招标人换回 2.5% 的保留金现象。

合同用款估算见表 2-15-1。

表 2-15-1　合同用款估算表

从开工算起的时间/月	招标人/监理工程师的估算		投标单位的估算			
	分期	累计	分期		累计	
	%	%	金额	%	金额	%
第一次开工预付款						
1～3						
4～6						
7～9						
10～12						
13～15						
16～18						
缺陷责任期						
小计						
预备费和意外费（暂定金额）						

投标价：

说明	

注：1. 投标单位可按工程进度估算填写本表，如标书中报有工期、开工预付款的选择方案，投标单位应按选择方案填写本表。如果投标书中报有技术性的选择方案，投标单位则应按基本技术方案和技术性选择方案分别填写表。

2. 用款额按所报单价和总额价估算，不包括价格调整、暂定金额和计日工，但应考虑开工预付款的扣回、保留金的扣回和退还及签发支付证书后到实际支付的时间间隔。

二、确定投标报价关键数据的技巧

1. 材料、设备单价确定技巧

材料、设备在工程造价中常常占一半以上，对报价影响很大，在初步投标报价编制阶段，调查材料设备的价格时（特别是大宗材料和大件设备）要十分谨慎：

1）主要材料如果是招标人供应，其单价应该执行招标文件规定；如果是自购，应比较招标人推荐厂家的质量和单价情况。如果招标人容许在推荐的厂家之外选择供货商，可以多比选几家。但是，如果招标人采取有标底评标，编制标书尽量采用当地定额站公布的价格。调查价格仅可以用来估算预期成本。

2）地方性建筑材料，一般波动较大，不能只看目前的材料价格，而应调查了解和分析过去几年内建材价格变化的趋势，预计工程施工期内近几年的变化趋势，决定是否采取几年平均单价或本年度现场调查单价，以减少未来可能的价格波动引起的损失。

3）对工程用特殊材料，询价时最好直接找生产厂家或当地直接受委托的代理，在当地询价后，可用电传向厂家询价，加以比较后再确定如何订货。

4）编制投标报价的人员要注意，调查的单价仅仅是材料、设备供应商的销售价格。在确定其单价时，还要准确增加材料运杂费、场外运输损耗、损坏、采购及保管费等费用，并正确考虑用于卸料和储料过程中的附加费用。

材料价格 =（材料原价 + 运杂费）×（1 + 场外运输损耗率）×
（1 + 采购及保管费率）– 包装品回收价值

①场外运输损耗。场外运输损耗即材料在正常的运输过程中发生的损耗，这部分损耗应摊入材料单价内。材料场外运输损耗率见表 2-15-2。

表 2-15-2　材料场外运输损耗率（%）

材料名称		场外运输（包括一次装卸）	每增加一次装卸
块状沥青		0.5	0.2
石屑、碎砾石、砂石、煤渣、工业废渣、煤		1.0	0.4
砖、瓦、桶装沥青、石灰、黏土		3.0	1.0
草皮		7.0	3.0
水泥	袋装	1.0	0.4
	散装	1.0	0.4
砂	一般地区	2.5	1.0
	多风地区	5.0	2.0

注：汽车运水泥如运距超过500km时，损耗率增加；袋装水泥损耗率0.5%。

②材料采购及保管费。材料采购及保管费即材料供应部门（包括工地仓库以及各级材料管理部门）在组织采购、供应和保管材料过程中所需的各项费用及工地仓库的材料储存损耗。

材料采购及保管费以材料的原价加运杂费及场外运输损耗的合计数为基数乘以采购保管费率来计算。

材料的采购及保管费费率为2.5%。外购的构件、成品及半成品的预算价格，其计算方法与材料相同，但设备、构件（如外购的钢桁梁、钢筋混凝土构件及加工钢材等半成品）的采购保管费率为1%。

5）对于国际工程，材料、半成品和设备的单价应按当地采购、国内供应和从第三国采购分别确定。如果同一种材料来自不同的供应来源，则应按各自所占的比重计算加权平均单价，作为编制报价统一的计算单价。

①在工程所在国采购

材料或设备价格 =（材料原价 + 运杂费）×（1 + 场外运输损耗率）×（1 + 采购及保管费率）

②由国内或第三国供应

材料或设备价格 = 到岸价 + 海关税 + 港口费 + 运杂费 + 保管费 + 运输保管损耗 + 其他费用

6）对国际工程来讲，国际市场各国货币币值在不断变化，要注意选择货币贬值国家的机械设备。

2. 运杂费编制技巧

运杂费是材料自供给地点或产地至工地仓库或施工现场堆放材料的地点的一切费用，包括装卸费、运费，有时还应计囤存费，以及过磅、检签、支撑、加固等杂费。

材料价格确定得合理与否，很大程度上取决于运杂费分析合理与否。为了便于计算，在编制报价时都统一采用供应到现场的价格。

一种材料如果有两个以上的供应点时，应根据不同的运距、运量、运价，采用加权平均的方法计算运费。

计算运杂费时要注意以下几个问题：

（1）关于运料终点的确定　运材料终点位置为：

1）石方工程为各个集中石方地段的中心桩号。

2）路面工程为各类型路面地段中心桩号。

3）房建等单体构筑物工程为所在地中心桩号加横行距离。

4）大中桥、隧道工程为中心桩号。

5）如果沿线构造物分布较均匀，可以取路线终点计算，分布不均匀时要分段确定。

（2）关于料场经济供应范围的确定　当工程项目沿线有多个同种材料的供应点时，在两个相邻料场间可以确定一个经济分界点。

经济分界点确定的原则是：当两料场的材料单价相同时，其分界点距前、后料场的路程相等，如图 2-15-5 所示。

两料场经济分界点 K 可按下式计算：

$$\alpha_i = \left[(b_j - b_i) + A \right] \times \frac{1}{2}$$

$$\alpha_j = \left[A - (b_j - b_i) \right] \times \frac{1}{2}$$

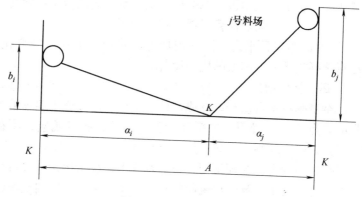

图 2-15-5　经济分界点

其中：K 为经济分界点；b_j 为 j 号料场至线路的运距；b_i 为 i 号料场至线路的运距；A 为两料场上路点间运距。

（3）材料平均运距的计算　先按每个料场的供应地段求出平均运距，然后再求出全线的平均运距，如图 2-15-6 所示。

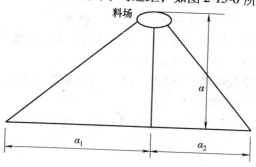

图 2-15-6　材料运距示意图

其计算方法如下：

$$S_1 = \alpha + \alpha_1, \quad S_2 = \alpha + \alpha_1 + \alpha_2, \quad \cdots, \quad S_n = \alpha + \alpha_1 + \alpha_2 + \cdots + \alpha_n$$

$$S_{平均} = \frac{S_1 + S_2 + S_3 \cdots + S_n}{n}$$

（n 为该料场供应构造物的个数）

$$S_{\text{全线平均}} = \frac{n_1 S_{\text{平均1}} + n_2 S_{\text{平均2}} + n_3 S_{\text{平均3}} + \cdots + n_n S_{\text{平均n}}}{n_1 + n_2 + n_3 + \cdots + n_n}$$

对不同的材料品种及不同的运输方法，要分别计算平均运距。平均运距应考虑各运输方法的起码运距及进级规定，如果是采用加权平均计算的运距，则不应再次进级。

（4）材料平均运费的计算　施工单位自办运输：

1）30km 以上的长途汽车运输按当地交通部门规定的统一运价计算运费。

2）30km 及以内的运输，当工程所在地交通不便、社会运输力量缺乏时，如边远地区和某些山岭区，允许单程在 10 ～ 30km 的汽车运输按当地交通部门规定的统一运价加 50% 计算运费。

3）10km 及以内的汽车运输以及人力场外运输，按预算定额计算运费，其中人力装卸和运输另按工费加计辅助生产现场经费。

各种运输方法的比重，应以施工组织设计确定的运输方案为依据。如果从供应点到工地采用几种不同的运输方式，要计算各个使用点的运输比重，然后计算出各种运输方式的运输费和总的平均运费。譬如：

水泥是由铁路和公路运输完成的，则水泥的平均运费公式：

$S_{\text{全线平均}}$ =（铁路运距×铁路运价标准×铁路运输比重）+
（公路平均运距×公路运价标准×公路运输比重）

（5）运输损耗费计算　材料在运输过程中，由于损耗较大，需增加的运输损耗费。运输损耗费计算方式：

运输损耗费 =（出厂价 + 运费 + 装卸费）× 运输损耗率

（6）装卸费单价　装卸费要考虑不同的装卸方法、环节、次数以及物品单件重量、危险品等的不同规定分别计算。

装卸费单价按工程项目所在地区县级以上运输主管部门的规定计列，见表 2-15-3。

表 2-15-3　火车、汽车装卸费单价　（单位：元/t）

工资区	一般材料	机械设备或 1t 以上的构件
四~五区	3.44	8.73
六~八区	3.65	9.30
九区	3.86	9.87

《铁路基本建设工程设计概算编制办法》中规定：

1）铁道部发布的铁建管［1998］115 号文件火车、汽车的装卸单价，不分火车、汽车，不论新线或营业线，均按上表所列综合单价计算。

2）水运等的装卸费单价，按建设项目所在地区县级以上运输主管部门的规定计列。

3）人力、架子车、单轨车、大平车、轻轨斗车、轨道平车、机动翻斗车等的装卸费单价，按有关定额资料分析确定。

（7）材料管理费计算　材料管理费即材料在采购、运输、保管和供应过程中所发生的一切有关费用（不包括材料供应部门所发生的费用）。包括：

1）采买、办理托运所发生的费用（如按规定由托运单位负担的包装、捆扎、支垫等的料具耗损费，转向架租用费和托运签条）。

2）押运和运输途中的损耗。

3）料库盘存。

4）天然毁损和材料的验收、检查、保管等有关各项管理费用。

5）看料工的工资。

6）其他一些费用。

一般材料、当地料、成品、半成品、机械设备等，不论运输方式如何或发生运杂费与否，均综合按每吨重量计列 0.40 元的施工部门材料管理费。但工器具及生产家具和不是作为材料对待的渗水土壤、黏土等均不计列。

3. 人工单价确定技巧

人工单价是指一个建筑工人一个工作日在预算中应计入的全部人工费用。它基本上反映了建筑工人的工资水平和一个工人在一个工作日中可以得到的报酬。

(1) 人工费 人工费是指列入概、预算定额的直接从事建筑安装工程施工的生产工人开支的各项费用，内容包括：

1) 基本工资。即发放生产工人的基本工资，流动施工津贴和生产工人劳动保护费。

生产工人劳动保护费即按国家有关部门规定标准发放的劳动保护用品的购置费及修理费，徒工服装补贴，在有碍身体健康环境中施工的保健费用等。

2) 工资性补贴。即按规定标准发放的物价补贴，煤、燃气补贴，交通补贴，住房补贴，地区津贴等。

3) 生产工人辅助工资。即生产工人年有效施工天数以外非作业天数的工资，包括：

①开会和执行必要的社会义务时间的工资。

②职工学习、培训期间的工资。

③调动工作、探亲、休假期间的工资。

④因气候影响停工期间的工资。

⑤女工哺乳时间的工资。

⑥病假在六个月以内的工资及产、婚、丧假期的工资。

4) 职工福利费。即按国家规定标准计提的职工福利费。

(2) 人工单价 以公路工程为例，公路工程生产工人人工单价按如下公式计算：

$$人工单价(元/工日) = [基本工资(元/月) + \\ 地区生活补贴(元/月) + \\ 工资性津贴(元/月)] \times (1 + 14\%) \times \\ 12 月 \div 225(工日)$$

4. 定额应用的技巧

建筑工程定额是指在工程建设中单位产品上人工、材料、机械、资金消耗的规定制度。这种规定的额度反映的是，在一定的社会生产力发展水平的条件下完成工程建设中某项产品与各种生产消费之间特定的数量关系。

（1）定额的分类　建筑工程定额可按不同的标准进行划分：

1）按生产要素划分。可分为：

①劳动定额。也称工时定额或人工定额。即在合理的劳动组织条件下，工人以社会平均熟练程度和劳动强度在单位时间内生产合格产品的数量。

建筑工程劳动定额是反映建筑产品生产中活劳动消耗量的标准数量，是指在正常的生产（施工）组织和生产（施工）技术条件下，为完成单位合格产品或完成一定量的工作所预先规定的必要劳动消耗量的标准数额。

劳动定额是建筑工程定额的主要组成部分，反映建筑安装工人劳动生产率的社会平均先进水平。

劳动定额有两种基本表示形式：

A. 时间定额。是指在一定的生产技术和生产组织条件下，某工种、某种技术等级的工人小组或个人，完成单位合格产品所必须消耗的工作时间。定额工作时间包括工人的有效工作时间（准备与结束时间、基本工作时间、辅助工作时间）、必要的休息与生理需要时间和不可避免的中断时间。定额工作时间以工日为单位。其计算公式如下：

$$单位产品时间定额 = 1/每工产量$$

B. 产量定额。是指在一定的生产技术和生产组织条件下，某工种、某种技术等级的工人小组或个人，在单位时间内（工日）应完成合格产品的数量。其计算公式如下：

$$每工产量 = 1/单位产品时间定额（工日）$$

我国现行统一使用的劳动定额中，有下列三种表示：

A. 单式表示法。仅列出时间定额，不列每工产量。在耗工量大，计算单位为台、件、座、套，不能再做量上分割的项目，以及一部分按工种分列的项目中，都采用单式表示法。

B. 复式表示法。同时表示出时间定额和产量定额，以分子表示时间定额，分母表示产量定额。

C. 综合表示法。就是为完成同一产品各单项（工序）定额的综合，定额表内以"综合"或"合计"来表示。

②材料消耗定额。即在生产（施工）组织和生产（施工）技术条件正常，材料供应符合技术要求，合理使用材料的条件下，完成单位合格产品，所需一定品种规格的建筑或构、配件消耗量的标准数量。包括净用在产品中的数量和在施工过程中发生的自然和工艺性质的损耗量。

③机械使用台班定额。即施工机械在正常的生产（施工）和合理的人机组合条件下，由熟悉机械性能、有熟练技术的工人或工人小组操纵机械时，该机械在单位时间内的生产效率或产品数量。也可以表述为该机械完成单位合格产品或某项工作所必需的工作时间。

机械台班定额有两种表现形式：

A. 机械台班产量定额。是指在合理的劳动组织和一定的技术条件下，工人操作机械在一个工作台班内应完成合格产品的标准数量。

B. 机械时间定额。是指在合理的劳动组织和一定的技术条件下，生产某一单位合格产品所必须消耗的机械台班数量。

劳动定额、材料消耗定额、机械使用台班定额反映了社会平均必须消耗的水平，它是制定各种实用性定额的基础，因此也称为基础定额。

2）按照定额的测定对象和用途划分。

①工序定额。以个别工序为测定对象，它是组成一切工程定额的基本元素，在施工中除了为计算个别工序的用工量外很少采用，但却是劳动定额成形的基础。

②施工定额。以同一性质的施工过程为测定对象，表示某一施工过程中的人工、主要材料和机械消耗量。它以工序定额为基础综合而成，在施工企业中，用来编制班组作业计划，签发工程

任务单，限额领料卡以及结算计件工资或超额奖励，材料节约奖等。施工定额是企业内部经济核算的依据，也是编制预算定额的基础。

施工定额中，只有劳动定额部分比较完整，目前还没用一套全国统一的包括人工、材料、机械的完整的施工定额。材料消耗定额和机械使用定额都是直接在预算定额中开始表现完整。

③预算定额。是以工程中的分项工程，即在施工图样上和工程实体上都可以区分开的产品为测定对象，其内容包括人工、材料和机械台班使用量等三个部分。经过计价后，可编制单位估价表。它是编制施工图预算（设计预算）的依据，也是编制概算定额、概算指标的基础。预算定额在施工企业被广泛用于编制施工准备计划，编制工程材料预算，确定工程造价，考核企业内部各类经济指标等。因此，预算定额是用途最广泛的一种定额。

④概算定额。是预算定额的合并与归纳，用于在初步设计深度条件下，编制设计概算，控制设计项目总造价，评定投资效果和优化设计方案。

3）按制定单位和执行范围划分。

①全国统一定额。由国务院有关部门制定和颁发的定额。它不分地区，全国适用。

②地方估价表。是由各省、自治区、直辖市在国家统一指导下，结合本地区特点编制的定额，只在本地区范围内执行。

③行业定额。是由各行业结合本行业特点，在国家统一指导下编制的具有较强行业或专业特点的定额，一般只在本行业内部使用。

④企业定额。是由企业自行编制，只限于本企业内部使用的定额，如施工企业及附属的加工厂、车间编制的用于企业内部管理、成本核算、投标报价的定额，以及对外实行独立经济核算的单位如预制混凝土和金属结构厂、大型机械化施工公司、机械租赁站等编制的不纳入建筑安装工程定额系列之内的定额标准、出厂价格、机械台班租赁价格等。

⑤临时定额。也称一次性定额，它是因上述定额中缺项而又实际发生的新项目而编制的。一般由施工企业提出测定资料，与建设单位或设计单位协商议定，只作为一次使用，并同时报主管部门备查，以后陆续遇到此类项目时，经过总结和分析，往往成为补充或修订正式统一定额的基本资料。

（2）定额的选用　编制工程概预算，正确应用定额是非常重要的。编制预算之前，一定要全面了解定额，深刻理解定额，熟练掌握定额，通过概预算实践来提高编制预算的水平。

以下主要就公路工程常用的交通部发布的交工发〔1992〕65号文《公路工程预算定额》（以下简称92公路预算定额）对定额的应用步骤做一介绍。

1）选用定额前的准备。

①收集并熟悉现行的中央和地方交通主管部门有关定额应用方面的文件和规定。准确理解92公路预算定额有何新的使用说明和规定。

②仔细阅读定额总说明及各章节说明，正确理解工程量计算规则及一些特殊规定等条款的含义。

如总说明第7条：

"本定额中的材料消耗量是按现行材料标准的合格料和标准规格料计算的。定额内材料、成品、半成品均以包括厂内运输及操作损耗，编制预算时不得另行增加。其厂外运输损耗、仓库保管损耗以及由于材料供应规格和质量不符合定额规定而发生的加工损耗，应在材料预算价格内考虑"，明确了材料预算价格计算时应包括的内容。

如总说明第18条：

"基价中的人工费、材料费基本上是按北京市1992年的人工、材料预算价格计算的，机械使用费是按1990年交通部公布的《公路工程机械台班费用定额》计算的"，编制人工、材料以及机械台班差价时，就要以参照定额的总说明为依据。

如路基工程说明第2条对土石方体积计算的规定：

"除定额中另有说明者外，土方挖方按压（夯）实后的体积计算；石方爆破按天然密实体积计算。当以填方压实体积为工程量时，采用以天然密实方为计量单位的定额时，所采用的定额应乘以下列系数"，计算土方单价时，要依据说明仔细核对其单位是自然方，还是密实方。

③正确引用定额编号，仔细阅读定额各章节小注的内容。如该文件第三章隧道工程"3-3 机械开挖自卸汽车运输"的小注（1）：本定额按"新奥法"原理编制，采取全断面或大断面开挖。定额中未包括支撑（护）的工作内容，需要时应根据设计的工程量套用有关定额计算。小注（2）：本定额洞外出碴距离按 200m 以内编制，若超过时，其超过部分可按路基工程中"自卸汽车配合装载机运土、石方"项目的增运定额计算。

④认真阅读设计总说明和施工图样。

⑤了解各分部分项工程所采用的施工方法和工艺。

2）选用定额。我们通过一则实例来了解定额的选用。

实例：某建筑工程场地土方定额选用

（1）某建筑工程场地 6600m²，用 75kW 推土机清除表土 35cm，弃土 2km，确定其定额。

由预算定额目录查出清除表土，定额在第 5 页，第一章表 1-1 中第 10 栏，一般表示为 1-1-10，弃土采用 2m³ 装载机装土，定额编号为 1-12-2，8t 汽车运输，定额编号为 1-13-5 和 1-13-6。定额选用见下表。

定额选用表

序号	定额编号	工程内容	单位	数量	基价/元	合价/元
1	1-1-10	推土机清除表土（90kW 以内）	100m³	15	73	1095
2	1-12-2	装载机装土方（2m³）	1000m³	1.5	417	626
3	1-13-5	自卸汽车配合装载机运土、石方，第一个 1km	1000m³	1.5	2911	4367

（续）

序号	定额编号	工程内容	单位	数量	基价/元	合价/元
4	1-13-6	自卸汽车配合装载机运土、石方，每增运0.5km	1000m³	3.0	390	1170
5		合计	元			7258

（2）某铁路隧道长900m，采用机械开挖，自卸汽车运输，围岩类别中，软岩17638m³，次坚石57325m³，坚石13229m³，洞外运距1km，确定其开挖的定额编号，见下表。

定额选用表

序号	定额编号	工程内容	单位	数量	基价/元	合价/元
1	3-3-2	机械开挖自卸汽车运输软石	100m³	176.38	3370	594401
2	3-3-3	机械开挖自卸汽车运输次坚石	1000m³	573.25	4563	2615740
3	3-3-4	机械开挖自卸汽车运输坚石	1000m³	132.29	5448	720716
4	1-13-10	自卸汽车配合装载机运土、石方，每增运0.5km	1000m³	176.384×2	330	58207
5		合计	元			3989064

（3）定额换算　当具体工程的施工方法和材料消耗与定额规定不相符时，在满足定额总说明和各章节说明及小注所规定的内容的前提下，可以对定额中某些项目进行换算，使定额的使用更符合实际情况。

1）几种可以换算的情况。如无特殊说明，下面几种情况一般可以换算：

①在使用预算定额时，混凝土、砂浆配合比表的水泥用量，如因设计采用的混凝土、砂浆强度等级或水泥强度等级与定额中的水泥强度等级不同时水泥用量可按预算定额附录二基本定额中

的混凝土、砂浆配合比表进行换算。

②就地浇筑钢筋混凝土梁用的支架、拱圈用的拱盔和支架，如确因施工安排达不到规定的周转次数，可根据实际情况进行换算并按规定计算回收。

③如施工中必须使用特殊机械时，可按具体情况进行换算。

2）定额换算例析。

①水泥砂浆强度等级的换算　如遇到施工图样要求与定额内包含的水泥砂浆强度等级不相符合，需要进行换算。

方法：从砂浆配合比表中查找定额规定的强度等级与施工图要求的强度等级，找出两种强度等级中水泥、中砂含量的不同，按照定额规定的每方圬工砂浆用量进行材料数量的换算，并按照定额规定的预算单价计算差价。

如：浆砌片石挡土墙墙身。施工图说明墙身采用 10 号浆砌片石，而定额 5-11-7 中采用 5 号水泥砂浆，由砂浆配合比表得知，见表 2-15-4。

表 2-15-4　砂浆配合比

序号	材料名称	单位	10 号水泥砂浆	5 号水泥砂浆	每方圬工砂浆用量	用料量差
1	32.5 级号水泥	kg		236	0.36	−82.60
2	42.5 级号水泥	kg	305	0.35	106.75	
3	中(粗)砂	m³	1.10	1.11	0.35	−0.0035

换算情况见表 2-15-5。

表 2-15-5　定　额　换　算

序号	定额编号	项目内容	单位	数量	基价/元	单价/元	合价/元
1	5-11-7	浆砌片挡土墙(5 号水泥砂浆)	10m³	1	537		

（续）

序号	定额编号	项目内容	单位	数量	基价 /元	单价 /元	合价 /元
2	砂浆配合比表1,5	32.5级水泥用量减少	kg	−826.00		0.15	−123.9
3	砂浆配合比表1,5	42.5级水泥用量增加	m³	1067.50		0.16	170.8
4	砂浆配合比表1,5	中（粗）砂用量减少	m³	−0.035		20	−0.7
5	5-11-7换算后	浆砌片石挡土墙 （10号水泥砂浆）	10m³	1	583		

②混凝土强度等级的换算。如遇到施工图样要求与定额内包含的混凝土强度等级不相符合，需要进行换算。

方法：从混凝土配合比表中查找定额规定的强度等级与施工图要求的混凝土强度等级，找出两种不同强度等级混凝土中水泥、砂石含量的不同，然后进行材料数量的换算，并按照定额规定的预算单价计算差价。计算时要考虑定额规定的混凝土损耗系数。

如：钢筋混凝土轻型墩台。施工图为C30号混凝土现浇，石子粒径为40mm，查到引用的定额4-38-2，定额中混凝土强度等级为C25号，石子粒径为40mm。

由混凝土配合比表20栏和22栏得知，见表2-15-6。

表2-15-6　混凝土配合比

序号	材料名称	单位	C30号 混凝土	C25号 混凝土	定额混凝土 损耗	用料量差
1	42.5级水泥	kg	365	318	1.02	47.94
2	中（粗）砂	m³	0.49	0.50	1.02	−0.0102
3	碎石（4cm）	m³	0.85	0.87	1.02	−0.0204

换算情况见表2-15-7。

③混凝土内骨料粒径的换算。同样，如遇到施工图样要求与

定额内包含的混凝土所用石子粒径不相符合，也需要进行换算。其换算方法与上例相似。

表 2-15-7　定 额 换 算

序号	定额编号	项目内容	单位	数量	基价	单价	合价
1	4-38-2	钢筋混凝土轻型墩台（C25 号混凝土）	10m³	1	2090		
2	砂浆配合比表 22,20	42.5 级水泥用量增加	kg	479.4	0.16	76.70	
3	砂浆配合比表 22,20	中(粗)砂用量减少	m³	-0.102	20	-2.04	
4	砂浆配合比表 22,20	碎石(4cm)用量减少	m³	-0.204	24.08	-4.91	
5	4-38-2 换算后	钢筋混凝土轻型墩台（C30 号混凝土）	10m³	1	2160		

如：钢筋混凝土台帽。施工图说明为混凝土强度等级 C35 号，石子粒径为 20mm，而定额 4-39-2 中混凝土强度等级为 C20 号，混凝土石子粒径为 40mm，由 92 定额后附注的混凝土配合比表得知，见表 2-15-8。

表 2-15-8　混凝土配合比

序号	材料名称	单位	C35 号混凝土	C20 号混凝土	定额混凝土损耗	用料量差
1	32.5 级水泥	kg	338	1.02	-344.76	—
2	42.5 级水泥	kg	436	1.02	444.72	
3	中(粗)砂	m³	0.46	0.49	1.02	-0.0306
4	碎石(4cm)	m³	0.85	1.02	-0.867	
5	碎石(2cm)	m³	0.80	1.02	0.816	

换算情况见表 2-15-9。

表 2-15-9　定　额　换　算

序号	定额编号	项目内容	单位	数量	基价/元	单价/元	合价/元
1	4-39-2	钢筋混凝土台帽（C25 号混凝土）	10m³	1	2052		
2	混凝土配合比表8,17	32.5 级水泥用量减少	kg	-3447.6		0.15	-517.14
3	混凝土配合比表8,17	42.5 级水泥用量增加	kg	4447.6		0.16	711.55
4	混凝土配合比表8,17	中(粗)砂用量减少	m³	-0.306		20	-6.12
5	混凝土配合比表8,17	碎石(4cm)用量减少	m³	-8.67		24.08	-208.77
6	混凝土配合比表8,17	碎石(2cm)用量减少	m³	8.16		24.08	196.49
7	4-39-2 换算后	钢筋混凝土台帽（C30 号混凝土）	10m³	1	2228		

④混凝土工程钢筋的调整。同样，如遇到施工图样混凝土钢筋Ⅰ级和Ⅱ级含量与定额内包含的含量不同，也需要进行换算。

方法：计算施工图中Ⅰ级钢筋和Ⅱ级钢筋含量，比较分析定额中的钢筋含量，按实际进行调整，并考虑钢筋操作损耗 1.025 的系数。

如：钢筋混凝土墩台钢筋。施工图每吨钢筋中含量，Ⅰ级为 0.09t，Ⅱ级为 0.91t，而定额 4-39-3 中Ⅰ级为 0.159t，Ⅱ级为 0.866t。

考虑 1.025 系数，则Ⅰ级钢筋减少 $0.159t - 0.09t \times 1.025 = 0.067t$，Ⅱ级钢筋增加 $0.91t \times 1.025 - 0.866t = 0.067t$。

换算情况见表 2-15-10。

表 2-15-10 定 额 换 算

序号	定额编号	项目内容	数量	基价/元	单价/元	合价/元
1	4-39-3	钢筋混凝土墩台钢筋/t	1	2073		
2		Ⅰ级钢筋减少/t	-0.067		1600	-107.2
3		Ⅱ级钢筋增加/t	0.067		1800	120.6
4	4-39-3 换算后	钢筋混凝土墩台钢筋/t	1	2086		

（4）补充定额的编制 补充定额是指随着工程设计、施工技术的发展，在现行定额不能满足需要的情况下，为了补充缺项所编制的定额。

补充定额只能在指定的范围内使用，一般由施工企业提出测定资料，与建设单位或设计部门协商议定，只作为一次使用，并同时报主管部门备查，以后陆续遇到此种同类项目时，经过总结和分析，往往成为补充或修订正式统一定额的基本资料。

1）补充定额编制原则。补充定额的编制应遵循以下原则：

①凡是有近似定额可以套用或按规定可以抽换的，均不容许编制补充定额，但也不能随意套用工程内容不同或差异较大的定额作为计价依据。

②补充定额的表现形式和项目内容要与现行的同类定额标准一致，如定额的计量单位、工程内容等。

③根据设计图样和施工组织设计编制合理的施工工序，计算出各工序全部的工程细目数量，并折合成定额单位的工程含量，然后计算每定额单位的工天、材料及机械台班消耗。

④尽量参照同类定额基本消耗定额资料，当没有资料可供参考时，要确定合理的施工组织方法，计算在最大可能工时利用原则下的各种消耗。

⑤如采用的设备施工机械台班费用定额缺项，编制补充定额时要参照制定同类型号施工机械台班费用所采用的基础数据资料

作为编制依据。包括年工作台班、能力和时间利用系数、大修理费、经常修理费标准、油燃料消耗的计算原则，以及机械操作人员的配备等，不得随意提高或降低标准。同时要确定相应的产量定额作为编制工程项目预算定额的依据。

⑥其他材料费和小型机具使用费的确定，尽量参照已有同类定额，或根据作业工序编制另行用材料和小型机具使用数量。

2）补充定额编制程序。一般补充定额的编制程序如下：

首先确定工程项目，如果没有类似的子目可以找类似的项目，也可以参照其他定额来确定定额的消耗量，然后确定定额基价。比如公路工程中无三灰碎石的定额项目，这时可以参照市政工程的三灰碎石的项目套用定额消耗，但是在这时候要注意市政项目中所含有的工序，拌和、摊铺、运输、养生等是否含有，另外在公路工程中没有养生的项目，这时就要在编制的时候加入养生的消耗量。在消耗量确定以后，再计算定额基价。这样一个三灰碎石的补充定额就完成了。

实例：××公路专用线路路基预算补充定额编制

××公路专用线路基工程，山体岩石为次坚石，设计要求采用光面爆破法施工，试确定其预算单价。

因为预算定额中无光面爆破项目，必须补充定额。下面通过对某专业工程公司在光面爆破工程中人员、机具设备的配备情况及其工程实际工、料、机消耗情况统计资料的分析，得出如下补充定额：

（1）光面爆破施工安排　根据施工组织设计，采用履带式液压潜孔钻机 $d \leqslant 115mm$ 设备施工。炮孔间距 $a = (10 \sim 15)d$，预留光爆层厚度 $w = (0.8 \sim 1.2)a$，根据现场实际情况，计算预留层厚度取值 1.2m，每平方米 1.2m^3。

每班配备履带式液压潜孔钻机 $d \leqslant 115mm$ 钻机 1 台，施工技术人员 1 人，钻机操作工人 2 人，辅助工人 2 人，日夜三班，每机组工配备 5 人。

（2）实际工、料、机消耗情况　见下表。

光面爆破实际工、料、机消耗

工程地点	单位	甲地点	乙地点	合计	100m³消耗量
投入设备	台	1	2	3	
施工人数	人	30	60	90	
完成工程数量	m³	5850	20309	26159	100
实际消耗量:					
1 人工工天	工天	245	855	1100	4.20
2 机械台班	台班	49	171	220	0.84
3 合金工具钢（空心）	kg	48	160	208	0.79
4 潜孔钻头	个	9	33	42	0.16
5 冲击器	个	0	1	1	0.00
6 硝铵炸药	kg	1950	6772	8722	33.34
7 非电毫秒雷管	发	1033	3500	4533	17.33
8 导爆管	m	11106	38600	49706	190.01
9 导爆索	m	5820	28200	34020	130.05

（3）分析计算光面爆破补充定额 在以上统计数据基础上，得到每完成100m³的工、料、机消耗数量，然后结合报价体系，采取市场询价或者从现行的《铁路工程建设材料预算价格》、《铁路工程施工机械台班费用定额》查到材料和台班单价，综合各方面因素计算其综合单价，见下表。

山体（次坚石）光面爆破补充定额

序号	项目名称	单位	单价/元	数量	合价/元
一	人工费	工日	23.27	4.2	97.73
二	材料费	元		630.11	
1	合金工具钢(空心)	kg	6.30	0.79	4.98
2	潜孔钻头	个	493.76	0.16	79.00
6	硝铵炸药	kg	5.50	33.34	183.37

（续）

序号	项目名称	单位	单价/元	数量	合价/元
7	非电毫秒雷管	发	2	17.33	34.66
8	导爆管	m	0.2	190.01	38.00
9	导爆索	m	2	130.05	260.10
10	其他配料费	元	1	30.00	30.00
三	机械使用费	元			
1	履带式潜孔钻机 $d \leqslant 115mm$	台班	1891.20	0.84	1588.61
四	合计	元			2316.45

5. 暂定金和计日工的报价技巧

（1）暂定金报价　暂定金额是指包括在合同之内，并在工程量清单中以"暂定金额"名称出现的一项金额。工程量清单中的暂定金额一般有三种方式：计日工、专项暂定金额和不可预见费。不可预见费，含工程地质与自然条件的意外费和价格意外费。此三种方式的金额都是可能发生，也可能不发生，招标时难以确定。投标价中包括此三项暂定金额，表明承包人对此有合同义务。

对于暂定金额的报价，通常情况下招标人会指定一定的百分率，视具体情况一般不超过10%，专项暂定金额一般控制在2%左右。

（2）计日工报价　在投标报价编制中，如果是单纯的计日工报价，可以报得高一些，以便在项目实施过程中，招标人用工或使用机械时，可以套用较高的单价。但如果采用"名义工程量"时，要具体分析是否报较高的单价，以免抬高投标总报价。总之，要认真分析招标人在开工后可能使用的计日工数量的多少，正确确定计日工报价方针。

三、投标报价准确性复核技巧

投标报价编制完成以后，投标人一定要进行工程量清单准确性复核，进行投资比例均衡性评估，防止关键性数字发生错误，避免由于计算错误而使有利润潜力的项目造成单价亏损，防止因计算错误或操作失误而导致废标。

1. 投标报价算术性错误快速复核技巧

在工程量清单计算完成后，要对清单的准确性进行算术复核，避免在评标人进行算术修正后，得出不利于投标人的报价结果。

（1）评标人的算术性修正　评标过程中，评标委员会对通过资格复查和符合性审查的投标人进行算术性报价修正。修正按下列原则进行：

1）要求投标人对投标书中含义不明确，对同类问题表述不一致或者有明显文字和计算错误的内容做必要的澄清、说明或者补正。澄清、说明和补正应以书面方式进行，不得超出投标文件的范围或者改变投标文件的实质性内容。

2）投标文件中的大小写金额不一致的，以大写金额为准；总价金额和单价金额不一致的，以单价金额为准，但小数点有明显错误的除外；对不同文字文本投标文件的解释发生异议的，以中文文本为准。

3）在评标过程中，评标委员会发现投标人的报价明显低于其他投标报价或者在设有标底时明显低于标底，使得其投标报价可能低于其个别成本的，应当要求该投标人作出书面说明并提供相关证明材料。投标人不能合理说明或者不能提供相关证明材料的，由评标委员会认定该投标人以低于成本报价竞标，其投标应作废标处理。

4）算术性修正结果经投标人确认后，作出汇总表，作为报价得分的计算依据。

（2）投标报价算术性错误快速复核法

1）单价法。对报价清单内的分项单价进行估计。如混凝土工程细目单价、钢筋工程细目单价等都有一个常规范围，如果出入较大，可能是单价分析错误或是因为计算错误造成的。

2）大数法。算术性审核时，应把重点放在金额超过五位数的细目分项单价上，尤其是占总报价比重较大的个别项目单价。因为投资比重大，如果发生错误，会导致最终报价重大偏差。

3）尾数法。即若干个数字相加，总数的个位数字应该等于各分项数字的个位数相加的个位数。方法简单，但是非常有效。

比如有一组数据，A_{01}，A_{02}，A_{03}，A_{04}，$\cdots$，A_{0n}，相加后总数得 A，见表2-15-11。

表2-15-11　尾数法统计

个位数	一组数据					总数
	A_{01}	A_{02}	A_{03}	$\cdots$	A_{0n}	A
	2	1	6	$\cdots$	8	7

计算：$2+1+6+\cdots+8=17$，个位数为7，总算 A 的个位数也为7，可以证明计算正确

4）指标法。工程量清单计算出来以后，要估计总体经济指标是否合理。如果是桥梁工程，按每延米造价指标和经验数字分析比较；如果是房建工程，按每平方米经济指标和经验数字分析比较。计算结果如果和经验数字偏差较大，很有可能是因为小数点错误，或累计相加错误。

2. 投资比例均衡性评估技巧

招标人为了规避风险，通常会对投标人的项目单价进行均衡性评估，评估的单价基数可能是招标人编制的单价，也有可能采用各投标人单价的平均值。对超过一定百分比的细目单价要进行扣分。招标人对此作为对策来控制投标人的不平衡报价幅度。

对此，在形成最终报价之前，投标人一定要进行投资比例的均衡性评估。

具体做法是把清单初始单价和最终报价清单拟定单价列表，对比计算调整的百分比，估计可能发生的单价不平衡，见表2-15-12。

表 2-15-12　报价费用均衡性评估

工程项目	初始投标报价		调整后的投标报价		调整幅度	
	单价	总价	单价	总价	单价	总价

3. 链接在投标报价中的有效使用

（1）报价汇总表与投标书中金额的汇总表的链接　为了避免出现最终标书内所附工程量清单总价与投标书价格不符的情况，建立链接是非常必要的。在开标时曾经出现某单位投标书金额与工程量清单金额不符的情况，评标委员会对投标报价进行修正，最终认定的投标报价与最佳分值偏离较大。

（2）报价汇总表与各章节汇总金额的链接　形成最后报价清单由于个别单价重复调整计算，采取链接的形式，防止总价和各章节金额漏算和误调。

（3）报价汇总表与最终报价的链接　从确定最终报价的程序来讲，一般是先确定最终总价，然后调整分项子目单价，但是从计算报价的操作人员来讲，一定要按照由单价求总价、由总价求汇总、然后得出最终报价这样的顺序，来计算得出最终报价。保持这样一种良好的计算习惯，可以杜绝工程量清单金额与最终报价不符的情况发生，也可以杜绝慌乱中出错。在开标时，曾出现某单位误将最终报价 13688923 元写为 1368892 元，造成投标报价无效，本来非常有竞争力的报价，由于算术失误，报价得零分，与投标项目失之交臂。

第十六章　组建评标委员会
和开标工作组

在开标前，招标机构应组建评标委员会和开标、评标工作组。

第一节　组建评标委员会

评标由招标人依法组建的评标委员会负责，是招标投标的重要环节，起着举足轻重的作用。

一、评标委员会的组建

根据《招标投标法》第三十七条规定：

"评标由评标委员会负责。"

"依法必须进行招标的项目，其评标委员会由招标人的代表和有关技术、经济方面的专家组成，成员人数为五人以上单数，其中技术、经济等方面的专家不得少于成员总数的三分之二。"

"评标专家应当从事相关领域工作满八年并具有高级职称或者具有同等专业水平，由招标人从国务院有关部门或者省、自治区、直辖市人民政府有关部门提供的专家名册或者招标代理机构的专家库内的相关专业的专家名单中确定；一般招标项目可以采取随机抽取方式，特殊招标项目可以由招标人直接确定。"

"与投标人有利害关系的人不得进入相关项目的评标委员会；已经进入的，应当更换。"

"评标委员会成员的名单在中标结果确定前应当保密"。

评标委员会的组建是保证公正评标的关键因素。其目标是依照《招标投标法》的规定，使招标过程系统、公平和有效地进行，促进公正性和道德标准的提高，增强公众对招标过程的信心，保护所有招标活动参与者的合法权益。

招标人和评标委员会的每个成员之间应当缔结一个有约束力的协议。对评标委员会规定以下职责：

1）对因评标委员会的工作而接触的关于投标文件的细节、评标情况以及招标和授予合同过程或者招标人和招标代理机构利益的其他信息的秘密进行保守。

2）评标委员会成员利用招标的相关信息只是为了执行评标的职责。

3）在招标过程中不得与任何投标人及其合伙人或者任何与招标结果有直接或者间接个人利益的人有任何接触。

4）避免任何会妨碍公正履行职责的财务或者其他利益冲突。

5）拒绝接受中标的投标人或者任何工作安排、合同和与其就将来的任何工作安排、合同进行任何讨论。

评标委员会成员的名单在中标结果确定前应当保密。这样规定主要是防止评标过程中出现不正当行为影响评标结果的公正性。

二、评标委员会机构设置及其职责的履行

1. 评标委员会机构设置

评标委员会由招标人或其代理人组建，独立负责评标工作，向项目法人推荐中标候选人。

评标委员会设有负责人，可设一名主任委员和数名副主任委员，下设专家组和工作组及监督人员。

专家组一般分成技术专家组和商务专家组，并可根据不同的项目性质设立不同的专家分组以便开展评标工作。

2. 评标委员会相关职责

（1）评标委员会应履行的职责　评标委员会应履行的职责主要是：

1）讨论、通过评标细则。

2）根据技术和商务评审意见、综合评比打分结果、综合评价意见确定推荐中标候选人的名单及排序。

3）讨论通过评标报告。

（2）评标委员会主任委员、副主任委员的主要职责　其职责是：

1）组织、指导专家组进行评标工作，控制评标进度。

2）听取专家组和工作组的汇报；研究评标中重大问题，提出评价结论性意见。

3）协调处理评标工作中的问题。

4）审查评标报告，对项目法人负责。

（3）技术专家组的主要职责　其职责是：

1）配合商务专家组的评标有关工作。

2）负责技术部分与评价。

3）检查并评价投标书的有效性、完整性、符合性以及投标人近年的经验、业绩和信誉。

4）负责技术部分的分析对比资料统计以及分析与评估，列出投标文件中的重大偏差和细微偏差，编制相应对比评价报告和评标报告需要的资料。

5）提出需要投标人澄清的问题。

6）编制并提出技术部分的评标报告，对评标委员会负责。

（4）商务专家组主要职责　其职责是：

1）配合技术专家组的评标有关工作。

2）编制并提出商务部分的评标报告，对评标委员会负责。

3）检查并评价投标书的有效性、完整性、符合性以及投标人财务状况和资信。

4）负责商务部分分析对比资料统计以及分析与评价，列出投标文件中的重大偏差和细微偏差，编制相应对比评价报告和评标报告需要的资料。

5）提出需要投标人澄清的问题。

（5）工作组的主要职责　其职责是：

1）协助评标委员会工作。

2）在整个评标过程中具体承担综合性组织、准备评标委员会报告、会议纪要等、配合专家进行报价分析、统计技术和商务对比表格、进行总价和单价打分和专家打分统计、统一收发文件与资料、资料录入整理、文印、协助评标会监督人员进行会议保密管理、对外联系及有关服务等。

（6）评标监督人员职责　其职责是：

1）在开标前负责封存评标细则、招标人的自编标底并保密，按规定将上述文件带入评标会场并启封。

2）对整个评标会和评标专家进行监督，保管专家的手机，负责评标保密工作。

三、评标委员会的权力与义务

评标委员会的权力与义务是：

1）评标委员会有权要求投标人对投标文件中的含义不明确的内容作出必要的澄清或者说明。

2）评标委员会经评审，认为所有投标都不符合招标文件的要求，可以否决所有投标。

3）评标委员会委员应当客观公正地履行职务、遵守职业道德，对所提出的评审意见承担个人责任。

4）评标委员会成员不得私下接触投标人，不得收受投标人的财务或者其他好处。

5）评标委员会委员对评标过程有保密的义务。

第二节　组建开标工作组

开标工作组由招标机构组建，负责接收投标书、开标和评标组织、文秘、后勤等方面的工作。

工作组应由具有良好的职业素质、原则性、保密性强的人员组成，开标、评标工作组应包括公证机构的人员、监督机构人员，评标工作组人员应有技术、概算方面的专业人员参加。

开标工作组应在规定的接收标书的时间和地点设置接收点，安排人员按规定的程序接收投标人递交的投标书。

一般来说，接收标书需注意以下几点：

1）工作组应在接收标书前制作好登记表格，在接收时要求投标人填写登记表，见表2-16-1。

表2-16-1 投标书递交、签收登记

编号：

投标人		
投标项目		
投标书件数		有无修改函
投票人代表签字		身份证（工作证）号码：

接收人： 接收时间：

注：表中两联内容由投标人代表填写，并核对无误。接收时间由接收人填写，接收人签字后生效。下联由投标人保存，并作为退投标保函的依据。

2）一些投标人喜欢在开标的最后一刻对投标书中的报价或其他条件进行修改，也应要求投标人在登记表中注明有无修改函。

3）为防止投标人冒充他人投标，接收标书的工作人员应检查递交标书人员的单位介绍信，并与发售招标文件登记表核对。如果发现递交标书人的身份有疑点或没有购买招标文件，则不能接收其递交的投标书。

4）接收的标书应按接收的时间先后顺序进行编号，并妥当保存，避免丢失或损坏。

5）接收标书应在规定的投标截止时结束，对于超过投标截止时间递交的投标书应拒收。这时应有公证人员在场监督。

第三节 组织开标

开标是指把所有投标人递交的投标文件在招标文件中规定的时间和地点启封揭晓。

开标由招标人或其委托的代理机构主持，通知所有的投标人参加开标仪式，一般应邀请公证机关出席现场公证，以示公正性。

《招标投标法》规定：

"开标应与投标截止同一时间进行。"

"招标机构鉴于某种原因，有权变更开标日期和地点，但必须在规定的时间内以书面的形式通知所有的投标人。"

开标会有的规定投标人的法定代表人或授权代表到场并签名报到，以证明其出席开标会议；也有的规定不一定要求投标人的授权代表出席，但投标人必须承认开标的结果并对由于未出席开标会引起的经济和法律后果负全部责任。

招标机构应在开标前组建工作组，制订开标计划、开标程序以及开标检查和宣读的内容，并对工作组人员进行培训。

开标工作组在开标前应落实邀请参加开标仪式的人员、邀请公证人员、布置开标仪式会场和设备、制订开标程序、将收到的所有投标文件摆放在开标会场。

"开标时，对在招标文件要求提交投标文件的截止时间前收到的所有投标文件，都当众拆封、宣读。但对按规定提交合格撤回通知的投标文件，不予开封。未按招标文件的规定标志、密封的投标文件，或者在投标截止时间以后送达的投标文件将被作为无效的投标文件对待。"

招标人当众宣布对所有投标文件的核查检验结果，并宣读有效投标的投标人名称、投标报价以及招标人认为适当的其他内容如工期、质量、主要材料用量、投标保证金。

一、无效标的情况

开标结果由招标人纪录并要求由投标人法人代表或其授权委托人签字认可。一般下列投标被视为无效：

1）未加盖法人单位公章或无法人代表签字或印签。

2）逾期送达的投标书。对未按规定时间送达的投标书，应视为废标，原封退回。

3）未按招标文件中的要求进行密封的投标。工作人员在启封时应在公证人员的监督下检查密封是否完好，并应请投标人检查自己的投标文件的密封是否原样无损。

4）未提交投标保证金/保函，或所提交的投标保函的数量或格式不符合招标文件的规定。

5）字迹模糊，辨认不清。

二、开标的程序

开标应遵守法定程序。开标时，由投标人或者其推选的代表检查投标文件的密封情况，也可以由招标人委托的公证机构检查并公证。经确认无误后，由工作人员当众拆封，宣读投标人名称、投标价格和投标文件的其他主要内容。

招标人在招标文件要求提交投标文件的截止时间前收到的所有投标文件，开标时，都应当众予以拆封、宣读。

开标应遵循以下程序：

1）由投标人或者其推选的代表检查投标文件的密封情况，也可以由招标人委托的公证机构检查并公证。投标人数较少时，可由投标人自行检查；投标人数较多时，也可以由投标人推举代表进行检查。招标人也可以根据情况委托公证机构进行检查并公证。

公证是指国家专门设立的公证机构根据法律的规定和当事人的申请，按照法定的程序证明法律行为、有法律意义的事实和文书的真实性、合法性的非诉讼活动。公证机构是国家专门设立的，依法行使国家公证职权，代表国家办理公证事务，进行公证证明活动的司法证明机构。是否需要委托公证机构到场检查并公证，完全由招标人根据具体情况决定。招标人或者其推选的代表或者公证机构经检查发现密封被破坏的投标文件，应作为废标处理。

2）经确认无误的投标文件，由工作人员当众拆封。投标人或者投标人推选的代表或者公证机构对投标文件的密封情况进行检查以后，确认密封情况良好，没有问题，则可以由现场的工作人员在所有在场的人的监督之下进行当众拆封。

3）宣读投标人名称、投标价格和投标文件的其他主要内容。标有"撤回"字样的信封，应首先开封并宣读；按规定提交合格的撤回通知的投标文件，不予开封，并退回给投标人；确定为无效的投标文件，不予送交评审。

投标文件拆封以后，现场的工作人员应当高声唱读投标人的名称、投标价格以及投标文件中的其他主要内容。其他主要内容是指投标报价有无折扣或者价格修改等。如果要求或者允许报替代方案的话，还应包括替代方案投标的总金额。建设工程项目的其他主要内容还应包括工期、质量、投标保证金等。

凡是没有宣读的标价、折扣、选择报价，其标书不能进入下一步的评标。

宣读的目的在于使全体投标人了解各个投标人的报价和自己在其中的顺序，了解其他投标的基本情况，以充分体现公开开标的透明度。

4）招标人在招标文件要求提交投标文件的截止时间前收到的所有投标文件，开标时都应当众予以拆封，不能遗漏，否则就构成对投标人的不公正对待。如果是在招标文件所要求的提交投标文件的截止时间以后收到的投标文件，则应不予开启，原封不动地退回。

如果对截止时间以后收到的投标文件也进行开标的话，则有可能造成舞弊行为，出现不公正，是一种违法行为。

5）开标过程必须记录，并存档备查。这是保证开标过程透明和公正，维护投标人利益的必要措施。要求对开标过程进行记录。可以使权益受到侵害的投标人行使要求复查的权利，有利于确保招标人尽可能自我完善，加强管理，少出漏洞。此外，还有助于有关行政主管部门进行检查。

开标过程记录就是要求对开标过程中的重要事项进行记载，包括开标时间，开标地点，开标时具体参加单位、人员，唱标内容，开标过程，是否经过公证等。记录以后，应当作为档案保存起来，以方便查询。任何投标人要求查询，都应当允许。

开标的检查和记录表可参照以下几种格式，见表2-16-2～表2-16-4。

表2-16-2　投标文件密封检查

编号：

投标人	
密封情况	

投标人代表签名：　　　　　　　　　　公证人签名：

日　　期：　　　　　　　　　　　　日　　期：

表2-16-3　投标书正本格式及内容检查

检查项目		
标准函	有/无	
投标报价表	有/无	
授权号	有/无	
授标书保函出具银行： 金额：万元	中、工、建、农、交、其他，保金	

开标人：　　　　　　监督人：　　　　　　公证人：

日　　期：　　　　　　日　　期：　　　　　　日　　期：

表 2-16-4　开 标 记 录

投标序号	投标人名称	投标书密封情况	投标报价书检查情况	授权委托书检查情况	投标保证金（金额、方式）	原报价/元	最终报价/元	投标人签名
……								
3								
2								
1								

第十七章　组织评标及定标

第一节　评标的程序

一、评标会开始

开标会结束后，由工作组将开标资料转移至评标会地点并分发到评标专家组工作室，安排评标委员会成员报到。

由工作组对开标资料进行整理，也可以由工作组对投标文件进行事先的处理，按评审项目及评标表格整理投标人的对比资料，分发到专家组，由专家进行确认。

评标专家报到后，由评标组织负责人召开第一次全体会议，宣布评标会开始。

首次会议一般由招标人或其代理人主持，由评标会监督人员开启并宣布评标委员会名单和宣布评标纪律，评标委员会主任委员宣布专家分组情况、评标原则和评标办法、日程安排和注意事项，由招标人代表介绍项目的基本情况，由招标机构或代理机构介绍项目招标情况、开标情况。如设有入围条件，则应在首次会议上按评标办法的规定当众确定入围投标人名单；如设有标底，则需要介绍标底设置情况，也可由工作组在评标会监督人员的监督下当众计算评标标底。

二、投标文件的初步评审

初步评审过程如下：

1. 熟悉招标文件和评标方法

在开始进行评标前，评标专家应认真研究招标文件，大致了解和熟悉以下内容：

1）招标的目标。

2）招标项目的范围和性质。

3）招标文件中规定的主要技术要求、标准和商务条款。

4）招标文件规定的评标标准、评标方法和在评标过程中考虑的相关因素。

2. 资格复审或后审

对于采用资格预审的招标项目，在此阶段应对投标人的资格条件进行复审，以确认资格条件与投标预审相符。

对于采用资格后审的项目，可以在此阶段进行资格审查，淘汰不符合资格条件的投标人。

3. 鉴定投标文件的响应性

评标专家审阅各个投标文件，主要检查确认投标文件是否从实质上响应了招标文件的要求：

1）投标文件正副本之间的内容是否一致。

2）投标文件是否按招标文件的要求提交了完整的资料，是否有重大漏项、缺项。

3）投标文件是否提出了招标人不能接受的保留条件等，并分别列出各投标文件中的偏差。

4. 淘汰废标

以下一些情况可按废标处理：

（1）舞弊标　评标委员会发现投标人以他人的名义投标、串通投标、以行贿手段谋取中标或者以其他弄虚作假方式投标的，该投标人的投标应作废标处理。

串通投标包括两种情况：

1）投标人之间的"相互串通投标报价"。这是指投标人彼此之间以口头或者书面的形式，就投标报价互相通气，达到避免互相竞争，共同损害招标人利益的行为。其实际表现分为两类：

①投标人之间相互约定，一致抬高或者压低报价。

②投标人之间相互约定，在招标项目中轮流以高价或者低价

位中标。长期轮流坐庄，利益分摊。

2）投标人与招标人串通投标。这是指某些投标人与招标人在招标投标活动中，以不正当手段进行私下交易致使招标投标流于形式，共同损害国家利益、社会公共利益或者他人的合法权益的行为。

《关于禁止串通招标投标行为的暂行规定》列举的投标人与招标人串通投标的行为主要表现包括：

①招标人在公开开标前，开启标书，并将投标情况告知其他投标人，或者协助投标人撤换标书，更改报价。

②招标人向投标人泄漏标底。

③招标人与投标人商定，在招标投标时压低或者抬高标价，中标后再给投标人或者招标人额外补偿。

④招标人预先内定中标人，在确定中标人时以此决定取舍。

⑤招标人和投标人之间其他串通招投标行为。

3）提供虚假文件投标。提供虚假的营业执照、提交虚假的资格证明文件，如伪造资质证书、虚假资质等级，虚报曾完成的工程业绩等虚假情况，以试图中标的行为。

4）以他人名义投标。在实践中多表现为一些不具备法定的或者投标文件规定资格条件的单位或者个人，采取"挂靠"甚至直接冒名顶替的方法，以其他具备资格条件的企业、事业单位的名义进行投标竞争。这种"挂羊头卖狗肉"的行为使工程质量难以得到保证，同时也是严重的虚假行为。

（2）投标人报价明显低于标底《招标投标法》第三十三条规定：

"投标人不得以低于成本价的方式投标竞争。防止个别投标人恶意压价。"

这里的"低于成本"，是指低于投标人的为完成投标项目所需支出的个别成本。由于每个投标人的管理水平、技术能力与条件不同，即使完成同样的招标项目，其个别成本也不可能完全相同，管理水平高、技术先进的投标人，生产、经营成本低，有条件以较低的报价参加投标竞争,这是竞争实力强的表现。实行招标采购的目的,正是为了通过投标人之间的竞争,特别在投标报价方面的竞争,择优选择中标者,因此,只要投标人的报价不低于自身的个别成本,即使是低于同行业平均成本,也是完全可以的。"低于成本的报价"的判定,在实践中是比较复杂的问题,需要根据每个投标人的不同情况加以确定。

(3)投标人不具备资格 投标人资格条件不符合国家有关规定和招标文件要求的,或者拒不按照要求对投标文件进行澄清、说明或者补正的,评标委员会可以否决其投标。

(4)出现重大偏差 评标组织成员根据评标定标办法的规定,对于投标文件中的重大偏差进行认定,并淘汰有重大偏差的投标。属于重大偏差的情况如:

1)投标文件没有投标人授权代表签字和加盖公章。

2)投标文件附有招标人不能接受的条件。

3)没有按照招标文件要求提供投标担保或者所提供的投标担保有瑕疵。

4)投标文件载明的招标项目完成期限超过招标文件规定的期限。

5)明显不符合技术规格、技术标准的要求。

6)投标文件载明的货物包装方式、检验标准和方法等不符合招标文件的要求。

7)不符合招标文件中规定的其他实质性要求。

5. 投标文件的澄清

如有必要,评标期间,评标组织可以要求投标人对投标文件中不清楚的问题或细微偏差做必要的澄清或者说明,但是澄清或者说明不得超出投标文件的范围或改变投标文件的实质性内容。

细微偏差是指投标文件在实质上响应招标文件要求,但在个别地方存在漏项或者提供了不完整的技术信息和数据等情况,并且补正这些遗漏或者不完整不会对其他投标人造成不公平的结果。

细微偏差不影响投标文件的有效性。所澄清和确认的问题，应当采取书面形式，经招标人和投标人双方签字后，作为投标文件的组成部分，列入评标依据范围。一般的程序是，评标委员会发现投标文件有不明确的地方，可以要求投标人以书面形式澄清，也可以由投标人口头解释，并在规定时间书面予以确认，如果需要澄清的投标文件较多，评标委员会还可以主持召开澄清会，由评标委员会分别单独对投标人进行质询，投标人解答后以书面形式确认，但所有的澄清和说明都不得偏离投标文件，不允许招标人和投标人变更或寻求变更价格、工期、质量等级等实质性内容。开标后，投标人对价格、工期、质量等级等实质性内容提出的任何修正声明或者附加优惠条件，一律不得作为评标组织评标的依据。

投标文件按照招标文件规定的截止时间提交给招标人后，就不能被修改、补充。但在特殊情况下，投标人可以应评标委员会的要求，对投标文件中含义不明确的地方作出澄清或者说明，但不得请求、提议或者允许变动投标书中的实质事项，包括价格的变动以及为了使不符合要求的投标成为符合要求的投标而作出的变动。

评标委员会在评标过程中，应纠正在审查投标书期间发现的纯属计算上的错误，并应就任何此类纠正迅速通知提交该投标书的供应商或者承包商，如果发现投标文件的含义不明确、前后不一致、书写打印错误或者纯属计算上的失误、差错等情况，可以要求投标人就以上问题作出不超出原投标文件含义的澄清或说明，以确认其正确的内容，也使评标委员会能依据准确的投标文件作出正确的判断。即使投标书有些小偏离但并没有在实质上改变招标文件载明的特点、条款、条件和其他规定，评标委员会仍可将其看作是符合要求的投标。任何此种偏离应尽可能使之数量化，并在评审和比较投标书时适当加以考虑。开标后，任何投标人均不得改动标书，招标人可要求任何投标人解释其标书，但不应要求任何投标人更改标书内容。

这里需要注意的是，投标人的澄清或者说明只限于前述几种情况，既不能超出投标文件的范围，也不得改变投标文件的实质性内容。比如，下面几种情况都是不允许的：

1）投标文件没有规定的内容，澄清的时候加以补充。

2）投标文件规定的是某一特定条件作为某一承诺的前提，但解释为另一条件。

3）澄清或说明时改变了投标文件中的报价、主要技术指标、主要合同条款等实质性内容，等等。

以上这些澄清和说明或超出了原有投标文件的范围，或改变了投标文件的实质性内容。如果允许这种情况存在，势必使原来不符合要求的投标成为合格的投标，使竞争力差的投标成为竞争力强的投标，导致投标人处于不公平的状态，严重影响评标的公正性。

评标委员会应当书面要求存在细微偏差的投标人在评标结束前予以补正。拒不补正的，在详细评审时可以对细微偏差做不利于该投标人的量化，量化标准应当在招标文件中规定。

6. 投标报价算术性错误的修正

评标委员会可以书面方式要求投标人对投标文件中含义不明确、对同类问题表述不一致或者有明显文字和计算错误的内容做必要的澄清、说明或者补正。澄清、说明或者补正应以书面方式进行并不得超出投标文件的范围或者改变投标文件的实质性内容。

投标文件存在算术上的错误是较为普遍的，在详细评标前，招标人或评标委员会应按以下原则纠正其算术上的错误：

1）当以数字表示的金额与文字表示的金额有差异时，以文字表示的金额为准。

2）当单价与数量相乘不等于总价时，以单价计算为准。

3）如果单价有明显的小数点位置差错，应以标出的总价为准，同时对单价予以修正。

4）当各细目的合价累计不等于总价时，应以各细目合价累计数为准，修正总价。

按上述方法修正算术错误后，投标金额要相应调整。

在投标人同意的情况下，修正和调整后的金额对投标人有约束作用。如果投标人不接受修正后的金额，其投标书将被拒绝，其投标保证金也要被没收。

评标机构在对各投标人递交的标书进行审查和初步筛选之后，根据专家的评审意见，淘汰有重大偏差的投标人后的名单即为进行详细评审的名单，接下来，进入了正式评标的阶段。

三、投标文件的详细评审

经初步评审合格的投标文件，评标委员会根据招标文件确定的评标标准和方法，对其技术部分和商务部分做进一步的评审和比较，并向评标委员会提出书面的详细评审意见。

1. 技术评审的内容

技术评审的目的是确认和比较投标人完成本工程的技术能力，以及他们的施工方案的可靠性。技术评审的主要内容如下：

（1）施工方案的可行性 对各类分部分项工程的施工方法，施工人员和施工机械设备的配备、施工现场的布置和临时设施的安排、施工顺序及其相互衔接等方面的评审，特别是对该项目的关键工序的施工方法进行可行性论证，应审查其技术的最难点或先进性和可靠性。

（2）施工进度计划的可靠性 审查施工进度计划是否满足对竣工时间的要求，并且是否科学和合理，切实可行，同时还要审查保证施工进度计划的措施，例如施工机具、劳务的安排是否合理和可能等。

（3）施工质量保证 审查投标文件中提出的质量控制和管理措施，包括质量管理人员的配备、质量检验仪器的配置和质量管理制度。

（4）工程材料和机器设备的技术性能符合设计技术要求审查投标文件中关于主要材料和设备的样本、型号、规格和制造厂家名称、地址等，判断其技术性能是否达到设计标准。

（5）分包商的技术能力和施工经验　如果投标人拟在中标后将中标项目的部分工作分包给他人完成，应当在投标文件中载明。应审查确定拟分包的工作必须是非主体，非关键性工作；审查分包人应当具备的资格条件，完成相应工作的能力和经验。

（6）对于投标文件中按照招标文件规定提交的建议方案作出技术评审　如果招标文件中规定可以提交建议方案，则应对投标文件中的建议方案的技术可靠性与优缺点进行评审，并与原招标方案进行对比分析。

2. 商务评审

商务评估的目的是从工程成本、财务和经验分析等方面评审投标报价的准确性、合理性、经济效益和风险等，比较授标给不同的投标人产生的不同后果。商务评估在整个评标工作中通常占有重要地位。商务评估的主要内容如下：

（1）审查全部报价数据计算的正确性　通过对投标报价数据全面审核，看其是否有计算上或累计上的算术错误，如果有，则按"投标人须知"中的规定改正和处理。

（2）分析报价构成的合理性。通过分析工程报价中直接费、间接费、利润和其他费用的比例关系、主体工程各专业工程价格的比例关系等，判断报价是否合理，注意审查工程量清单中的单价有无脱离实际的"不平衡报价"，计日工劳务和机械台班（时）报价是否合理等。

（3）对建议方案的商务评审（如果有的话）。

3. 对投标文件进行综合评标与比较

评标应当按照招标文件确定的评标标准和方法，按照平等竞争、公正合理的原则，对投标人的报价、工期、质量、主要材料用量、施工方案或组织设计、以往业绩和履行合同的情况、社会信誉、优惠条件等方面进行综合评价和比较，并与标底进行对比分析，通过进一步澄清、答辩和评审，公正合理地择优选定中标候选人。

四、排序确定中标人

评标委员会通过对投标人递交的投标文件进行评审后，应以评标报告的形式向项目法人排序推荐不超过三名候选中标人，并标明排列顺序，以供项目法人最终选定中标人。

《招标投标法》中规定：

"中标人的投标应当符合下列条件之一：

1）能够最大限度地满足招标文件中规定的各项综合评标标准。

2）能够满足招标文件的实质性要求，并且经评审的投标价格最低，但是投标价格低于成本的除外。"

招标的目的是为通过广泛的竞争，为项目法人推荐一个最为优秀的投标人来中标承包合同。能够最大限度地满足招标文件中规定的各项综合评标标准，这里所讲的"最大限度"也是一个相对的概念，既是指在对招标人来讲在所有投标中中标人的投标表现最为优秀，也是指该投标最大程度地符合了招标文件的要求；招标文件规定的"综合评价标准"是指除价格标准外，还要另加其他因素作为评价标准。

能够满足招标文件各项要求，并且经评审的投标价格最低，但是投标价格不得低于成本，这就通常所讲的"最低价中标"。根据该条规定，"最低价中标"并不是在所有投标中报价最低的投标。中标的最低报价还要满足两个条件：①满足招标文件的各项要求；②投标价格不得低于成本。

评标委员会在确定推荐的中标人名单时，通常是以评标专家的综合评议最好的前1～3名投标人为候选中标人。在采用定量赋分的评标方法的，如果没有特殊情况，通常应以专家综合赋分最高的前1～3名投标人为候选中标人，并以得分的高低为候选中标人的排序。但在特殊的情况下，如当技术评审与商务评审的意见分歧较大或两名推荐的投标人之间的总得分接近，且有多名专家提出对得分排序的异议时，或对于在同一个投标人在同一次招标的多个标段中得分排序第一时，评标委员会可以就排序进行复议，对投标人的综合履约能力进行复审，确定最终的推荐排序。

五、形成评标报告

《招标投标法》第四十条规定，评标委员会完成评标后，应当向招标人提出书面评标报告，并推荐合格的中标候选人。

在评标报告中，应当如实记载以下内容：

1）基本情况和数据表。

2）评标委员会成员名单。

3）开标记录。

4）符合要求的投标一览表。

5）废标情况说明。

6）评标标准、评标方法或者评标因素一览表。

7）经评审的价格或者评分比较一览表。

8）经评审的投标人排序。

9）推荐的中标候选人名单与签订合同前要处理的事宜。

10）澄清、说明、补正事项纪要。

另外，评标报告还应包括专家对各投标人的技术方案评价，技术、经济分析、比较和详细的比较意见以及中标候选人的方案优势和推荐意见。

评标报告格式如下：

1. 基本情况和数据表（表 2-17-1）

表 2-17-1　基本情况和数据表

1. 工程综合说明
建设单位＿＿＿＿＿＿＿＿＿＿
工程名称：＿＿＿＿＿＿　建设地点：＿＿＿＿＿＿
工程类别：＿＿＿＿＿＿　建设规模：＿＿＿＿＿＿
质量标准：＿＿＿＿＿　标段＿＿＿＿＿＿
计划工期：计划　　年　　月　　日开工
计划　　年　　月　　日竣工

（续）

招标内容：＿＿＿＿＿＿＿＿＿＿＿＿＿＿＿＿＿
＿＿＿＿＿＿＿＿＿＿＿＿＿＿＿＿＿
＿＿＿＿＿＿＿＿＿＿＿＿＿＿＿＿＿
＿＿＿＿＿＿＿＿＿＿＿＿＿＿＿＿＿

招标方式：公开招标（　　　　）
　　　　　邀请招标（　　　　）

2. 投标人情况：

序号	投标人名称	技术标		经济标		投标书送达时间	联系人	电话
		正本	副本	正本	副本			
1								
2								
3								
4								
5								
6								
7								
8								
9								
10								

2. 评标委员会成员名单一览表（表2-17-2）

表 2-17-2　评标委员会成员名单一览表

序号	姓名	性别	职称	工 作 单 位	招标人代表或受聘专家
1					
2					
3					
4					
5					
6					
7					
8					
9					
10					

　　主任：　　　　　　　　技术组长：　　　　　　　　商务组长：

3. 开标情况记录表（表2-17-3）

表 2-17-3　开标情况记录表

开标地点						
开标时间						

招 标 人		监 标 人	
主持人		姓名	单位
记录人			
唱标人			
工作人员			
工作人员			

投 标 人 情 况

序	投标人名称	工期	质量	保修期	保修工	项目经理
1						
2						
3						
4						
5						
6						
7						
8						
9						
10						

4. 符合要求投标一览表（表 2-17-4）

表 2-17-4　符合要求投标一览表

工程项目：　　　　　　　　　　　　　　　　年　　月　　日

投标人名称 投文件核查项目							
投标是否按照招标文件的要求提供投标保证金							
投标文件是否按照招标文件的要求予以密封							
投标文件封面或投标文件是否按招标文件要求盖章或签名							
组成联合投标体的投标文件是否附联合投标共同协议							
投标文件是否按照招标文件规定格式填写							
投标文件载明的招标项目完成时间和质量标准是否符合招标文件的要求							
投标文件的关键内容字迹是否模糊无法辨认							
有无分包情况说明							
评标委员会确认签字							
备　　注							

5. 投标人废标情况说明表（表 2-17-5）

表 2-17-5　投标人废标情况说明表

投标单位名称	
商务标	说　明
技术标	说　明

（续）

投标单位名称	
商务标	说　明
技术标	说　明
投标单位名称	
商务标	说　明
技术标	说　明

6. 评标标准、评标方法一览表（略）

7. 经评审的价格或者评分比较一览表（表2-17-6）

表2-17-6　经评审的价格或者评分比较表

（1）＿＿＿＿＿施工技术标评分汇总

序号	专家编号／投标人	1	2	3	4	5	6	7	8	9	技术标总分值	平均分
1												
2												
3												
4												
5												
6												
7												
8												
9												
评委确认签字												

（2）_____商务标总统计

报价评分方法： 标底：

序	投标人	投标报价/元	浮动率（％）	商务标分值	备注
1					
2					
3					
4					
5					
6					
7					
8					
9					
备注					
评委确认签字					

注：本表由记录人填写。

（3）_____技术、商务标汇总

序号	投标人	技术、商务组定量细评得分		总得分	排序	拟定中标人
		技术组评分	商务组评分			
全体评审专家签字：						

招标人对评标结果确认签字： 年 月 日

8. 经评审的投标人排序

（1）＿＿＿＿＿＿＿＿＿＿＿＿＿＿

（2）＿＿＿＿＿＿＿＿＿＿＿＿＿＿

（3）＿＿＿＿＿＿＿＿＿＿＿＿＿＿

9. 推荐的招标候选人名单与签订合同前要处理的事宜

＿＿＿＿＿＿＿＿＿＿＿＿＿＿＿＿＿＿＿＿＿＿

＿＿＿＿＿＿＿＿＿＿＿＿＿＿＿＿＿＿＿＿＿＿

＿＿＿＿＿＿＿＿＿＿＿＿＿＿＿＿＿＿＿＿＿＿

10. 澄清、说明、补正事项纪要

＿＿＿＿＿＿＿＿＿＿＿＿＿＿＿＿＿＿＿＿＿＿

＿＿＿＿＿＿＿＿＿＿＿＿＿＿＿＿＿＿＿＿＿＿

＿＿＿＿＿＿＿＿＿＿＿＿＿＿＿＿＿＿＿＿＿＿

六、确定中标人

招标人根据评标委员会提出的书面评标报告和推荐的中标候选人来确定最后的中标人，也可以授权评标委员会直接定标。

定标程序与所选用的评标定标方法有直接关系。一般来说，采用直接定标法（即以评标委员会的评标意见直接确定中标人）的，没有独立的定标程序；采用间接定标法（或称复议定标法，是指以评标委员会的评标意见为基础，再由定标组织进行评议，从中选择确定中标人）的，才有相对独立的定标程序，但通常也比较简略。

大体说来，定标程序主要有以下几个环节：

1）由定标组织对评标报告进行审议，审议的方式可以是直接进行书面审查，也可以采用类似评标会的方式召开定标会进行审查。

2）定标组织形成定标意见。

3）将定标意见报建设工程招标投标管理机构核准。

4）按经核准的定标意见发出中标通知书。

至此，定标程序结束。

第二节 评标方法

目前，建筑工程招标评标主要采用最低评标价法和综合评价法两种方式。另外，还有诸如性价比法、两阶段评标法等。

一、最低评标价法

1. 最低评标价

所谓最低评标价是指对招标文件作出了实质性响应，在技术和商务部分能满足招标文件的前提下，将投标人的报价经过算术错误纠正、折扣、为遗漏和偏差进行的调整以及其他规定的评比因素修正后得出的最低报价。

由此可见，最低评标价与最低投标价虽然只是一字之差，但两者在内涵上却有本质的区别。最低评标价并不一定是最低投标价，只有在技术和商务部分完全满足招标文件要求，对招标文件中的条款、条件及技术规格无实质性偏离或保留情况下，最低投标价才是最低评标价。

与综合打分法等相比，最低评标价法最大限度地减少了人为因素，降低了"暗箱操作"的机率，能够充分发挥市场机制的作用，有利于促进投标人提高管理水平和工艺水平，降低工程建设成本。有人担心采用最低评标价评标会导致市场竞争过于激烈，对工程的实施带来不利的影响。其实，在市场经济条件下，任何一个投标人都是"理性的经济人"，投标竞争不只是工程造价的竞争，也是投标人之间比实力、比信誉、比管理水平、比应变能力的竞争。通过投标竞争，促使投标人不断改革、不断增强实力、提高管理水平和信誉，达到保证质量、缩短工价、降低造价、提高效益的目的。

事实上，不同的投标人之间的实际成本会有高有低，同时在不同的项目上，对利润的要求也是不一样的，甚至有的企业为了打入新的市场领域，还不惜"赔本赚吆喝"。

2. 最低评标价法的评标程序

最低评标价法的评标程序具体可分为以下三个阶段：

（1）初步审核　其目的是发现并拒绝那些实质性不响应的投标书，不给予进一步评标的机会。其主要审核内容包括：

1）投标人的资格证明文件。审核是否按招标文件的要求，提供了所有证明文件和资料，如投标人法人代表授权书、联营体的联营协议、联营体代表授权书、营业执照、施工等级证书、过去施工经历、资产负债表等。以上文件若为复印件，应经过公证。

2）合格性。主要审查投标人资格是否符合投标人须知中的要求。由于目前世行已取消了对合格来源国家的限制，因此，合格性的判定依据一般有我国的法律法规，投标人的法律地位，与为本招标项目提供如设计、编制技术规格和其他文件的咨询服务公司及附属机构是否有隶属关系，是否被世行列入不合格名单。

3）投标保证金。审查保证金的格式、有效期、金额是否符合招标文件要求。以银行保函的形式提供投标保证金，必须与招标文件中提供的投标保函所写的文字、措施一致，不能接受担保的副本。联营体的投标保证金应以联营体各方的名义联合提供。

4）投标书的完整性。投标书应当是对整个工程进行投标。审查完整性主要审查标书是否按招标文件要求报价、投标文件的修改是否符合要求、正本是否缺页等。没有提供全部所要求的工程细目或工程量清单中的各个支付项的投标，一般被认为是非响应标书，但漏掉了非经常发生的细目的报价，应被认为已包括列在其他的相关细目的报价中。

5）实质性响应。其涵义是指符合招标文件的全部条款和技术规范的要求，而无显著差异或保留。鉴别哪些属于无显著差异或保留是决定标书是否符合要求的一个十分重要的问题，也是评标中常常遇到的难题，需要认真予以鉴别。

所谓显著差异或保留是指：

①对工程的范围、质量及使用性能产生实质性影响。

②或偏离了招标文件的要求，而对合同中规定的招标人的权力或投标人的义务造成实质性限制。

③或纠正这种差异或保留将会对提交了实质上响应要求的投标书的其他投标人的竞争地位产生不公正的影响。

一般说，下列情况属于显著差异：

①投标人不合格。

②投标书迟交。

③投标书不完整。

④投标书未按要求填写、签字、盖章，或填写字迹模糊，辨别不清。

⑤投标保证金或投标保函不合要求，不能接受。

⑥投标人或联营体的身份与资格预审通过者不一致。

⑦一份标书有多个报价。

⑧对规定为不调价的合同，投标人提出了价格调整。

⑨提出的替代的设计方案，不能接受。

⑩施工的时间安排不合要求。

⑪提出的分包额和分包方式不能接受。

⑫拒绝承担招标文件中赋予的重大责任和义务，如履约保函的提交和担保额、担保银行，以及保险范围的规定。

⑬对关键性条款，如适用法律、争议解决程序表示反对。

对存在上述之一问题的标书，将视为未实质性响应，不能进入详评。

对出现下列差异的，在初评时一般不能构成拒标理由，在详评时进一步考虑，如：

①出现和招标文件不同的支付项。

②与完工期或维护期的要求有偏离。

③提出的施工方案特殊，难以鉴别和接受。

④在分项工程上有漏项。

⑤材料、工艺、设计等标准或型号代码与技术规范要求不同。

⑥对延期违约金的规定或金额有修改、限定。

⑦其他。

（2）详细审核　只有通过初审，被确定为实质上符合要求的投标书才能进入详评，此阶段的审核主要包括以下五点：

1）勘误。包括计算错误和暂定金两项。

①计算错误的纠正。计算错误的纠正方法是：当用数字表示的数额与用文字表示的数字不一致时，以文字为准；当单价与工程量的乘积与细目总价不一致时，通常以该行填报的单价为准，修改总价。除非招标人认为单价有明显的小数点错位，此时应以填报的细目总价为准，并修改单价。纠正的错误应在脚注中说明原因。此项修正后的金额对投标人起约束作用。

②暂定金的纠正。暂定金的纠正方法是：暂定金是招标人为不可预见费用或指定分包人等预留的金额，有时用投标价的百分比表示，有时用固定的一笔金额表示。如果是用固定的一笔金额表示，在评标时可以从唱标价中减去，以便于其后评标步骤中对投标的比较。但对于暂定金额中包括的计日工，如果已给予了竞争性，则不应予以扣减。

2）无条件折扣。根据投标人在开标前提交的对投标书中的原投标价的修正。

3）增加。对投标中的遗漏项，取其他投标人的该项报价的平均值进行比较。

4）调整。调整是对投标书中可接受的、具有令人满意的技术或财务效果、而且是可以量化的变化、偏离或其他选择方案所进行的适当调整。

5）偏差折扣。对投标人提出的可接受的偏差进行货币量化。如完工期、付款进度与安排等。

（3）授标建议　若对投标人进行了资格预审，此时应把合同授予最低评标价的投标人。否则，应先进行资格后审。

资格后审就是对于投标人的投标资格不在投标人提交投标文件之前进行审查，而是在报价之后，根据招标文件的要求和投标人提交的投标文件对投标人的资格进行审查。

资格后审的主要内容包括：

1）经验和以往承担类似合同的经历。

2）为承担合同任务所具有的或能配备的人员、设备、施工能力。

3）财务状况。

只有资格后审合格，才能被授予合同。若具有最低评标价的投标人未通过资格后审，则拒绝其投标；此时，应继续对下一个具有最低评标价的投标人进行资格后审，直至确定中标人。

在对同一个投标人授予一个以上合同时，应考虑交叉折扣（即有条件折扣）。在满足资格条件的前提下，以总合同成本最低为原则选择授标的最佳组合。交叉折扣是该合同与其他合同以组合标的形式同时授予为条件而提供的折扣。交叉折扣只在完成评标和各个步骤的最后一步时才予以考虑。

需要特别强调的是，最低评标价法不设定标底，不能以投标价高于或低于标底某一限度而废标。招标人编制的标底在评标时仅作为参考。

二、综合评价法

综合评价法是对投标人在投标文件中所说明的总体情况（包括投标价格、施工组织设计或施工方案、项目经理的资历和业绩、质量、工期、信誉和业绩等因素）进行综合评价从而确定中标人的评标定标方法。

综合评价法是目前适用最广泛的评标定标方法，各地通常都采用这种方法。

综合评价法需要综合考虑投标书的各项内容是否同招标文件所要求的各项文件、资料和技术要求相一致。不仅要对价格因素进行评议，而且还要考虑其他因素，对其他因素进行评议。

由于综合评价法不是将价格因素作为评审的唯一因素（或指标），因此就有一个评审因素（或评审指标）如何设置的问题。从各地的实践来看，综合评价法的评审因素一般设置见表 2-17-7。

表 2-17-7　综合评价法的评审因素

标价（投标报价）	评审投标报价预算数据计算的准确性和报价的合理性等
施工方案或施工组织设计	评审施工方案或施工组织设计是否齐全、完整、科学合理，包括： 1）施工方法是否先进、合理；施工进度计划及措施是否科学、合理、可靠，能否满足招标人关于工期或竣工计划的要求 2）质量保证措施是否切实可行 3）安全保证措施是否可靠 4）现场平面布置及文明施工措施是否合理可靠 5）主要施工机具及劳动力配备是否合理 6）提供的材料设备，能否满足招标文件及设计要求 7）项目主要管理人员及工程技术人员的数量和资历
质量	评审工程质量是否达到国家施工验收规范合格标准或优良标准。质量必须符合招标文件要求。质量措施是否全面和可行
工期	是指工程施工期，由工程正式开工之日到施工单位提交竣工报告之日止的期间。评审工期是否满足招标文件的要求
信誉和业绩	包括： 1）经济、技术实力，项目经理施工经历、在手任务 2）近期施工承包合同履约情况（履约率） 3）服务态度 4）是否承担过类似工程 5）近期获得的优良工程及优质以上的工程情况，优良品率 6）经营作风和施工管理情况 7）是否获得过部省级、地市级的表彰和奖励 8）企业的社会整体形象

综合评价法按其具体分析方式的不同，又可分为：

1. 评议法

其做法是，由评标组织对工程报价、工期、质量、施工组织设计、主要材料消耗、安全保障措施、业绩、信誉等评审指标，分项进行定性比较分析综合考虑，经评议后，选择其中被大多数评标组织成员认为各项条件都比较优良的投标人为中标人，也可用记名或无记名投票表决的方式确定中标人。

评议法的特点是不量化各项评审指标。它是一种定性的优选法。采用评议法，一般要按从优到劣的顺序，对各投标人排列名次，排序第一名的即为中标人。

该方法的优点和不足见表 2-17-8。

表 2-17-8　评议法的优点和不足

优　　点	不　　足
有利于评标组织成员之间的直接对话和交流，能充分反映不同意见，在广泛深入地开展讨论、分析的基础上，集中大多数人的意见，一般也比较简便易行	评议标准弹性较大，衡量的尺度不具体，各人的理解可能会相差甚远，造成评标意见悬殊过大，会使定标决策左右为难，不能令人信服

2. 打分法

又称百分制计分评议法（百分法）。通常的做法是，事先在招标文件或评标定标办法中将评标的内容进行分类，形成若干评价因素，并确定各项评价因素在百分之内所占的比例和评分标准，开标后由评标组织中的每位成员按照评分规则，采用无记名方式打分，最后统计投标人的得分，得分最高者（排序第一名）或次高者（排序第二名）为中标人。

使用打分法，原则上实行得分最高的投标人为中标人。但当招标工程在一定限额（如 1000 万元等）以上，最高得分者和次高得分者的总得分差距不大（如差距仅在 2 分之内），且次高得分者的报价比最高得分者的报价低到一定数额（如低 2% 以上）的，可以选择次高得分者为中标人。对此，在制订评标定标办法时，应作出详尽说明。

（1）量化各评审因素　打分法的主要特点是要量化各评审因素。对各评审因素的量化，也就是评分因素的分值分配和具体打分标准的确定，是一个比较复杂的问题。

采用打分法时，确定各个单项评标因素分值分配的做法多种多样，一般需要考虑的原则是：

1) 各评标因素在整个评标因素中的地位和重要程度。在所有评标因素中，重要或比较重要的评标因素所占的分值应高些，不重要或不太重要的评标因素所占的分值应低些。

2) 各评标因素对竞争性的体现程度。对竞争性体现程度高的评标因素，即不只是某一投标人的强项，而一般来讲对所有的投标人都具有较强的竞争性的因素，如价格因素等，所占分值应高些，而对竞争性体现程度不高的评标因素，即对所有投标人而言共同的竞争性不太明显的因素，如质量因素等，所占分值应低些。

3) 各评标因素对招标意图的体现程度。单项分值的分配，在坚持公平、公正的前提下，可以根据招标意向的不同侧重点而进行设置。能明显体现出招标意图的评标因素所占的分值可以适当高些，不能体现招标意图的评标因素所占的分值可适当低些。譬如为了突出对工程质量的要求高，可以将施工方案、质量等因素所占的分值适当提高些，为了突出工期紧迫，可以将工期等因素所占的分值适当提高些，为了突出对履约信誉的重视，可以将信誉、业绩等因素所占的分值适当提高些。

4) 各评标因素与资格审查内容的关系。在确定各个单项因素的分值分配时，也应考虑采用资格预审和资格后审的差异性，处理好评标因素与资格审查内容的关系。对某些评标因素，如在资格预审时已作为审查内容审查过了，其所占分值可适当低些；如资格预审未列入审查内容或是采用资格后审的，其所占分值就可适当高些。

打分法中所有评标因素的总分值，一般都是 100 分。其中各个单项评标因素的分值分配，各地的情况千差万别，很不统一。通常的做法是：

①价格 30 ~ 70 分。

②工期 0～10 分。

③质量 5～25 分。

④施工组织设计 5～20 分。

⑤企业信誉和业绩 5～20 分。

⑥其他 0～5 分。

（2）对各评标因素进行评分　打分法中各评标因素所占的分值确定以后，就要对各评标因素进行具体评分。对不同的评标因素，有不同的评分标准和方式。

1）对投标报价的评分。投标报价所占的分值，可以根据具体情况在 100 分之内，设定在 30～70 分。

对投标报价的打分，需要确定评标基准价和计分方式。

①确定评标基准价。所谓的评标基准价，即作为评分参照物的价格，也即评分时可以得满分的价格。以评标基准价来衡量各投标人的投标报价，达到评标基准价的，给满分；未达到的，即偏离评标基准价的，每偏离一定的幅度或每增减一定的比例，扣除一定的分值，最后得出该投标报价应得的分数。

综合评价法和最低评标价法有一个共同点，是都要对投标报价进行评议，且二者对投标报价的评议方法是完全一致的。所不同的是，在最低评标价法中确定出的可以作为中标价的合理低标价或最佳评标价，就是综合评价法中可以在设定分值内得满分的价格，即评标基准价。

综合评价法中评标基准价的确定方法与最低评标价法中合理低标价或最佳评标价的确定方法相同。因此，这里对综合评价法中关于投标报价的评议方法问题，不再赘述。

在打分法中，评标基准价的确定，要与计分方式结合起来，才能给各投标报价进行实际打分。

②确定计分方式。所谓的计分方式，即对各投标报价进行评分时所采用的具体计分规则。

计分方式可分为：

A. 限制式和无限制式计分法。限制式计分法即评分时对投标报价设置一定的限制范围；无限制式计分法则对投标报价不设置限制范围。

采用限制式计分法，对投标报价限制范围的设置方式多种多样，一般主要是以围绕标底价的一定浮动幅度，如 +3%～5%，+3%～7%，+2%～10%，+2%～15%等，为限制范围；或者以围绕评标基准价（或最佳评标价）的一定浮动幅度如 ±3%，+3%～6%，+3%～7%，+3%～8%，+3%～9%，+3%～11%等，为限制范围。超出上述限制范围的，不参加评标计分或以 0 分计算（由于标价所占分值一般较大，如该项以 0 分计算，投标人实际上便丧失中标机会）。

采用无限制式计分法时，对所有评标报价都要计分，不会出现因超出限制范围而丧失评标计分的机会。

B. 间断式和连续式计分法。间断式计分法即对投标报价采用不同标价幅度得不同分数的跳跃式分值设定；连续式计分法则对投标报价采用内插的方法计分。

C. 对称式和不对称式计分法。对称式计分法即对投标报价偏离评标基准价以相同幅度增减分数；不对称式计分法即对投标报价偏离评标基准价以不同幅度增减分数。

上述各种计分方式，可以结合起来使用。

2）对施工方案或施工组织设计的评分。施工方案或施工组织设计所占的分值，可以根据具体情况在 100 分之内，设定在 5～20 分。

对投标文件中的施工方案或施工组织设计进行评分，可以先将其内容分解为若干个（一般为 8～10 个）子项，如施工准备及布置，现场总平面布置图，工程总体网络进度计划，主要施工机具配置情况，主要劳动力配置情况，预制构件、半成品及建材进场计划，技术、质量保证措施，安全生产和文明施工保证措施，项目主要管理人员及工程技术人员的数量和资历，主要部位（基础，主体，钢筋混凝土，装饰，水、暖、电、卫，楼地面，屋面防水）施工方法等，并分别对每一子项设定相等或不相等的一定的子分值（如每一子项各占 1～2 分，或有的占 1 分，有的占 2 分，有的占 3 分等），然后就每一子项进行打分。

打分的一般标准是：投标文件中有此项内容的，即可得基本分（一般为满分的 50%）；内容有欠缺或不科学、不合理的，适当扣分（高于基本分低于满分）；内容科学、合理、可靠，符合招标文件要求，没有欠缺的，得满分。

为了保证对施工方案或施工组织设计的评分做到恰当、公正，减少打分的随意性，必要时也可采用请投标人进行答辩的方式分别进行评分。

除了施工方案或施工组织设计存在严重失误或重大错误，导致投标人不可能获得中标机会的以外，对施工方案或施工组织设计的评分一般不能给予低于占该项评标因素总分值 60% 的分数。

3）对质量的评分。质量所占的分值，可以根据具体情况在 100 分之内，设定在 5～25 分。

对投标文件中质量的评分，主要看是否符合招标文件的要求。

招标文件对质量的要求，通常是要达到国家施工验收规范合格标准或优良标准。对质量的评分标准一般是：

①满足招标文件要求，质量措施全面和可行的，得满分。

②质量措施有欠缺的，适当扣分。

③未满足招标文件要求的，不参加评标计分。

有时，也将质量这一评标因素分解为对招标文件质量要求满足程度、质量创优情况等 2～3 个子项，并分别对每一子项设定一定的子分值，如：

①满足招标文件的，给 10 分。

②获国家级优质工程一次的，给 3 分。

③获省级优质工程一次的，给 2 分。

④获市级优质工程一次的，给 1 分。

⑤获优质工程一次的，给 0.5 分。

优质工程需以相应的证书原件或复印件为凭，在时间上一般为上一年度获得的，有的也可以是前两三年度获得的。

对获奖工程的具体时效性要求，可按有关规定或工程具体情况而定。

4）对主要材料用量的评分。对投标报价的打分，一般可以包括对主要材料（三大材）用量的打分。但有时也可将主要材料用量单独列出打分，以作为比较投标报价的两种补充手段。

单独列出时，主要材料用量所占的分值，可以根据具体情况在100分之内，设定在0~10分。主要材料用量可以以审定的标底为准，投标文件中主要材料用量在标底主要材料用量的不同幅度内的给不同的分。一般的打分标准是：在±3%以内的给3分；在±4%以内的给2分；在±5%以内的给1分；超出此范围的不得分。

5）对信誉的评分。信誉所占的分值，可以根据具体情况在100分之内，设定在5~10分。

反映投标人信誉的具体因素，主要包括：

①投标人资质等级情况。

②近期施工承包合同履约情况（履约率）。

③服务态度和经营作风。

④近期有关综合表彰、单项评比的获奖情况。

⑤重合同、守信用称号获得情况。

⑥优良品率。

⑦社会形象。

对投标人信誉进行评分，可以先将反映其信誉的各个具体因素细分出来，然后在信誉这项评标因素所占的分值内，再分别对信誉细化出来的每一子项设定相等或不相等的一定的子分值，最后就每一子项进行打分。打分的一般标准是：投标文件中有此项内容的，即可得基本分；内容有欠缺的，适当扣分；内容没有欠缺、证件齐全的，得满分。

如对企业资质等级这一子项可设定子分值5分（满分），凡具备承担招标工程的资质等级的，可得3分（基本分），每提高一个等级的可加 1 分，但最多给 5 分。

再如，对近两年企业合同履约情况可设定子分值 5 分（满分），其中：

①获省级重合同、守信用称号的，给 3 分。

②连续两年获市级重合同、守信用称号的，给 2 分。

③获市级重合同、守信用称号的，给 1 分（有相同项目的可以就高不就低，避免重复计分）。

④没有获得相应荣誉的，不得分。

6）对业绩的评分。业绩所占的分值，可以根据具体情况在 100 分之内，设定在 5～10 分。

对投标人业绩进行评分，可以先将反映投标人业绩的具体因素细分出来，如：

①经济、技术实力。

②在手任务。

③类似工程承担经历。

④近期有关工程质量、工程标准、工地管理、质量小组成果、新技术应用、工法等的获奖情况。

⑤生产经营和施工管理情况。

⑥其他一些因素。

然后在业绩这项评标因素所占的分值内，再分别对业绩细化出来的每一方面设定相等或不相等的一定的子分值，最后就每一子项进行打分。

打分的一般标准是：投标文件中有此项内容的，即可得分；内容有欠缺的，适当扣分；内容没有欠缺、证件齐全的，得满分。

7）对工期的评分。工期所占的分值，可以根据具体情况在 100 分之内，设定在 0～10 分。

投标文件中的工期是指工程施工期，即自工程正式开工之日起到施工单位提交竣工报告之日止的一段时间。

对投标文件中工期的评分，主要看是否符合招标文件的要求。招标文件对工期的要求因具体工程的不同情况而不同。对工期的评分标准一般是：满足招标文件要求，工期措施全面和可行的，得满分；工期措施有欠缺的，适当扣分；未满足招标文件要求的，不参加评标计分。

8）对项目经理的评分。项目经理所占的分值，可以根据具体情况在 100 分之内，设定在 5~10 分。

对项目经理进行评分时，可以将项目经理各评标因素（资历、受奖、经验、业绩等）等分或不等分，如各占 1~2 分，或有的占多些或少些。其打分的一般标准是：投标文件中有此内容，证件齐全的，得满分；内容有欠缺或证件不全的，适当扣分。

实例：某公路施工项目投标报价综合评价

某公路共分七个标段，本书选择了其中的一个标段进行编写。

（一）评标原则与评分办法

（1）该工程评标工作要求遵循公平、公正、公开的原则。

（2）评标工作由招标人依法组建的评标委员会负责。

在其评标细则中规定：

（1）合同应授予通过符合性审查、商务及技术评审，报价合理、施工技术先进、施工方案切实可行，重信誉、守合同、能确保工程质量和合同工期的投标人。

（2）评分时，评标委员会严格按照评标细则的规定，对影响工程质量、合同工期和投资的主要因素逐项评分后，按合同段将投标人的评标总得分由高至低顺序排列，并提出推荐意见，一个合同段应推荐不超两名的中标候选单位。

（3）评标时采用综合评分的方法，根据评标细则的规定进行打分，满分 100 分。

其中各项评分分值如下：

1）评标价 60 分。

2）施工能力 11 分。

3）施工组织管理 12 分。

4）质量保证 10 分。

5）业绩与信誉 7 分。

（4）在整个评标过程中，由政府监督人员负责监督，其工作内容包括：

1）监督复合标底的计算及保密工作。

2）监督评标工作是否封闭进行，有无泄漏评标情况。

3）监督评标工作有无弄虚作假行为。

4）监督人员对违反规定的行为应当及时进行制止和纠正，对违法行为报有关部门依法处理。

（5）评标工作按以下程序进行：

1）投标文件符合性审查与算术性修正。

2）投标人资质复查。

3）不平衡报价清查。

4）投标文件的澄清。

5）投标文件商务和技术的评审。

6）确定复合标底和评标价。

7）综合评分，提出评价意见。

8）编写评标报告，推荐候选的中标单位。

（二）符合性审查及算术性修正

开标时应对投标文件进行一般符合性检查，投标人法人代表或其授权代表应准时参加招标人主持的开标会议，公证单位对开标情况进行公证。评标阶段应对投标文件的实质性内容进行符合性审查，判定是否满足招标文件要求，决定是否继续进入详评。未通过符合性审查的投标书将不能进入评分。

1. 通过符合性审查的主要条件

包括：

（1）投标文件按照招标文件规定的格式、内容填写，字迹清晰并按招标文件的要求密封。

（2）投标文件上法定代表人或其代理人的签字齐全，投标文件按要求盖章、签字。

(3) 投标文件上标明的投标人与通过资格预审时无实质性变化。

(4) 按照招标文件的规定提交了投标保函或投标保证金。

(5) 按照招标文件的规定提交了授权代理人授权书。

(6) 有分包计划的提交了分包比例和分包协议。

(7) 按照工程量清单要求填报了单价和总价。

(8) 同一份投标文件中，只应有一个报价。

2. 按照招标文件规定的修正原则，对通过符合性审查的投标报价的计算差错进行算术性修正。

3. 各投标人应接受算术修正后的报价；如不接受，招标人有权宣布其投标无效。

4. 澄清情况

根据招标文件的规定，在评标工作中，对投标文件中需要澄清或说明的问题，投标单位发函要求予以澄清、说明或确认。要求说明、澄清或确认的问题主要包括：算术性修正、工程量清单中计算错误、投标保函有效性等。

5. 评标表

(1) 符合性审查表　符合性审查主要从投标书完整性、投标书密封情况、投标报价、投标书签章情况、授权代理书、投标担保、投标书格式、填报了单价和总价的工程清单、分包协议和分包比例等方面进行审查，见下表。

符合性审查表

登记编号	068	069	070	88	119	213
投标人名称	Tenderer1	Tenderer2	Tenderer3	Tenderer4	Tenderer5	Tenderer6
参加开标仪式	✓	✓	✓	✓	✓	✓
投标书密封	✓	✓	✓	✓	✓	✓
投标书盖章、签字	✓	✓	✓	✓	✓	✓
授权代理人授权书	✓	✓	✓	✓	✓	✓

（续）

登记编号	068	069	070	88	119	213
投票保函或保证金	✓	✓	✓	✓	✓	✓
投标书按格式内容填写	✓	✓	✓	✓	✓	✓
字迹清晰可辨	✓	✓	✓	✓	✓	✓
按工程量清单填报了单价和总价	✓	✓	✕	✓	✓	✓
有分包计划的提交了分包协议和分包比例	✓	✓	✓	✓	✓	✓
审查结论	通过	通过	不通过	通过	通过	通过

注：满足要求的，打"✓"，否则打"✕"，审查结论分"通过"和"不通过"。

经审查投标人，Tenderer3 未按招标文件规定格式填写，出现两种单价的报价，未通过符合性审查，其他所有开标时的有效标书均通过符合性审查。

（2）资格复查表　资格复查主要是检查投标人的资格在资格预审之后有无发生实质性退化，从资质、在建合同项目履约情况、法人名称和法人地位的改变、投标履约能力等方面进行复查，见下表。

资格复查表

登记编号	068	069	070	88	119	213
投标人名称	Tenderer1	Tenderer2	Tenderer3	Tenderer4	Tenderer5	Tenderer6
参加开标仪式	✓	✓	✓	✓	✓	✓
投标书密封	✓	✓	✓	✓	✓	✓
投标书盖章、签字	✓	✓	✓	✓	✓	✓
授权代理人授权书	✓	✓	✓	✓	✓	✓
投票保函或保证金	✓	✓	✓	✓	✓	✓
投标书按格式内容填写	✓	✓	✓	✓	✓	✓
字迹清晰可辨	✓	✓	✓	✓	✓	✓

（续）

登记编号	068	069	070	88	119	213
按工程量清单填报了单价和总价	√	√	×	√	√	√
有分包计划的提交了分包协议和分包比例	√	√	√	√	√	√
审查结论	通过	通过	不通过	通过	通过	通过

注：满足要求的，打"√"，否则打"×"，审查结论分"通过"和"不通过"。

经复查，所有通过符合性审查的标书均通过资格复查。

（3）投标报价算术性修正表　按招标文件规定，对通过资格复查和符合性审查的投标人进行投标报价算术性修正，算术性修正按下列原则进行：

1）当以数字表示的金额与文字表示的金额有差异时，以文字表示的金额为准。

2）当单价与数量相乘不等于合价时，以单价计算为准。

3）如果单价有明显的小数点位置差错，应以标出的合价为准，同时对单价予以修正。

4）当各细目的合价累计不等于总价时，应以各细目合价累计数为准，修正总价。

算术性修正结果经投标人确认后，得出汇总表，见下表。

算术性修正

序号	投标人名称 细目	Tenderere1		Tenderere2		Tenderere4		Tenderere5		Tenderere6	
		原报价	修正后报价	原报价	修正后报价	原报价	修正后报价	原报价	修正后报价	原报价	修正后报价
1	100 总则										
2	200 路基土石方										
3	300 路面										
4	400 桥梁										

（续）

序号	投标人名称	Tenderere1		Tenderere2		Tenderere4		Tenderere5		Tenderere6	
	细目	原报价	修正后报价	原报价	修正后报价	原报价	修正后报价	原报价	修正后报价	原报价	修正后报价
5	600 排水及漏洞										
6	700 防护										
7	800 公路设施及预埋管线										
8	900 绿化及环境保护										
9	第 100 章至 900 章清单合计										
10	暂定金额(9)×8%										
11	投标价(9)+(10)										

（三）标底与评标价的评审

招标人在投标截止时确定标底，并在开标后确定复合标底。

复合标底的计算公式为

$$复合标底 = \frac{招标人的标底值 + 投标人评标价的平均值}{2}$$

评标价是按照招标文件的规定，对投标价进行修正后计算出的标价。在评标过程中，应用评标价与复合标底进行比较。

投标人提出的优惠条件或技术性选择方案，均不得折算成金额计入评标价。

凡评标价高于复合标底 8% 或低于复合标底 16% 的投标人，不再进入下一阶段的详评。

评分标准：

以低于复合标底 8% 的评标价为最高得分即 60 分。各项情况的得分详见下表，介于两个百分点之间的按线性内插法确定分数，分数精确到 0.01 分。

各项情况的得分

评分划分	评标价低于复合标底(%)															
	16	15	14	13	12	11	10	9	8	7	6	5	4	3	2	1
得分	48	50	52	54	56	57	58	59	60	58	56	54	52	50	48	46

评分划分	评标价高于复合标底(%)															
	0	1	2	3	4	5	6	7	8							
得分	44	40	36	32	28	24	20	16	12							

按招标文件的规定, 凡评标价高于复合标底8%或低于复合标底16%的投标文件, 将不进入评比。因为评标价超出上述规定范围而不进入评比的投标人共七家单位, 均不在本标段。

(四) 商务和技术标的评审

商务和技术评审是依据招标文件的规定, 从商务条款、财务能力、技术能力、管理水平、投标报价及业绩等方面, 对通过符合性审查的投标文件进行评审。

1. 通过商务评审的主要条件

(1) 未提出与招标文件中的合同条款相悖的要求, 如重新划分风险, 增加招标人责任范围, 减少投标义务, 提出不同的质量验收、计量办法和纠纷解决、事故处理办法, 或对合同条款有重要保留等。

(2) 投标人的资格条件仍能满足资格预审文件的要求。

(3) 投标人应具有类似工程业绩及良好的信誉。

2. 通过技术评审的主要条件

(1) 施工总体计划合理, 保证合同工期的措施切实可行。

(2) 机械设备齐全, 配置合理, 数量充足。

(3) 组织机构和专业技术力量能满足施工需要。

(4) 施工组织设计和方案合理可行。

(5) 工程质量保证措施可靠。

3. 计分标准

(1) 施工能力 施工能力总分值11分, 以拟投入本工程设备及财务能力因素定分，其中：①施工设备占7分；②财务能力占4分。

1）施工设备按下面的规定进行评分

①土方机械占4分

机械配套组合合理，评1分，否则评0~0.5分。

机械数量满足要求，评1分，否则评0~0.5分。

新机械占30%以上，评1分，否则评0~0.5分。

有备用机械，评1分，否则评0~0.5分。

②桥梁机械占3分

机械数量满足要求，评1分，否则评0~0.5分。

机械配套组合合理，评1分，否则评0~0.5分。

有备用机械，评0.5分，否则评0~0.2分。

新机械占30%以上，评0.5分，否则评0~0.2分。

2）财务能力按下面的规定评分

①近三年年均营业额占2分

5000万元以下的，评分0~0.5分。

5000~7000万元的，评分1分。

7000万元以上，评分2分。

②××××年流动比率占2分

1以下的，评分0~0.5分。

1~1.5的，评分1分。

1.5以上，评分2分。

（2）施工组织管理 施工组织管理总分值12分，其中：

1）施工组织设计4分。

2）主要管理人员素质3分。

3）关键工程施工技术方案3分。

4）工期保证措施1分。

5）管理机构设置1分。

评分标准见下表。

评分标准

项目	分项指标		评分标准
施工组织设计（4分）	文字说明部分（3分）	总体施工方案（1分） 完整性（0.5分） 合理性（0.5分）	有工程概述、总体工期安排，总体施工布置及方案，得0.5分，否则，得0~0.3分，上述内容合理得0.5分，否则得0~0.3分
		施工准备（1分） 完整性（0.5分） 合理性（0.5分）	有设备、有人员动员周期和设备、人员、材料运到现场的方法，得0.5分，否则得0~0.3分，上述内容合理得0.5分，否则得0~0.3分
		施工方案、方法（1分） 完整性（0.5分） 合理性（0.5分）	有路基工程(含涵洞及防护)、桥梁工程施工方案、方法得0.5分，否则得0~0.3分
	图表部分（1分）	完整性（0.5分） 合理性（0.5分）	有相应表，得0.5分，否则得0~0.3分，上述图表合理，得0.5分，否则得0~0.3分
关键工程项目及其技术方案（3分）	提出了明确的关键工程项目（1分）		提出了膨胀土开挖、路基包边处理、石方开挖、软土地基处理、(特)大桥工程、互通工程、台背回填等关键工程项目，得0.5~1分；否则得0~0.5分；关键项目技术合理得1~2分，否则得0~1分
	技术方案合理性（2分）		
工期的保证措施（1分）	有保证措施得0.5分		有人员保证、设备保证、冬雨期施工措施得0.5分，否则得0~0.3分，上述保证措施合理得0.5分，否则得0~0.3分
	保证措施合理性得0.5分		
管理机构（1分）	组织机构框图及说明（0.5分）		有完整的组织机构框图及说明得0.5分，否则得0~0.3分；机构设置的合理性得0.5分，否则得0~0.3分
	机械设置的合理性（0.5分）		

（续）

项目	分项指标	评 分 标 准
管理人员素质 （3分）	项目经理（1分）	公路工程施工经验10年及其以上，评0.4分，否则得0~0.2分；类似等级公路工程项目经验2年以上，评0.3分，否则得0~0.2分；工程师（经济师）及以上，评0.3分，否则0分
	项目技术负责人（0.6分）	公路工程施工经验15年及其以上，评0.2分，否则得0~0.1分；类似工程技术负责人经验5年以上，评0.2分，否则得0~0.1分；高级工程师评0.2分，否则0分
	道路工程师（0.2分） 桥梁工程师（0.2分）	公路工程施工经验8年及其以上，评0.08分，否则得0~0.05分；类似工程主管工程质量检验（材料试验、机械施工）3年以上，各评0.07分，否则得0~0.05分；工程师及以上的0.05分，否则0分
	质量检验工程师（0.2分） 试验工程师（0.2分） 机械工程师（0.2分）	公路工程施工经验8年及其以上，评0.08分，否则得0~0.05分；类似工程主管工程质量检验（材料试验、机械施工）3年以上，各评0.07分，否则得0~0.05分；工程师及以上的0.05分，否则0分
	计划统计负责人（0.2分） 财务负责人（0.2分）	公路工程计划统计（财务）经验5年及其以上，各评0.08分，否则得0~0.05分；负责公路工程计划统计（财务）经验3年及其以上，各评0.07分，否则得0~0.05分；经济（会计、工程）师及以上，各评0.5分，否则0分

（3）质量保证体系 质量保证体系分值10分，其中质量管理体系6分，质量检测设备4分。

1）质量管理体系

①质量管理职责明确，评分1~2分，否则0~1分。

②质量控制手段齐全，评分 1~2 分，否则 0~1 分。

③质量控制重点、难点分析合理，评分 1~2 分，否则 0~1 分。

2) 质量检测设备

①有路基压实检测设备（灌砂法环刀法、核子密度仪、CBR测定仪），评分 1 分，否则 0~0.5 分。

②有弯沉检测设备（贝克曼/自动弯沉仪），评分 1 分，否则 0~0.5 分；有水泥混凝土抗压强度检测设备，评分 1 分，否则 0~0.5 分。

③有水准仪（精度 0.7mm/km）、全站仪（精度 2mm ± 2ppm），评分 1 分，否则 0~0.5 分。

（4）业绩与信誉　业绩与信誉分值为 7 分，其中业绩占 5 分，信誉占 2 分。

1) 业绩

①过去 5 年中成功完成了高速公路 10km 或一级公路 15km 以上施工的，评分 3 分，否则评 0~1.5 分。

②对第 4、6、7、8、10、11 合同段，在过去 5 年中成功完成了单跨不小于 30m 且总长在 500m 以上桥梁施工的，评分 2 分，否则评 0~1 分；对第 5、9、12、13 合同段，在过去 5 年中成功完成了单跨不小于 90m 且总长在 1000m 以上的桥梁施工的，评分 2 分，否则评 0~1 分。

2) 信誉

所施工工程获国家级奖的每 1 项得 1 分，获省、部级奖每 1 项得 0.5 分，其他奖项每 1 项得 0.2 分，但累计不超过 2 分。

近 5 年出现过一次省、部级以上通报批评的，每一次扣 0.8 分，所承担的工程出现过重大质量事故或安全事故的，每一次扣 0.4 分，但累计不超大超过 2 分。

4. 投标文件商务和技术方面的评审表格

评标委员会在对各投标人施工能力、施工组织管理、质量保证及施工业绩与信誉等方面进行评审后，填写各项基础资料表。

投标文件商务和技术清查表格：

施工能力见下表。

施工能力（设备及财务能力）

投标人名称			Tenderere1	Tenderere2	Tenderere4	Tenderere5	Tenderere6
项目	分项指标		满足情况或数量	满足情况或数量	满足情况或数量	满足情况或数量	满足情况或数量
施工设备	土方机械	数量满足	基本满足（无铲运机）	基本满足（无铲运机、羊角碾）	满足	基本满足（无铲运机）	不能满足（无挖掘机等七项）
		合理配套	基本合理	基本合理	合理	基本合理	不合理
		有备用机械	有	有	有	大部分有	无
		新机械占30%以上	30%	20%	30%	20%	未填写出场日期及新旧程度
	桥梁机械	数量满足	基本满足无输关泵	基本合理	合理	合理	不合理
		合理配套		有	有	有	无
		有备用机械	10%	30%	30%	未填写	
		新机械占30%以上	✓	✓	✓	✓	✓
财务能力	近三年年营业额	>7000万元					
	4000万元~7000万元						
	<4000万元						
	××××年流动比率	>1.5					
		1~1.5	✓	✓	✓	✓	✓
		<1					

施工组织方案见下表。

施工组织方案

项目	分项指标		Tenderere1 描述	Tenderere2 描述	Tenderere4 描述	Tenderere5 描述	Tenderere6 描述
施工组织设计文字说明部分	总体施工方案	完整	施工平面内容布置不全	总体施工方案、工期安排、现场布置完整	概述、总体施工安排和总体施工布置齐全	总体施工方案、工期安排、现场布置完整	施工平面内容布置不全
		合理	方案、工期及布置符合实际，合理可行	方案、工期及实际，合理可行	工期安排、总体布置合理	方案、工期、布置，合理	施工方案、工期安排合理
	施工准备	完整	有设备、有人员，动员周期和设备、人员、材料运到现场的方法	有设备、有人员，动员周期和设备、人员、材料运到现场的方法	有设备、有人员，动员周期和设备、人员、材料运到现场的方法	有设备、人员、材料前期准备工作、进场时间和方式	未明确设备、人员动员周期
		合理	施工准备工作合理	施工准备工作合理、具体可行	安排合理	施工准备充分、安排合理	施工准备缺进场便道方案、其他合理

项目	分项指标		Tenderere1 描述	Tenderere2 描述	Tenderere4 描述	Tenderere5 描述	Tenderere6 描述
施工组织设计	文字说明部分	施工方案、方法 完整	施工方案、方法具体可行，但分离式立交方案欠缺	施工方案、方法具体可行，但分离式立交方案欠缺	施工方案、方法具体可行，但分离式立交方案略欠具体详细	施工方案、方法具体可行，但分离式立交方案欠缺	施工方案不完整，无防护工程和桥梁上部施工方案
		合理	施工方案内容简单	特殊路基方案文字叙述及层次结构较差	路基桥梁主要施工方案合理	路基桥梁主要施工方案合理	路基桥梁主要施工方案简单
	图表部分	完整	齐全、完整	齐全、完整	图表齐全、完整、条理清晰	齐全、完整	缺相应表
		合理	详实、合理	详实、合理	详实、合理	齐全、合理	图表清楚、较合理
关键工程项目及技术方案			提出了明确的关键工程项目	提出了明确的关键工程项目	提出了明确的关键工程项目	未明确提出关键工程项目但施工方案有说明	未明确提出关键工程项目

（续）

项目	分项指标	Tenderere1 描述	Tenderere2 描述	Tenderere4 描述	Tenderere5 描述	Tenderere6 描述
关键工程项目及技术方案	技术方案合理性	关键工程项目技术方案可行、合理	特殊路基方案简单、T梁工程施工方案欠缺	关键工程项目技术方案可行、合理	有换土方案中有膨胀土、台背回填、桥梁施工技术方案，但欠具体	关键工程项目、技术方案叙述及安排不详细
工期的保证措施	人员保证、设备保证、冬雨期施工措施	冬雨期施工措施欠缺	冬雨期施工措施欠缺	有人员保证、设备保证、冬雨期施工措施	有人员保证、设备保证、冬雨期施工措施	有人员保证、设备保证、冬雨期施工措施
	保证措施的合理性	工期保证措施切合实际、合理可行，但设备保证欠缺	工期保证措施切合实际、合理可行，但人员、设备保证欠缺	保证措施具体合理，符合实际	冬雨期施工安排简单，无具体措施	雨期施工措施不具体
管理机构	组织机构框图及说明	框图及说明齐全	框图及说明齐全	框图、说明齐全	有组织机构框图及说明	有组织机构框图及说明
	机构设备的合理性	机构设置合理	机构设置合理	设置符合实际切实可行	设置合理	机构设置较合理

施工主要负责人情况见下表。

施工主要负责人情况

项目	分项指标	Tenderere1 实际	满足情况	Tenderere2 实际	满足情况	Tenderere4 实际	满足情况	Tenderere5 实际	满足情况	Tenderere6 实际	满足情况
项目经理	公路工程施工经验年限(>10年)	13	✓	15	✓	11	✓	13	✓	10	✓
	类似工程项目经理年限(>2年)	6	✓	7	✓	5	✓	5	✓	3	✓
	职称(工程师/经济师或以上)	工程师	✓	高工	✓	高工	✓	工程师	✓	高工	✓
技术负责人	公路工程施工经验年限(>15年)	12		15	✓	15	✓	12	✓	11	✓
	类似工程技术负责人年限(>2年)	12	✓	15	✓	7	✓	12	✓	7	✓
	职称(高级工程师以上)	高工	✓	高工	✓	高工	✓	高工	✓	高工	✓
道路工程师	公路工程施工经验年限(>8年)	13	✓	12	✓	12	✓	13	✓	9	✓
	类似工程主管路基施工年限(>5年)	13	✓	7	✓	8	✓	13	✓	7	✓
	职称(高级工程师或以上)	高工	✓	工程师	✓	高工	✓	高工	✓	高工	✓
桥梁工程师	公路工程施工经验年限(>8年)	13	✓	12	✓	12	✓	13	✓	9	✓
	类似工程主管桥梁施工年限(>5年)	13	✓	7	✓	8	✓	13	✓	7	✓
	职称(高级工程师或以上)	高工	✓	工程师	✓	高工	✓	高工	✓	高工	✓

质量保证体系见下表。

质量保证体系

项目	分项指标	Tenderer1 满足情况	Tenderer2 满足情况	Tenderer4 满足情况	Tenderer5 满足情况	Tenderer6 满足情况
质量管理体系	质量管理职责明确	质量管理职责明确到各级质量工程师和部门满足要求	质量管理职责明确到各级质量工程师和部门满足要求	质量管理职责明确到各级质量工程师和部门满足要求	质量管理职责只对项目经理进行说明，缺乏部门职责，基本满足要求	质量管理职责只对项目经理和队长进行说明，缺乏部门职责，基本满足要求
	质量控制手段齐全	质量控制手段对每道工序的指控方法进行描述，满足要求	质量控制手段对每道工序的指控方法从四方面进行描述，满足要求	质量控制手段对每道工序的指控方法进行描述，满足要求	质量控制手段对每道工序的指控方法进行描述，满足要求	质量控制手段对每道工序的指控方法进行描述，满足要求
	质量控制重点、难点分析齐全	对膨胀土、煤粉路堤建筑，进行细致分析，满足要求	质量控制难点、重点分析散落在施工工序章节中，分析一般	对膨胀土、煤粉路堤建筑，释放爆破等，进行细致分析，满足要求	质量控制难点、重点分析散落在施工工序章节中，分析一般	质量分析特别强调，散落在施工工序章节中，有说明，基本满足需求

（续）

项目	分项指标	Tenderer1 满足情况	Tenderer2 满足情况	Tenderer4 满足情况	Tenderer5 满足情况	Tenderer6 满足情况
质量检测体系	有路基检测设备（灌砂法或环刀法、核子密度仪、CBR测定仪）	满足要求	满足要求	满足要求	满足要求	满足要求
	有弯沉检测设备（贝克曼梁或自动弯沉仪）	满足要求	无，不满足要求	满足要求	无，不满足要求	无，不满足要求
	有水泥混凝土抗压强度检测设备	满足要求	满足要求	满足要求	满足要求	满足要求
	水准仪(0.7mm/km)全站仪(2km+2ppm)	满足要求	满足要求	满足要求	满足要求	满足要求

施工业绩与信誉见下表。

施工业绩与信誉

投标人名称			Tenderer1	Tenderer2	Tenderer4	Tenderer5	Tenderer6
项目	分项指标		描述	描述	描述	描述	描述
业绩	高速公路或一级公路施工业绩	高速公路/km	10.67	16.4	40.9	36	116.85
		一级公路/km					
	桥梁施工业绩	单跨/m	32	40	110	270	30
		总长/m	1312	1300	1280	6977	1340
信誉	奖励	国家奖个数	1	1	1	1	1
		省/部级奖个数	1	2	3		
		其他奖个数	2	2		3	
	处分	通报批评或质量事故次数					

（五）根据计分标准和评审表格中清查的资料打分

评标委员会根据评标细则的有关规定，对通过符合性审查、资格复查及商务和技术评审的投标书进行综合评价与打分，见下表。

综合评价与打分

投标人名称	原投标价	最终修正后的评标价	经算术修正后的评标价	平均评标价/元 B	标底/元 A	复合标底/元 C =(A+B)/2	评标价与复合标底相比(+-%)	评标价得分
Tenderer1	8451516	72982610	72982610				-16.39	0.00
Tenderer2	89215626	79016679	79016679				-9.48	58.52
Tenderer3	97663010	97663010	97663010	81348714	93231239	87289976		0.00
Tenderer4	88470063	79579763	79579763				-8.83	59.17
Tenderer5	93025197	86355536	86355536				-1.07	46.14
Tenderer6	99567419	88808981					1.74	37.04

评分汇总

登记编号	投标人名称	评标分（60分）	施工能力（11分）	施工组织管理（12分）	质量保证体系（10分）	业绩与信誉（7分）	合计	本合同段排序
069	Tenderer2	58.52	7.39	10.43	8.54	6.13	91.01	2
088	Tenderer4	59.17	9.9	11.21	9.39	6.86	96.53	1
119	Tenderer5	46.14	8.04	10.57	7.49	6.07	78.31	3
213	Tenderer6	37.04	4.97	8.37	7.86	5.59	63.82	4

根据评标细则规定，每一个合同段推荐 1~2 个中标候选单位（对每个合同段的各投标人按综合评分高低进行排序，第一名与第二名分数相差在两分以内的，推荐第一名为第一中标候选单位，第二名为第二中标候选单位；第一名与第二名分数相差超过两分的，只推荐第一名为中标候选单位），提出推荐意见。

招标人根据推荐结果定标。评标结果经评标委员会审定和签认并报招标委员会通过后，由招标人编制评标报告，按照项目管理权限，报上级交通主管部门核备，并按招标文件规定的时限，向中标人发出《中标通知书》，同时通知所有投标单位，并退还未中标人的投标保函或投标保证金。

三、性价比法

性价比法即按照要求对投标文件进行评审后，计算出每个有效投标人除价格因素以外的其他各项评分因素（包括技术、财务状况、信誉、业绩、服务、对招标文件的响应程度等）的汇总得分，并除以该投标人的投标报价，以商数（评标总得分）最高的投标人为中标候选供应商或者中标供应商的评标方法。

$$评标总得分 = B/N$$

式中，B 为投标人的综合得分，$B = F_1 A_1 + F_2 A_2 + \cdots + F_n A_n$，其中，$F_1$、$F_2$、$\cdots$、$F_n$ 为除价格因素以外的其他各项评分因素

的汇总得分；A_1、A_2、$\cdots$、A_n 为除价格因素以外的其他各项评分因素所占的权重（$A_1 + A_2 + \cdots = 1$）。

N 为投标人的投标报价。

性价比法较为适用于工程施工中对性能要求高、技术指标相对较少的特种、专用设备的采购。

有人认为，性价比法其实是综合评分法的特殊表现形式。性价比法和综合评分法考虑的主要因素都是价格、技术、财务状况、信誉、业绩、服务和对招标文件的响应程度。从二者计算总得分的公式来看，方向也一致。在综合评分法中，投标人的报价越低，价格分就越高，同时，技术、财务状况、信誉、业绩、服务等因素得分越高，投标人的评标总得分就越高。性价比法也一样，价格越低，分母就越小，技术、财务状况、信誉、业绩、服务等因素得分越高，分子就越大，则评标总得分就越高。在有些情况下，用两种评标方法中的不同公式计算，还会得出相同的总分。

但业界专家认为，在很多情况下，这两种评标方法追求的效果是不一样的："性价比法是追求性能和价格的最佳结合点，而综合评分法考察的是投标人的综合实力。"

四、两阶段评标法

两阶段评标法是指先对投标的技术方案等非价格因素进行评议确定若干中标候选人（第一段），然后再仅从价格因素对已入选的中标候选人进行评议，从中确定最后的中标人（第二段）。从一定意义上讲，两阶段评标法是最低评标价法、综合评价法的混合变通应用。

两阶段评标法适用于技术方案不确定、技术复杂、可选用的技术指标对投标价格影响大等的工程项目的招标。两阶段评标法的具体应用范围如下：

1）招标工程的技术方案尚处于发展过程中，需要通过第一阶段招标，选出最新、最优的方案，然后在第二阶段中邀请被选中方案的投标者进行详细的报价。例如，建设项目的初步设计阶段，只存在一些对项目的性质、级别、总体规模、投资总额、生产工艺基本流程、建设工期等初步设想，由投标人提出可能的具体实施方案。

2）在某些新的大型项目建设中，招标人对项目的技术要求和经营要求缺乏足够的经验，则可以在第一阶段招标中向投标人提出技术方案和项目目标的要求。每个投标人就其最熟悉的技术和经营方式进行投标。经过评价，确定最佳的技术参数和经营要求。然后，由投标人针对相对明确的技术方案和项目目标，再进行第二阶段的详细报价。例如，以交钥匙/设计建造/EPC 等合同方式招标大型复杂工厂建设、招标特殊土建工程建设，因为招标时技术规格、具体工作量等指标无法明确，可以采用两阶段招标和评标方法。

实例：某海塘保滩工程两阶段评标

××××年，某市启动了一项海塘保滩工程。作为集中采购项目，由市政府采购中心和某市滩涂管理处共同组织实施。招标范围为××区和××县，内容包括抛石、管桩顺坝、大堤护脚、加固原抛石顺坝和护坡翻建及上部结构修复等，预算投资 7000 万元。

在此次工程中，有部分构筑物是在水下形成，需要施工单位进行水上作业，比如水下的抛石、土工布的排放、坝头的形成等。由于水流作用、河道冲刷及海潮、台风等不确定因素的存在，可能给施工带来较多难度，需要施工单位掌握一些特定的施工技术。

为此，工程组织单位在施工工程招标投标中决定采用"两阶段评标"的办法。即：要求投标单位在投标时技术标为暗标，且技术标和商务标应分开，技术标暗标不能出现投标单位的有关情况，否则取消投标资格。在技术标评标阶段一般以专家为主对投标单位的施工组织设计、施工措施、方案等进行评标，投标单位技术标获通过后方可进入第二阶段商务标的竞争，最后确定中标单位。

在海塘保滩项目中，工程组织单位对涉及影响施工技术的每一个主要环节设置了相应分数，采用打分方式对技术标进行评定，满分为 100 分，要求入围分数为 80 分。由评标专家对技术标中的工期、施工组织设计等技术措施及其对招标文件的响应程度进行评标，最后得分 80 分及以上的投标单位准予进入商务标的竞争。在技术标入围的投标单位中，直接选取商务标报价为合理造价以上的最低报价的投标单位为预中标单位。

本工程于×××ד年××月××日发出招标文件，××月××日上午各投标单位递交投标文件，××月××日下午组织专家评标（技术标），××月××日开商务标，并经过技术询标后确定中标单位。整个过程操作下来，效果比较明显，中标单位均为国内行业中实力较强的施工单位，且工程造价较预算造价下降了近 16% 左右。

五、两段三审评标法

"两段三审评标法"中"两段"即评标要经过初评和终评两个阶段，三审是指行政性评审、技术性评审和报价及财务评审。

1. 初评阶段

"两段三审评标法"中的"三审"主要是在初评阶段进行。初评的主要任务是对所有投标书做"响应性检查"，也就是在全面分析各投标单位的标书是否对招标文件作出了确切性的反应。

（1）行政性评审　行政性评审即对投标书是否合格的审查，其主要内容是：

1）投标书的有效性。如递交时间、印章等。

2）投标书的完整性。投标书是否包括招标文件规定的应递交的一切和全部文件。

3）投标书与招标文件的一致性。即投标书是否对招标文件提出的问题，不做任何修改和附带条件，一一回答清楚。

4）报价计算的正确性。

（2）技术性评审　技术性评审即确认投标者完成招标工程的技术能力，以及对工期、质量和供应的保证措施的可靠性，其主要内容是：

1）投标书是否满足了招标文件要求提交的技术文件内容，同招标文件的图样及技术说明是否符合。

2）施工进度能否满足招标单位提出的竣工时间，施工进度计划是否严谨可行，保证进度的各项措施是否合理和可能。

3）施工质量如何控制和保证，其措施是否可行。

4）投标单位供应的材料和设备能否满足投标文件的要求。

5）其他需要评审的内容。如对投标单位提出的分包单位的资质、能力的审查等。

（3）报价及财务评审　报价及财务评审即从财务和经济分析等方面评审投标报价的合理性和可靠性，预计授标给各投标单位后的不同经济效果，其主要内容是：

1）审查全部报价数据计算的正确性，并与标底进行对比分析，对一些对比差异较大的数据，分析其差异原因，评审报价是否合理。

2）分析报价构成的合理性。如人工单价、主要机械台班单价以及材料单价的合理性。

3）投标单位对预付款和工程进度款的拨付有何要求，其要求是否合理。

4）如果是可调价工程合同，投标单位对调价方式和方法有何要求，其要求是否合理。

5）投标单位的财务实力和资信程度。

2. 终评阶段

经过初评阶段筛选出的若干个有可能授标的投标单位，这时就要进入终评阶段。

终评的主要任务是针对筛选出可能授标的若干投标单位的标书中的问题，通过向他们进行澄清，并进一步分析和评审。

澄清标书有两种方式：

（1）书面澄清　招标单位对标书中存在的问题，拟出问题清单，分别发送给各投标单位，由他们作出书面答复，予以澄清。

（2）口头澄清　由评审小组或评审委员会提出需要澄清问题的清单，送交投标单位，然后约见他们澄清初评过程中发现的问题，澄清问题不意味着是议标，是评审过程中的技术性安排。

两段三审评标法，评审内容全面、细微，在国际招标和利用世界银行贷款工程，都采用这种方法。但是，这种评标方法时间长，内容浩繁，在国内则适用于大中型的招标工程。

第三节　评标办法的编制

评标办法与评标方法一字之差，其内容却不同。

在《评标委员会和评标方法暂行规定》中有规定：招标人的评标办法应在招标文件中公布。因此，招标人的编制招标文件的同时，应制订评标办法，并将评审项目、评审标准作为招标文件的一部分，并作为评标的准则。

评标办法是招标文件中的一个重要组成部分。可以这么说，评标办法是整个招标活动中的天平。一边是中招标人的技术商务要求，一边是投标人的份量，看谁最适合。

一、评标办法的编制内容

招标人或者其委托的招标代理人编制的评标办法，一般由以下几部分内容组成：

1. 评标组织

即由招标人设立的负责工程招标评标的临时组织。评标组织的形式为评标委员会，人员构成一般包括招标人和有关方面的技术、经济专家。

2. 评标原则

它是贯穿于整个评标活动全过程的基本指导思想和根本准

则。评标总的原则是平等竞争、机会均等、公正合理、科学正当、择优定标。

3. 评标程序

评标程序是进行评标活动的次序和步骤。评标只对被确认为有效的投标文件进行，其程序一般可概括为两段（初审、终审）三审（符合性、技术性、商务性评审）。

4. 评标的方法

评标的方法是多种多样的，一般主要有最低评标价法、综合评价法、性价比法和两阶段评议法。

5. 评标的日程安排

包括何时、何地开始评标等。这一内容通常在招标文件中已具体阐明。

6. 评标过程中发生争议问题的澄清、解释和协调处理

在评标过程中，可能会发生这样那样意想不到的争议。而对这些争议问题现场临时想出什么办法来处理，在已开标并了解各投标文件内容的情况下，常常会带有倾向性，有失公允，不能令投标人信服。所以，必须事先规定好对可能出现的争议问题的澄清、解释规则和协调处理程序。

二、编制评标办法

评标办法由建设工程招标人负责编制。建设工程招标人没有编制评标办法的能力的，由其委托招标代理人编制。

编制评标办法的资质要求，与编制招标文件的资质要求是一样的，两者一起被纳入了组织招标的资质。

1. 编制评标办法的要求

编制评标办法的要求主要有以下几点：

1）评标办法必须公正，对待所有投标人应一律平等，不得含有任何偏爱性或歧视性条款。

2）评标办法应当科学、合理，据此可以客观、准确地判断出所有投标文件之间的差别和优劣。

3）评标办法应当简明扼要、通俗易懂、各而不繁，具有高度的准确性、可操作性。

2. 编制评标办法的一般步骤

编制评标办法的一般步骤是：

1）确定评标组织的形式、人员组成和运作制度。

2）规定评标活动的原则和程度。

3）选择和确定评标的方法。

4）明确评标的具体日程安排。

3. 评标办法的审查

评标办法编制完成后，必须按规定报送建设工程招标投标管理机构审查认定。工程招标投标管理机构在审查评标办法时，主要审查确认以下几方面的内容：

1）评标办法与招标文件的有关规定是否一致。

2）评标办法是否符合有关法律、法规和政策，体现公开、公正、平等竞争和择优的原则。

3）评标组织的组成人员是否符合条件和要求，是否有应当回避的情形。

4）评标方法的选择和确定是否适当，如评标因素设置是否合理，分值分配是否恰当，打分标准是否科学合理，打分规则是否清楚等。

5）评标的程序和日程安排是否妥当。

6）评标定标办法中有没有多余、遗漏或不清楚的问题。

实例：××市中心百货大楼施工工程评标办法编制

根据本工程的施工特点，为慎重选择本工程施工单位，根据《招标投标法》并结合××市有关施工评标决标的规定，本着保护竞争，维护招标工作公开、公平、公正和诚实信用的原则，制订本评标办法。

（一）评标总则

1. 本工程评标将以招标文件、补充说明中的各项有关要求作为对投标书全面评价的依据。采用两阶段评标法进行评标。

2. 第一阶段为技术标评定。即评定经过公证处编号处理的技术标书（暗标）及投标公函（明标）。经过充分评议分析后，分别用记名评分法进行评定，得出各投标单位的技术标书（暗标）和投标公函（明标）得分。

3. 第二阶段为评定商务标书。对商务报价中没有费用开口要求、非异常报价及非违规技术标的商务标书，以各投标单位的平均价为基数，用基准分加减附加分的评分方法对其报价进行评定，得出各投标单位的商务标得分。最后，进行各投标单位最终得分的计算。

最终得分＝技术标书得分＋投标公函得分＋商务标得分

（二）评标细则

1. 暗标的评定（45分）

（1）暗标评分内容

1）施工技术方案（35分）

①建筑物（构筑物）的土建、钢结构、装饰以及室外总体等工程施工技术方案是否针对设计要求制订，套用的规范标准是否准确全面，能否保证本工程施工的质量；工程质量是否符合国家、地方的施工及质量验收标准。

②本工程建筑物（构筑物）单体较多，施工工序安排是否切实可行，施工进度计划安排，其关键线路是否合理可行，能否满足招标人的进度要求，对完成规定工期有何保证措施。

③土建、钢结构、装饰和室外总体工程的施工技术方案是否结合现场实际情况考虑，是否考虑与设备安装工程等招标人另行发包工程的施工协调的方案，是否考虑本工程的总承包管理方案，方案是否具有可操作性、合理性。

④对现场周边环境，特别是原有管线、建筑物及设施的保护有哪些具体措施。

⑤工程中的劳动力及机械设备安排是否合理，对施工中可能遇到的不利因素是否采取了针对性的措施。

⑥施工方案是否考虑到向专业分包单位的、招标人另行发包

的专业工程项目的施工单位提供施工工作面、施工协调等工作。

⑦是否针对本工程施工重点和难点问题，对本工程实施是否有优化方案，是否制订了相应的施工技术措施方案。

综上所述，结合施工质量保证措施、施工总承包管理方案、选用的主要施工机械及其布置、劳动力组织计划等进行综合评定。

2）工程管理、安全文明施工管理的组织措施（10分）

①对本工程的建设目标有何组织措施，如何达到施工质量目标，如何保证进度目标的实现，采取何种措施确保安全目标的实现。

②对工程现场管理、安全文明施工管理等方面所采取的组织措施是否针对适应本工程专业多的特点，是否结合《建设工程安全生产管理条例》（国务院令第393号）。

③施工现场平面布置是否合理，现场临时设施和生活设施的搭设是否满足××市的有关规定及招标文件要求；针对本工程施工实际情况（主要是难点、重点）对安全文明施工管理带来的困难以及现场不利条件下施工带来的影响等因素，是否采取了相应的方法，其组织实施的可能性、有效性如何。

④在工程施工期间，是否配备专职安全员，是否建立动用明火申请批准制度，是否配备一定数量的消防灭火器材等；是否建立安全用电制度；在工程进入后期阶段时，是否考虑根据实际情况采取保护措施，确保已建工程的完好无损。

综上所述，结合本工程的施工技术方案，对工程管理及安全文明施工管理进行综合评定。

（2）评分办法

以上施工技术方案，工程管理及安全文明施工管理两项指标的评定按如下规定。

1）先由各评委对所有技术标标书（暗标）进行评议和分析，据此各自记名打分，然后各评委将技术标标书的评分结果（评分表）交公证处，完成暗标的评定。评委打分可以计一位小数，且此小数只能为 0.5 分。

2）汇总所有评委对两项指标的评分，从中去掉一个最高分、一个最低分，然后用算术平均法分别求出每一个投标单位的平均得分（简称暗标得分）。平均得分值四舍五入，保留两位小数。

3）本工程技术标为暗标。标书中所有内容和文字说明一律不能用图签，不注明单位名称，不署名，不带有任何能辨认的标志，不能有任何暗示性的文字，否则将视为违规标书。经评委一致确认后，该技术标将不予评定，同时该投标单位的商务标书不再参与商务标的开标和评标。

2. 投标公函的评定（明标，10 分）

（1）投标公函主要评定内容

1）人员情况（4 分）

主要评定拟担任本工程的项目经理及主要管理人员以往同类型工程业绩，以及人员结构工种配备是否齐全，能否满足本工程施工管理的需要。

2）专业资质情况（3 分）

①不具备钢结构制作安装专业资质及同类工程施工业绩的投标单位，主要评定是否提供了分包或合作单位的专业资质证明、营业执照、诚信手册、近几年同类工程业绩及协议书（其中，协议书必须为盖章原件）。

②具备钢结构制作安装专业资质及同类工程施工业绩的投标单位，主要评定是否提供了本单位专业资质证明及近几年同类工程业绩。

3）乙供设备材料情况（3 分）

对于本工程主要的乙供设备材料，投标单位是否根据主要乙供设备材料表列出详细型号、品牌、规格、生产厂家等资料，该资料是否能满足招标人及设计要求。

（2）评分办法

1）先由各评委对所有投标公函进行评议和分析，据此再各自记名打分，完成投标公函的评定。评委打分可以计一位小数，且此小数只能为0.5分，最低评分至少为1分。

2）分别汇总所有评委对每一份投标公函的评分，从中去掉一个最高分、一个最低分，然后用算术平均法求出每一份投标公函的平均得分（简称明标得分）。明标得分值四舍五入保留两位小数。

3. 技术标得分

技术标得分＝暗标(技术标书)得分＋明标(投标公函)得分

4. 商务标的评定（总分45分）

（1）首先对各投标单位的商务标进行甄别，如果投标单位的商务标书未按招标文件要求编制，则该投标单位的商务标视为无效标，同时该投标单位的商务报价不再进入以下商务标得分的评分程序。

（2）由各位评委集体对各投标单位（不进入商务标得分评分程序的投标单位除外）的总报价进行分析，在取得基本一致意见后进行甄别。

对有下列情况的商务标书只评为　分，并且对这些商务标书的总报价不再进行基准分加减附加分的评分：

1）最高报价高于平均报价　%者（含　%）。

2）最低报价低于平均报价　%者（含　%）。

3）报价编制说明中有不符合招标文件规定的开口要求者。

4）如没有上述1）、2）、3）情况，对总报价最低的投标者，其报价中如果报价汇总表存在某一单项有明显漏项且未说明其为优惠不计者（简称单项异常报价）。

注1）百分比＝(最高报价－平均报价)÷平均报价×100%

百分比＝|最低报价－平均报价|÷平均报价×100%

注2）平均报价等于从各家有效的投标报价中去掉一个最高报价、一个最低报价，然后对剩余的投标报价取算术平均值。

注3）单项异常报价的标准是：评标工作人员对该单项报价以其他投标单位相同项的平均价纠正后，将使该投标单位的总报

价增加10%以上（含10%）。

注4）上述单项报价是指商务标格式文件规定填写的"投标报价汇总表"中所列的项目（有二级子项的计算二级子项）。

注5）其他投标单位相同项的平均价—其他投标单位相同项费用之和除以其他投标单位数（注：其他投标单位为不去除最高、最低报价的其他投标单位）。

注6）以上各百分比的计算，百分比数均保留一位小数。

注7）对商务标单项异常报价情况的认定须经到会评委一致确认。

以上甄别各项只进行一次。

（3）如没有上述（2）中1）、2）、3）、4）所列的情况，则去掉一个最高报价、一个最低报价，然后用算术平均法求出本次投标平均价。如有上述情况的一种或几种，则计算投标平均价时不计入这些投标单位的报价，以剩余投标单位总报价之和，除以剩余投标单位数，得出本工程投标平均价。

（4）得出投标平均价后，根据以下规定，求出各投标单位的商务标得分。商务标得分值保留两位小数。

1）投标平均价为基准分37.5分。

2）总报价每高出投标平均价1%扣0.5分，最多扣7.5分。

3）总报价每低于投标平均价1%加0.5分，最多加7.5分。

（5）本指标的评分由评标小组指定两位工作人员，会同公证处的公证员根据评标细则的规定进行计算，并将计算结果汇总成表交全体评委审阅。

（三）最终得分与中标单位的确定

1. 各投标单位最终得分按以下公式进行计算

技术标得分＝技术标书得分＋投标公函得分

最终得分＝技术标得分＋商务标得分

（最终得分值四舍五入保留两位小数）

注1）对技术标出现违规标书的投标单位，最终得分为零分。

478

注2）对商务标视为无效标的投标单位，最终得分只计取技术标得分。

2. 投标单位的最终得分若出现并列分，则并列者中技术标得分高的列前。

3. 若最终得分并列者中技术标得分再出现并列的情况，则将采用评委无记名投票表决的方法决定其排列先后，得票多的列前。

4. 将最终得分列前两名的投标单位推荐给招标人，从中确定中标单位。

5. 在确定中标单位前，最终得分列前两名的投标单位必须根据评委对标书和投标公函中有关问题的评议意见进行确认或调整，并且投标单位不能因此项确认或调整而要求变更原总报价。

（四）本评标办法经××市建设和管理委员会同意并备案，适用于××市××公司百货大楼工程的评标。

（五）本工程评标需有2/3以上评委参加为有效。

（六）本工程评标由××市公证处进行公证。

（七）本评标办法由××市××公司负责解释。

××公司

×××年××月××日

第十八章　合同的授予

第一节　发出中标通知书

经过评标程序确定中标人后，招标人将于15日内向工程所在地的县级以上地方人民政府建设行政主管部门提交施工招标情况的书面报告。

建设行政主管部门自收到书面报告之日起5日内，未通知招标人在招标投标活动中有违法行为，招标人将向中标人发出中标通知书。并同时将中标结果通知所有未中标的投标人，退还未中标的投标人的投标保证金。

中标通知书对招标人和中标人具有法律效力，中标通知书发出后，除不可抗力外，招标人改变中标结果的如宣布该标为废标，改由其他投标人中标的，或者随意宣布取消项目招标的，应当适用定金罚则双倍返还中标人提交的投标保证金，给中标人造成的损失超过适用定金罚则返还的投标保证金数额的，还应当对超过部分予以赔偿；未收取投标保证金的，对中标人的损失承担赔偿责任。

如果是中标人放弃中标项目如声明或者以自己的行为表明不承担该招标项目的，则招标人对其已经提交的投标保证金不予以退还，给招标人造成的损失超过投标保证金数额的，还应当对超过部分予以赔偿；未提交投标保证金的，对招标人的损失承担赔偿责任。

中标通知书是招标投标活动中的一份极其重要的文书，在中标通知书中，应写明招标人对工程承包人按合同施工、完工和维修工程的支付总额，即中标合同价格。中标通知书编写格式相对较为简单，以下是中标通知书的编写格式。

中标通知书格式

致_____（中标人）：

×××学校的××××土方工程的评标工作已结束，根据招标投标的有关法律、法规、规章和本招标文件的规定，确定你单位为中标人。

我方将于本中标通知书发出之日起 30 日内，依据本工程招标文件、你方的投标文件与你方签订合同。

请你方派代表于××××年××月××日前来_____（建设单位）与我方洽谈合同。

你方中标条件如下：

（一）中标范围和内容：

（二）中标价：

（三）中标工期：

（四）中标质量标准：

（五）中标项目经理姓名、资质等级及资质证号：

建设单位或招标人：（盖章）

法定代表人：（签字、盖章）

____年____月____日

招标代理人：（盖章）

法定代表人：（签字、盖章）

____年____月____日

招标投标管理机构：（盖章）

审核人：（签字、盖章）

____年____月____日

第二节　签 订 合 同

招标人与中标人将于中标通知书发出之日起 30 日内，按照招标文件和中标人的投标文件订立书面工程施工合同。招标人和中标人不得再行订立背离合同实质性内容的其他协议。同时，中标人要按招标文件的约定提交履约保证金或者履约保函，招标人还要退还中标人的投标保证金。招标人如拒绝与中标人签订合同除双倍返还投标保证金外，还需赔偿有关损失。

合同订立后，应将合同副本分送各有关部门备案，以便接受保护和监督。至此，招标工作全部结束。招标工作结束后，应将有关文件资料整理归档，以备查考。

中标人应当按照合同约定履行义务，完成中标项目施工，不得将中标项目施工转让（转包）给他人。

工程承包合同是一份为完成某建筑工程而确立相互权利义务关系的协议。其编写格式如下：

工程承包合同格式

发包方（甲方）：

承包方（乙方）：

按照《中华人民共和国合同法》和《建筑安装工程承包合同条例》的规定，结合本工程具体情况，双方达成如下协议。

第一条　工程概况

1.1　工程名称：

1.2　工程地点：

1.3　承包范围：

1.4　承包方式：

1.5　工期：本工程自　年　月　日开工，于　年　月　日竣工。

1.6　工程质量：

1.7　合同价款（人民币大写）：

第二条　甲方工作

2.1　开工前　天，向乙方提供经确认的施工图样或做法说明　份，并向乙方进行现场交底。全部腾空或部分腾空房屋，清除影响施工的障碍物。对只能部分腾空的房屋中所滞留的家具、陈设等采取保护措施。向乙方提供施工所需的水、电、气及电信等设备，并说明使用注意事项。办理施工所涉及的各种申请、批件等手续。

2.2 指派 为甲方驻工地代表，负责合同履行。对工程质量、进度进行监督检查，办理验收、变更、登记手续和其他事宜。

2.3 委托 监理公司进行工程监理，监理公司任命 为总监理工程师，其职责在监理合同中应明确，并将合同副本交乙方 份。

2.4 负责保护好周围建筑物及装修、设备管线、古树名木、绿地等不受损坏，并承担相应费用。

2.5 如确实需要拆改原建筑物结构或设备管线，负责到有关部门办理相应审批手续。

2.6 协调有关部门做好现场保卫、消防、垃圾处理等工作，并承担相应费用。

第三条 乙方工作

3.1 参加甲方组织的施工图样或做法说明的现场交底，拟定施工方案和进度计划，交甲方审定。

3.2 指派 为乙方驻工地代表，负责合同履行。按要求组织施工，保质、保量、按期完成施工任务，解决由乙方负责的各项事宜。

3.3 严格执行施工规范、安全操作规程、防火安全规定、环境保护规定。严格按照图样或做法说明进行施工，做好各项质量检查记录。参加竣工验收，编制工程结算。

3.4 遵守国家或地方政府及有关部门对施工现场管理的规定，妥善保护好施工现场周围建筑物、设备管线、古树名木不受损坏。做好施工现场保卫和垃圾消纳等工作，处理好由于施工带来的扰民问题及与周围单位（住户）的关系。

3.5 施工中未经甲方同意或有关部门批准，不得随意拆改原建筑物结构及各种设备管线。

3.6 工程竣工未移交甲方之前，负责对现场的一切设施和工程成品进行保护。

第四条　关于工期的约定

4.1　甲方要求比合同约定的工期提前竣工时，应征得乙方同意，并支付乙方因赶工采取的措施费用。

4.2　因甲方未按约定完成工作，影响工期，工期顺延。

4.3　因乙方责任，不能按期开工或中途无故停工，影响工期，工期不顺延。

4.4　因设计变更或非乙方原因造成的停电、停水、停气及不可抗力因素影响，导致停工8h以上（一周内累计计算），工期相应顺延。

第五条　关于工程质量及验收的约定

5.1　本工程以施工图样、做法说明、设计变更和《建筑装饰工程施工及验收规范》、《建筑安装工程质量检验评定统一标准》等国家制定的施工及验收规范为质量评定验收标准。

5.2　本工程质量应达到国家质量评定合格标准。甲方要求部分或全部工程项目达到优良标准时，应向乙方支付由此增加的费用。

5.3　甲、乙双方应及时办理隐藏工程和中间工程的检查与验收手续。甲方不按时参加隐藏工程和中间工程验收，乙方可自行验收，甲方应予承认。若甲方要求复验时，乙方应按要求办理复验。若复验合格，甲方应承担复验费用，由此造成停工，工期顺延；若复验不合格，其复验及返工费用由乙方承担，但工期也予顺延。

5.4　由于甲方提供的材料、设备质量不合格而影响工程质量，其返工费用由甲方承担，工期顺延。

5.5　由于乙方原因造成质量事故，其返工费用由乙方承担，工期不顺延。

5.6　工程竣工后，乙方应通知甲方验收，甲方自接到验收通知　日内组织验收，并办理验收、移交手续。如甲方在规定时间内未能组织验收，需及时通知乙方，另定验收日期。但甲方应承认竣工日期，并承担乙方的看管费用和相关费用。

第六条　关于工程价款及结算的约定

6.1　双方商定本合同价未采用第　　种：

(1) 固定价格。

(2) 固定价格加　　%包干风险系数计算。包干风险包括内容。

(3) 可调价格：按照国家有关工程计价规定计算造价，并按有关规定进行调整和竣工结算。

6.2　本合同生效后，甲方分　　次，按下表约定支付工程款，尾款竣工结算时一次结清。

拨款分　　次进行	拨款　　%	金额
第一次		
第二次		
……		

6.3　工程竣工验收后，乙方提出工程结算并将有关资料送交甲方。甲方自接到上述资料　　天内审查完毕，到期未提出异议，视为同意。并在　　天内，结清尾款。

第七条　关于材料供应的约定

7.1　本工程甲方负责采购供应的材料、设备（见附表），应为符合设计要求的合格产品，并应按时供应到现场。凡约定由乙方提货的，甲方应将提货手续移交给乙方，由乙方承担运输费用。由甲方供应的材料、设备发生了质量问题或规格差异，对工程造成损失，责任由甲方承担。甲方供应的材料，经乙方验收后，由乙方负责保管，甲方应支付材料价值　　%的保管费。由于乙方保管不当造成损失，由乙方负责赔偿。

7.2　凡由乙方采购的材料、设备，如不符合质量要求或规格有差异，应禁止使用，对工程造成的损失由乙方负责。

第八条　有关安全生产和防火的约定

8.1　甲方提供的施工图样或做法说明，应符合《中华人民共和国消防条例》和有关防火设计规范。

8.2 乙方在施工期间应严格遵守《建筑安装工程安全技术规程》、《建筑安装工人安全操作规程》、《中华人民共和国消防条例》和其他相关的法规、规范。

8.3 由于甲方确认的图样或做法说明，违反有关安全操作规程、消防条例和防火设计规范，导致发生安全或火灾事故，甲方应承担由此产生的一切经济损失。

8.4 由于乙方在施工生产过程中违反有关安全操作规程、消防条例，导致发生安全或火灾事故，乙方应承担由此引发的一切经济损失。

第九条 奖励和违约责任

9.1 由于甲方原因导致延期开工或中途停工，甲方应补偿乙方因停工、窝工所造成的损失。每停工或窝工一天，甲方支付乙方　　元。甲方不按合同的约定拨付款，每拖期一天，按付款额的　　%支付滞纳金。

9.2 由于乙方原因，逾期竣工，每逾期一天，乙方支付甲方　　元违约金。甲方要求提前竣工，除支付赶工措施费外，每提前一天，甲方支付乙方　　元，作为奖励。

9.3 乙方按照甲方要求，全部或部分工程项目达到优良标准时，除按本合同5.2款增加优质价款外，甲方支付乙方　　元，作为奖励。

9.4 乙方应妥善保护甲方提供的设备及现场堆放的家具、陈设和工程成品，如造成损失，应照价赔偿。

9.5 甲方未办理任何手续，擅自同意拆改原有建筑物结构或设备管线，由此发生的损失或事故（包括罚款），由甲方负责并承担损失。

9.6 未经甲方同意，乙方擅自拆改原建筑物结构或设备管线，由此发生的损失或事故（包括罚款），由乙方负责并承担损失。

9.7 未办理验收手续，甲方提前使用或擅自动用，造成损失由甲方负责。

9.8 因一方原因，合同无法继续履行时，应通知对方，办理合同终止协议，并由责任方赔偿对方由此造成的经济损失。

第十条 争议或纠纷处理

10.1 本合同在履行期间，双方发生争议时，在不影响工程进度的前提下，双方可采取协商解决或请有关部门进行调解。

10.2 当事人不愿通过协商、调解解决或者协商、调解不成时，本合同在执行中发生的争议双方同意由仲裁委员会仲裁（当事人不在本合同约定仲裁机构，事后又没有达成书面仲裁协议的，可向人民法院起诉）。

第十一条 其他约定

第十二条 附则

12.1 本工程需要进行保修或保险时，应另订协议。

12.2 本合同正本两份，双方各执一份。副本　　份，甲方执　　份，乙方执　　份。

12.3 本合同履行完成后自动终止。

12.4 附件

（1）施工图样或做法说明

（2）工程项目一览表

（3）工程预算书

（4）甲方提供货物清单

（5）会议纪要

（6）设计变更

（7）其他

甲方（盖章）：　　　　　　　　乙方（盖章）：

法定代表人：　　　　　　　　　法定代表人：

代理人：　　　　　　　　　　　代表人：

单位地址：　　　　　　　　　　单位地址：

电话：　　　　　　　　　　　　电话：

传真：　　　　　　　　　　　　传真：

邮码：   邮码：

开户银行：   开户银行：

户名：   户名：

账号：   账号：

    年   月   日   年   月   日

附表：

××工程甲方供应材料设备一览表

序号	材料或设备名称	规格型号	单位	数量	单价	供应时间	送达地点	备注

第三篇　建筑工程合同管理

第一章　建筑工程合同

　　本章将介绍合同的概念、订立的基本程序和基本原则、基本形式与主要条款，以及建筑工程合同订立当事人的权利、义务与违约责任等方面的基本知识，重点阐述建筑工程合同及与工程建设相关的其他合同的订立、履行与违约责任等方面的内容，同时还将介绍建筑工程合同的示范文本。

　　需要指出的是，除建筑工程合同外，工程建设过程中还会涉及很多其他的合同，如设备、材料的合同，工程监理的合同等，只要是通过招标投标来签订的，都属于本章的论述范围。

第一节　中标人与中标通知书

一、中标公示

　　《政府采购货物与服务招标投标管理办法》第六十二条规定："中标供应商确定后，中标结果应当在财政部门指定的政府采购信息发布媒体上公告。公告内容应当包括招标项目名称、中标供应商名单、评标委员会成员名单、招标采购单位的名称和电话。在发布公告的同时，招标采购单位应当向中标供应商发出中标通知书，中标通知书对采购人和中标供应商具有同等法律效力。"

　　招标人定标后，招标代理机构将向中标人发出中标通知书，同时以书面形式通知所有未中标的投标人。中标人应按照招标文件的规定向招标代理机构交纳招标代理服务费，然后领取中标通知书。《招标投标法》第四十七条规定："依法必须进行招标的项目，招标人应当自确定中标人之日起十五日内，向有关行政监督部门提交招标投标情况的书面报告。"一般招标代理机构都会规定，中标人自招标代理机构在网上发布中标公告之日起超过×\n×日仍未能交纳招标代理服务费的，视为中标人自动放弃包括中标权在内的本次招标中所拥有的所有权利。

在实践中，第一中标候选人主动放弃中标资格或被依法取消中标资格的事例较少，一般第一中标候选人被取消中标资格是因为提供虚假文件骗取中标或缺乏圆满履行合同的条件。

二、中标人的法律责任

《政府采购法》第四十六条明确规定："中标、成交通知书对采购人和中标、成交供应商均具有法律效力。中标、成交通知书发出后，采购人改变中标、成交结果的，或者中标、成交供应商放弃中标、成交项目的，应当依法承担法律责任。"《政府采购货物与服务招标投标管理办法》第六十二条规定："中标通知书发出后，采购人改变中标结果，或者中标供应商放弃中标，应当承担相应的法律责任。"中标通知书是招标采购项目成交确认合同的组成部分，对招标人和中标人都具有法律效力。因此，中标通知书发出后，招标人改变中标结果的，或者中标人放弃中标项目的，应当依法承担法律责任。

《政府采购货物与服务招标投标管理办法》第七十五条规定，中标供应商有下列情形之一的，招标采购单位不予退还其交纳的投标保证金；情节严重的，由财政部门将其列入不良行为记录名单，在一至三年内禁止参加政府采购活动，并予以通报。

1）中标后无正当理由不与采购人或者采购代理机构签订合同的。

2）将中标项目转让给他人，或者在投标文件中未说明，且未经采购招标机构同意，将中标项目分包给他人的。

3）拒绝履行合同义务的。

在实践中，如果由于中标人本身原因不能签订合同和放弃中标的，一般会被没收投标保证金。

第二节　合同的概念与法律特征

一、合同的概念

合同又称为契约，是指当事人之间确立一定权利义务关系的协议。广义的合同泛指一切能发生某种权利义务关系的协议。根据《中华人民共和国合同法》的规定："合同是平等主体的自然人、法人、其他组织之间设立、变更、终止民事权利义务关系的协议。"可见，我国的合同法采用了狭义的合同概念，即合同是平等主体之间确立民事权利义务的协议。

二、合同的法律特征

合同具有以下法律特征：

1）合同是一种法律行为。

2）合同是两个或两个以上当事人意愿表示一致的法律行为。

3）合同当事人的法律地位平等。

4）合同是当事人的合法行为。

1999 年 3 月 15 日，由第九届全国人民代表大会第二次会议通过的《中华人民共和国合同法》（以下简称为《合同法》），对合同的主体及权利义务的范围都作了明确的限定。新出台的《合同法》包括总则、分则和附则三部分，共 23 章、428 条。《合同法》总则包括 8 章，分别是一般规定、合同的订立、合同的效力、合同的履行、合同的变更和转让、合同的权利义务终止、违约责任、其他规定，共 129 条。

建筑工程合同是发包方（招标人）与承包方（中标人）之间确立承包方完成约定的工程项目后发包方支付价款与酬金的协

议。具体一点说，建筑工程合同是指建设单位（业主、发包方或投资责任方）与勘察、设计、建筑安装单位（承包方或承包商）依据国家规定的基本建设程序和有关合同法规，以完成建设工程为内容，明确双方的权利与义务关系而签订的书面协议。它包括工程勘察合同、设计合同、施工合同。它是合同法中承揽合同的一种，属于合同法的调整范围。表 3-1-1 说明了合同与意向书的区别。

表 3-1-1　合同与意向书的区别

区别项目	概念不同	意向书是具有缔约意图的当事人就合同订立的相关事宜进行的约定，一般不涉及合同的内容等细节问题；合同是平等主体的自然人、法人、其他组织之间设立、变更、终止民事权利义务关系的协议
	效力不同	意向书不会对当事人实体权利、义务产生直接的影响，其签订并不必然导致合同的签订；而合同规定当事人的实体权利、义务，当事人应按合同约定行使权利、履行义务
	后果不同	违反意向书的约定导致合同未能订立的，要承担缔约过失责任；而违反合同的约定，要承担违约责任

目前，我国已进入市场经济时期，政府对建筑工程市场只进行宏观调控，建设行为主体均按市场规律平等参与竞争，各行为主体的权利和义务都必须通过签订合同进行约定。因此，建筑工程合同已成为市场经济条件下保证工程建设活动顺利进行的主要调控手段之一，对规范建筑工程交易市场、招标投标市场而言是非常重要的。

建筑工程合同的特征有合同标的的特殊性、合同主体的特殊性、合同形式的要式性、具有较强的国家管理性等几个方面。

第三节　中标后建筑工程合同的签订

一、建筑工程合同的有效性条件

建筑工程合同要有效，必须具备以下条件：

1）承包人具有相应的资质等级。

2）双方的意思表示真实。

3）合同不违反法律和社会公共利益。

4）合同标的须确定和可能。

下列行为之一者，签订的建筑工程合同无效：

1）一方以欺诈、胁迫的手段订立损害国家利益的合同。

2）恶意串通，损害国家、集体或者第三人利益的合同。

3）以合法形式掩盖非法目的的合同。

4）损害社会公共利益的合同。

5）违反法律、行政法规强制性规定的合同。

但是有两种情况例外：一种是承包人超越资质等级许可的业务范围签订建筑工程施工合同，在建筑工程竣工前取得相应资质等级，当事人请求按照无效合同处理的，不予支持；另外一种是具有劳务作业法定资质的承包人与总承包人、分包人签订的劳务分包合同，当事人以转包建筑工程违反法律规定为由请求确认无效的，不予支持。

通过招标投标过程，由评标委员会评审并经过公示，在此基础上，招标人和中标人双方都在招标文件和投标文件的范围内活动，是双方意愿的真实表示，所以中标合同是有法律效力的。

二、可撤销或可变更的建筑工程合同

合同的撤销是指意思表示不真实，通过具有撤销权的当事人行使撤销权，使已经生效的合同归于消灭。建筑工程合同无效，但建设工程经竣工验收合格，承包人请求参照合同约定支付工程价款的，应予支持。建筑工程合同无效，且建筑工程经竣工验收不合格的，按照以下情形分别处理：

1）修复后的建筑工程经竣工验收合格，发包人请求承包人承担修复费用的，应予支持。

2）修复后的建筑工程经竣工验收不合格，承包人请求支付工程价款的，不予支持。

3）因建筑工程不合格造成的损失，发包人有过错的，也应承担相应的民事责任。

承包人非法转包、违法分包建筑工程或者没有资质的实际施工人借用有资质的建筑施工企业名义与他人签订建筑工程施工合同的行为无效，人民法院可以收缴当事人已经取得的非法所得。

建筑工程合同的变更是指对已经依法成立的合同，在承认其法律效力的前提下，因为当事人的协商或者法定原因而将合同权利义务予以改变的情形。根据施工合同实践，这种变更可能是：

1）合同项下的任何工作数量上的改变。

2）合同项下的任何工作质量或者其他特性需要改变。

3）合同约定的工程的技术规格（诸如标高、位置或尺寸）需要改变。

4）合同项下任何工作的删减。

5）工期的改变。

6）工作/工序的改变或者施工方法的改变。

建筑工程合同的变更一般主要是在合同主体不变的情况下（主体的变动称为合同的转让），对合同内容进行三个方面的变动：

1）标的条款变更　主要包括标的本身，标的数量、质量、型号、规格以及标的其他方面的条款内容发生变更。

2）履行条款变更　主要包括价款或报酬，履行期限、地点、方式和所附条件等条款内容的变更。

3）合同责任条款变更　主要是担保、违约责任形式、合同救济方式或争议解决方式等条款内容的变更。

三、建筑工程合同的签订程序

订立合同的程序是指订立合同的当事人经过平等协商，就合同的内容取得一致意见的过程。签订合同一般要经过要约与承诺两个步骤，而建筑工程合同的签订有其特殊性，需要经过要约邀请、要约和承诺三个步骤。

要约邀请是指当事人一方邀请不特定的另一方向自己提出要约的意思表示。在建筑工程合同签订的过程中，招标人（业主）发布招标通告或招标邀请书的行为就是一种要约邀请行为，其目的就是邀请承包方投标。

要约是指当事人一方向另一方提出合同条件，希望另一方订立合同的意思表示。在建筑工程合同签订过程中，中标人向招标人递交投标文件的投标行为就是一种要约行为。投标文件中应包含建筑工程合同具备的主要条款，如工程造价、工程质量、工程工期等内容。作为要约的投标对承包方具有法律约束力，表现在承包方在投标生效后无权修改或撤回投标文件以及一旦中标就要与招标人签订合同，否则就要承担相应的法律责任。

《政府采购法》第四十六条规定："采购人与中标、成交供应商应当在中标、成交通知书发出之日起三十日内，按照采购文件确定的事项签订政府采购合同。"第四十三条规定："政府采购合同适用合同法。采购人和供应商之间的权利和义务，应当按照平等、自愿的原则以合同方式约定。采购人可以委托采购代理机构代表其与供应商签订政府采购合同。由采购代理机构以采购人名义签订合同的，应当提交采购人的授权委托书，作为合同附件。"

承诺是指受要约人完全同意要约的意思表示。它是受要约人愿意按照要约的内容与要约人订立合同的允诺。承诺的内容必须要与要约完全一致，不得有任何修改，否则将视为拒绝要约或反要约。在招标投标过程中，招标人经过开标、评标和中标过程，最后发出中标通知书，即受到法律的约束，不得随意变更或解除。当中标公示期过后，就应该通过当事人的平等谈判，在协商一致的基础上由合约各方签订一份内容完备、逻辑周密、含义清晰，同时又保证责、权、利关系平衡的合同，从而最大限度地减少合同执行中的漏洞、不确定性和争端，保证合同的顺利实施。建筑工程合同经过以下步骤成立：

1）当事人采用合同书形式订立合同的，自双方当事人签字或者盖章时合同成立。

2）当事人采用信件、数据电文等形式订立合同的，在合同成立之前要求签订确认书的，签订确认书时合同成立。

3）当事人采用合同书形式订立合同的，双方当事人签字或者盖章的地点为合同成立的地点。

4）法律、行政法规规定或者当事人约定采用书面形式订立合同，当事人一方未采用书面形式但另一方已经履行主要义务，对方接受的，该合同成立。

5）采用合同书形式订立合同，在签字或者盖章之前，当事人一方已经履行主要义务，对方接受的，该合同成立。

中标人提交的投标函和报价一览表、资格声明函、中标通知书以及其他相关投标文件都是合同的一部分。

中标合同的签订、执行与验收是整个招标工作的重要环节。招标投标双方必须按照合同的约定全面履行合同，任何一方违约，都要承担相应的赔偿责任。一项建筑工程是现代工程技术、管理理论和项目建设实践相结合的产物。建筑工程管理的过程也就是合同管理的过程，即从招标投标开始直至合同履行完毕，包括合同的前期规划、合同的谈判、合同的签订、合同的执行、合同的变更、合同的索赔等的一个完整的动态管理过程。

四、建筑工程合同签订的原则

合同依法成立后，当事人双方必须严格按照合同约定的标的、数量、质量、价款、履行期限、履行地点、履行方式等所有条款全面完成各自承担的合同义务。签订建筑工程合同时，必须遵循《合同法》所规定的基本原则，如平等原则、自由原则、公平原则和诚信原则等，不得损害社会利益和公共利益。

1. 平等原则

平等原则是指合同的当事人，不论其是自然人还是法人，也不论其经济实力强弱还是地位高低，它们在法律上的地位一律平等，任何一方都不得把自己的意志强加给对方，同时，法律也给双方提供平等的法律保护和约束。建筑工程的招标、评标都是公开的过程，双方已知晓法律的条款，这是公平的基础。

2. 自由原则

自由原则是指合同的当事人在法律允许的范围内享有完全的自由，招标人和中标人都可以按自己的意愿签订合同，任何机关、个人、组织都不能非法干预、阻碍或强迫对方签订合同或放弃签订合同。当然，如果中标人故意不签订合同，招标人可以没收其保证金，并进一步采取措施，如将中标人纳入不守诚信的黑名单中，然后招标人可以选择后一位的中标候选人为中标人。

3. 公平原则

公平原则就是指以利益均衡作为价值判断标准。它具体表现为合同的当事人应有同等的进行交易活动的机会，当事人所享有的权利与其所承担的义务应大致相当，所承担的违约责任与其所造成的实际损害也应大致相当。例如：某些建筑工程合同规定，提前一天完工，将获得多少奖励，相反，工程滞后一天，则需要承担多少罚款。这就是公平原则的体现。

4. 诚信原则

诚信原则是指合同当事人在行使权利和履行义务时，都要本着诚实信用的原则，不得规避法律或合同规定的义务，也不得隐瞒或欺诈对方。合同双方当事人本着诚实信用的态度来履行自己的合同义务，欺诈行为和不守信用行为都是合同法所不允许的。

第四节　建筑工程合同条款的主要内容

一、建筑工程施工合同

1. 建筑工程施工合同文件的组成

在签订建筑工程施工合同之前，还应审查中标人是否具有承担施工合同内规定的资质等级证书，是否经工商行政管理机关审查注册，是否依法经营独立核算，是否具有承担该工程施工的能力以及目前的财务情况和社会信誉是否良好等，否则，可依法取消该中标人的中标资格。

目前，我国建筑工程采用的基本合同模式是以国家统一出台的《标准施工招标文件》（以下统称为《标准文件》）中的合同模式为基础编制的。一般来说，合同条款由以下几个部分组成：

（1）合同协议书　合同协议书应按施工招标文件确定的格式拟定。它是合同双方的总承诺，具体内容应约定在协议书附件和其他文件中。已标价的工程量清单是投标人在投标阶段的报价承诺，在合同实施阶段用于发包人支付合同价款，在工程完工后用作合同双方结清合同价款的依据。

（2）中标通知书　中标通知书应由发包人在施工招标确定中标人后，按施工招标文件确定的格式拟定。

（3）投标函及投标函附录　投标函及投标函附录中包含有合同双方在合同中相互承诺的条件，应附入合同文件。

（4）专用合同条款和通用合同条款　专用合同条款和通用合同条款是整个施工合同中最重要的合同文件。它根据合同法的公平原则，约定了合同双方在履行合同全过程中的工作规则。其中，通用合同条款是要求各建设行业共同遵守的共性规则，专用合同条款则可由各行业根据其行业的特殊情况自行约定的行业规则。各行业自行约定的行业规则不能违背通用合同条款已约定的通用规则。

（5）技术标准和要求　技术标准和要求的内容是：施工合同中根据工程的安全、质量和进度目标，约定合同双方应遵守的技术标准的内容和要求，对技术标准中的强制性规定必须严格遵守。

（6）图样　图样是施工合同中为实施工程施工的全部工程图样和有关文件。

（7）其他合同文件　其他合同文件是合同双方约定需要进入合同的其他文件。

对于建筑工程施工标准合同，其合同条款中比较重要的内容有：

（1）合同文件及解释顺序　招标代理机构编制招标文件的合同部分时，一般都会比较注意通用条款、专用条款、协议书、保修书、安全承诺、履约保函等合同文件，而往往忽视了构成合同文件的其他内容，从而也就忽略了其合同文件解释的优先顺序，直至真的发生合同争议后，才发现解释顺序的重要性了。《标准文件》在通用合同总则中载明的合同文件解释的优先顺序，是不能更改的。

（2）招标人和中标人的权利和义务　《标准文件》在合同条件里明确了招标人和中标人的权利和义务。例如：施工前的现场条件中应由招标人承担的部分有水、电接口，道路开通时间，地下管线资料，水准点与坐标控制点交验等；中标人承担的部分有钻孔和勘探性开挖，邻近建筑物、构筑物、文物安全保护，交通、环卫、噪声的管理；转包和分包的情况，材料的保管使用，完工清理等；还有双方共同承担的内容，如双方风险损失、保险、专利、临时设施等。招标人和中标人的权利和义务应按照国家相关要求和建筑行业的规程认真编制，要显示出公平、公正、合理、合法。

（3）工期延误　应分清是招标人的原因及责任，还是招标人的原因及责任。通用条款对工期延误条件已经在《标准文件》中规定。另外，专用条款中还需载明因招标人造成工期延后时，投标人有权要求延长工期的天数和（或）增加的费用、应由招标人支付的合理利润，以及因投标人造成工期延误时，逾期竣工违约金的计算方法；通用条款中应注明即使支付违约金也不能免除投标人完成工程及修补缺陷的义务。

（4）验收方法和标准　验收执行国家标准和（或）各行业标准，应载明验收时段和方法。

（5）质量、安全、环保、节能条款　这是国家大环境的要求，应在合同中单独签订，或要求投标人在投标文件中递交书面承诺。

（6）计量与支付　计量与支付是招标投标各方比较注意的内容，与招标文件中载明的报价方式密切相关，对投标人的报价有着极其重要的影响，而且在专用条件中需提前约定的内容比较多。其中需注意以下几点：

1）价款是否调整？如何调整？应在合同中说明。

2）工程预付款的支付方式、数额（一般按工程合同总价款的比例）、抵扣方式。

3）按进度支付时的工程量确认。

4）支付进度款的时间和所占比例。

5）保修金的比例和支付时间、方式。

6）其他应在专用合同条件中确定的条件。

2. 通用条款与专用条款

（1）通用条款　前面已经论述，建筑工程合同条款由通用条款和专用条款构成。但是，建筑工程通过招标确认中标人以后，在签订合同的时候，一般只有通用条款。因为，目前一般沿用我国2007年版《标准文件》中的合同条款，而该标准合同只有通用合同条款，没有专用合同条款。这是在合同条款中给各部委留有余地，以便将来由各部委依据通用合同条款，并结合各部和各领域的具体情况，在不改变通用合同条款基本原则的条件下，编写专用合同条款格式。

就建筑工程施工合同来说，我国的通用合同条款是参照FIDIC合同条件，融进我国管理体制和以往工程合同管理经验，以及参照英国ICE合同条件和世界银行合同文本，同时结合我国各行业合同条款的通用条件，依据国家法律法规的规定进行编写的。招标文件中的合同通用条款部分，一般会完全使用《标准文件》中载明的条款。

（2）专用条款　合同专用条款是招标投标的重要内容。招标文件中载明的合同主要条件是双方签订合同的依据，一般不允许更改。编制合理、合法的专用合同条款，是招标代理机构比较重要的工作，要与招标人协商，对招标人所提出的不合理的要求不能一味迁就，要讲道理说服。招标文件中的合同条款是招标人单方面订立的，投标人同意了才能参加投标，即由要约人（投标人或合同中的承包人）向受约人（招标人或合同中的发包人）发出要约，而一旦选定中标人，招标文件里的合同条件就成为受约人的承诺，具有法律约束力。这里与《合同法》的规定条件有所不同，即承诺的滞前。它是一般法与特殊法的关系问题，有些盘根错节，在此不做讨论。

建筑工程施工招标不像其他项目招标，它在招标文件中由招标人制订和载明的合同专用条件常规上一般不允许有偏差，如果投标人在投标时不同意合同条款，中标的可能性基本为零（中标后合同签订时的变更除外）。所以，招标文件中合同专用条件的编制必须公平、合理，不得含有霸王条款和一边倒的条件。《标准文件》通用条款中已经制定的，不允许更改，因为它是依据国家相关法律法规的规定合理编制的。专用条款中不得再制订与通用条款相抵触的内容，如果通用条款中说明另有约定的，应在专用条款中约定，以免造成以后合同签订和实施过程中不必要的麻烦。

二、编制专用合同条款的指导原则

建筑工程施工标准合同是编制好的合同示范文本，已明确了工程范围、建设工期、中间交工工程、质量标准、工程造价、材料和设备供应责任、工程款支付、工程变更管理、竣工验收、竣工结算等主要条款。依法必须招标的工程建设项目的招标人，应当严格按照法律规定及招标文件的约定签订合同，同时，招标人应当按照相关法律法规，将合同签订情况和合同价在指定媒介上公开，方便群众监督。

对招标人或招标代理机构来说，编制专用合同条款要遵守以下指导原则：

1）遵守我国的法律、行政法规和部门规章，遵守工程所在地的地方法规、自治条例、单行条例和地方政府规章，遵守合同有效性的必要条件。

2）按合同法的公平原则设定合同双方的责任、权利和义务。公正、公平的合同理念是工程顺利实施的重要保障。合同双方的责任、权利和义务以及各项合同程序和条款内容的设定均应贯彻合同法的公平原则。

3）根据我国现行的建设管理制度设定合同管理的程序和内容。我国现行的建设管理制度包括项目法人责任制、招标投标制和建设监理制等，以及国家和相关部门有关建设管理的规章和规定。合同条款设定的各项管理程序不能违背现行的建设管理制度。

4）学习 FIDIC 合同条件的精华，编制适合我国国情的合同条款。FIDIC 合同涉及的工作内容能基本覆盖工程建设过程中遇到的合同问题。合同的基本属性公平原则要比较到位，合同双方的责任、权利和义务的约定要比较清晰，要坚持设定的各项合同程序比较严密、科学并且操作性强，要强调解决合同事宜的及时性，在履约过程中应及时解决好支付、合同变更和争议等的合同问题。

三、建筑工程合同的示范文本

1. 施工合同示范文本

1999 年，我国颁布《合同法》以后，原建设部和国家工商行政管理局对原有的几种示范文本根据新《合同法》的要求又制定了新的建设工程合同示范文本（适用于建筑工程），即 1999 年发布了第 2 版《建设工程施工合同（示范文本）》（以下简称为《示范文本》）。

我国《建设工程施工合同管理办法》明确指出，签订施工合同，必须按照《示范文本》的合同条件明确约定合同条款。该《示范文本》由协议书、通用条款、专用条款三部分组成。

协议书是《示范文本》中总纲性的文件。协议书的内容包括工程概况、工程承包范围、合同工期、质量标准、合同价款、组成合同的文件等。通用条款具有很强的通用性，基本适用于各类建设工程。通用条款由 11 部分 47 条组成，专用条款对其作必要的修改和补充。

2. 监理合同示范文本

原建设部、国家工商行政管理局在 2000 年联合制定并颁布了第 2 版《工程建设监理合同》的示范文本。该示范文本由建设工程委托监理合同、标准条件和专用条件三部分组成。

1）建设工程委托监理合同是一份标准的格式化文件，其主要内容是双方确认的监理工程的概况、合同文件的组成、委托的范围、价款与酬金以及合同生效、订立时间等。

2）监理合同的标准条件共 49 条，是通用条款，适用于各类工程监理委托，是合同双方应遵守的基本条件，包括双方的权利、义务、责任、合同生效、变更与终止、监理报酬等方面。

3）监理合同专用条件是指对监理合同的地域特点、项目特征、监理范围和监理内容、委托人的常驻代表、监理报酬、赔偿金额，根据双方当事人意愿而进行补充与修订的一些特殊条款。

3. 勘察、设计合同示范文本

原建设部和国家工商行政管理局在 2000 年印发了第 2 版《建设工程勘察合同（示范文本）》和《建设工程设计合同（示范文本）》。

第 2 版《建设工程勘察合同（示范文本）》共 10 条，分别为工程概况、发包人按时向勘察人提供的资料文件、勘察人向发包人如何提供勘察成果、取费标准与拨付办法、双方责任、违约责任、补充协议、合同纠纷解决方式、合同生效时间、签证等。《建设工程设计合同（示范文本）》一共有 8 条，分别为合同签订的依据，设计项目的名称、阶段、规模、投资、设计内容及标准，甲方向乙方提交的资料和文件，乙方向甲方如何交付设计文件，设计费支付方式，双方责任，违约责任，其他条款等。

第五节　建筑工程合同的执行

合同的执行是招标过程的重要组成部分。招标单位的管理人员应按照政策法规要求，坚持民主决策、科学决策，在招标投标的准备阶段、招标投标阶段、合同执行阶段均不得违规干预和插手。

在合同执行过程中，如需修改和补充合同内容，可由双方协商，并在监督领导小组同意的情况下，另签署书面修改补充协议作为主合同不可分割的一部分。合同执行期间，因特殊原因需变更内容的，应由招标代理机构负责提交书面申请，按合同签订程序对合同进行变更。

但是，在实践中，我国的工程项目由于从招标过程到合同执行有时很不规范，发生纠纷和打官司的也屡见不鲜。因此，加强对合同的管理，规范合同的执行，对降低合同风险乃至维护招标人、中标人的信誉都具有重要意义。

一、建筑工程合同正常执行的管理

在合同执行过程中，招标人、中标人都要进行合同各条款的跟踪管理，通过检查发现问题，并及时协调解决，提高合同履约率。合同执行检查的主要内容有检查合同法及有关法规的贯彻执行情况、检查合同管理办法及有关规定的贯彻执行情况、检查合同的履行情况，以减少和避免合同纠纷的发生。根据检查结果确定己方和对方是否有违反合同现象。如果是己方违反合同，要立即提出补救措施并定期纠正；如果是对方违反合同，则应向对方提供合同管理的各种报告，提醒其履行合同。

招标人、投标人为保护各自的利益，除了在合同条款上应作出各自在对方不能履行或可能不履行义务时所拥有的权利和应该采取的补救措施外，在实际执行合同过程中必须运用合同或法律赋予己方的权利。在实际合同管理中，一方的工程延期、质量有严重问题、拖欠付款等都可能导致另一方运用抗辩权进行自我保护。在实际工程中，大多是通过对合同的分析、对自身和对方的监督、事前控制以及提前发现问题并及时解决等方法进行履约控制的，这符合合同双方的根本利益。同时，还经常采用控制论的方法，预先分析目标偏差的可能性并采取各项预防性措施来保证合同的履行。

二、建筑工程合同变更执行的管理

广义上说，合同的变更是指任何对原合同内容的修改和变化。频繁的变更是大型建筑工程项目合同的显著特点之一。常见的变更类型有三种，即费用变更、工期变更和合同条款变更。对于业主，必须尽量避免太多的变更，尤其是因为图样设计的错误等原因引起的返工、停工、窝工，原则上只补偿实际发生的直接损失而不倾向于补偿间接损失。

1. 建筑工程合同变更的原则

建筑工程合同变更必须坚持协商一致的原则、法定事由的原则和须具备法定形式的原则，禁止单方擅自或者任意变更合同。当事人对合同变更的内容，应当达到"约定明确"或者"裁判明确"的法定要求，否则，不发生合同变更的法律效力。合同生效后，当事人不得因其主体名称的变更或者法定代表人、负责人、承办人的变动而主张和请求合同变更。

2. 建筑工程合同变更的原因

建筑工程合同变更的原因是：基于法律直接规定变更合同，如债务人违约致使合同不能履行，履行合同的债务变为损害赔偿债务；在合同因重大误解而成立的情况下，当事人可诉请变更合同；因情势变更而使合同履行显示不公平的情况下，当事人可诉请变更合同；当事人各方协商同意变更合同。

3. 建筑工程合同变更的管理

实施阶段的合同管理，本质上是合同履行管理；是对合同当事人履行合同义务的监督和管理。要防止合同过多地变更，要始终围绕质量、工期、造价三项目标开展工作。在项目实施过程中，通过各方面具体的合同管理工作，对合同进行跟踪检查，使工程质量、工期、造价得以有效的控制。

三、建筑工程合同索赔的执行

索赔是指由于合同一方违约而使对方遭受损失时由无违约方向违约方提出的费用补偿要求。任何项目，不可预见的风险是客观存在的，外部环境也是动态变化的，因此在项目实施过程中，特别是在大型建筑工程实施过程中，索赔是不可避免的。索赔是合同文件赋予合同双方的权利，合同双方都可以通过索赔弥补己方的损失。索赔同时建立了合同双方相互制约的一种机制，促进双方提高各自的管理水平。

鉴于索赔对于工程本身及合同双方的巨大影响，当事人处理索赔时应本着积极、公正、合理的原则，处理索赔事件的人员更应具备良好的职业道德、丰富的理论知识、敏锐的应变能力。招标人、中标人要分析可能发生索赔的原因，制订防范性对策，以减少对方索赔事件的发生。

尽管招标人、中标人双方对合同条款的理解和观点不一致的任何原因都可能导致争议，但是争议主要集中于招标人与中标人之间的经济利益上。变更或索赔处理不当以及双方对经济利益的处理意见不一致等都可能发展为争议。争议的解决主要包括友好协商（双方在不借助外部力量的前提下自行解决）、调解（借助非法院或仲裁机构的专业人士、专家的调解）、仲裁（借助仲裁机构的判定，属正式法律程序）和诉讼（进入司法程序）。根据合同的不同属性选择合适的争议解决方式是快速、有效地解决争议的关键。

另外，有些招标合同的执行需要较长的时间，在合同的执行过程中，当事人双方难免遇到一些纠纷，不愿意诉诸法律，希望有一个中间人从中协调解决。在实际工作中，招标代理机构组织签订合同后，可以说已完成了招标代理工作，但在执行合同过程中当双方出现矛盾时，往往需要求助于招标代理机构来解决。招标代理机构出于对双方负责和提高自身信誉的目的，要尽最大努力使矛盾得到解决。

实例：某市通过招标投标计划修建某项水利建筑工程

该招标投标工程计划将河道进行拓宽，并修建两座小型水坝。后来，通过竞争性招标，招标方（业主）于×××年××月同选中的承包公司（中标人）签订了施工合同，合同额约4000万元人民币，工期为3年。

因为该河流上游有一个大湖泊，属于自然保护区，大量的动植物在这块潮湿地区繁育生长。河道拓宽后，从湖泊向下游的泄水量将大增，势必导致湖水水位下降，对生态环境造成不良影响。因此，有关人员和组织不断向该市政府及有关人员施加压力，要求终止此项工程，取消已签订的施工合同。

在该市的市长办公会上，业主方同意停止该水利工程的建设，并于×××年××月解除此项水利工程施工合同。承包商对此提出了索赔，要求业主补偿已发生的所有费用以及完成全部工程所应得的利润。由于此项合同的终止出于对业主的方便，而不是承包商的过失，是属于业主终止合同而给承包商造成了损失，因此，业主应对承包商的损失予以合理补偿。经过谈判，业主付给承包商1200万元的补偿。

四、建筑工程合同的违约行为和违约责任

1. 违约行为

违约行为是指违反合同债务的行为，也称为合同债务不履行。这里的合同债务，既包括当事人在合同中约定的义务，又包括法律直接规定的义务，也包括根据法律原则和精神的要求，以及当事人所必须履行的义务。表3-1-2列出了建筑工程合同违约行为的种类。

2. 违约责任

建筑工程合同的违约责任是指建筑工程合同当事人不履行合

同义务或者履行合同义务不符合约定时，依法产生的法律责任。违约责任基本上是一种财产责任。在当事人不履行合同义务时，应当向另一方给付一定金钱或财物。承担违约责任的主要目的在于填补合同一方当事人因另一方当事人的违约行为所遭受的损失。违约责任只能是合同一方当事人向另一方当事人承担的民事责任，非合同当事人之间一般不发生违约责任的请求与承担问题。违约责任的可约定性是合同自由原则的必然要求。

表 3-1-2　建筑工程合同违约行为的种类

违约行为	预期违约			明示毁约
				默示毁约
	实际违约			不履行
		迟延履行		迟延给付
				迟延受领
		不完全履行	瑕疵履行	瑕疵给付
				加害给付
			部分履行	
				其他违约形态

五、合同条款与招标文件条款违背时的处理办法

一般来说，合同条款是对招标文件、投标文件的确认和承诺，因此要确认招标文件和投标文件的全部内容和全部条款，不能只确认、承诺主要条款，用词要确切，不允许有保留或留有其他余地。有人把招标文件比作各方遵循的"宪法"，由此可见招标文件的重要性。

通过以上分析可以知道，建筑工程施工合同要服从招标文件，但是在实际签订合同时，合同条款与招标文件条款也许并不一致，那么这种情况该如何处理呢？

通过招标的建筑工程，合同可以对招标文件进行补充细化，在不影响招标投标实质性内容的情况下，双方可以协商对招标文

件进行局部修改。因为签订合同的时间在编制招标文件之后，如果编制招标文件的时间比较提前，签订合同的时间甚至会滞后编制招标文件半年乃至一年之久，这时，社会环境、外界条件可能已发生了比较大的变化，那么签订合同时对招标文件进行局部修改，如果不影响实质性内容，就不能简单地看作合同违背了招标文件的约束。《政府采购法》第四十九条规定："政府采购合同履行中，采购人需追加与合同标的相同的货物、工程或者服务的，在不改变合同其他条款的前提下，可以与供应商协商签订补充合同，但所有补充合同的采购金额不得超过原合同采购金额的百分之十。"也就是说，签订合同时，可以根据实际情况，在相关部门履行审批手续的前提下，是可以对招标文件进行补充的，建筑工程施工合同可以参照执行。

如果合同只是违背招标文件的一些无关紧要的条款，如招标文件要求设备验收在安装调试完成后5个正常工作日进行，而在签订合同时招标人要求10个工作日内完成，或招标文件原要求业主提供5份图样，现在要求提供8份，这些都是可以协商的，没有大的问题。总的说来，合同的修改如果是有利于中标人，涉及违反公平竞争原则的肯定不行，这是对其他未中标人的不公平。例如，提高中标合同价、放宽工期要求、降低质量标准、提高预付款额度、减少质保金等。招标人如果在与中标人签订合同时大幅度修改招标文件中的内容和条款，严重损害中标人的利益，这也是不行的，中标人可以与招标人协商，如果协商不行，可以提出投诉、仲裁甚至诉讼。

值得一提的是，在实践中，招标代理机构应做好招标人与中标人签订合同的协调工作。由于招标人处于主动的地位，容易将招标以外的一些条件强加给中标人，产生不平等协议。另一方面，有时中标人也找各种理由拒绝或拖延签订合同。对于上述问题，如果没有一个中间人从中协调是很难解决的。由于招标机构是招标的组织者，承担此角色最为合适。

六、建筑工程合同执行时的注意事项

为了应对各种纠纷或者避免纠纷的发生，最好的办法就是成立合同管理机构，以尽量规范合同的执行。特别是对于大型的建筑工程来说，招标人、中标人应有专门的合同管理部门。合同管理部门应从事对供应、施工、招标投标等合同从准备标书一直到合同执行结束全过程的管理工作。根据合同性质的不同，招标人的合同管理部门应与技术部门、采购部门等各个技术部门相互协作，分别负责合同的商务和技术两大部分的管理工作；进度投资控制部门、公司审计部门、财务部门等分别根据公司程序规定的管理权限，参与标书的编写审查、潜在承包商的资格评定、招标投标、合同谈判、合同款支付、合同变更的确定和支付、承包商索赔处理、重大争议的处理，并分别从各自的职能角度对合同管理部门进行监督。

第六节　售后服务与项目验收

一、售后服务与质量保证

中标人是要提供售后服务和质量保证的。招标人一般也会要求中标人提供质量保证金，或者在项目质保期过后才能结算全部的工程款项。中标人应提供合同中所承诺的售后服务和质量保证，除非发生不可抗力。不可抗力是指战争、严重火灾、洪水、台风、地震等或其他双方认定的不可抗力事件。如果签约双方中任何一方由于不可抗力影响合同执行时，发生不可抗力的一方应尽快将事故通知另一方。在此情况下，双方应通过友好协商尽快解决本合同的执行问题。

签约双方在履约期间若发生争执和分歧，双方应通过友好协商的方式解决，若经协商不能达成协议时，由合同签订地或招标人所在地人民法院提起诉讼。在法院受理诉讼期间，双方应继续执行合同其余部分。

二、项目验收与结算

1. 验收

合同执行完毕，中标人应提出项目验收要求，此时，招标人应组织有关技术专家和使用单位对合同的履约结果进行验收，以确定建筑工程项目是否符合合同约定的规格、技术、质量要求。对验收结果不符合合同约定的，应当通知中标人在规定期限内达到合同约定的要求。验收结束后，各方代表应在验收报告上签署验收意见以作为支付工程款的必要条件。

对工程质量的要求，应按照《建筑工程施工质量验收统一标准》（GB 50300—2001），坚持"验评分离、强化验收、完善手段、过程控制"的指导思想，制订合理的抽样检验方案，对标准中强制性的条文必须严格执行。

招标文件中对工程质量的要求应执行现行的国家标准，工程质量应为合格，不合格不予竣工验收。但在投标时，往往会发生投标企业所报质量标准为"优良"或"××奖"，或招标人也要求其招标工程的质量为"优良"。遇到这种情况时，招标代理机构应与招标人讨论和协商，首先应说明现行国家标准的要求，然后看其是否参照了比国家标准高的企业标准。如果同意达到中标人企业标准合格率百分之几作为"优良"评定标准或参照原国家标准的"优良"评定标准时，合同中就应加以约定和明确说明。

在实践中，大量事实说明，中标人在投标时承诺的达到国家"鲁班奖""詹天佑奖"以及各省的奖项，如北京的"长城杯"、上海的"白玉兰杯"、山东的"泰山杯"等，或达到"省优""样板工程"等承诺时，招标人应做到心中有数，不能将其作为评标加分的理由。竣工验收后奖项能评上更好，可以证明投标人的管理能力、技术水平和协调能力比较强，但是，万一评不上也不至于太失望，当然，有特别要求的除外。

项目验收合格后，中标人要向招标人递交有关合同管理的报表和报告，将相关资料、报告、手册、文件归档，保管或移交给招标人。

2. 结算

项目竣工后，就可以进一步进行工程结算了。结算时，双方当事人应审核对方是否按合同约定条款执行，除专用合同条款约定期限外，一般可按照通用条款执行。

在实践中，建筑工程的结算价格一般与合同价格有一定出入，特别是单价包干的建筑工程，几乎毫无例外地会增加结算价格。

对政府投资建设的项目，竣工结算时应严格按照国家法律、法规和国家、省、市政府文件规定执行。招标人应当自竣工结算完成之日起15个工作日内将竣工结算价与概算、预算价（或最高限价）以及中标价在项目审批部门门户网站和指定网络媒介上公开，方便群众监督，以减少腐败现象的发生。

三、建筑工程结算价格的执行标准

在工程招标中，如果合同与招标文件一致则相当理想，但是在实践中，工程款结算金额是按合同还是按招标文件，一般都有一定的差距，有的差距还比较大。例如，某项建筑工程在结算时，中标人（施工单位）与审计单位有不同的意见，审计单位认为应按招标文件来执行，中标人则拿出合同，认为应按合同来执行。那么，是按照合同执行还是按照招标文件呢？

在建筑工程招标中，特别是按综合单价包干的建筑工程中，工程结算一般与合同价乃至招标文件有较大的出入，有的甚至远远超过招标文件中的价格和中标价格。但是一些建筑工程项目，结算价格超过预算价或招标价是需要审批甚至需要当地人大批准的，因此，给结算造成很大麻烦。

按照《合同法》，合同对合同各方是有最高法律效力的。《政府采购法》第四十三条明确规定："政府采购合同适用合同法。"因此，从这方面讲，建筑工程结算时应该是按合同执行，合同是对招标文件的细化和补充，是经中标单位和招标人双方同意后签订的，所以结算时应该按合同执行。如果在合同执行过程中遇到问题，发生争执，也应首先按合同规定解决。所以合同不利，常常连法律专家和合同管理专家也无能为力。合同双方都必须十分重视招标投标阶段的合同。

但是在实践中，很多人却把招标文件当作效力很高的合同文件来看，而且合同文件也包括招标文件的条款，执行招标文件也就是执行合同，所以应该按招标文件规定的价格进行结算。

那么结算时是按合同还是按招标文件？如果此问题走司法程序，结果会如何？

合同作为招标文件的一部分，是对招标文件的具体细化、补充、调整、完善，招标文件没有细化结算的方式。但是，先有招标文件，后有合同，签订合同最重要的依据是招标文件，除非有特殊规定或要求，合同是不能违反招标文件的，因此，合同中详细的内容应该在招标文件范围之内。并且，如果合同与招标文件有本质的差异，对项目的其他投标人来说是有失公平的，所以，是否还执行合同条款就值得商榷了。当然，合同条款是否违法要由司法部门来认定。何况，在实践中，如合同结算价款远远超过招标文件，必然会引起审计部门和财政部门的反对，中标人未必能拿到工程款项甚至不能进行正常结算。因此，如果按照合同，工程结算款没有超过招标文件的限价，则可以按合同价或按实际价格结算。

在实践中，目前已有一些地方政府注意到了这个问题。如有的地方规定：工程款结算方法按招标文件规定的方法计算，材料运费按有关文件规定的方法计算，材料价按实际施工时的建材信息价计算。

四、工程量清单中有漏项时合同执行的方法

招标时，如果招标文件中的工程量清单有漏项，则应按合同

条款进行工程量变更。在合同执行期，工程量清单的内容发生变化（包括缺项、漏项和其他变化）时，都是用变更的办法处理。因为招标文件对工程量清单中各项目的内容、工序、使用的规范、材料的标准、项目质量标准、计量方式等都进行了说明，这些都是投标人的投标报价条件，也是合同执行期监理工程师给中标人结算的条件。工程清单的任何变化都改变了报价条件，因此应进行变更处理。尤其值得一提的是，即使工程量增加后，合同价格已超过了原招标限价的规定，也要执行新的价格。在实践中，也有因为招标人的图样或工程量清单不准确而造成结算价格大幅度超过招标限价的事例，还有招标人和中标人勾结起来，利用在招标文件中漏项减少中标价格，而在实际结算时追加财政预算套取国家财政资金的事例，后一种情况属于违法行为，应当禁止。

一般在合同当中就应规定变更的范围和内容。下面以国际咨询工程师联合会编制的第 1 版《施工合同条件》为例介绍变更的范围和内容。

1）合同中包括的任何工作内容的数量的改变（但此类改变不一定构成变更）。

2）任何工作内容的质量或其他特性的改变。

3）任何部分工程的标高、位置和尺寸的改变。

4）任何工作的删减，但要交他人实施的工作除外。

5）永久工程所需的任何附加工作、生产设备、材料或服务，包括任何有关的竣工检验、钻孔和其他试验和勘探工作。

6）实施工程的顺序或时间安排的改变。

只要监理工程师认为必要，对于以上的变更，承包人是不能拒绝的。变更以后，应该依据合同的规定对中标人进行合理的补偿。

五、建筑工程合同执行完以后合同保证金的退回

对于一般的建筑工程，在招标人发出中标通知书后、签订合

同之前，招标人或招标代理机构会要求中标人交纳一笔钱作为合同保证金或履约保证金。在实践中，合同保证金一般为合同总价的 10%，也有达到 30% 的。如果中标人不能履行其在合同条款下任何一项义务而造成违约责任，则招标人有权用履约保证金补偿其任何直接损失。

投标单位在确定中标后，投标保证金自动转为履约保证金。在招标项目验收合格完毕后，招标人可以将履约保证金无息退还给中标人，实践中一般在验收合格后 7 ~ 30 个工作日内完成。

第二章 国际工程合同条件

第一节 国际工程常用合同

一、概述

1. 国际工程常用合同种类

自 20 世纪 40 年代以来，随着国际工程承包事业的不断发展，逐步形成了国际工程施工承包常用的一些标准合同条件。许多国家在土木工程的招标承包业务中，参考国际性的合同条件标准格式，并结合自己的具体情况，制定出本国的标准合同条件。

目前，国际上常用的施工合同条件主要有：国际咨询工程师联合会（FIDIC）编制的各类合同条件；英国土木工程师学会的"ICE 土木工程施工合同条件"；英国皇家建筑师学会的"RIBA/JCT 合同条件"；美国建筑师学会的"AIA 合同条件"；美国承包商总会的"AGC 合同条件"；美国工程师合同文件联合会的"EJCDC 合同条件"；美国联邦政府发布的"SF—23A 合同条件"等。其中，以国际咨询工程师联合会编制的"土木工程施工合同条件"、英国土木工程师学会的"ICE 土木工程施工合同条件"和美国建筑师学会的"AIA 合同条件"最为流行。

2. 国际工程常用合同文件的主要内容

大部分国际通用的施工合同条件一般都分为两部分。

（1）通用条件 通用条件是指对某一类工程都通用，如 FIDIC《土木工程施工合同条件》对于各种类型的土木工程（如房屋建筑、工业厂房、公路、桥梁、水利、港口、铁路等）均适用。

（2）专用条件 专用条件则是针对一个具体的工程项目，根据项目所在国家和地区的法律法规的不同，根据工程项目特点和雇主对合同实施的不同要求，而对通用条件进行的修改和补充。一般在合同条件的专用条件中，有许多建议性的措辞范例，雇主与其聘用的咨询工程师有权决定采用这些措辞范例或另行编制自己认为合理的措辞来对通用条件进行修改和补充。凡合同条件第二部分和第一部分不同之处均以第二部分为准。第二部分的条款号与第一部分相同。这样，合同条件第一部分和第二部分共同构成一个完整的合同条件。专用条件是通用条件的修改和补充，如果通用条件与专用条件有矛盾，专用条件的规定优先。

当然，并非所有的国际通用的施工合同条件都采用通用条件和专用条件两部分组成的形式，例如，ICE 合同条件没有独立的第二部分专用条件，而是用其合同条件标准文本的第 71 条来表述专用条件的内容。

二、FIDIC 合同条件

1. FIDIC 简介

FIDIC 是国际咨询工程师联合会（International Federation Of Consulting Engineers）的法文名称的缩写，它是各国咨询工程师协会的国际联合会。FIDIC 创建于 1913 年，最初是由欧洲 4 个国际咨询工程师协会创建的，其目标是共同促进成员协会的专业影响，并向各成员协会传播他们感兴趣的信息。第二次世界大战以后，成员的数目迅速发展，到 20 世纪末，已成为拥有遍布全球 67 个成员的协会，是世界上最具有权威性的国际工程咨询工程师组织。

FIDIC 下属有两个地区成员协会：FIDIC 亚洲及太平洋地区成员协会（ASPAC）；FIDIC 非洲成员协会集团（CAMA）。FIDIC 下设许多专业委员会，如雇主咨询工程师关系委员会（CCRC），土木工程合同委员会（CECC），电气机械合同委员会（EMCC），职业责任委员会（PLC）等。

2. FIDIC 系列合同条件

（1）《施工合同条件》（简称 FIDIC "红皮书"） 该合同条件推荐用于雇主设计的、或由其代表（工程师）设计的，承包商基本只负责施工（可能也会做少量的设计工作）的建筑工程项目。该合同条件的第一部分是通用条件，内容是工程项目普遍适用的规定，包括 20 条 163 款。这 20 条 163 款的内容包括：一般规定，雇主，工程师，承包商，指定分包商，员工，生产设备、材料和工艺，开工、延误和暂停，竣工检验，雇主的接受，缺陷责任，测量和估价，变更和调整，合同价格和付款，由雇主终止，由承包商暂停和终止，风险和责任，保险，不可抗力，索赔、争端和仲裁。第二部分专用条件用以说明与具体工程项目有关的特殊规定。世界银行、亚洲开发银行和非洲开发银行规定，所有利用其贷款的工程项目都必须采用该合同条件。

（2）《雇主/咨询工程师标准服务协议书》（简称 FIDIC "白皮书"） 该条款用于雇主与咨询工程师之间就工程项目的咨询服务签订的协议书。使用于投资前研究、可行性研究、设计及施工管理、项目管理等服务。"白皮书"第一部分为通用条件，论述了有关定义和解释，咨询工程师的义务，雇主的义务，职员，责任和保险，协议书的开始、完成、变更与终止，支付，一般规定，争端的解决等九个方面的内容。"白皮书"第二部分为专用条件，它是为适应某个特定的协议书和服务类型而准备的。

（3）《生产设备和设计——施工合同条件》（简称"黄皮书"） 该合同条件是 FIDIC 为电气和（或）机械生产设备供货或工程的设计与施工而专门编写的。这种合同的通常情况是，由承包商按照雇主要求，设计和提供生产设备和（或）其他工程；可以包括土木机械、电气和（或）构筑物的任何组合。

（4）《设计采购施工（EPC）/交钥匙项目合同条件》（简称"银皮书"） 该合同条件是为了适应国际工程项目管理方法的新发展而出版的，可适用于以交钥匙方式提供加工或动力设备、工厂或类似设施、基础设施项目或其他类型开发项目。这种方式的特点：①项目的最终价格和要求的工期具有更大程度的确定性；②由承包商承担项目的设计和实施的全部职责，雇主卷入很少。交钥匙工程的通常情况是，由承包商进行全部设计、采购和施工（EPC），提供一个配备完善的设施，雇主"转动钥匙"即可运行。

（5）《简明合同格式》（简称"绿皮书"） FIDIC 推荐用于资本金额较小的建筑或工程项目。根据项目的类型和具体情况，这种格式也可用于较大资本金额的合同，特别是适用于简单或重复性的工程或工期较短的工程。这种合同的通常情况是，由承包商按照雇主或其代表（如有时）提供的设计进行工程施工，但这种格式也可适用于包括或全部是由承包商设计的土木、机械、电气和（或）建筑物的合同。

3. FIDIC 系列合同条件的特点

FIDIC 系列合同条件具有如下特点。

（1）国际性、广泛的适用性、权威性 FIDIC 编制的合同条件是在总结国际工程合同管理各方面经验教训的基础上制定的，是在总结各个国家和地区的雇主、咨询工程师和承包商各方经验的基础上编制出来的，并且不断地修改完善，是国际上最具有权威性的合同文件，也是世界上国际招标的工程项目中使用最多的合同条件。我国有关部委编制的合同条件或协议书范本也都把 FIDIC 编制的合同条件作为重要的参考文本。世界银行、亚洲开发银行、非洲开发银行等国际金融组织的贷款项目，也都采用 FIDIC 编制的合同条件。同时，FIDIC 条件包括通用条件和专用条件两部分，将工程合同的一般性与特殊性相结合，使 FIDIC 条件既保证了一般的、普遍的适用性，又照顾了合同双方的特殊要求和工程特点，因此，使用范围非常广泛。

（2）公正合理 FIDIC 合同条件较为公正地考虑了合同双方的利益，包括合理地分配工程责任，合理地分配工程风险，为双方确定一个合理的价格奠定了良好的基础。合同在确定工程师权利的同时，又要求其必须公正地行事，从而进一步保证了合同条件的公正性。

（3）程序严谨，易于操作　合同条件中处理各种问题的程序非常严谨，特别强调要及时地处理和解决问题，以避免由于拖拉而产生的不良后果。另外，还特别强调各种书面文件及证据的重要性，这些规定使各方有章可循，易于操作和实施。

（4）强化了工程师的作用　FIDIC合同条件明确规定了工程师的权力和职责，赋予工程师在工程管理方面的充分权力。工程师是独立的、公正的第三方，工程师是受雇主聘用，负责合同管理和工程监督。要求承包商应严格遵守和执行工程师的指令，简化了工程项目管理中一些不必要的环节，为工程项目的顺利实施创造了条件。

三、国际上其他通用的合同条件

1. ICE 合同条件

（1）ICE简介　ICE是英国土木工程师学会（The Institution of Civil Engineers）英文名称的缩写，它是设在英国的国际性组织，拥有包括专业土木工程师会员和学生会员8万多名，其中五分之一的会员在英国以外的140多个国家和地区。ICE是根据英国法律具有注册资格的教育、学术研究与资质评定团体。1818年由一群年轻工程师创建的ICE，现在已经成为世界公认的学术中心、资质评定组织及专业代表机构。ICE出版的合同条件目前在国际上也得到了广泛应用。

（2）ICE合同条件　作为经济发达国家，英国在工程承包方面有着较为完善的规章制度。ICE合同条件属于固定单价合同格式，特别适用于大型复杂工程。同FIDIC合同条件一样，ICE合同条件是以实际完成的工程量和投标文件中的单价来控制工程项目的总造价。ICE也为设计—建造模式专门制定了合同条件。同ICE合同条件配套适用的还有一份《ICE分包合同标准格式》，它规定了总承包商与分包商签订分包合同时采用的标准格式。

2. AIA 合同条件

（1）AIA 简介　AIA 是美国建筑师学会（The American Institute of Architects）英文名字的缩写。AIA 是一个有近 140 年历史的建筑师专业社团，在美国建筑界及国际工程界有较高的威信。该机构致力于提高建筑师的专业水平，促进其事业的成功并改善大众的居住环境。AIA 的成员总数达 56000 多名，遍布美国及全世界。AIA 出版的系列合同文件在美国建筑界及国际工程承包界，特别在美洲地区具有较高的权威性，应用广泛。

（2）AIA 合同条件　该学会制定发布的合同条件主要用于私营的房屋建筑工程。针对不同的工程项目管理模式及不同的合同类型出版了多种形式的合同条件。

AIA 合同条件共有 5 个系列，其中：A 系列是用于雇主与承包商的标准合同文件，不仅包括合同条件，还包括承包商资格申报表，保证标准格式等；B 系列是用于雇主与建筑师之间的标准文件，其中包括专门用于建筑设计，室内装修工程等特定情况的标准文件；C 系列是用于建筑师与专业咨询机构之间的标准文件；D 系列是建筑师行业内部使用的文件；G 系列是建筑师企业及项目管理中使用的文件。

AIA 系列合同文件的核心是"通用条件 A201"。AIA 为包括 CM 方式在内的各种工程项目管理模式专门制定了各种协议书格式，采用不同的工程项目管理模式及不同的计价方式时，只需选用不同的"协议书格式"与"通用条件"。AIA 合同条件按计价方式划分主要有总价合同、成本加酬金合同及最高限额定价合同。

第二节　FIDIC《施工合同条件》

一、概述

随着国际工程承包实践和相关学科的发展，FIDIC 每隔 10

年左右的时间对其编制的合同条件进行一次修订。FIDIC 于 1999
年正式出版了新的《土木工程施工合同条件》（又称"新红皮
书"）。

1. 合同的法律基础

合同的法律基础，即适用于合同关系的法律。在 FIDIC 第二
部分即特殊条款中必须指明，使用哪国的法律解释合同，该法律
即为本合同的法律基础。本合同的有效性受该法律控制，合同的
实施受该法律的制约和保护。

2. 合同语言

合同语言即用以拟订合同文本的一种或几种语言。这也应在
特殊条款中予以指定。如果合同文本使用一种以上语言编写，则
还应指明，以哪种语言为合同的"主导语言"。当不同语言的合
同文本的解释出现不一致时，应以"主导语言"的合同文本的
解释为准。因为不同语言在表达方式和语义上会有差异，在翻译
过程中会造成意义的不一致，进而导致对合同内容解释的不一
致，产生合同争执。

3. 合同文件

合同文件包括的范围，构成合同的几个文件之间应能互相解
释。当它们之间出现矛盾和不一致时，应由工程师对此作出解释
或校正。通常，合同文件解释和执行的优先次序（Priority）为：

1）合同协议书。

2）中标函。

3）投标书。

4）FIDIC 条件第二部分，即专用条件。

5）FIDIC 条件第一部分，即通用条件。

6）规范、图样、资料表和构成合同组成部分的其他文件。

如果在工程实施过程中，合同有重大的变更、补充、修改，
则应说明它们的内容与原合同文件的差异。

4. 合同类型

该 FIDIC 合同为雇主与承包商之间签订的土木工程施工合

同，属于单价合同，同时工程必须实行监理制度，即雇主聘请并全权委托监理工程师进行工程管理。它适用于大型复杂工程的承包方式。单价合同支付的原则是，依据承包商在工程量表中对该项工作内容所报单价乘以实际完成工程量，结算其实际应得款。

二、雇主、承包商及工程师的权利、义务及职责

1. 雇主的权利

1) 要求承包商按照合同规定的工期提交质量合格的工程。

2) 批准合同转让。未经雇主同意，承包商不得将合同或合同的任何部分，或合同中、或合同名下的任何权益进行转让。

3) 指定分包商。雇主有权对在暂定金额中列出的任何工程的施工，或任何货物、材料、工程设备或服务的提供分项指定承担人。该分包商仍与承包商签订分包合同，指定分包商应向承包商负责。承包商负责管理和协调。同时，承包商如果有理由，可以反对雇佣雇主指定的分包商。对指定分包商的付款，仍由承包商按分包合同进行。然后，承包商提出已向该分包商付款的证明，由工程师批准在暂定金额中向承包商支付。如果指定分包商失误，造成承包商损失，承包商可以向雇主索赔。

4) 在承包商无力或不愿意执行工程师指令时有权雇佣他人完成任务。如果承包商未执行工程师的指令，在规定时间内更换不符合合同的材料和工程设备，拆除不符合合同规定的任何工程，并重新施工，雇主有权雇佣他人完成上述指令，其全部费用由承包商支付。同时，无论在工程施工期间或在保修期间，如果发生工程事故、故障或其他事件，而承包商没有（无能力或不愿意）执行工程师指令去立即执行修补工作，则雇主有权雇佣其他人去完成该项工作并支付费用。如果上述问题由承包商责任引起，则应由承包商负担费用。

5) 除属于雇主风险和特殊风险外，雇主对承包商的设备、材料和临时工程的损失或损坏不承担责任。

6) 在一定条件下，雇主可以终止合同。

7）有权提出仲裁。

2. 雇主的义务

1）委派工程师管理工程施工。在工程实施中，雇主通过工程师管理工程，下达指令，行使权力。通常，雇主已赋予工程师在 FIDIC 合同中明确规定的，或者由该合同必然隐含的权力。但是，如果雇主要限定工程师的权力，或要求工程师在行使某些权力之前，需得到雇主的批准，则可在 FIDIC 第二部分予以指明。但 FIDIC 合同是雇主和承包商之间的合同，雇主必须为工程师的行为承担责任。如果工程师在工程管理中失误，例如，未及时地履行职责，发出错误的指令、决定、处理意见等，造成工期拖延和承包商的费用损失，雇主必须承担赔偿责任。

2）编制双方实施的合同协议书。

3）承担拟订和签订合同的费用和多于合同规定的设计文件的费用。

4）批准承包商的履约担保、担保机构及保险条件。在承包商没有足够的保险证明文件的情况下，雇主应代为保险，随后可从承包商处扣回该项费用。

5）配合承包商做好协助工作。在承包商提交投标文件前，向承包商提供有关该工程的勘察所取得的水文地质资料。在向承包商授标后，雇主应尽力帮助承包商获得人员出入境及设备和材料等工程所需物品进口的许可，协助承包商办理有关的海关结关手续。同时负责获得工程施工所需要的任何规划、区域划分或其他类似的各类批准及与合同有关的但不易取得的工程所在国的法律副本。

6）按时提供施工现场。雇主可以在施工开始前一次性移交全部施工现场；也允许随着施工进展的实际需要，在合理的时间内分阶段陆续移交。所谓合理的时间，是指承包商按工程师批准的施工进度计划，以能开展该部分的准备工作为判定原则。如果雇主未能依据合同约定履行义务，不仅要对承包商因此而受到的损失给予费用补偿和顺延合同工期，而且要由承包商提出新的合理开工时间。为了明确合同责任，应在专用条件内具体规定移交施工现场和通行道路的范围，陆续移交的时间、现场和通行道路所应达到的标准等详细条件。

7）按合同约定时间及时提供施工图样。虽然通用条件中规定："工程师应在合理的时间内向承包商提供施工图样"，但图样大多由雇主准备或委托设计单位完成，经工程师审核后发放给承包商。大型工程为了缩短建设周期，初步设计完成后就可以开始施工招标，施工图样在施工阶段陆续发送给承包商。如果施工图样不能在合理时间内提供，就会打乱承包商的施工计划，尤其是施工过程中出现的重大设计变更，在相当长时间内不能提供会导致施工中断，因此，雇主应妥善处理好提供图样的组织工作。

8）按时支付工程款。通用条件规定，首次分期预付款，雇主应在中标函颁发之日起 42 天内，或根据履约担保及预付款的规定，在收到相关的文件之日起 21 天内，二者中较晚时间支付；工程师在收到承包商的报表和证明文件后 28 天内，应向雇主签发期中支付证书；在工程师收到期中支付报表和证明文件 56 天内，雇主应向承包商支付工程款；收到最终支付证书后，要在 56 天内支付。如果雇主拖欠工程款，规定日期未支付，承包商有权就未付款额按月计复利收取延误期的利息作为融资费，此项融资费的年利率是以支付货币所在国中央银行的贴现率加上三个百分点计算而得。

9）移交工程的照管责任。雇主根据工程师颁发的工程移交证书接收按合同规定已基本竣工的任何部分工程或全部工程，并从此承担这些工程的照管责任。

10）承担风险。雇主对因自己的风险因素造成的承包商的损失应负有补偿义务。对其他不能合理预见到的风险导致承包商的实际投入成本增加给予相应补偿。

11）对自己授权在现场的工作人员的安全负全部责任。

3. 承包商的权利

1）进入现场的权利。

2）对已完工程有按时得到工程款的权利。

3）有提出工期和费用索赔的权利。对于非承包商原因造成的工程费用增加或工期延长，承包商有提出工期和费用索赔的权利。

4）有终止受雇或者暂停工作的权利。在雇主违约的情况下，承包商有权终止受雇或者暂停工作。

5）对雇主准备撤换的工程师有拒绝的权利。

6）有提出仲裁的权利。

4. 承包商的义务

（1）遵纪守法　承包商的一切行为都必须遵守工程所在地的法律和法规，不应因自己的任何违反法规的行为而使雇主承担责任或罚款。承包商的守法行为包括：按规定交纳除了专用条件中写明可以免交以外的所有税金；承担施工料场的使用费或赔偿费；交纳公共交通设施的使用费及损坏赔偿费；不得因自己的行为而侵犯专利权；采取一切合理措施，遵守环境保护法的有关规定等。

（2）承认合同的完备性和正确性　承包商是经过现场考察后编制的投标书，并与雇主就合同文件的内容进行协商达成一致后签署的合同协议书，因此，必须承认合同的完备性和正确性。也就是说，除了合同中另有规定的情况以外，合同价格已包括了完成承包任务的全部施工、竣工和修补任何缺陷工作的所需费用。

作为准备忠实地履行合同的诚意表示，以便雇主在其严重违约而受到损害时能够得到某种形式的赔偿，承包商应在接到中标通知书后 28 天，按合同条件的规定向雇主提交履约担保书。履约担保书可以是银行出具的履约保函，也可以是雇主同意接受的任何第三方企业法人的担保书。工程师应在最后一个缺陷通知期期满后 28 天内颁发履约证书，或在承包商已经提供了全部承包商文件并完成和检验了所有工程，包括修补了所有缺陷的日期之后尽快颁发。同时还应向雇主提交一份履约证书副本。只有履约证书才应被视为构成对工程的接受。在承包商完成工程和竣工并修补任何缺陷之前，承包商应保证履约担保将持续有效。如果该保证的条款明确说明了其期满日期，而且承包商在此期满前第28天还无权收回此履约担保，则承包商应相应延长履约担保的有效期，直至工程竣工并修补了缺陷。雇主应在接到履约证书副本后21天将履约担保退还给承包商。

（3）对工程图样和设计文件应承担的责任　通用条件规定，设计文件和图样由工程师单独保管，免费提供给承包商两套复制件。承包商必须将其中的一套保存在施工现场；随时供工程师和其授权的其他监理人员进行施工检查之用。承包商不能将本工程的图样、技术规范和其他文件，在取得工程师同意前用于其他工程或传播给第三方。

对合同明文规定由承包商设计的部分永久性工程，承包商应将设计文件（图样、规范等）按质、按量、按期完成，报经工程师批准后用于施工。工程师以任何形式对承包商设计图样的批准，都不能解除承包商应负的设计责任。工程施工达到竣工条件时，只有当承包商将其负责设计那部分永久工程竣工图及使用和维修手册提交，经工程师批准后，才能认为达到竣工要求。如果承包商负责的设计涉及使用了他人的专利技术，则应与雇主和工程师就设计资料的保密和专利权等问题达成协议。

（4）提交进度计划和现金流量估算　承包商在接到工程师的开工通知后应尽快开工。同时，承包商应按照合同及工程师的要求，在（专用条件）规定的时间内，向工程师提交一份施工进度计划，并取得工程师的同意，同时提交对其工程施工拟采用的安排和方法的总说明；在任何时候，如果工程师认为工程的实际进度不符合已同意的进度计划，只要工程师要求，承包商就应提交一份经过修改的进度计划。

承包商应每个月向工程师提交月进度报告，此报告应随期中支付报表的申请一起提交。月进度报告包括的内容很全面，主要有进度的图表和详细说明（包括设计、承包商的文件、货物采购及设备调试等），照片，工程设备制造、加工进度和其他情况，承包商的人员和设备数量，质量保证文件、材料检验结果，双方索赔通知，安全情况，实际进度与计划进度对比等。此外，承包商应按进度向工程师提交其根据合同规定，有权得到的全部将由雇主支付的详细现金流量估算；如果工程师以后提出要求，承包商还应提交经过修正的现金流量估算。

（5）任命项目经理　承包商应任命一位合格的并被授权的代表全面负责工程的施工，该代表须经工程师批准，代表承包商接受工程师的各项指示。如果由于该代表不胜任、渎职等原因，工程师有权要求承包商将其撤回，并且以后不能再在此项目工作，而另外再派一名经工程师批准的代表。

（6）放线　承包商根据工程师给定的原始基准点、基准线、参考标高等，对工程进行准确的放线，尽管工程师要检查承包商的放线工作，但承包商仍然要对放线的正确性负责。除非是由于工程师提供了错误的原始数据，否则，承包商应对由于放线错误引起的一切差错自费纠正（即使工程师进行过检查）。

（7）对工程质量负责　承包商按照合同建立一套质量保证体系，在每一项工程的设计和实施阶段开始之前，均应将所有程序的细节和执行文件提交工程师。工程师有权审查质量保证体系的各个方面，但这并不能解除承包商在合同中的任何职责、义务和责任。这时对承包商的施工质量管理提出了更高的要求，同时也便于工程师检查工作和保证工程质量。

承包商应该按照合同的各项规定，以应有的精力和努力对承包范围的工程进行设计和施工。对合同中规定的由承包商提供的一切材料、工程设备和工艺都应符合合同规定。对不符合合同规定而被工程师拒收的材料和工程设备，承包商应立即纠正缺陷，并保证使它们符合合同规定。如果工程师要求，应对它们进行复检，其费用由承包商负责。承包商应执行工程师的指令，更换不符合合同规定的任何材料和工程设备，拆除不符合合同规定的工程，并适当地重新施工。

缺陷责任期满之前，承包商负有施工、竣工及修补任何所发现缺陷的全部责任。施工过程中，工程师对施工质量的认可，以及"工程接收证书"的颁发，都不能解除承包商对施工质量应承担的责任。只有工程圆满地通过了试运行的考验，工程师颁发了"履约证书"，才是对施工质量的最终确认。

（8）必须执行工程师发布的各项指令并为工程师的各种检验提供条件　工程师有权就涉及合同工程的任何事项发布有关指标，包括合同内未予明确说明的内容。对工程师发布的无论是书面指令或是口头指令，承包商都必须遵照执行。不过，对于口头指令，承包商应在发布后的 2 天内以书面形式要求予以确认。如果工程师在接到请求确认函后的 2 天内未作出书面答复，则可以认为这一口头指示是工程师的一项书面指令，承包商的请求确认函将作为变更工程的结算依据，成为合同文件的一个组成部分。若工程师的书面答复指出，口头指示的原因属于承包商应承担的责任，则承包商就不可能获得额外支付。

对承包商提供的一切材料、工程设备和工艺，承包商必须为工程师指令的各种检查、测量和检验提供通常需要的协助、劳务、燃料、仪器等条件，并在用于工程前，按工程师要求提交有关材料样品，以供检验。同时，承包商应为工程师及任何授权人进入现场和为工程制造、装配和准备材料或工程设备的车间和场所提供便利。

（9）承担其责任范围内的相关费用　承包商负责工程所用的或与工程有关的任何承包商的设备、材料或工程设备侵犯专利或其他权利而引起的一切索赔和诉讼；承担工程用建筑材料和其他各种材料的一切吨位费、矿区使用费、租金及其他费用。承包商负担取得进出现场所需专用或临时道路通行权的一切费用和开支，自费提供其所需的供工程施工使用的位于现场以外的附加设施。

除合同另有规定外，承包商应负责其所有职员和劳务人员的雇佣、报酬、住房、膳食、交通等。承包商对其的分包商、分包商的代理人、雇员、工人的行为、违约、疏忽等负完全责任。

（10）按期完成施工任务　承包商必须按照合同约定的工期完成施工任务。如果竣工时间迟于合同工期的话，将依据合同内约定的日延期赔偿额乘以延误天数后承担违约赔偿责任。但当延误天数较多时，以合同约定的最高赔偿限额为赔偿雇主延迟发挥工程效益的最高款额。提前竣工时，承包商是否得到奖励，要看合同内对此是否有约定。因承包商责任延误竣工日期，应承担违约赔偿责任是合同的必备条款；而提前竣工的奖励办法，则是双方协议决定是否订立的条款。

（11）负责对材料、设备等的照管工作　从工程开始到颁发工程的接收证书为止，承包商对工程及材料和待安装的工程设备的照管负完全责任。在此期间，如果发生任何损失或损坏，除属于雇主的风险情况外，应由承包商承担责任。

（12）对施工现场的安全、卫生负责　承包商应当高度重视施工安全，做到文明施工。不仅要使现场的施工井然有序，保障已完成工程不受损害，而且还应自费采取一切合理的安全措施，保证施工人员和所有有权进入现场人员的生命安全，如按工程师或有关当局要求，自费提供并保持照明、防护、围栏、警告信号和警卫人员，以及采取一切适当措施，保护（现场内外）环境，限制由其施工作业引起的污染、噪声和其他后果对公众和财产造成的损害妨害，确保排污量、噪声不超过规范和法律规定的标准。同时，承包商应对工程和设备进行保险，应办理第三方保险，办理人员事故保险，并应在开工前提供保险证据。此外，在施工期间，承包商还应保持现场整洁。在颁发任何接收证书时，承包商应对该接收证书所涉及的那部分现场进行清理，达到工程师满意的使用状态。

（13）为其他承包商提供方便　一个综合性大型工程，经常会有几个独立承包商同时在现场施工。为了保证工程项目整体计划的实现，通用条件规定每个承包商都应给其他承包商提供合理的方便条件。为了使各承包商在编制标书时能够恰当地计划自己的工作，每个独立合同的招标文件中均应给出同时在现场进行施工活动的有关信息。通常的做法是在某一合同的招标文件中规定为其他承包商提供必要施工方便的条件和服务责任，让承包商将这些费用考虑在报价之内。服务内容可能包括：提供住房、供水、排污、供电、使用工地的临时设施、脚手架、大型专用机械设备、通信、机械维修服务等。在其他合同的招标文件中，则分别说明现场可提供服务的内容，以及接受这些服务时的计价标准，也令他们在投标报价中加以考虑。如果各招标文件中均未对此作出规定，而施工过程中又出现需要某一承包商为另一承包商提供服务时，工程师可向提供服务方发出书面指示，待其执行后批准一笔追加费用，计入到该合同的承包价格中去。但对于两个承包商之间通过私下协商而提供的方便服务，则不属于该条款所约定的承包商应尽义务。

（14）及时通知工程师在工程现场发现的意外事件并作出响应　在工程现场挖掘出来的所有化石、硬币、有价值的物品或文物，属于雇主的绝对财产。承包商应采取措施防止其工人或者其他任何人员移动或损坏这些物品，承包商必须立即通知工程师，并按工程师的指示进行保护。由于执行此类指令造成承包商工期延长和费用增加，承包商有权提出索赔要求。

5. 工程师的权力和职责

工程师是指受雇主委托，负责合同履约的协调管理和监督施工的独立的第三方。FIDIC 编制的《施工合同条件》的一个突出特点，就是在众多的条款中赋予了不属于合同签约当事人的工程师在合同管理方面的充分权力。工程师可以行使合同内规定的权力，以及必然引申的权力。不仅承包商要严格遵守并执行工程师的指令，而且工程师的决定对雇主也同样具有约束力。

（1）工程师的任务和权力

1）工程师无权修改合同。

2）工程师可以行使合同中规定的、或必然隐含的应属于工程师的权力。如果要求工程师在行使规定的权力前必须取得雇主的批准，这些要求应在专用条件中写明。

3）除得到承包商的同意外，雇主承诺不对工程师的权力做进一步的限制。但是，每当工程师行使需由雇主批准的规定的权力时，则应视为雇主已予批准，除非合同条件中另有说明。

①每当工程师履行或行使合同规定或隐含的任务或权力时，应视为代表雇主执行。

②工程师无权解除任一方根据合同规定的任何任务、义务或职责。

③工程师的任何批准、校核、证明、同意、检查、检验、指示、通知、建议、要求、试验或类似行动（包括未表示不批准），不应解除合同规定的承包商的任何职责，包括对错误、遗漏、误差和未遵照办理的职责。

4）工程师项目管理中的具体的权力

①质量管理方面。主要表现在对运抵施工现场材料、设备质量的检查和检验，对承包商施工过程中的工艺操作进行监督，对已完成工程部位质量的确认或拒收，发布指令要求对不合格工程部位采取补救措施。

②进度管理方面。主要表现在审查批准承包商的施工进度计划，指示承包商修改施工进度计划，发布开工令、暂停施工令、复工令和赶工令。

③支付管理方面。主要表现在确定变更工程的估价，批准使用暂定金额和计日工，签发各种给承包商的付款证书。

④合同管理方面。主要表现在解释合同文件中的矛盾和歧义，批准分包工程（除劳务分包、采购分包及合同中指定的分包商对工程的分包），发布工程变更指令，签发"工程接收证书"和"履约证书"，审核承包商的索赔，行使合同内必然引申的权力。

（2）工程师的托付　雇主应任命工程师，工程师应履行合同中指派给他的任务。工程师的职员应包括具有适当资质的工程师和能承担这些任务的其他专业人员。工程师有时可以向其助手指派任务和托付权力，也可以撤销这种指派或托付。这些助手可以包括驻地工程师、被任命为检查和试验各项工程设备或材料的独立检查员。以上指派、托付或撤销应用书面形式，在双方收到抄件后才生效。但是，除非另经双方同意，工程师不应将按照合同条款规定应由其本人确定的任何事项的权力托付给他人。

助手应是具有适当资质的人员，能履行这些任务，行使此项权力，能流利地使用合同条款中规定的法律、语言交流。

已被指派任务或托付权力的每个助手，应只被授权在托付规定的范围内对承包商发出指示。由助手按照托付作出的任何批准、校核、证明、同意、检查、检验、指示、通知、建议、要求、试验或类似行动，应具有工程师作出的行动的同样的效力。但是未对任何工作、生产设备或材料提出否定意见不应构成批准，因而不影响工程师拒收该工作、生产设备或材料的权力。如承包商对助手的确定或指示提出质疑，承包商可将此事提交工程师，工程师应及时对该确定或指示进行确认、取消或改变。

（3）工程师的指示　工程师可在任何时候按照合同规定向承包商发出指示和实施工程和修补缺陷可能需要的附加或修正图样。承包商仅应接受工程师或根据合同条款托付适当权力的助手的指示。

承包商应遵循工程师或托付助手对合同有关的任何事物发出的指示。这些指示一般应采用书面形式。如果工程师或托付助手给出口头指示，并给出指示后 2 个工作日内收到承包商或其代表发出的对指示的书面确认，以及在收到书面确认后 2 个工作日内，未通过发出书面拒绝和指示进行答复，这时该确认应成为工程师或托付助手的书面指示。

（4）工程师的替换　如果雇主拟替换工程师，雇主应在拟替换日期 42 天前通知承包商，告知拟替换工程师的名称、地址和有关经验。如果承包商通知雇主对某人提出合理的反对意见，并附有详细依据，雇主就不应用该人替换工程师。

三、FIDIC 施工合同条件中的其他主要条款

1. 合同的转让和分包

（1）合同的转让（Assignment） 合同的转让是指承包商在中标签约后，将其所签合同中的权利和义务转让给第三者。合同转让构成后，原承包商因此解除了其对雇主所承担的义务。由于承包商是经过资格预审、投标、评标和决标一个严格的招标程序最终选中的，因而授予合同意味着雇主对他的信任，而合同转让可能招致不合格的承包商，因此，合同条件中规定，没有取得雇主的事先书面同意，承包商不得将合同或合同任何部分的好处转让给承包商开户的银行和投保的保险公司以外的任何第三者，否则可视为承包商严重违约，雇主有权和他解除合同关系。

通用条件中对某一特殊情况下的合同转让也做了明确的说明，即当承包商负责实施的工程部分缺陷通知期满，并已通过了最终检验，准备撤离施工现场，而分包商负责的工程部分还没有通过最终验收时，在取得了雇主同意并愿意承担有关费用的前提条件下，可以将未完成任务的分包商与承包商所签订的分包合同中的权利义务转让给雇主，由分包商直接对雇主负责。

（2）分包（Subcontracting） 由于一般工程涉及工种繁多，有些工种的专业性很强，单靠承包商自身的力量难以胜任，所以在合同实施中，承包商需要将一部分工作分包给某些分包商，但是这种分包必须经过批准；如果在订立合同时已列入，则意味着雇主已批准；如果在工程开工后再雇用分包商，则必须经过工程师事先同意。但对诸如提供劳务、根据合同中规定的规格采购材料，则无需取得同意。承包商不得将整个工程分包出去。承包商应对任何分包商的行为或违约负责，除非专用条件中另有规定。同时，承包商应至少在 28 天前将各分包商承担工作的拟订开工日期、该工作在现场的拟定开工日期通知工程师。合同条件将对分包商的批准权赋予了工程师，由他来具体审查分包工程的内容是否符合合同规定。分包商的资质是否与所承担工程的级别相适

应，以及从现场实施协调管理的条件考虑批准他何时开始分包工程施工等。

(3) 指定分包商（Nominated Subcontractor）

1）指定分包商的概念。通用条件中规定，雇主有权将部分工程项目的施工任务或涉及提供材料、设备、服务等工作内容发包给指定分包商实施。所谓"指定分包商"是由雇主（或工程师）指定、选定、完成某项特定工作内容并与承包商签订分包合同的特殊分包商。

合同内规定有承担施工任务的指定分包商，大多因雇主在招标阶段划分合同包时，考虑到某部分施工的工作内容有较强的专业技术要求，一般承包单位不具备相应的技术能力，但如果以一个单独的合同对待又限于现场的施工条件，工程师无法合理地进行协调管理，为避免各独立承包商之间的施工干扰，则只能将这部分工作发包给指定分包商实施。由于指定分包商是与承包商签订分包合同，因而在合同关系和管理关系方面与一般分包商处于同等地位，对其施工过程中的监督、协调工作纳入承包商的管理之中。指定分包工作可能包括部分工程的施工；供应工程所需的货物、材料、设备；设计；提供技术服务等。

2）指定分包商的特点。虽然指定分包商与一般分包商处于相同的合同地位，但二者并不完全一致，主要差异体现在以下几个方面。

①选择分包单位的权利不同。承担指定分包商工作任务的单位由雇主或工程师选定，而一般分包商则由承包商选择。

②分包合同的工作内容不同。指定分包工作属于承包商无力完成，不在合同约定应由承包商必须完成范围之内的工作，即承包商投标报价时没有摊入间接费、管理费、利润、税金的工作，因此不损害承包商的合法权益。而一般分包商的工作则为承包商工作范围的一部分。

③工程款的支付开支项目不同。为了不损害承包商的利益，给指定分包商的付款应从暂定金额内开支。而对一般分包商的付

款，则从工程量清单中相应工作内容项内支付。由于雇主选定的指定分包商要与承包商签订分包合同，并需指派专职人员负责施工过程的监督、协调、管理工作，因此，也应在分包合同内具体约定双方的权利和义务，明确收取分包管理费的标准和方法。

④雇主对指定分包商利益的保护不同。尽管指定分包商与承包商签订分包合同后，按照权利义务关系而直接对承包商负责，但由于指定分包商终究是雇主选定的，而且其工程款的支付从暂定金额内开支，因此，在合同条件内列有保护指定分包商的条款。通用条件中规定，承包商在每个月末报送工程进度款支付报表时，工程师有权要求他出示以前已按指定分包合同给指定分包商付款的证明。如果承包商没有合法理由而扣押了指定分包商上个月应得工程款的话，雇主有权按工程师出具的证明从本月应得款内扣除这笔金额直接付给指定分包商。对于一般分包商则无此类规定，雇主和工程师不介入一般分包合同履行的监督。

⑤承包商对分包商违约行为承担责任的范围不同。除非由于承包商向指定分包商发布了错误的指示要承担责任外，指定分包商在任何违约行为给雇主或第三者造成损害而导致索赔或诉讼时，承包商不承担责任；如果一般分包商有违约行为，雇主将其视为承包商的违约行为，按照总包合同的规定追究承包商的责任。

3）指定分包商的选择。特殊专项工作的实施要求指定分包商拥有某方面的专业技术或专门的施工设备、独特的施工方法。雇主和工程师往往根据所积累的资料、信息，也可能依据以前与之交往的经验，对其信誉、技术能力、财务能力等比较了解，通过议标方式选择。若没有理想的合作者，也可以就这部分承包商不善于实施的工作内容，采用招标方式选择指定分包商。

某项工作将由指定分包商负责实施是招标文件中规定，并已由承包商在投标时认可，因此，他不能反对该项工作由指定分包商完成，并负责协调管理工作。但雇主必须保护承包商合法利益不受侵害是选择指定分包商的基本原则，因此，当承包商有合法理由时，有权拒绝某一单位作为指定分包商。为了保证工程施工的顺利进行，雇主选择指定分包商应首先征求承包商意见，不能强行要求承包商接受他有理由反对的，或是拒绝与承包商签订保障承包商利益不受损害的分包合同的指定分包商。如果承包商有合法理由拒绝与雇主选择的单位签订指定分包合同时，FIDIC 指出，工程师可采取以下任何一种措施解决：选择另一个单位作为指定分包商；协助修改分包合同条款，保障承包商的合法权益不受侵害；发布"变更指令"，由承包商自己去安排该项工作的实施。但承包商选择的实施单位必须经过工程师的审查批准方可承担该项工作。

2. 工程的开工、延期、暂停及赶工

（1）工程的开工（Commencement）　工程师应至少提前 7 天通知承包商开工日期，除非专用条款中另有说明，开工日期应在承包商接到中标函后的 42 天内。承包商应在合理可能的情况下尽快开工。竣工时间是从开工日期算起。

如果由于雇主方面的原因未能按承包商的施工进度表的要求做好征地、拆迁工作，未能及时提供施工现场及有关通道，导致承包商延误工期或增加开支，则工程师应及时与雇主和承包商商量后，给予承包商延长工期并补偿由此引起的开支。

（2）工期的延长（Extension）

1）可以延长工期的情况。如果由于下列原因，承包商有权得到延长工期：

①额外的或附加的工作。

②合同中提到的导致工期延误的原因。

③异常恶劣的气候条件。

④由雇主造成的任何延误、干扰或阻碍。

⑤非承包商方面的过失或违约引起的延误。

⑥由于传染病或其他政府行为导致人员或货物的可获得的不可预见的短缺。

对以上原因造成的延期，承包商是否有权得到额外支付要根据具体情况而定。

2）延误工期后承包商应做事宜。承包商必须在上述导致延期的事件开始发生后 28 天内将要求延期的报告送给工程师（副本送雇主），并在上述通知后 42 天内或工程师可能同意的其他合理期限内，向工程师提交要求延期的详细申请，以便工程师进行调查，否则，工程师可以不受理这一要求。

如果导致延期的事件持续发生，则承包商应按月向工程师送一份中间报告，说明事件的详情，并于该事件引起的影响结束日起 28 日内递交最终报告。工程师在收到中间报告时，应及时作出关于延长工期的中间决定；在收到最终报告之后再审核全部过程的情况；作出有关该事件需要延长的全部工期的决定。但最后决定延长的全部工期不能少于按中间报告已决定的延长工期的总和。

在收到承包商的索赔详细报告（包括索赔依据，索赔工期和金额等）之后 42 天内（或在工程师可能建议但由承包商同意的时间内），工程师应对承包商的索赔表示批准或不批准，不批准时要给予详细的评价，并可能要求进一步的详细报告。

（3）暂时停工

1）暂停施工的责任。在工程施工过程中，由于各种因素的影响，工程有时会出现暂时的中断。在这种情况下，承包商应按工程师认为必要的时间和方式暂停工程施工或其他任何部分的进展，并在此期间负责保护、保管，以及保障该部分或全部工程免遭任何损蚀、损失及损害。此时，工程师应在与雇主和承包商协商后，决定给予承包商延长工期的权利和增加由于停工导致的额外费用。

在暂停施工期间，在下列条件下承包商有权获得未被运至现场的永久设备或材料的支付，付款应为该永久设备或材料在停工开始日期时的价格：有关永久设备的工作或永久设备及材料的运送被暂停超过 28 天；承包商根据工程师的指示已将这些永久设备或材料标记为雇主的财产。

但如暂时停工不属于下列情况，则不给予补偿：在合同中有规定；由于承包商违约行为或应由承包商承担风险事件影响的必要停工；由于现场不利的气候原因导致的必要停工；为了工程的合理施工或安全原因（不包括因工程师或雇主的过失导致的暂停、雇主风险发生后导致的暂停）的必要停工。

2）超过84天的暂停施工。如果按工程师书面指示暂停的工程自停工之日起84天内，工程师仍未通知复工（不包含上述例外情况），则承包商可向工程师发函，要求在28天内准许复工。如果复工要求未能获准，则承包商可以（但不一定）采取下列措施：当暂时停工仅影响工程的局部时，承包商可通知工程师把这部分暂停工程视作删减的工程；当暂停影响到整个工程进度时，承包商可视该事件属于雇主违约，并要求按雇主违约处理。

（4）追赶施工进度　工程师认为整个工程或部分工程的施工进度滞后于合同内竣工要求的时间时，可以下达赶工指示。承包商应立即采取经工程师同意的必要措施加快施工进度。发生这种情况时，也要根据赶工指令的发布原因，决定承包商的赶工措施是否应给予补偿。在承包商没有合理理由延长工期的情况下，他不仅无权要求补偿赶工费用，而且在他的赶工措施中若包括有夜间或当地公认的休息日加班时，还承担工程师应增加附加工作所需补偿的监理费用。虽然这笔费用按责任划分应由承包商负担，但不能由他直接支付给工程师，而由雇主支付后从承包商应得款内扣回。

3. 工程的计量与支付

工程的计量与支付条款是 FIDIC 合同条件的核心条款。FIDIC 施工合同条件规定的支付结算和程序包括：预付款；每个月末支付工程进度款；竣工移交时办理竣工结算；解除缺陷责任后进行最终决算四大类型。支付结算过程中涉及的费用又可分为两大类：一类是工程量清单中列明的费用；另一类属于工程量清单内虽未注明，但条款中有目前规定的费用，如变更工程款、物价浮动调整款、预付款、保留金、逾期付款利息、索赔款、违约赔偿款等。

（1）工程计量（Measurement） FIDIC合同是单价合同，工程款的支付是根据承包商实际完成（合同规定范围内）的工程量计算的。因此，工程计量显得格外重要。

1）工程量表中开列的工程量都是在图样和规范的基础上估算出来的，工程实施时要通过测量来核实实际完成的工程量并据以支付。工程师测量时应通知承包商一方派人参加。如承包商未能派人参加测量，即应承认工程师或由他批准的测量数据是正确的。有时，也可以在工程师的监督和管理下，由承包商进行测量，工程师审核签字确认。

2）在对永久工程进行测量时，工程师应在工作过程中准备好所需的记录和图样，承包商应在接到参加该项工作的书面通知后14天内对这些记录和图样进行审查并确认。若承包商未参加，则这些记录和图样被认为是正确的。若承包商不同意这些记录和图样，应及时向工程师提出申诉，由工程师进行复查、修改或确认。

3）除非合同中另有规定，否则，工程量均应计算净值。

4）对于工程量表中的包干项目，工程师可要求承包商在接到中标函后28天内将投标文件中的每一包干项目进行详细分解，提交给工程师一份包干项目分解表，以便在合同执行过程中按照该分解表的内容逐月付款。该分解表应得到工程师的批准。

（2）保留金和预付款

1）保留金。保留金是按合同约定从承包商应得工程款中相应扣减的一笔金额保留在雇主手中，作为约束承包商严格履行合同义务的措施之一。当承包商有一般违约行为使雇主受到损失时，可从该项金额内直接扣除损害赔偿费。例如，承包商未能在工程师规定的时间内修复缺陷工程部位，雇主雇佣其他人完成后，这笔费用可从保留金内扣除。

保留金的扣留从首次支付工程进度款开始，用该月承包商有权获得的所有款项中减去调价款后的金额，乘以合同约定保留金的百分比作为本次支付时应扣留的保留金（通常为10%）。逐月累计扣到合同约定的保留金最高限额为止（通常为合同总价的5%）。

保留金的返还从颁发工程接收证书开始。颁发工程接收证书后，退还承包商一半保留金。如果颁发的是部分工程移交证书，则应就相应百分比的保留金开具证书并给予支付。这个百分数应该是将估算的区段或部分的合同价值除以最终合同价格的估算值计算得出的比例的40%。此时如果承包商尚有任何工作仍需完成，工程师有权在此类工作完成之前扣发与完成工作所需费用相应的保留金余额的支付证书。颁发履约证书后，退还剩余的全部保留金。在雇主同意的前提下，承包商可以提交与保留金一半等额的维修期保函代换缺陷通知期内的保留金。

2）动员预付款。FIDIC土木工程施工合同条件中，将预付款分为动员预付款和预付材料款两部分。

动员预付款是雇主为了解决承包商进行施工前期工作时资金短缺，从未来的工程款中提前支付的一笔款项。通用条件中对动员预付款没有作出明确规定，因此，雇主同意给动员预付款时，须在专用条件中详细列明支付后扣还的有关事项。

动员预付款的数额由承包商在投标书内确认，一般在合同价的10%~15%范围内。承包商须首先将银行出具的预付款保函交给雇主并通知工程师，在14天内工程师应签发"动员预付款支付证书"，雇主按合同约定的数额和外币比例支付动员预付款。预付款保函金额始终保持与预付款等额，即随着承包商对预付款的偿还逐渐递减保函金额。

动员预付款应在支付证书中按百分比扣减的方式偿还，此种扣减应开始于支付证书中所有被证明了的期中付款的总额（不包括动员预付款及保留金的扣减和偿还）超过接受的合同款额（减去暂定金额）的10%时，按照动员预付款的货币的种类及其比例，分期从每份支付证书中的数额（不包括动员预付款及保留金的扣减与偿还）中扣除25%，直至还清全部预付款。

如果在颁发工程的接收证书、雇主提出终止、承包商提出暂停和终止、因不可抗力终止合同前，尚未偿清动员预付款，承包商应将届时未付债务的全部余额立即支付给雇主。

3）预付材料款。由于FIDIC合同条件是针对包工包料承包的单价合同编制，因此，条款内规定由承包商自筹资金去订购其应负责采购的材料和设备。只有当材料和设备用于永久工程后，才能将这部分费用计入到工程进度款内支付。为了帮助承包商解决订购大宗主要材料和设备的资金周转，订购物资运抵施工现场经工程师确认合格后，按发票价值乘以合同约定的百分比（60%～90%）作为预付材料款，包括在当月应支付的工程进度款内。预付材料款的扣还方式通常在FIDIC专用条件约定，具体有在约定的后续月内每月按平均值扣还或从已计量支付的工程量内扣除其中的材料费等方法。工程完工时，累计支付的材料预付款应与逐月扣还的总额相等。

（3）计日工费　计日工费是指承包商在工程量清单的附件中，按工种或设备填报单价的日工劳务费和机械台班费，一般用于工程量清单中没有合适项目，且不能安排大批量的流水施工的零星附加工作。只有当工程师根据施工进展的实际情况，指示承包商实施以日工计价的工作时，承包商才有权获得用日工计价的付款。

实施计日工工作过程中，承包商每天应向工程师送交一式两份报表，在报表中列明所有参加计日工作的人员姓名、职务、工种和工时的确切清单；承包商的设备和临时工程的种类、型号及工时；使用的永久设备和材料的数量和型号。工程师经过核实后在报表上签字，并将一份退还承包商。如果承包商需要为完成计日工作购买材料，应先向工程师提交订货报价单请他批准，采购后还要提供证实所付款的收据或其他凭证。每个月的月末，承包商应提交一份除日报表以外所涉及日工计价工作的所有劳务、材料的使用、承包商设备的报表，作为申请支付的依据。如果承包商未能按时申请，能否取得这笔款项取决于申请的原因和工程师的决定。

（4）合同价格的调整　长期合同计调价条款中，每次支付工程进度款均应按合同约定的方法计算价格调整费用。如果工程施工因承包商责任延误工期，则在合同约定的全部工程应竣工日后的施工期间内，不再考虑价格调整，各项指数采用应竣工日当月所采用值；对于不属于承包商责任的施工延期，在工程师批准的展延期限内仍应考虑价格调整。

有关合同价格调整的具体方式如下。

1）因法律改变的调整。对于基准日期后工程所在国的法律有改变（包括施用新的法律、废除或修改现有的法律）或对此类法律的司法或政府解释有改变，使承包商履行合同规定的义务产生影响的，合同价格应考虑上述改变导致的任何费用增减，进行调整。

2）因成本改变的调整。对于人工费、材料费及根据合同专用条件中规定的、能影响工程施工费用的其他因素的变化，应按合同专用条件中规定的办法或公式进行调价。

（5）暂定金额　FIDIC合同条件中暂定金额是指包括在合同中并在工程量表中以该名称标明，供工程任何部分的施工，或提供货物、材料、设备或服务，或供不可预料事件的费用的一项金额。该金额按照工程师的指示可能全部或部分地使用，或根本不予动用。

暂定金额由工程师决定如何使用，可用于工程量表中列明的服务项目或供不可预见事件之用。这些服务项目或不可预见的工作可由工程师指示承包商或某一指定分包商来实施。具体暂定金额的支付方式有两种：按原合同工程量表中所列的费率或价格支付；由承包商向工程师出示与暂定金额开支有关的所有单据，按实际支出款额再加上在投标书附录或工程量表中事先列明的一个百分数，以这个百分数乘以实际支出款额作为承包商的监督管理费用和利润。

（6）支付工程进度款

1）承包商报表。进度付款也称中间支付，应根据已完工作的单价按月进行支付。每个月的月末，承包商应按工程师规定的格式提交一式六份本月支付报表，每份均由承包商代表签字，内容包括以下几个方面：

①截至当月末已实施的工程及承包商的文件的估算合同价值（包括变更，但不包括以下②~⑦所列项目）。

②根据法规及费用变化引起的调整条款，由于立法和费用变化应增加和减扣的任何款额。

③作为保留金扣减的任何款额，保留金按投标函附录中标明的保留金百分率乘以上述款额的总额计算得出，减扣直至雇主保留的款额达到投标函附录中规定的保留金限额为止。

④根据预付款条款，为预付款的支付和偿还应增加和减扣的任何款额。

⑤为永久设备和材料应增加和减扣的款额。

⑥按合同或其他规定应付的任何其他的增加和减扣的款额，本月实施的永久工程的价值。

⑦对所有以前的支付证书中证明的款额的扣减。

2）工程师审核与签证。工程师接到报表后，要审查款项内容的合理性和计算的正确性。在核实承包商本月应得款的基础上，再扣除保留金、动员预付款，以及所有承包商责任而应扣减的款项后，据此签发中期支付的临时支付证书。如果本月承包商应获得支付的金额小于投标书附件中规定的中期支付最小金额，工程师可不签发本月进度款的支付证书，这笔款接转下月一并支付。工程师的审查和签证工作，应在收到承包商报表后到 28 天内完成。工程进度款支付证书属于临时支付证书，工程师有权对以前签发过的证书进行修正。若对某项工作的完成情况不满意时，也可以在后续证书内删去或减少这项工作的价值。

3）雇主的支付。承包商的报表经过工程师认可并签发工程进度款的支付证书后，雇主应在接到证书的 28 天内给承包商付款。如果逾期支付，将按投标书附件约定的利率计算延期付款利息。

(7) 竣工结算

1) 竣工结算的程序。在收到工程的接收证书后的 84 天内，承包商应按工程师规定格式报送报表。报表内容主要包括：到工程接收证书中指明的竣工日止，根据合同完成全部工作的最终价值；承包商认为应该获得的其他款项，如要求的索赔款、应退还的部分保留金等；承包商认为根据合同应支付给他的估算总额。这里的估算总额是未经工程师审核同意的金额，应在竣工结算报表中单独列出，以便工程师签发支付证书。

工程师在接到竣工报表后，应对照竣工图详细核算工程量，对其他支付要求进行审查，然后再依据检查结果签署竣工结算的支付证书。此项签证工作，工程师也应在收到竣工报表后 28 天内完成。雇主依据工程师的签证予以支付。

2) 对竣工结算款总金额的调整。一般情况下，承包商在整个施工期内完成的工程量乘以工程量清单中的相应单价后，再加上其他有权获得费用总和，即为工程竣工结算总额。但当颁发工程移交证书后发现，由于施工期内累计变更的影响和实际完成工程量与清单内估计工程量的差异，导致承包商按合同约定方式计算的实际结算款总额，比原定合同价格增加或减少过多时，均应对结算价款总额予以相应的调整。

但在以下情况下，应对有关工作内容采用新的费率或价格：

①该项工作测出的数量变化超过工程量表或其他资料表中所列数量的 10% 以上。

②此数量变化与该项工作上述规定的费率的乘积，超过中标合同金额的 0.01%。

③此数量变化直接改变该项工作的单位成本超过 1%。

④合同中没有规定该项工作为"固定费率项目"。

⑤合同中由于变更或调整的规定的指示工作，且合同中没有规定该项工作的费率或价格。

⑥由于工作性质不同，或在与合同中任何工作不同的条件下实施，未规定适宜的费率或价格。

新的费率或价格应考虑上述描述的有关事项对合同中相关费率或价格加以合同调整后得出。如果没有相关的费率或价格可供推出新的费率或价格，应根据实施该工作的合理成本和合理利润，并考虑其他相关事项后得出，以此调整最终竣工结算款总额。

（8）最终决算　最终决算是指颁发履约证书后，对承包商完成全部工作价值的详细结算，以及根据合同条件对应付给承包商的其他费用进行核实，确定合同的最终价格。

颁发履约证书后的56天内，承包商应向工程师提交最终报表草案一式六份，以及工程师要求提交的有关资料。最终报表草案要详细说明根据合同完成的全部工程价值和承包商依据合同认为还应支付给他的任何进一步款项，如剩余的保留金及缺陷通知期内发生的索赔费用等。

工程师审核后与承包商协商，对最终报表草案进行适当的补充或修改后形成最终报表。承包商将最终报表送工程师的同时，还需向雇主提交一份"结清单"进一步证实最终报表中的支付总额，作为同意与雇主终止合同关系的书面文件。工程师在接到最终报表和结清单附件后28天内签发最终支付证书，雇主应在收到证书后的56天内支付。只有当雇主按照最终支付证书的金额予以支付并退还履约保函后，结清单才生效。如果承包商未根据最终支付证书的申请和结清单申请最终支付证书，工程师应要求承包商提出申请，如果承包商未能在28天期限内提交此类申请，工程师应对其公正决定的应支付的此类款额颁发最终支付证书。

4. 质量检查及工程照管

（1）质量检查的要求

1）对于所有大型材料、永久工程的设备和施工工艺均应符合合同要求及工程师的指示。承包商并应随时按照工程师的要求在工地现场，以及为工程加工制造设备的所有场所为工程师检查提供方便。

2）工程师应提前24h将参加检查和检验的意向通知承包商，若工程师或其授权代表未能按期前往（除非工程师另有指示外），承包商可以自行检查和验收，工程师应确认此检查和验收结果。如果工程师或其授权代表经过检查认为质量不合格时，承包商应及时补救，直到下一次验收合格为止。

3）对隐蔽工程、基础工程和工程的任何部位，在工程师检查验收前，均不得覆盖。

4）工程师有权指示承包商从现场运走不合格的材料或工程设备，而以合格的材料或工程设备代替。

5）工程师可以根据工程施工的进展情况和工程部位的重要性进行合同没有规定的必要检查或试验。有权要求对承包商采购的材料进行额外的物理、化学、金相等试验；对已覆盖的工程进行重新剥露检查；对已完工的工程进行穿孔检查等。

（2）检查的费用

1）在下列情况下，检查和检验的费用应由承包商一方支付：

合同中明确规定的；合同中有详细说明允许承包商可以在投标文件中报价的；由于第一次检验不合格而需要重复检验所导致的雇主开支的费用；工程师要求对工程的任何部位进行剥露或开孔以检查工程质量，如果该部位经检验不合格时所有有关的费用；承包商在规定时间内不执行工程师的指示或违约情况下，雇主雇佣其他人员来完成此项任务时的有关费用。

2）在下列情况下，检查和检验的费用应由雇主一方支付：

工程师要求检验的项目是合同中没有规定的，检查结果合格时的费用；工程师要求进行的检验虽然合同中有说明，但是检验地点在现场以外或在材料、设备的制造、装配或准备地点以外，检验结果合格时的费用；工程师要求对工程的任何部位进行剥露或开孔以检查工程质量，如果该部位经检验合格时，剥露、开孔及还原的费用。

（3）工程照管　从开工之日起到颁发工程接收证书之日止，承包商负有照管工程的责任。在此期间，工程的任何部分、待用材料、设备如果出现任何损失或损坏，除了雇主应承担责任事件导致的原因外，应由承包商自费弥补这些损失或损坏。办理工程移交时，工程的各方面均需达到合同规定的标准。尽管承包商不对雇主风险造成的损坏负责，但当工程师提出要求时，仍应按指示修复缺陷，工程师也应批准给予相应的补偿。

缺陷通知期内，雇主对移交工程承担照管责任。承包商不对工程运行条件下的正常维护或维修工作承担责任，只对缺陷通知期内应继续完成的扫尾或修补缺陷部分的工程，以及供该部分工程使用的材料和设备负有照管责任。但承包商应对颁发接收证书后由其采取的任何行动造成的任何损失或损害负责。同时，承包商还应对颁发接收证书后发生的，由承包商负责的以前的事件引起的损失或损害负责。

5. 工程的接收证书与缺陷责任证书

（1）工程的接收证书（Taking-over Certificate）　工程移交证书在合同管理中有重要作用：一是证书中指明的竣工日期，将用于判定承包商应承担拖期违约赔偿责任，或可获得提前竣工的奖励；二是颁发证书日，即为对已竣工工程照管责任的转移日期。工程的移交证书可分为整个工程的移交证书和部分工程的接收证书两种。

1）工程和分项工程的接收。当全部工程基本完工并圆满通过合同规定的任何竣工检验时，承包商可在他认为工程将竣工并做好接收准备的日期前不少于14天，向工程师发出申请接收证书的通知，此通知书连同一份对在缺陷通知期内以应有速度及时地完成任何未完工作的书面保证，作为要求工程师颁发接收证书的申请。如工程分为若干分项工程，承包商可类似地为每个分项工程申请接收证书。

工程师在收到承包商的申请通知后28天内，应向承包商颁发接收证书，注明工程或分项工程按照合同要求竣工的日期，任何对工程或分项工程预期使用目的没有实质性影响的少量收尾工作或缺陷除外，或拒绝申请，说明理由，并指出在能够颁发接收证书前承包商需要作出的工作。承包商应在再次根据本款申请通知前，完成此项工作。

如果工程师在 28 天期限内既未颁发接收证书，又未拒绝承包商的申请，而工程或分项工程实质上符合合同规定，接收证书应视为已在上述规定期限的最后一日颁发。

2）区段或部分工程的接收。根据投标书附件中的规定，对有区段完工要求的；或是已局部竣工，工程师认为合格且已为雇主占有、使用的永久性工程；或是在竣工之前已由雇主占有、使用的永久性工程，均根据承包商的申请，由工程师颁发区段或部分工程的接收证书。在签发的此类接收证书中也应注明这些区段或部分工程进入缺陷通知期的日期。接收证书颁发后，工程保管的责任即移交给雇主，但承包商应继续负责完成各项扫尾工作。

工程师颁发部分工程的接收证书后，应使承包商能尽早采取可能必要的步骤，进行任何尚未完成的竣工试验。承包商应在有关缺陷通知期期满日期前，尽快进行这些竣工试验。除合同规定或承包商同意使用外，如果由于雇主接收和使用部分工程，导致承包商增加费用，承包商应向工程师发出通知，以及有权要求按照索赔条款的规定对任何此类费用和合理利润应计入合同价格，给予支付。

（2）缺陷通知证书

1）缺陷通知期（Defect Liability Period）。缺陷通知期是指正式签发的接收证书中注明的缺陷责任期开始日期（一般即通过竣工验收的日期）后的一段时期。缺陷通知期时间长短应在投标文件附件中注明，一般为一年，也有更长时间的。

在这段时期内，承包商除应继续完成在接收证书上写明的扫尾工作外，还应对工程由于施工原因所产生的各种缺陷负责维修。这些缺陷的产生如果是由于承包商未按合同要求施工，或由于承包商负责设计的部分永久工程出现缺陷，或由于承包商疏忽等原因未能履行其义务，则应由承包商自费修复，否则，应由工程师考虑向承包商追加支付。如果承包商未能完成其应自费修复的缺陷，则雇主可另行雇人修复，费用从保留金中扣除或由承包商支付。对由于承包商为修补损害而进行的所有工程设备的更换或更新，工程缺陷通知期应延长一段时间，其时间长短应与工程因缺陷或损坏原因而不能付诸使用的时期相等。如果只是部分工程受到影响，则缺陷通知期应只对这部分进行延长。在上述两种情况下，缺陷通知期均不应超过从移交之日算起的 2 年时间。

2）履约证书（Performance Certificate）。履约证书应由工程师在整个工程的最后一个区段缺陷责任期期满之后 28 天内颁发，或者在承包商提供所有承包商文件，完成所有工程的施工或试验，包括修补任何缺陷后立即颁发。这说明承包商已尽其义务完成其施工和竣工，并修补了其中的缺陷，达到了使工程师满意的程度。至此，承包商与合同有关的实际义务业已履行，而合同尚未终止，剩余的双方合同义务只限于财务和管理方面的内容。雇主应在收到履约证书副本后 21 天内将履约保证退还给承包商。但若雇主或承包商任一方有未履行的合同义务时，合同仍然有效。

缺陷通知期期满时，如果工程师认为还存在影响工程运行或使用的较大缺陷，可以延长缺陷责任期，推迟颁发证书。合同内规定有分项移交工程时，工程师将颁发多个工程移交证书。但从解除缺陷责任证书的作用来看，一个合同工程只颁发一个履约证书，即在最后一项移交工程的缺陷通知期满后颁发。较早到期的部分工程，通常以工程师向雇主报送最终检验合格证明的形式说明该部分已通过了运行考验，并将副本送给承包商。

6. 变更与索赔

（1）变更

1）变更内容。在颁发工程接收证书前的任何时间，工程师可通过发布指示或要求承包商提交建议书的方式，提出变更。承包商应遵守并执行每项变更，除非承包商立即向工程师发出通知，说明（附详细根据）承包商难以取得变更所需的货物。工程师接到此类通知后，应取消、确认或改变原指示。每项变更可包括：

①增加或减少合同中所包括的任何工作的数量。

②删减合同中所包括工作的性质、质量或类型。

③改变任何部分的标高、基线、位置或尺寸。

④任何工作的删减，但要交他人实施的工作除外。

⑤永久工程所需的任何附加工作、生产设备、材料或服务，包括任何有关的竣工试验、钻孔、其他试验和勘察工作。

⑥实施工程的顺序或时间安排的改变。

除非并直到工程师指示或批准了变更，承包商不得对永久工程做任何改变或修改。

2）变更指示。变更指令应由工程师以书面形式发出。如果是口头指示，承包商也应遵守执行，但工程师应尽快用书面确认。为了防止工程师忽略书面确认，承包商可在工程师发出口头指示2天内用书面形式要求工程师确认他的口头指示，工程师应尽快批复。若工程师在2天内未以书面形式提出异议，则等于确认了他的口头指示，这条规定同样适用于工程师代表或助理发出的口头指示。

3）变更费用的估价和支付。承包商按照工程师的变更指令实施变更工作后，往往会涉及变更工程的估价问题。工程师在发布变更指令之前或发布后的14天内，可以要求承包商提出变更工程的取费标准和变更项目价格，或将自己确定的费率和估价额通知承包商，以此作为双方协商变更工程价格的基础。如果双方协商达不成一致，工程师有权单方面确定一个他认为合适的费率作为变更估价的标准通知承包商，并将副本送交雇主。承包商不能以还没有确定出一个他可以接受的变更工程价格为借口，拒绝工程师发布的变更指令。

变更工程的价格或费率，往往是双方协商时的焦点。计算变更工程应采用的费率或价格，可分为三种情况：

①变更工作在工程量表中有同种工作内容的单价，应以该费率计算变更工程费用。

②工程量表中虽然列有同类工作的单价或价格，但对具体变更工作而言已不适用，则应在原单价和价格的基础上制订合理的新单价或价格。

③变更工作内容，在工程量表中没有同类工作的费率和价格，应按照与合同单价水平相一致的原则，确定新的费率或价格。任何一方不能以工程量表中没有此项价格为借口将变更工作的单价定得过高或过低。

（2）索赔　索赔处理的程序如下。

1）索赔通知。如果承包商认为根据合同中任何条款或与合同有关的其他文件，有权得到竣工时间的任何延长期和（或）任何追加付款，承包商应向工程师发出通知，说明引起索赔的事件或情况。该通知应尽快在承包商察觉或应已察觉该事件或情况后28天内发出。

如果承包商未能在上述28天期限内发出索赔通知，则竣工时间不得延长，承包商无权获得追加付款，而雇主应免除有关该索赔的全部责任。

2）做好同期记录。承包商还应提交所有有关此事件或情况的、合同要求的任何其他通知，以及支持索赔的详细资料。承包商应在现场或工程师认可的其他地点，保持用以证明任何索赔可能需要的此类同期记录。工程师收到根据本款发出的任何通知后，未承认雇主责任前，可检查记录保持情况，并可指示承包商保持进一步的同期记录。承包商应允许工程师检查所有这些记录，并应向工程师提供复印件（如有指示要求）。

3）提交索赔报告。在承包商察觉（或应已察觉）引起索赔的事件或情况后42天内，或在承包商可能建议并经工程师认可的其他期限内，承包商应向工程师递交一份充分详细的索赔报告，包括索赔的依据、要求延长的时间和（或）追加付款的全部详细资料。如果引起索赔的事件或情况具有连续影响，则：上述充分详细索赔报告应被视为临时的；承包商应按月递交进一步的中间索赔报告，说明累计索赔的延误时间和（或）金额，以及工程师可能合理要求的此类进一步详细资料；承包商应在索赔的事件或情况产生的影响结束后 28 天内，或在承包商可能建议并经工程师认可的此类其他期限内，递交一份最终索赔报告。

工程师在收到索赔报告或对过去索赔的任何进一步证明资料后 42 天内，或在工程师可能建议并经承包商认可的此类其他期限内，作出回应，表示批准或不批准并附具体意见。工程师还可以要求任何必需的进一步资料，但他仍要在上述期限内对索赔的原则作出回应。

4）索赔的支付。如果承包商提供了足够的详细资料，使工程师能够决定应付款额，而且工程师在与雇主和承包商协商后认为应支付给承包商，则承包商有权要求任何经工程师证实的中间付款中应包括有关索赔的任何款项。若详细资料不足以证实全部索赔，则承包商有权要求详细资料所证实的能够令工程师满意的那一部分索赔的支付。工程师应将对索赔的决定通知承包商，并将决定的副本呈交雇主。此时，不应将索赔款额全部拖到工程结束后再支付。

7. 争端的解决

争端的解决（Settlement of Disputes）有许多办法，如谈判、调解、仲裁或诉讼等。在工程承包合同中，应该规定争端的解决办法，一般均是通过工程师调解，不能解决时再诉诸仲裁。

合同中对仲裁地点、机构、程序和仲裁裁决效力等四个方面都应作出具体明确的规定。

（1）争端裁决委员会（DAB）解决争端

1）争端裁决委员会（DAB）的任命。雇主和承包商双方应在投标书附录中规定的日期前，联合任命一个 DAB。DAB 应按投标书附录中的规定，由具有相应资格的 1 名或 3 名人员组成。如果对委员会人数双方没有另外协议，DAB 应由 3 人组成。如果 DAB 由 3 人组成，各方均应推荐 1 人，报他方认可。双方应同这些成员协商，并商定第三位成员，此人应任命为主席。

如果合同中包括有备选成员名单，除有人不能或不愿接受 DAB 的任命外，成员应从名单上的人员中选择。

对任何成员的任命，可以经过双方相互协议终止，但雇主或承包商都不能单独采取行动。除非双方另有协议，在双方约定的结清证明生效后，DAB（包括每个成员）的任期应即期满。

2）采用 DAB 解决合同争议的程序。

①合同任意一方均可将起源于项目实施而产生的任何争端（包括不同意工程师的任何决定）直接提交给 DAB 委员会，同时将副本提交给对方和工程师。合同双方应尽快向 DAB 提交自己的立场报告及 DAB 可能要求的进一步资料。

②DAB 在收到提交的材料后的 84 天内（或经 DAB 建议，合同双方同意的时间内）应就争端事宜作出书面决定。如果合同双方同意则应执行本决定。如果合同双方任意一方同意 DAB 决定，但事后又不执行，则另一方可要求仲裁。

③如果合同任意一方对 DAB 的决定不满意，他可以在收到决定的 28 天内将其不满通知对方（或在 DAB 收到合同任意一方的通知后 84 天内未能作出决定，合同任一方也可在此后 28 天将其不满通知对方），就可以将争端提出要求仲裁。但在发出不满通知后，双方应努力友好解决，如未能在 56 天内友好解决争端，则此后可开展仲裁。

④争端应在合同中确定的国际仲裁机构裁决。除非另有规定，应采用国际商会的仲裁规则。在仲裁过程中，合同双方及工程师均可提交新的证据，DAB 的决定也可作为一项证据。

（2）友好解决 当一方通知对方要将争端提交仲裁后，仲裁应等待仲裁意向通知发出 56 天后才能开始。这个时间段是留给双方友好协商解决争端的，必要时可请工程师协助。

（3）仲裁 当工程师的决定未能被接受且又未能友好协商解决争端时，除非合同中另有规定，否则均应按仲裁庭〔如设在法国巴黎的国际商会（International Chamber of Commerce，ICC）、联合国国际贸易法委员会（UNCITRAL）、中国国际经济贸易仲裁委员会（CIETIC）等］的调解与仲裁章程，以及据此章程指定的一名或数名仲裁人予以最终裁决。上述仲裁人有权解释、复查和修改工程师对争端所做的任何决定、意见、指示、确定、证书或估价。雇主和承包商双方所提交的证据或论证也不限于以前提交给工程师的，工程师可以作为证人被要求，向仲裁人提供任何与争端有关的证据。

若采用仲裁形式来解决争端，则在合同的专用条件中必须有专门的仲裁条款，其主要内容包括：仲裁的方式和程序（包括如何申请仲裁、怎样选仲裁人、如何进行仲裁、按什么程序和规定仲裁等）；仲裁所依据的法律；仲裁地点；仲裁结果的约束力等。

在工程完成前后均可诉诸仲裁，但是在工程实施过程中，雇主、工程师及承包商各自的义务不能因进行仲裁而改变。

8. 风险

（1）雇主的风险　雇主的风险主要包括：

1）战争、敌对行动（不论宣战与否）、入侵、外敌行动。

2）工程所在国内的叛乱、恐怖主义、革命、暴动、军事政变、篡夺政权、内战。

3）承包商人员及承包商和分包商的其他雇员以外的人员在工程所在国内的暴乱、骚动或混乱。

4）工程所在国内的战争军火、爆炸物资、电离辐射或放射性引起的污染，但可能由承包商使用此类军火、炸药、辐射或放射性引起的除外。

5）由音速或超音速飞行的飞机或飞行装置所产生的压力波。

6）因工程设计（非承包商负责的设计）不当造成的损失或损害。

7）由于雇主使用或占用合同规定以外的永久工程的区段或

部分造成损失或损害。

8）一个有经验的承包商通常无法预测和防范的任何自然力的作用。

当由于雇主的风险造成损失或损害时，承包商应按工程师的要求进行修补，同时可从雇主那里得到相应的补偿。但如其中也有承包商的责任时，则雇主和承包商应根据各自的责任按一定比例分担。

（2）不可抗力

1）不可抗力的定义。不可抗力是指某种异常事件或情况：一方无法控制的；该方在签订合同前，不能对之进行合理准备的；发生后，该方不能合理避免或克服的；不能主要归因于他方的。只要满足上述条件，不可抗力可以包括但不限于下列各种异常事件或情况：

①战争、敌对行动（不论宣战与否）、入侵、外敌行为。

②叛乱、恐怖主义、革命、暴动、军事政变或篡夺政权，或内战。

③承包商人员和承包商及其分包商的其他雇员以外的人员的骚动、喧闹、混乱、罢工或停工。

④战争军火、爆炸物资、电离辐射或放射性污染，但可能因承包商使用此类军火、炸药、辐射或放射性引起的除外。

⑤自然灾害，如地震、飓风、台风或火山活动。

2）不可抗力的通知。如果由于出现不可抗力当事人不能或将不能履行合同规定的任何义务，则当事人将向另一方当事人发出通知告知构成不可抗力的时间和情况，同时说明不能或者将不能履行的义务。通知应在当事人意识到（或应已意识到）构成不可抗力的相关事件或情况的 14 天之内发出。

在发出通知后该当事人在该不可抗力阻止其履行义务期间，免予履行此类义务。但如果当事人没有尽到及时通知的义务，则当事人无权就此不可抗力的影响提出索赔。

同时，当当事人不再受不可抗力影响时，该当事人应向另一方当事人发出通知。

在不可抗力发生后，当事人双方应始终尽所有合理的努力，使不可抗力对履行合同造成的任何延误减至最小。

3）不可抗力的索赔。如果承包商因根据"不可抗力的通知"条款的规定已发出通知的不可抗力，妨碍其履行合同规定的任何义务，并且由于此类不可抗力的原因而蒙受延误或发生费用，承包商应根据"承包商的索赔"条款有权提出：

①如果竣工已或将受延误，根据"竣工的时间延长"条款的规定，对该误期给予延长工期。

②如果事件或情况属于"不可抗力的定义"第①至第④项中的种类，以及在第②至第④项情况下发生在工程所在国，对任何此费用给予支付。

在收到此进一步的通知后，工程师应按照合同规定进行商定或确定这些事宜。

4）不可抗力的后果。如果根据"不可抗力的通知"的规定已发出通知的不可抗力，导致基本所有的工程施工受阻达 84 天、或因同一通知的不可抗力多次受阻时间累计超过 140 天，任何一方当事人可向另一方当事人发出终止合同的通知，在此种情况下，在通知发出的 7 天后合同终止生效，并且承包商应按照"终止工作和承包商设备的撤离"条款的规定进行。

对于此终止，工程师应决定已完工程的价值，并包括如下内容的支付证书：

①已完成的、合同中有价格规定的任何工作的应付金额。

②为工程定购的、已交付给承包商或承包商有责任接受交付的设备和材料费用，在雇主支付后，该设备和材料应成为雇主的财产（风险也由其承担），承包商应将这些设备和材料交雇主处置。

③承包商由于在原预期要完成工程的情况下，合理发生的任何其他费用或债务。

④临时工程和承包商的设备从现场撤离的费用和这些物品返

回至承包商所在国的工作地点（或任何无需更大花费的其他目的地）。

⑤终止日期时承包商为本工程雇用的员工和劳动力遣返的费用。

对于合同履行成为非法或不可能情况，无论合同中不可抗力条款其他任何规定，如果发生各方不能控制的任何事件或情况（包括但不局限于不可抗力），使任何一方当事人或双方当事人完成他的或他们的合同义务成为不可能或不合法；或根据管辖合同的法律规定，当事人有权解除继续履行合同的义务，则根据任一方当事人向他方就此类事件或情况发出通知：

①在不损害任何方当事人对先前违反合同事宜的权益情况下，当事人应解除进一步履约的义务。

②雇主支付承包商的款项应等同于根据规定在终止合同时承包商根据该款应获得的支付。

（3）其他不能合理预见的风险　　如果遇到了现场气候条件以外的外界条件或障碍影响了承包商按预定计划施工，经工程师确认，该事件属于有经验的承包商无法合理预见的情况，则承包商实际施工成本的增加和工期损失应得到补偿。

1）汇率变化对支付外币的影响。当合同内约定给承包商的全部或部分付款为某种外币，或约定整个合同期内始终以投标截止日期前第28天承包商报价所依据的投标汇率为不变汇率按约定百分比支付某种外币时，汇率的实际变化对支付外币的计算不产生影响。若合同内规定按支付日当天中央银行公布的汇率为标准，则支付时需随汇率的市场浮动进行换算。由于合同期内汇率的浮动变化是双方签约时无法预计的情况，不论采用何种方式，雇主均应承担汇率实际变化对工程总造价影响的风险，可能对其有利，也可能对其不利。

2）法令、政策变化对工程成本的影响。如果投标截止日期前28天后，由于法律、法令和政策变化引起承包商实际投入成本的增加，应由雇主给予补偿。若导致施工成本的减少，也由雇主获得其中的好处。

（4）承包商应承担的风险　施工合同的当事人是雇主和承包商，因此，合同履行过程中发生的应由雇主承担的风险以外的各种风险事件，均应由承包商承担。

9. 合同的违约责任和解除合同

（1）承包商违约

1）承包商误期罚款。如果承包商未在合理的竣工时间内完成整个工程，或未在投标书附件中规定的相应时间内完成任何部分工程，承包商应向雇主支付投标书附件中写明的误期违约金。该违约金按承包商责任的误期天数和投标文件附件中写明的每误期一天的违约金计算，但总额不超过投标书中所规定的最高限额。

如果在整个工程的竣工期限之前，已有部分工程按期签发了接收证书，则应按各段工程价格比例和移交的具体时间折减误期违约金。

如果承包商在合理竣工时间前竣工，则雇主按提前天数和每提前一天的奖励金额支付奖励。

2）雇主解除合同的权利。承包商无力履行、无法履行、不能履行合同的情况具体如下：

①未能遵守履约担保条款的规定，或未能根据通知改正条款中规定发出通知的要求，在合理的时间内纠正并补救其未能完成合同中规定应履行的任何义务。

②放弃工程，或明确表现出不继续按合同履行义务的意向。

③无合理解释，未能按开工、延误和暂停的规定进行工程；或在受到雇主拒收及修补工作的规定发出通知后 28 天内，未遵守通知要求。

④未经必要的许可，将整个工程分包出去，或将工程转让他人。

⑤破产或无力偿债，停业清理，已有对其财产的接管令或管理令，与债权人达成和解，或为其债权人的利益在财产接管人、

受托人或管理人的监督下营业，或采取了任何行动或发生任何事件（根据有关适用法律）具有与前述行动或事件相似的效果。

⑥直接或间接向任何人付给或企图付给任何贿赂、礼金、赏金、回扣或其他贵重物品，以引诱或报偿他人采取或不采取有关合同的任何行动，或使该人员对与合同有关的任何人表示赞同或不赞同。

当出现上述情况之后，雇主可提前14天向承包商发出通知，终止合同，并要求其离开现场。但在上述⑤、⑥情况下雇主可发出通知立即终止合同。雇主作出终止合同的选择，不应损害承包商根据合同或其他规定所享有的其他任何权利。雇主有权在对他方便的任何时候，通过向承包商发出终止通知，终止合同。此项终止应在承包商收到该通知或雇主退回履约担保两者中较晚的日期后第28天生效。

此时承包商应撤离现场，并将任何需要的货物、所有承包商文件，以及由（或为）承包商做的其他设计文件交给工程师。但承包商应立即尽最大努力遵从包括通知中关于转让任何分包合同、保护生命或财产、工程安全的任何合理指示。

终止后，雇主可以继续完成工程或安排其他承包商完成。此时雇主和这些承包商可以使用任何货物、承包商文件和由承包商以其名义编制的其他设计文件。

其后雇主发出通知，将在现场或其附近把承包商设备及临时工程返还给承包商。承包商应自行承担风险和费用迅速安排将它们运走。但如果此时承包商还有应付雇主的款项未付清，雇主可以出售这些物品，以收回欠款。收益的任何余款应付给承包商。

如果雇主终止对承包商的雇佣，则在保修期满前，在工程师对工程施工、竣工、保修期费用、误期赔偿费，以及雇主支付的所有其他费用结清并开出证书前，雇主无任何义务向承包商支付合同规定的进一步款项。最终结算中，工程师应核查上述款项，并对照在终止雇佣后核查的承包商在终止雇佣前完工的合格工程按合同应支付给他的款项，以证明最终雇主应给承包商的支付，或承包商应支付给雇主的债务。

此外，在雇主进驻现场后的 14 天内，如果工程师发出指令，并按法律允许，承包商必须将他为合同目的所签订的有关提供任何货物、材料、服务和有关实施工作的协议的权益转让给雇主。

（2）雇主、工程师的违约及承包商暂停和终止合同

1）承包商暂停工作的权利。如果工程师未能按照合同中规定的期中付款证书颁发的条款规定确认发证或雇主未能遵守雇主的资金安排及付款条款的规定，承包商可在不少于 21 天前通知雇主，暂停工作（或放慢工作速度），除非和直到承包商根据情况和通知中所述收到了付款证书、合理证明或付款为止。承包商的上述行动，不影响他根据条款得到的延误付款规定的增加费用及承包商终止合同的权利。

如果在发出终止通知前承包商随后收到了付款证书、证明或付款，承包商应在合理可能的情况下，尽快恢复正常工作。

如果承包商因暂停工作或放慢速度而遭受到延误和费用增加，承包商可以据此提出索赔。其中工期给予延长，费用及其合理利润应计入合同价格中。

2）承包商终止合同的权利。

①承包商就雇主未能按合同中规定的雇主资金安排事宜提出通知后 42 天内，仍未收到合理的证明。

②工程师未能在收到承包商提交报表和证明文件后 56 天内发出有关的付款证书。

③在合同规定的付款时间到期后 42 天内，承包商仍未能收到根据期中付款证书的应付款额。

④雇主实质上未能根据合同规定履行其义务。

⑤雇主未遵守规定签订合同协议书或随意转让权益。

⑥暂停施工的拖长影响了整个工程。

⑦雇主破产或无力偿债，停业清理，已有对其财产的接管令或管理令，与债权人达成和解，或为其债权人的利益在财产接管人、受托人或管理人的监督下营业，或采取了任何行动或发生任

何事件具有与前述行动或事件相似的效果。

如果出现上述情况，承包商有权根据合同终止雇佣关系，并通知雇主和工程师。这种终止在通知发出后的 14 天生效。但上述事件在⑥、⑦情况下，承包商可发出通知立即终止合同。承包商作出的终止合同的选择，不影响其根据合同或其他规定所享有的其他任何权利。在合同终止通知生效后，承包商应迅速停止所有进一步的工作，但工程师为保护生命、财产或工程的安全可能指示的工作除外，同时提交承包商已得到的付款的承包商文件、生产设备、材料和其他工作，并从现场运走除了为安全需要以外的所有其他货物，并撤离现场。

与此同时，雇主应迅速将履约担保退还承包商，并按合同规定向承包商支付应付款额，并付给承包商因此项终止而蒙受的任何利润损失、其他损失或损害的款额。

10. 保险

（1）对工程及承包商设备的保险　承包商或雇主应对工程（连同材料和配套设备）进行保险。保险的数额可以用所保险项目的重置成本，包括拆除、运走废弃物的费用，以及专业费用和利润。实际的投保额要根据工程项目的具体情况确定。

投保的期限一般为从现场开始工作到工程的任何区段或全部工程颁发移交证书为止。如果由于未投保或未能从承保人那里收回有关金额所招致的损失，应由雇主和承包商根据具体情况及合同条件有关规定分担。

承包商的设备和其他物品由承包商投保，投保金额为重置这些物品的金额。

对缺陷责任期间，由于发生在缺陷通知期开始之前的原因造成的损失和损害，以及由承包商在遵守合同规定而修补工程缺陷或缺陷调查作业过程中造成的损失和损害均由承包商投保。

以上所述保险不包括由于战争、革命、核爆炸，以音速或超音速飞行的飞机产生的压力波引起的破坏。

（2）不足额保险的费用问题　任何未保险的或未能从承保

人那里收回的金额，应由雇主和承包商根据合同所规定的风险的性质来决定分担的责任。

（3）第三方保险　承包商应以雇主和承包商的联合名义，对由于工程施工可能引起的现场周围任何人员（包括雇主及其雇佣人员、行人等）的伤亡及财产的损失进行责任保险。保险金额至少应为投标书附件中规定的数额；若承包商认为有必要，可以加大该金额。

（4）承包商人员的保险　承包商应为其在工地工作的人员在雇佣期间进行人身保险，同时也应要求分包商进行此类保险。除非是由于雇主一方的原因造成承包商雇员的伤亡，雇主对承包商人员的伤亡均不负责任。

（5）保险证据、条件和完备性　承包商应在现场工作开始前向雇主和工程师提供证据，说明保险已生效，并应在开工之日规定的时间内向雇主提供保险单。

如果工程的范围、进度有了变化，承包商应将变化的情况及时通知承保人，必要时补充办理保险，否则，承包商应承担有关责任。

（6）承包商未办理保险的补救　如果承包商未去办理或未保持其有效，或未在合同规定的期限内向雇主提供证据，此时，雇主可自己去办理保险或保持其有效，所支付的保险费可随时从给承包商的支付款中扣回，或视为到期债务从承包商处收回。

在某些条件下，也可规定由雇主自己办理保险，这需要在专用条件中注明。

参 考 文 献

[1]　张国华，等. 建设工程招标投标实务[M]. 北京：中国建筑工业出版社，2005.

[2]　本书编委会. 建设工程招标投标策略技巧与案例应用手册[M]. 北京：民族音像出版社，2003.

[3]　本书编委会. 中国工程项目招标投标工作手册[M]. 北京：机械工业出版社，2003.

[4]　夏明进. 工程建设承包与发包实务[M]. 北京：中国电力出版社，2006.

[5]　胡文发. 工程招标投标与案例[M]. 北京：化学工业出版社，2008.

[6]　本书编写组. 招标工程师实务手册[M]. 北京：机械工业出版社，2006.

[7]　刘国涛. 工程建设项目勘察设计招标投标与评标定标手册[M]. 北京：科海电子出版社，2003.

[8]　刘小强，等. 建筑工程施工总承包招标文件编写范本[M]. 北京：中国建筑工业出版社，2004.

[9]　本书编写组. 建筑施工手册[M]. 4 版. 北京：中国建筑工业出版社，2003.

[10]　张毅. 工程建设承包与发包[M]. 上海：同济大学出版社，2003.

[11]　谢识予. 经济博弈论[M]. 上海：复旦大学出版社，2002.

[12]　黄景瑗. 土木工程施工招投标与合同管理[M]. 北京：知识产权出版社，2002.

[13]　杨子敏. 公路工程造价指南[M]. 北京：人民交通出版社，1999.

[14]　李立辉. 国际招标与采购实务[M]. 广州：广东经济出版社，2002.

[15]　雷胜强. 简明建设工程招标投标工作手册[M]. 北京：中国建筑工业出版社，2005.

[16]　常春. 建设工程招标文件示范文本[M]. 沈阳：东北大学出版社，2002.

[17]　徐帆，等. 建设监理招标投标实务[M]. 北京：中国建筑工业出版社，2002.